Mariner Umweltschutz im Mittelmeer nach Völkerrecht und tunesischem Recht

Europäische Hochschulschriften
Publications Universitaires Européennes
European University Studies

Reihe II
Rechtswissenschaft

Série II Series II
Droit
Law

Bd./Vol. 4761

PETER LANG
Frankfurt am Main · Berlin · Bern · Bruxelles · New York · Oxford · Wien

Imen Gallala

Mariner Umweltschutz im Mittelmeer nach Völkerrecht und tunesischem Recht

PETER LANG
Internationaler Verlag der Wissenschaften

Bibliografische Information der Deutschen Nationalbibliothek
Die Deutsche Nationalbibliothek verzeichnet diese Publikation in der Deutschen Nationalbibliografie; detaillierte bibliografische Daten sind im Internet über <http://www.d-nb.de> abrufbar.

Zugl.: Heidelberg, Univ., Diss., 2007

D 16
ISSN 0531-7312
ISBN 978-3-631-57850-6

www.peterlang.de

A mes parents
Aouicha et Hammadi

A ma petite nièce
Mariam

A la mémoire de ma grand-mère
Elisabeth-Regina Völker

Vorwort

Die vorliegende Arbeit wurde im Wintersemester 2007/2008 vom Fachbereich Rechtswissenschaft der Ruprecht-Karls-Universität Heidelberg als Dissertation angenommen.

Sehr herzlich bedanken möchte ich mich zunächst bei meinem Doktorvater, Herrn Richter des internationalen Seegerichtshofes Prof. Dr. Dr. h.c. Rüdiger Wolfrum. Er hat mich nicht nur während meiner Promotionszeit, sondern auch während meines Masterstudiums (LL.M.) in mannigfaltiger Weise gefördert. Ich verdanke ihm meine ganze akademische Erfahrung in Deutschland und die damit einhergehenden Erweiterung meines Horizontes.

Mein besonderer Dank gilt auch Herrn Prof. Dr. Ulrich Beyerlin für die Erstellung des Zweitgutachtens und für die Unterstützung, die er mir während meines Forschungsaufenthaltes am Max-Planck-Institut für ausländisches öffentliches Recht und Völkerrecht in Heidelberg in vielerlei Hinsicht hat zuteil werden lassen.

Die Arbeit schrieb ich als Gast und später als wissenschaftliche Mitarbeiterin am Max-Planck-Institut für ausländisches öffentliches Recht und Völkerrecht in Heidelberg. Ich bedanke mich für die freundliche Aufnahme am MPI und für die geistig anregende Atmosphäre, die ich dort erlebt habe, bei den während dieser Zeit amtierenden Direktoren- Herrn Prof. Dr. Dres. H.c. Jochen Abraham Frowein, Herrn Prof. Dr. Dr. h.c. Rüdiger Wolfrum und Herrn Prof. Armin von Bogdandy- sowie allen Mitarbeitern und Gästen des Instituts.

Die abschließenden Arbeiten der Dissertation tätigte ich während meiner Zeit als wissenschaftliche Mitarbeiterin bei Frau Dr. Nadjma Yassari am Max-Planck-Institut für ausländisches und internationales Privatrecht in Hamburg. Ihr danke ich von Herzen, sowohl für ihre fachliche als auch menschliche Unterstützung.

Ich bedanke mich bei dem Deutschen Akademischen Austauschdienst (DAAD) für das vierjährige Stipendium.

Bei Herrn Joachim Schwietzke und Herrn Ulrich Evers bedanke ich mich sehr für die sprachlichen Korrekturen des Manuskripts. Herzlichst danke ich Herrn Javier M. Rodriguez Olmos für die wertvolle Hilfe bei der Erstellung des Verzeichnisses und bei der Formatierung der Druckvorlage.

Mein ganz besonderer Dank gilt meinen Brüdern, Mohamed und Mehdi, meinen Onkeln in Deutschland und in Tunesien, Herrn Prof. Dr. Omaia Elwan, meinen

Freundinnen Dr. Carmen M. Cerda Martinez-Pujalte, Dr. Hélène Langlois, Flaminia Tacconi, Dr. Maja Grzymkowska, Marianne Klump, Sara von Skerst und Dr. Maria-Irene Papa für ihre stetige und wahrhafte Unterstützung.

Hamburg, im Mai 2008

Imen Gallala

Inhaltverzeichnis

Abkürzungsverzeichnis

AAINS	Allgemein anerkannte internationale Normen und Standards
ABl. EG	Amtsblatt der Europäischen Gemeinschaften
ADM	Annuaire du droit de la mer
AFDI	Annuaire Français de Droit International
AJIL	American Journal of International Law
ANPE	Agence nationale de protection de l'environnement/Nationale Agentur für Umweltschutz
ANPE-Gesetz	Loi n°92-115 modifiant la loi n°89-91 portant création d'une agence nationale de protection de l'environnement
APAL	Agence de protection et d'aménagement du littoral/Agentur für den Schutz und Raumordnung der Küstengebiete
APAL-Gesetz	Loi n°95-72 portant création d'une agence de protection et d'aménagement du littoral
Athener Protokoll	Protokoll über den Schutz des Mittelmeeres gegen die Verschmutzung vom Lande aus
AWZ	Ausschließliche Wirtschaftszone
AWZ-Gesetz	Loi n°2005-50 relative à la zone économique exclusive au large des côtes tunisiennes
Bamako-Konvention	Bamako-Konvention über das Importverbot gefährlicher Abfälle nach Afrika, die Kontrolle ihrer grenzüberschreitenden Verbringung und ihrer Bewirtschaftung innerhalb Afrikas
Barcelona-Konvention I	Die Konvention über den Schutz des Mittelmeeres vor Verschmutzung
Barcelona-Konvention II	Die Konvention über den Schutz der Meeresumwelt und der Küstengebiete im Mittelmeer
Barcelona-System	Die rechtliche Komponente des UNEP/MAP
Basler-Übereinkommen	Basler Übereinkommen über die Kontrolle der grenzüberschreitenden Verbringung gefährlicher Abfälle und ihre Entsorgung
BAT/BEP	Best Available Technologies/Best Environmental Practices

BDGVR	Berichte der Deutschen Gesellschaft für Völkerrecht
BDP I	Protokoll über die Verhütung der Mittelmeerverschmutzung durch Einbringen
BDP II	Protokoll über die Verhütung und Beseitigung der Mittelmeerverschmutzung durch Einbringen oder Verbrennung auf See
BGBl.	Bundesgesetzblatt
CDEM-Standards	Standards über den Entwurf, den Bau, die Bemannung und die Ausrüstung von Schiffen
CITET	Centre international des technologies de l'environnement/Internationales Umwelttechnologiezentrum
CITET-Gesetz	Loi n°96-25 portant création du Centre international des technologies de l'environnement
COLREG	Übereinkommen über die internationalen Regeln zur Verhütung von Zusammenstößen auf See
CNDD	Commission nationale pour le dèveloppement durable/Nationale Kommission für Nachhaltige Entwicklung
CNDD-Dekret	Décret n°93-2061 portant création d'une Commission nationale pour le dèveloppement durable
CNDM	Commission nationale du droit de la mer/Nationale Seerechtskommission
CNDM-Dekret	Décret n°2000-1687 portant création d'une Commission nationale du droit de la mer
DDT	Dichlordiphenyltrichlorethan
EPIL	Encyclopedia of Public International Law
ESM	Environmentally Sound Management of hazardous Wastes
FAO	Food and Agriculture Organization of the United Nations
Fischerei-Gesetz	Loi n°94-13 relative à l'exercice de la pêche
FODEP	Fonds de dépollution/Fonds zur Verschmutzungsbekämpfung
GEF	Global Environmental Facility

GESAMP	Joint Group of Experts on the Scientific Aspects of Marine Pollution
GTZ	Gesellschaft für Technische Zusammenarbeit
GÜHS	Genfer Übereinkommen über die Hohe See
HELCOM	Helsinki Commission
IAEA	International Atomic Energy Agency
ICJ	International Court of Justice
ICJ Reports	International Court of Justice, Reports of Judgments, Advisory Opinions and Orders
IGH	Internationaler Gerichtshof
IJMCL	International Journal of Marine and Coastal Law
ILC	International Law Commission
ILM	International Legal Materials
ILO	International Labour Organization
IMO	International Maritime Organization
ISGH	Internationaler Seegerichtshof
ITLOS	International Tribunal for the Law of the Sea
Izmir-Protokoll	Izmir-Protokoll über die Verhütung der Mittelmeerverschmutzung durch die grenzüberschreitende Verbringung gefährlicher Abfälle und deren Beseitigung
IUCN	World Conservation Union
JORT	Journal Officiel de la République Tunisienne
Konferenz-MED 21	Mittelmeer Konferenz über die Umwelt und die nachhaltige Entwicklung
Küstenmeer-Gesetz	Loi n°73-49 portant délimitation des eaux territoriales
LDC	Londoner Übereinkommen über die Verhütung der Meeresverschmutzung durch Einbringen von Abfällen und anderen Stoffen
LDP	Protokoll zum Londoner Übereinkommen über die Verhütung der Meeresverschmutzung durch Einbringen von Abfällen und anderen Stoffen
MAP	Aktionsplan für das Mittelmeer
MARPOL	International Convention on the Prevention of Pollution from Ships/Internationales Überein-

	kommen zur Verhütung der Meeresverschmutzung durch Schiffe
MCSD	Mittelmeerkommission für Nachhaltige Entwicklung
MEDPOL	Coordinated Programme of Research, Monitoring and Exchange of Information and Assessment of the State of Pollution and Protection Measures
MEPC	Marine Environment Protection Committee (IMO)
METAP	Mediterranean Environmental Technical Assistance Programme
Mittelmeer-Vereinbarung	Mittelmeer-Vereinbarung über Hafenstaatskontrolle
Notfallprotokoll I	Protokoll über die Zusammenarbeit bei der Bekämpfung der Verschmutzung des Mittelmeeres durch ÖL und anderen Schadstoffen in Notfällen
Notfallprotokoll II	Protokoll über die Zusammenarbeit bei der Verhütung der Verschmutzung durch Schiffe und über die Bekämpfung der Mittelmeerverschmutzung im Notfall
OECD	Organization for Economic Cooperation and Development
Offshore-Protokoll	Protokoll zum Schutz des Mittelmeeres gegen die aus der Erkundung und Ausbeutung des Festlandsockels, des Meeresbodens und dessen Untergrundes resultierende Verschmutzung
OILPOL	Internationales Übereinkommen zur Verhütung der Meeresverschmutzung durch Öl
ONAS	Office national de l'assainissement/Nationales Abwässeraufbereitungsamt
OPRC-HNS Protocol	Protocol on the Preparedness, Response and Cooperation to pollution Incidents by Hazardous and Noxious Substances
"Organisation"	UNEP/Coordinating Unit for the MAP
OSPAR- Übereinkommen	Übereinkommen zum Schutz der Meeresumwelt des Nordatlantiks
PCB	Polychlorierte Bipheny
PERSGA	Regional Organization for the Conservation of the Environment of the Red Sea and Gulf of Aden

RACs	Regional Activity Centres
RCADI	Recueil des Cours de l'Académie de Droit International
REMPEC	Regional Marine Pollution Emergency Centre for the Mediterranean Sea
RGDIP	Revue générale de droit international public
ROPME	Regional Organisation on the protection of the Marine Environment
RT	Reichstyp
Seewracks-Gesetz	Loi n°89-21 relative aux épaves maritimes
SMAP	Short and Medium Term Priority Environmental Action Programme
SOLAS	Internationale Übereinkommen zum Schutz des menschlichen Lebens auf See
SRÜ	Seerechtsübereinkommen der Vereinten Nationen
STCW	Convention on Standards of Training, Certification and Watchkeeping for Seefarers
Syrakuser Protokoll	Protokoll über den Schutz des Mittelmeeres vor Verschmutzung aus landseitigen Quellen und Tätigkeiten
T.Verf.	Tunesische Verfassung
UMA	Union du Maghreb Arabe
UN	United Nations
UNCLOS	United Nations Conference on the Law of the Sea
UNCSD	United Nations Commission for Sustainable Development
UNCTAD	United Nations Conference on Trade and Development
UNDP	United Nations Development Programme
UNEP	United Nations Environment Programme
UNEP/MAP	UNEP Regional Seas Programm für das Mittelmeer
UNESCO	United Nations Educational, Scientific and Cultural Organization
UNTS	United Nations Treaty Series
UNYB	Umweltverträglichkeitsprüfung
UVS	Umweltverträglichkeitsstudie

Vorsorge-Übereinkommen	Internationales Übereinkommen über Vorsorge, Bekämpfung und Zusammenarbeit auf dem Gebiet der Ölverschmutzung
WHO	World Health Organization
ZaöRV	Zeitschrift für ausländisches öffentliches Recht und Völkerrecht

Einführung

1. Das Mittelmeer, ein hochgefährdetes Meer

Das Mittelmeer ist etwa 2, 5 Mio. Km2 groß und bis zu 5.267 m tief. Es hat eine Küstenlänge von 46, 000 km, und befindet sich den zwischen drei Kontinenten Europa, Afrika und Asien. Im Westen ist es durch die Straße von Gibraltar mit dem Atlantik verbunden, im Nordosten über die Dardanellen, das Marmarameer und den Bosporus mit dem Schwarzen Meer und im Südosten über den Suezkanal mit dem Roten Meer.[1] Das Mittelmeer ist ein halbumschlossenes Meer und stellt hinsichtlich des Klimas, der Geographie und der Umwelt eine Einheit dar.[2] Das Mittelmeer ist ein empfindliches Ökosystem. Seine Gewässer benötigen zwischen 80 und 90 Jahren, um sich vollständig zu erneuern.[3] Die Flora im Mittelmeerraum zählt ungefähr 25, 000 Spezies. Trotz der Vielfalt sind seine biologischen Ressourcen gering.[4] Aus diesen Gründen haben die Umweltbelastungen, die auch sonstige Meere und Ozeane betreffen, im Mittelmeer besonders beeinträchtigende Folgen. Darüber hinaus stellen die menschlichen Aktivitäten große Herausforderungen für die Mittelmeerumwelt dar. Ungefähr 433 Mio. Menschen leben in den Mittelmeeranrainerstaaten, die meisten davon in den Küstengebieten. Zahlreiche Ballungsräume entstehen, weil viele Menschen aus dem Hinterland an die Küsten ziehen. Die Siedlungen und die verschiedenen wirtschaftlichen Aktivitäten belasten das Mittelmeer stark.[5] Im Jahr 2000 haben 175 Mio. Touristen die Mittelmeerregion besucht.[6] Das Einleiten von Abwässern vom Lande aus stellt die größte Verschmutzungsursache des Mittelmeers dar. Es werden nämlich 60% der Abwässer ungeklärt ins Mittelmeer eingeleitet.[7] Ferner finden im Mittelmeer 20% des weltweiten Seeverkehrs statt, obwohl es nur

1 Leanza, Le nouveau droit international de la mer Méditerranée (1994), S. 39-44.

2 Khodjet El Khil, La pollution de la mer méditerranée du fait du transport maritime de marcha dises (2003), S. 49.

3 Khodjet El Khil, S. 50.

4 Khodjet El Khil, S. 51; Ausführlich darüber bei Jeftic/ Bernhard/ Demetropoulos, State of the Mediterranean Marine Environment, MAP Technical Reports series, No. 26 UNEP, Athens, 1989; UNEP/MAP/MCSD, Sustainable Development in the Mediterranean Region: Synthesis of the Strategic Review (2001), S. 8 : Die Landes- und Meeressäugetiere erleben eine stetige Abnahme. Die Wälder im Hinterland des Mittelmeers bedecken zurzeit lediglich 5% von deren ursprünglicher Fläche dar.

5 UNEP/MAP/MCSD, Sustainable Development in the Mediterranean Region: Synthesis of the Strategic Review (2001), S. 8.

6 UNEP/MAP/MCSD, Sustainable Development in the Mediterranean Region, S. 12.

7 Zarocostas, Rapid Development poses Threat to the Mediterranean Coast, in: Lloyd's List, April 06 2006.

0,7% der gesamten Meeresfläche des Erdballs umfasst.[8] Ein von Blau Plan erarbeiteter Bericht sieht wegen der entwicklungsbedingten Belastungen eine deutliche Verschlechterung für die Meeresumwelt im Mittelmeer bis 2025 voraus.[9] Der Schutz dieses Meeres erfordert darum gemeinsame Handlungen aller Anrainerstaaten. Es liegt nahe, dass gemeinsame Interessen und gemeinsame politische und wirtschaftliche Verhältnisse die Zusammenarbeit benachbarter Staaten fördern.[10] Die zahlreichen Diskrepanzen zwischen den Anrainerstaaten des Mittelmeeres bringen jedoch große Hindernisse für eine effektive Zusammenarbeit mit sich, mit der die Meeresumwelt in diesem Raum geschützt werden könnte. Das Mittelmeer hat 21 Anrainerstaaten, davon 11 in Europa (Italien, Frankreich, Spanien, Slowenien, Griechenland, Kroatien, Montenegro, Monaco, Albanien, Malta, Zypern), vier in Asien (Türkei, Libanon, Syrien, Israel), und fünf in Nordafrika (Ägypten, Libyen, Tunesien, Algerien und Marokko).

Die wirtschaftlichen, politischen und demographischen Verhältnisse dieser Staaten sind verschieden.[11] Am nördlichen Ufer befinden sich zum großen Teil Industriestaaten, während die Staaten am südlichen und östlichen Mittelmeer noch in Entwicklung begriffen sind. Obwohl die Wirtschaft der letztgenannten wächst, haben bedeutende Teile ihrer Bevölkerung keinen Anteil an diesem Wachstum.[12] Im Gegensatz zum nördlichen Ufer steigt die Bevölkerungszahl am südlichen Ufer rasch und stetig.[13] Dies macht die wirtschaftlichen Probleme in den Südanrainerstaaten noch komplizierter und vergrößert die Kluft zwischen den Ländern beider Mittelmeerufer.[14]

2. Die Mannigfaltigkeit der Meeresumweltabkommen

Aus diesen Gründen ist das Mittelmeer ein hochgefährdetes Meer. Die Bedrohung der Meeresumwelt durch Verschmutzung ist jedoch eine gemeinsame Gefahr für alle Meere und Ozeane. Dies ist spät in das allgemeine Bewusstsein

---

8 REMPEC, Protecting the Mediterranean against Maritime Accidents and Illegal Discharges from Ships, Malta (2002).

9 Plan Bleu/Benoit/Comeau, Méditerranée : Les perspectives du Plan Bleu sur l'environnement et le développement (2005); siehe über den Blau Plan Kapitel 2/II/B/1.

10 Benet, International Organizations: Principles and Issues (1977), S. 289.

11 Mehr über die geopolitischen Verhältnisse im Mittelmeer siehe bei Brauch (Ed.), Security and Environment in the Mediterranean (2003).

12 UNEP/MAP/MCSD, Sustainable Development in the Mediterranean Region, S. 9.

13 Zoller, Völker- und europarechtliche Aspekte des Mittelmeerumweltschutzes (1996), S. 25.

14 UNEP/MAP/MCSD, Sustainable Development in the Mediterranean Region, S. 9.

eingedrungen.[15] Bedauerlicherweise haben erst Unfälle mit verheerenden Auswirkungen auf die Meeresumwelt der Staatengemeinschaft die Notwendigkeit von Regelungen zur Verhütung und Bekämpfung der Meeresverschmutzung klar gemacht. So war der *Torrey Canyon* Fall für den Abschluss des internationalen Übereinkommens über Maßnahmen auf Hoher See bei Ölverschmutzungen von 1969 ausschlaggebend. Der Schutz der Meeresumwelt durch Verträge nahm infolge der Stockholmer Umweltkonferenz und der Verhandlungen der 3. UN-Seerechtskonferenz stark zu. In den siebziger Jahren wurden die wichtigsten globalen Meeresumweltabkommen geschlossen. Dazu gehören das Londoner Übereinkommen über die Verhütung der Meeresverschmutzung durch Einbringen von Abfällen und sonstigen Stoffen (1972) und das Internationale Übereinkommen zur Verhütung der Meeresverschmutzung durch Schiffe (MARPOL 1973/1978). Im Seerechtsübereinkommen von 1982 (im folgenden SRÜ) wurden die bisherigen fragmentarischen Regelungen zum Schutz der Meeresumwelt durch eine umfassende Regelung ergänzt. Das SRÜ, ein zentrales Instrumentarium für die verschiedenen Meeresnutzungen, fordert die Staaten auf, sowohl auf globaler wie auf regionaler Ebene weitere Normen und Standards zum Schutz und zur Bewahrung der Meeresumwelt auszuarbeiten. Die regionale Zusammenarbeit hat zu zahlreichen regionalen Meeresumweltschutzabkommen geführt. Diese Abkommen kamen entweder aus eigenem Antrieb der Staaten einer Region (Nordsee/ Ostsee), oder auf Initiative der UNEP im Rahmen des *Regional Seas* Programms zustande, das für den Schutz des Mittelmeeres eine zentrale Rolle spielt.

Derzeit sind für den Schutz der marinen Umwelt Normen, Standards und Maßnahmen aus verschiedenen Ebenen verzahnt: der lokalen, nationalen, regionalen und globalen Ebene. Caldwell beschreibt die Koexistenz der verschiedenen Ebenen und einige Gründe hierfür zuecht wie folgt:

> "In a world of nations, most of the actual work of environmental protection is done at the local level with the involvement or cooperation of national government. Nearly every nation has a stated policy for the environment and by treaty or statute, some national policies extend to international commitments. And because many environmental policies transcend national boundaries but fall short of being global, governments have developed bilateral or regional arrangements to deal cooperatively with matters that they cannot effectively manage separately".[16]

15 Hafner, Meeresumwelt, Meeresforschung und Technologietransfer, in: Graf Vitzthum (Hg.), Handbuch des Seerechts (2006), S. 355.

16 Caldwell, International Environmental Policy (1990), S. 129.

3. Ziel und Gang der Arbeit

Für den Schutz der Meeresumwelt im Mittelmeer sind regionale und globale internationale Abkommen einschlägig. Die regionalen Abkommen wurden im Rahmen des UNEP *Regional Seas* Programms für das Mittelmeer abgeschlossen. Die globalen befassen sich mit den verschiedenen Ursachen der Meeresverschmutzung und kennen keine geographische Begrenzung auf ein bestimmtes Meer. Erst die Ratifizierung dieser Abkommen durch Mittelmeeranrainerstaaten oder durch Staaten, die das Mittelmeer nutzen, macht sie für den Schutz der Mittelmeeresumwelt relevant.

In dieser Arbeit wird der Frage nachgegangen, wie sich die verschiedenen Abkommen zu einander verhalten und wie sich das auf einen effektiven Schutz der Mittelmeerumwelt auswirkt. Es wird gefragt, ob sich diese Abkommen ergänzen und wie weit sie unterschiedliche oder sich widersprechende Bestimmungen enthalten.

Nach der Ratifikation setzen die Staaten die Meeresumweltschutzabkommen durch Gesetze oder sonstige Vorschriften und Durchführungsmaßnahmen um. Deswegen hat die nationale Ebene eine unmittelbare Wirkung auf den Schutz des Mittelmeeres. Die nationale Ebene wird am Beispiel Tunesiens untersucht. Die Verpflichtungen in den verschiedenen globalen und regionalen Meeresumweltabkommen stehen unter dem Vorbehalt, dass die geringe Wirtschaftskraft der Entwicklungsländer zu berücksichtigen ist. Deswegen soll auch untersucht werden, auf welche Schwierigkeiten ein Entwicklungsland wie Tunesien bei der Erfüllung seiner völkerrechtlichen Verpflichtungen zum Meeresumweltschutz gestoßen ist und welche positiven Ergebnisse es hierbei erzielt hat.

Der Internationale Seegerichtshof hat betont, dass die Sicherung der natürlichen Ressourcen ein wesentliches Element zum Schutz und der Erhaltung der Meeresumwelt darstellt.[17] Dennoch folgt die vorliegende Arbeit einem verschmutzungsbezogenen Ansatz. Deswegen werden nur Rechtsvorschriften untersucht, die sich mit der Bekämpfung der klassischen Meeresverschmutzungsursachen befassen: wie die schiffseitige oder die landseitige Verschmutzung, die Verschmutzung durch Einbringen oder die Verschmutzung durch Offshore- Tätigkeiten.

Im ersten Teil wird der vom Völkerrecht für den Schutz der Meeresumwelt im Mittelmeer gesetzte ausfüllungsbedürftige Rahmen betrachtet. Hierbei werden die globalen und regionalen Grundsätze und Regeln und die Institutionen, die für den Mittelmeersschutz relevant sind, dargestellt. Im zweiten Teil werden die Vorschriften nach speziellem Völkerrecht dargestellt. Es handelt sich um die relevanten materiell-rechtlichen Instrumente. Im dritten Teil werden die von Tu-

17 ISGH, Southern Bluefin Tuna (Australia v. Japan; New Zealand v. Japan), Cases No. 3 and 4, Einstweilige Anordnung vom 27.8.1999 abrufbar unter http://www.itlos.org/start2_en.html.

nesien getroffenen gesetzgeberischen und verwaltungsrechtlichen Maßnahmen zum Meeresumweltschutz untersucht.

Erster Teil: Der völkerrechtliche Rahmen des Schutzes der marinen Umwelt im Mittelmeer: Grundsätze und Institutionen

Kapitel 1: Der Schutz des Mittelmeeres nach dem Seerechtsübereinkommen

I. Überblick

Das Seerechtsübereinkommen der Vereinten Nationen vom 10. Dezember 1982[1] ist das Ergebnis der 3. Seerechtskonferenz der Vereinten Nationen, die in 11 Sessionen von 1973 bis 1982 tagte. Ihr Ziel war die Neuregelung des gesamten Seerechts und vor allem die Neuverteilung staatlicher Rechte und Pflichten in diesem Bereich.[2] Deswegen hat der Präsident der Seerechtskonferenz das SRÜ als eine „Verfassung für die Ozeane" bezeichnet. Es handelt sich dabei um das erste umfassende Instrument, das sich mit allen Aspekten der Meeresnutzungen und -ressourcen befasst.[3]

Das SRÜ ist für den Schutz der Meeresumwelt im Mittelmeer von großer Relevanz. Es hat einen weiten Anwendungsbereich sowohl *ratione personae* als *ratione materiae*. Deswegen ist es sowohl sachlich als auch räumlich ein globales Instrument.[4] Alle Staaten und internationalen Organisationen, letztere jedoch nur in Übereinstimmung mit Anlage IX, können Vertragsparteien werden. Ferner misst das SRÜ dem Meeresumweltschutz große Bedeutung zu, indem es diesem Bereich einen eigenen Teil widmet. Der als „Schutz und Bewahrung der Meeresumwelt" betitelte Teil XII enthält die zentralen Regelungen zu diesem Thema im SRÜ.[5] Andere Bestimmungen dieser Konvention sind, insbesondere für den Umweltschutz im Mittelmeer, ebenfalls einschlägig. Erwähnenswert ist dabei Teil IX über die umschlossenen und halbumschlossenen Meere.

Die Bedeutung des SRÜ für den Umweltschutz im Mittelmeer liegt auch an der allgemeinen Ratifikation dieses Übereinkommens durch die Mittelmeeranrainerstaaten. Bis auf einige Ausnahmen haben alle Mittemeeranrainer das SRÜ

1 Text in: BGBl. 1994 II, S. 1799.

2 Wolfrum, Die Internationalisierung staatsfreier Räume (1984), S. 1.

3 Koh, A Constitution for the Oceans, in: UN, The Law of the Sea- Official Text of the United Nations Convention on the Law of the Sea with Annexes and Index, New York, 1983, S. xxiii; Graf Vitzthum, Raum und Umwelt im Völkerrecht, in: ders. (Hg.), Völkerrecht, (2001), S. 404 ff.

4 Proelß, Meeresschutz im Völker- und Europarecht: Das Beispiel des Nordostatlantiks (2004), S. 74.

5 Ebenda. Nach Proelß ist das SRÜ „eine große Umweltkonvention"; Bothe, Das Seerecht als Motor des internationalen Umweltrechts, in: Ando/McWhinney/Wolfrum (Eds.), Liber amicorum Judge Shigeru Oda, Vol. 2 (2002), S. 1335.

ratifiziert.[6] Da zahlreiche Bestimmungen des SRÜ als Teil des Völkergewohnheitsrechts zu betrachten sind, bleibt diese Konvention auch für die Mittelmeeranrainer, die sie nicht ratifiziert haben, nicht ohne Folgen.[7]

Aus diesen Gründen wird im Folgenden der Frage nachgegangen, welchen Beitrag das SRÜ zum Schutz der Meersumwelt im Mittelmeer erbringt. Diese Frage ist umso wichtiger, als im Völkerrecht auch andere sektorielle und regionale Meeresumweltinstrumente in Kraft sind.

A. Definition der Verschmutzung der Meeresumwelt

Das SRÜ definiert nicht die Meeresumwelt, sondern die Verschmutzung.[8] Diese Definition ist wichtig. Sie spiegelt teilweise das „umweltpolitische Grundkonzept"[9] des SRÜ wider. Darüber hinaus grenzt sie den Anwendungsbereich der umweltbezogenen Bestimmungen im SRÜ in materieller Hinsicht ab. Das SRÜ definiert die Verschmutzung der Meeresumwelt wie folgt als:

> „die unmittelbare oder mittelbare Zuführung von Stoffen oder Energien durch den Menschen in die Meeresumwelt einschließlich den Flussmündungen, aus der sich abträgliche Wirkungen wie die Schädigung der lebenden Ressourcen sowie Tier- und Pflanzenwelt des Meeres, eine Gefährdung der menschlichen Gesundheit, eine Behinderung der maritimen Tätigkeiten einschließlich der Fischerei und der sonstigen rechtmäßigen Nutzung des Meeres, eine Beeinträchtigung des Gebrauchswerts des Meerwassers und eine Verringerung der Annehmlichkeiten der Umwelt ergeben oder ergeben können".[10]

Diese Definition beruht auf einer von dem *Joint Group of Experts on the Scientific Aspects of Marine Environment* (GESAMP) seit 1969 erarbeiteten Definiti-

---

6 Die Ausnahmen sind: Türkei, Israel, Syrien, Marokko und Lybien. Siehe dazu unter https://www.un.org/Depts/los/reference _files/chronolgical_lists_of _ratifications.htm (Stand: 5 April 2006).

7 Über die Dynamik zwischen dem SRÜ und dem Völkergewohnheitsrecht siehe Treves, Codification du droit international et pratique des Etats dans le droit de la mer, in: 223 RCADI (1990) IV, S. 25-287; Wolfrum, The Emerging Customary Law of Marine Zones: State Practice and the Convention on the Law of the Sea, in: Netherlands Yearbook of International Law (1987), S. 121-144.

8 Malta hat während der 3. Seerechtskonferenz den Vorschlag unterbreitet, die Meeresumwelt wie folgt zu definieren: "The environment comprises the surface of the sea, the air space above, the water column and the sea bed beyond the high-tide mark including the biosystems therein or dependent thereon". Dieser Vorschlag ist jedoch abgelehnt worden. Dazu bei Rosenne/Yankov/Nordquist (Eds.), United Nations Convention on the Law of the Sea 1982, A Commentary, Vol. IV. (1990), S. 42-43.

9 Wolfrum, Die Internationalisierung, S. 633

10 Art. 1 Abs. 1 (4) SRÜ.

on der Verschmutzung.[11] Die Definition des SRÜ geht weiter als die des GESAMP. Sie teilt allerdings einige Gemeinsamkeiten mit ihr. Nach beiden Definitionen gelten nur menschliche Handlungen als Verschmutzungsursache: "mittelbares oder unmittelbares Einbringen von Stoffen und Energie". Auch das 1992 verabschiedete Übereinkommen zum Schutz der Meeresumwelt des Nordatlantiks (hiernach: OSPAR-Übereinkommen) [12] bezweckt den „Schutz des Nordostatlantiks vor den nachhaltigen Auswirkungen menschlicher Tätigkeiten oder Unternehmen, um die menschliche Gesundheit zu schützen(...)“[13].

Die Begriffe „Einbringen“ oder „Zuführung“ im SRÜ schließen die Verschmutzung durch Meeresbodenaktivitäten ein, obwohl dabei die Verschmutzung vom Meer her kommt.[14] Diese Auslegung wurde durch die völkerrechtliche Praxis bestätigt. Alle einschlägigen Konventionen behandeln diese Verschmutzungsart.[15]

Darüber hinaus weist das Merkmal „unmittelbare Zuführung“ von „Stoffen und Energie“ auf die Verschmutzung der Meeresumwelt etwa durch Flüsse oder die Luft hin. Dies ist für den Schutz der Meeresumwelt äußerst vorteilhaft, da deren Beitrag zur Verschmutzung der Meere beträchtlich ist.[16] Die von der Natur selbst verursachten schädlichen Phänomene, wie die Produktion organischen Mülls oder die natürliche Konzentration von Schwermetallen oder Radioaktivität im Meer sind durch die Verschmutzungsdefinition des SRÜ nicht gedeckt.[17] Auch sind nicht alle menschlichen Aktivitäten in diese Definition einbezogen. Ökologische Änderungen, die nicht durch „Einbringen“, sondern durch exzessive Nutzung der Meeresumwelt verursacht werden, sind ebenfalls nicht erfasst.[18] Aus der Verschmutzungsdefinition des SRÜ ergibt sich auch, dass die Meeresumwelt keinen Wert an sich hat. In dieser Definition dient der Umweltschutz

11 GESAMP, Report on the First Session, London, 17.-21, March 1969, S. 5. In dem Bericht ist die Verschmutzung wie folgt definiert: "introduction by man directly or indirectly, of substances or energy into the marine environment (including estuaries) resulting in such deleterious effects as harm to living resources, hazard to human health, hindrance to marine activities including fishing, impairment of the quality for use of seawater and reduction of amenities"; Siehe Churchill/Lowe, The Law of the Sea (1999), S. 328-329; Zoller, S. 32.

12 Das OSPAR-Übereinkommen ist am 22.9.1992 verabschiedet worden und seit dem 25.3.1998 in Kraft, Text, in: BGBl. 1994 II, S. 1360.

13 Mehr zu diesem Übereinkommen bei Cron, Das Umweltregime der Nordsee: völker- und europarechtliche Aspekte (1995), insbes. S. 131 ff.; Proelß, Meeresumweltschutz im Völker- und Europarecht, insbes. S. 191 ff.

14 Zoller, S. 33.

15 Im SRÜ wird diese Verschmutzungsart in Art. 194 Abs. 3 c), Arts. 208, 209 u. in Teil XI behandelt.

16 Siehe Kapitel 6.

17 Zoller, S. 33.

18 Wolfrum, Die Internationalisierung, S. 634.

lediglich dazu, eine effektive Nutzung der Meere zu ermöglichen.[19] Deswegen schließt sie nur ökologische Änderungen mit „wirtschaftlicher Relevanz“[20] ein. Bei einer Nutzungskonkurrenz hat die Nutzungsform Vorrang, die den größeren wirtschaftlichen Gewinn bringt.[21] Dieser anthropozentrische Ansatz ist keine Ausnahme. Die anthropozentrischen Rechtfertigungen dominieren sowohl in den Erklärungen als auch in den einschlägigen Konventionen[22]die Begründung des Umweltschutzes.[23] In der Stockholmer Erklärung über die menschliche Umwelt wird betont, dass:

> „Man is both creature and moulder of his environment, which gives him physical sustenance and affords him the opportunity for intellectual, spiritual, moral and social growth”.[24]

Ebenso verfolgt die Rio-Erklärung über Umwelt und Entwicklung einen anthropozentrischen Ansatz, indem sie ausführt: “Human beings are at the centre of concerns for sustainable development“.[25] Trotz des anthropozentrischen Ansatzes in den meisten umweltbezogenen Erklärungen und Konventionen scheinen einige Übereinkommen einen ökozentrischen Ansatz zu verfolgen, in dem sie betonen, dass die Umwelt einen eigenen Wert hat. Beispielsweise spiegelt das Ziel des Umweltschutzprotokolls zum Antarktis-Vertrag (1991) einen ökozentrischen Ansatz und eine deutliche Abweichung von der wirtschaftlichen Betrachtungsweise wider.[26] Nach Art. 3 Abs. (1) dieses Protokolls stellen „der Schutz

---

19 Ebenda, S. 634: Zu diesem Punkt erwähnt Wolfrum als Gegenbeispiel die Resolution 1 der Europäischen Ministerkonferenz über Umweltschutz, Wien, 28.-30. 3. 1973, in welcher betont wird, dass: „the national environment must be taken care of *because of its own value*”. Hervorhebung zugefügt.

20 Wolfrum, Die Internationalisierung, S. 634.

21 Ebenda, S. 634: Wolfrum schließt daraus, dass diese Verschmutzungsdefinition keine „Umweltplanung“ ermöglicht, d.h. es besteht hierin keine Sicherung der Umwelt für die Zukunft.

22 Ausführlich dazu siehe bei Sands, Principles of International Environmental Law (2003), S. 5-18.

23 Gillepsie, International Environmental Law, Policy and Ethics (1997) insbes. chapters 4 u. 5: Er vertritt die Meinung, dass der dominierende Ansatz nicht immer anthropozentrisch ist. Die Begründungen des Umweltschutzes sind nicht mehr, wie in den ersten umweltbezogenen Konventionen, ausschließlich wirtschaftlich. Es sind andere Gründe zugefügt worden, etwa ästhetische, ethische und religiöse; Ausführlicher über die Umweltschutzbegründungen bei Eckersley, Environmentalism and Political Theory (1992).

24 Stockholm Declaration, Preamble, §1, in: UN. Rep. of UN Conference on the Human Environment, A/CONF. 48/14/Rev. 1, New York 1972.

25 Rio-Erklärung über Umwelt und Entwicklung abrufbar unter http://www.un.org/Depts/german/conf/agenda21/rio.pdf.

26 Boyle/Bernie, International Law and the Environment (2002), S. 4; Im *Antarctic Treaty System* ist auch das Beispiel des Übereinkommens über die Regelung von Tätigkeiten im Zusammenhang mit mineralischen Ressourcen der Antarktis vom 2.6.1988 zu er-

der antarktischen Umwelt sowie der abhängigen und verbundenen Ökosysteme und die Erhaltung der Eigenart (...) und der ästhetischen Werte (...) entscheidende Überlegungen für die Planung und Durchführung aller Tätigkeiten im Gebiet des Antarktis-Vertrags“ dar.[27] Das Rahmenübereinkommen der Vereinten Nationen über Klimaänderungen[28] enthält den breitesten Umweltschutzansatz bei der Definition der schädlichen Effekte auf die Umwelt, die verhütet und bekämpft werden sollen.[29] Diese sind wie folgt beschrieben:

> „Changes in the physical environment, or biota, resulting from climate change which have significant deleterious effects on the composition, resilience and productivity of natural and managed ecosystems, or on the operation of natural and managed ecosystems or on the operation of socio-economic systems or human health and welfare”. (Art. 1 Abs.1).

Es wäre auch für den Meeresumweltschutz im SRÜ angemessen, dass die Definition der Verschmutzung einen ökozentrischen Ansatz verfolge. Dass dies nicht der Fall ist, darf jedoch nicht überbewertet werden. Es reichte nämlich nicht, den eigenen Wert der Umwelt und ihrer Komponenten nur formal anzuerkennen. Man müsste daraus auch weiter reichende Auswirkungen als ein Schutzkonzept herleiten.[30]

Trotz dieser Mängel enthält die Definition der Verschmutzung im SRÜ einige Verbesserungen gegenüber der Definition von GESAMP. Im Gegensatz zu dieser muss im SRÜ die Kausalität zwischen Einbringung und Schaden nicht gesichert sein.[31] Es reicht, wenn das Zuführen von Stoffen und Energie die abträglichen Wirkungen[32] herbeiführen „kann“.[33] Darüber hinaus sind im SRÜ die

---

wähnen, in: ILM 27 (1988), S. 865. Dabei ist die Schädigung der Umwelt wie folgt definiert: „any impact on the living and non-living components of the environment or those ecosystems, including harm to atmospheric, marine or terrestrial life”; Siehe über diese Konvention Wolfrum, The Convention on the Regulation of Antarctic Mineral Resource Activities (1991), S. 26 ff; Krüger, Anwendbarkeit von Umweltschutzverträgen in der Antarktis (2000), S. 20.

27 Krüger, S. 22; Bastmeijer, The Antarctic Environmental Protocol and its Domestic Legal Implementation (2003), insbes. S. 49 ff.

28 Text in: BGBl. 1993 II, S. 1784 u. ILM 31 (1992), S. 849.

29 Boyle/Birnie, S. 4; Das Übereinkommen zum Schutz der Ozonschicht enthält beinahe dieselbe Definition: Es wurde am 22.3.1985 verabschiedet und trat am 22.9.1988 in Kraft, Text in: BGBl. 1988 II, S. 901; ILM 26 (1987), S. 1529.

30 Wolfrum, International Environmental Law: Purposes, Principles and Means of Ensuring Compliance, in: Morrison/Wolfrum (Eds.), International, Regional and National Environmental Law (2000), S. 60; Matz, Wege zur Koordinierung völkerrechtlicher Verträge (2005), S. 70.

31 Zoller, S. 33.

32 Ebenda.

Schutzgüter weiter gefasst als in der GESAMP Definition. Während diese nur den Schutz der natürlichen Ressourcen nennt, schützt das SRÜ auch die Tier- und Pflanzenwelt des Meeres (*marine life*). Dies schwächt den überwiegend anthropozentrischen Ansatz der Definition der Verschmutzung im SRÜ etwas ab.[34] Die Legaldefinition reicht nicht aus, um zu einer genauen und differenzierten Bewertung des Meeresschutzkonzepts im SRÜ zu gelangen, auch wenn man ihre Bedeutung nicht unterschätzt. [35] Dafür ist die Erörterung sämtlicher umweltbezogenen Bestimmungen des SRÜ notwendig. Dabei kommt den allgemeinen Pflichten in Teil XII eine wichtige Rolle zu.

B. Allgemeine Pflichten

1. Die Pflicht zum Schutz und zur Bewahrung der Meeresumwelt

a. Geltungsbereich

Nach Art. 192 SRÜ sind die Staaten verpflichtet, die Meeresumwelt zu schützen und zu bewahren.[36] Diese Pflicht ist breit formuliert. Sie gilt nicht nur für die Vertragsstaaten des SRÜ, sondern auch für diejenigen Staaten, die das SRÜ nicht ratifiziert haben.[37] Diese Auslegung ist problematisch im Hinblick auf das in Art. 34 des Wiener Übereinkommens über das Recht der Verträge enthaltene Prinzip *pacta tertiis nec nocent nec prosunt*.[38] Hiernach begründet ein Vertrag für einen Drittstaat ohne dessen Zustimmung weder Rechte noch Pflichten.[39] Demzufolge verpflichtet eine Bestimmung des SRÜ eine Nichtvertragspartei

---

33 Darin kann man eine Anwendung des Vorsorgeprinzips sehen. Näher dazu siehe Kapitel 2/ III/D/2; Proelß, S. 82. Er sah in dieser Definition auch einen Verzicht auf völlige wissenschaftliche Gewissheit.

34 Cron, S. 66.

35 Zoller, S. 33: Sie ist der Meinung, dass die Verschmutzungsdefinition im SRÜ für die praktische Anwendung unzureichend sei. Sie müsse durch Richt- und Grenzwerte konkretisiert werden. Dies ist nicht nötig und sogar unangemessen. Es ist nicht die Aufgabe einer Definition, solche Einzelheiten zu beinhalten. Dies gilt umso mehr für das Umweltrecht als dieses Rechtsgebiet neuen wissenschaftlichen Erkenntnissen Rechnung tragen muss.

36 Art. 192 SRÜ.

37 Wolfrum, Legal Order for the Seas and Oceans, in: Nordquist (Ed.), 1994 Rhodes Papers: Entry into Force of the Law of the Sea Convention (1995), S. 177: Wolfrum stellt fest, dass der Wortlaut des SRÜ zwischen "*states parties*" und "*states*" unterscheidet.

38 Ebenda: Wolfrum schreibt, dass "in spite of this wording and the fact that the effectiveness of a comprehensive legal order for the seas and oceans, being in the interest of the world community, depends upon universal acceptance and implementation, *the rules of the Vienna Convention on the Law of Treaties on the effect of the treaty law on third States remain applicable*". Hervorhebung zugefügt.

39 Text in: BGBl. 1985 II, S. 927 ff.

nur, wenn diese Bestimmung zu Völkergewohnheitsrecht erstarkt ist.[40] Es besteht jedoch kein Zweifel darüber, dass die Pflicht zum Schutz der Meeresumwelt Völkergewohnheitsrecht darstellt.[41]

Die Umweltschutzpflicht ist nicht nur bezüglich ihrer Adressaten, sondern auch in Hinblick auf ihren räumlichen Anwendungsbereich breit formuliert. Art. 192 SRÜ verpflichtet die Staaten ohne jegliche räumliche Begrenzung nicht nur zum Schutz und zur Bewahrung ihrer nationalen marinen Umwelt, sondern der gesamten marinen Umwelt.[42] Diese Pflicht besteht in allen Gebieten unter staatlicher Souveränität und Nutzungshoheit und auf der Hohen See. Es handelt sich dabei um eine der wichtigsten Innovationen der umweltbezogenen Bestimmungen des SRÜ.[43] Theoretisch darf also jeder Staat jeden Verstoß gegen die Umweltschutzpflicht sanktionieren, ohne Rücksicht darauf, wo er begangen worden ist.[44] Denn die Umweltschutzpflicht im SRÜ bezweckt den Schutz des Interesses der gesamten Staatengemeinschaft an einer gesunden Meeresumwelt.[45] In diesem Zusammenhang ist die Frage gestellt worden, ob es nicht für den Schutz und die Bewahrung der Umwelt vorteilhaft wäre, dieser Pflicht eine *erga omnes*-Wirkung[46] zuzuerkennen.[47] Die daraus für den Umweltschutz resul-

---

40 Wolfrum, Legal Order for the Seas and Oceans, S. 177.

41 UN Doc. A/44/461, Law of the Sea, Protection and Preservation of the Marine Environment, Report of the Secretary- General, 18 September 1989, 10, § 29: "In addition to their status as conventional obligations binding on States parties to the Convention, articles 192 and 193 are generally regarded as statements of customary international law on the extent of the environmental responsibility of States towards the oceans."

42 Wolfrum, Legal Order for the Seas and Oceans, S. 171.

43 Birnie/Boyle, S. 352; Proelß, S. 79; Es sind auch weitere Innovationen des Umweltschutzprinzips im SRÜ erwähnt worden. Dazu bei Boyle, Marine Pollution under the Law of the Sea Convention, in: 347 AJIL (1985), S. 350: Nach Boyle ist zum ersten Mal im Völkerrecht bezüglich des Umweltschutzes von einer staatlichen Pflicht die Rede und nicht lediglich von einer staatlichen Befugnis (*power*); Timagenis, International Control of Marine Pollution (1980), S. 605; Treves, La Convenzione delle Nazioni Unite sul diritto del mare del 10 dicembre 1982 (1983), S. 47: Diese Autoren betonen, dass im Gegensatz zu früheren einschlägigen weltweiten Instrumenten, die Verschmutzung der Meeresumwelt im SRÜ nun in ihrer Gesamtheit angesprochen wird. Die früheren Instrumente haben sich jeweils mit einer bestimmten Verschmutzungsquelle der Meeresumwelt befasst.

44 Wolfrum, Legal Order for the Seas and Oceans, S. 171.

45 Ebenda, S. 164-165.

46 Der IGH definiert im Barcelona Traction Urteil die Normen mit *erga omnes*-Wirkung wie folgt: „(...) in particular, an essential distinction should be drawn between the obligations of a state towards the international community as a whole, and those vis-à-vis another state in the field of diplomatic protection. By their very nature the former are the concern of all states. In view of the importance of the rights involved, all States can be held to have a legal interest in their protection; they are obligations *erga omnes*." Text des Urteils in: ICJ Reports (1970), S. 32; Mehr zu den *erga omnes*-Normen siehe bei Frowein, Die Staatengemeinschaftsinteressen: Probleme bei Formulierung und

tierenden Vorteile wären jedoch unsicher. Dies liegt an der Unbestimmtheit des Wortlauts von Art. 192 SRÜ. Es ist im Einzelfall schwierig, einen Verstoß festzustellen.[48] Die Umweltschutzpflicht muss deswegen im Lichte weiterer Bestimmungen des SRÜ ausgelegt werden, die sie spezifizieren und auch beschränken.

b. *Einschränkungen*

Die Staaten besitzen einen großen Spielraum in der Ausgestaltung des Umweltschutzes nach dem SRÜ.[49] In Art. 193 SRÜ heißt es, dass sie das souveräne Recht haben, „ihre natürlichen Ressourcen im Rahmen ihrer Umweltpolitik und in Übereinstimmung mit ihrer Pflicht zum Schutz und zur Bewahrung der Meeresumwelt" auszubeuten. Ferner ist die staatliche Pflicht, die notwendigen Maßnahmen zum Schutz der Umwelt zu treffen, durch den Verweis auf die den Staaten zur Verfügung stehenden Mittel und auf ihre Möglichkeiten abgeschwächt.[50] Diese Schranken der Umweltschutzpflicht sind auf das Betreiben der Entwicklungsländer[51] auf der 3. Seerechtskonferenz zurückzuführen. Diese befürchteten, dass strengere Bestimmungen ihre wirtschaftliche Entwicklung hemmen könnten.[52] Die Verknüpfung des Umweltschutzes mit dem souveränen Recht auf die freie Ausbeutung natürlicher Ressourcen stellt keine Neuerung des SRÜ dar. In dieser Hinsicht lehnt sich Art. 193 an das Prinzip 21 der Stockholmer Erklärung an.[53] Das inzwischen zum Völkergewohnheitsrecht erstarkte Prinzip[54] lautet:

Durchsetzung, in: Hailbronner/Ress/Stein (Hg.), Festschrift für Döhring, Staat und Völkerrechtsordnung (1989), S. 223 ff.; Picone, Obblighi reciproci ed obblighi *erga omnes* degli Stati nel campo della protezione internazionale dell'ambiente marino dall'inquinamento, in: ders. (Hg.), Diritto internazionale e protezione dell'ambiente marino (1983), S. 15 ff; Empell, Die Staatengemeinschaftsnormen und ihre Durchsetzung (2003), S. 97-114; Über die Rechtsfolgen einer *erga omnes*-Pflicht siehe bei Tams, Enforcing Obligations Erga Omnes in International Law (2005), S. 99-115.

47 Hartmann, Die Entwicklung im internationalen Umwelthaftungsrecht unter besonderer Berücksichtigung von *erga omnes*-Normen (2000), S. 135- 145; Proelß, S. 80: Er gibt das Beispiel, dass im Gegensatz zum Fall einer völkergewohnheitsrechtlichen Pflicht, ein Staat nicht der Bindung an eine *erga omnes*-Pflicht durch einen steten Widerspruch entgehen darf. Mehr dazu bei Dahm/Delbrück/Wolfrum, Völkerrecht, Bd. I/3 (2002), S. 627; Tams, Enforcing Obligations Erga Omnes in International Law (2005), S. 128-156.

48 Proelß, S. 81.

49 Wolfrum, Die Internationalisierung, S. 636.

50 Art. 194 Abs. 1 SRÜ.

51 Siehe für die Definition der Entwicklungsländer bei Kellersmann, Die gemeinsame aber differenzierte Verantwortlichkeit von Industriestaaten und Entwicklungsländern für den Schutz der globalen Umwelt (2000), S. 11-17.

52 Wolfrum, Die Internationalisierung, S. 632 u. 636; Nordquist (Eds.), A Commentary, Vol. IV (1990), S. 64.

53 Die freie Verfügungsgewalt der Staaten über ihre natürlichen Ressourcen wurde bereits vor der Stockholm Konferenz in zahlreichen Resolutionen internationaler Organisatio-

„States have in accordance with the Charter of the United Nations and the principles of international law, the sovereign right to exploit their own resources pursuant to their environmental policies and the responsibility to ensure that activities within their jurisdiction or control do not cause damage to the environment of other states of areas beyond the limits of their national jurisdiction".

In Art. 193 SRÜ wird die in Art. 192 SRÜ breit formulierte Umweltschutzpflicht durch das Recht auf die freie Ausbeutung der natürlichen Ressourcen „ausbalanciert“[55]. Dieses Recht gibt den Staaten Handlungs- und Entscheidungsfreiheit über ihre natürlichen Ressourcen. Dies gilt für das Hoheitsgebiet des Staates (das Landgebiet, die Binnen- und maritimen Gewässer bis einschließlich des Küstenmeeres)[56] und für Gebiete, in welchen er über nutzungsbezogene Vorrechte verfügt, das heißt auf dem Festlandsockel und in der AWZ.[57] Im Hoheitsgebiet ist das Recht auf die freie Ausbeutung natürlicher Ressourcen ein Unterfall der Gebietshoheit.[58] Die völkerrechtlichen Einschränkungen der Souveränität sind restriktiv auszulegen.[59] Deswegen bedarf die Einschränkung des Rechts auf freie Ausbeutung der natürlichen Ressourcen konkreter völkerrechtlicher Vorschriften. Die „Ausbalancierung“ des Art. 193 sichert nicht, dass natürliche Ressourcen nur umweltgerecht ausgebeutet werden. Deswegen ist es zu begrüßen, dass die allgemeine Umweltschutzpflicht bereits in Teil XII Abschnitt 1, weiter spezifiziert wird.

---

nen und völkerrechtlichen Verträgen anerkannt: Beispielsweise: Permanent Sovereignty over Natural Resources (Item 1), UN General Assembly Resolution 3016 (XXVII) vom 18.12.1972 in: UNYB 26 (1972), S. 351 ff; International Covenant on Civil and Political Rights (Art. 1 Abs.2) vom 16.12.1966; International Covenant on Economic, Social and Cultural Rights (Art. 1 Abs.2), 16.12.1966, beide in: BGBl. 1973 II, S. 1534 ff. u. S. 1570 ff; Für die Periode nach dem Abschluss des SRÜ: Beispielsweise das Übereinkommen über die biologische Vielfalt vom 5.6.1992, in: ILM 31 (1992), S. 822 ff u. BGBl. 1993 II, S. 1742 ff.

54 Sands, Principles of International Environmental Law (2003), S. 236.

55 Wolfrum, Die Entwicklung des Seerechts zum Recht der marinen Umwelt, in: Ehlers/Erbguth (Hg.), Aktuelle Entwicklungen im Seerecht (2000), S. 71.

56 Odendahl, Die Umweltpflichtigkeit der Souveränität (1998), S. 45.

57 Diese völkerrechtlichen Einschränkungen beziehen sich auf die Ausgestaltung (nach dem SRÜ) der küstenstaatlichen Kompetenzen auf dem Festlandsockel und in der ausschließlichen Wirtschaftszone und der Rechte anderer Staaten in diesen Zonen: Dazu siehe Kapitel 1/II/A/1 u.2; Odendahl, Die Umweltpflichtigkeit der Souveränität (1998), S. 46-55.

58 Odendahl, Die Umweltpflichtigkeit der Souveränität (1998), S. 45.

59 CPJI, affaire du Lotus, arrêt du 7 septembre 1927, Série A n°10, S. 18: „Le droit international régit les rapports entre des Etats indépendants. Les règles de droit liant les Etats procèdent de la volonté de ceux-ci (...). Les limitations de l'indépendance de l'Etat ne se présument donc pas“. Mehr dazu bei Combacau/Sur, Droit international public (1999), S. 254-255.

c. *Die „notwendigen" Maßnahmen zum Schutz der Meeresumwelt*

Die Staaten sind verpflichtet, alle „notwendigen" Maßnahmen zu treffen, um die Verschmutzung der Meeresumwelt zu „verhüten, zu verringern und zu überwachen". Es gibt kein Indiz über die Bedeutung von „notwendig".[60] Es ist diesbezüglich den Staaten ein breiter Ermessensspielraum überlassen. Außerdem handelt es sich nicht um erfolgsbezogene, sondern lediglich um verhaltensbezogene Verpflichtungen.[61]

Art. 194 SRÜ verlangt allein, dass diese Maßnahmen mit dem SRÜ übereinstimmen. Dies ist darauf zurückzuführen, dass, wie noch zu zeigen wird, die Befugnisse der Staaten sich nach Meereszonen und Verschmutzungsursachen unterscheiden.[62] Diese Maßnahmen können darauf gerichtet sein, bereits eingetretene Verschmutzungen zu reduzieren oder zu beseitigen. Sie können auch zukünftiger Verschmutzung vorbeugen oder den Verschmutzungsstand überwachen sollen. Die zu treffenden Maßnahmen können sowohl in dem Erlass von Normen, als auch in bestimmten Handlungen bestehen, wie dem Einsatz der verfügbaren technologischen Geräte und Fachpersonen, um einen durch Unfall verursachten Ölteppich zu beseitigen. Bei den Normen, handelt es sich nicht nur um Gesetze im formellen Sinne, sondern auch um die notwendigen Durchführungsvorschriften, insbesondere verwaltungsrechtliche Verordnungen und Akte. Ferner sollen die normenbezogenen Maßnahmen sowohl präventiv als auch repressiv sein. Die Staaten sollen bestimmte Handlungen, die für die Meeresumwelt gefährlich sein können, unter Strafe stellen.[63] Sie müssen die geeigneten Gerichtsverfahren schaffen, um Verstöße gegen solche Verbote zu ahnden. Die Behörden, die für die Kontrolle der Beachtung dieser Vorschriften zuständig sind, müssen genannt werden und die vorzusehenden Strafen müssen im Verhältnis zu der Gefahr der verursachten Schäden stehen, um auch eine abschreckende und deswegen präventive Funktion haben zu können.[64] Die Forderung des SRÜ nach präventiven Maßnahmen ist eine Anwendung des Grundsatzes des präventiven Handelns (*principle of preventive action*). Hiernach müssen die notwendigen Maßnahmen frühzeitig getroffen werden, um den Schaden vor seinem Eintritt zu vermeiden.[65] Zu den präventiven Maßnahmen gehört die Etablierung bestimmter Verfahren, um sicherzustellen, dass wirtschaftliche und wissenschaftliche Tätigkeiten so durchgeführt werden, dass sie die Meeresumwelt nicht beeinträchtigen.

---

60 Nordquist (Eds.), A Commentary, Vol. IV (1990), S. 64.

61 Wolfrum, Die Entwicklung des Seerechts zum Recht der marinen Umwelt, S. 72.

62 Z.B. Siehe Kapitel 1/II/A/1/b.

63 Odier, Sanctions pénales, moyens de lutte contre la pollution ou instrument d'évolution du droit de la mer, in : ADM (2003), S. 323- 332.

64 Ebenda.

65 Sands, Principles of International Environmental Law (2003), S. 246.

Dabei ist etwa an eine Erlaubnis oder an die Einführung einer Umweltverträglichkeitsprüfung zu denken.[66]

Teil XII des SRÜ bezweckt die Verhütung, die Verringerung und die Kontrolle der Meeresverschmutzung „ungeachtet ihrer Ursache". Art. 194 SRÜ verpflichtet die Staaten zunächst, die notwendigen Maßnahmen gegen eine grenzüberschreitende Verschmutzung zu treffen,[67] stellt darüber hinaus eine nicht abschließende Liste von Meeresverschmutzungsquellen auf und nennt dann einige der dagegen zu treffenden Maßnahmen. Es ist dabei festzustellen, dass die in Art. 194 Abs. 3 SRÜ vorgesehenen Maßnahmen nicht darauf gerichtet sind, die Meeresverschmutzung zu unterbinden, sondern sie „auf ein Mindestmass zu beschränken".[68] Die in Art. 194 SRÜ ausdrücklich erwähnten Verschmutzungsquellen sind: Meeresverschmutzung, die ihren Ursprung auf dem Land hat, sowie Verschmutzung durch die Luft, durch Einbringen,[69] durch Offshore-Anlagen,[70] betriebsbedingte und unfallbedingte Verschmutzung durch Schiffe.[71] Beispielsweise soll bei landseitiger Verschmutzung und bei Verschmutzung durch Einbringen die Freisetzung giftiger Stoffe auf ein Mindestmass reduziert werden. Für die Verhütung der Verschmutzung durch Schiffe und durch Offshore-Anlagen werden Maßnahmen, etwa die Regelung von Entwurf, Bau, Ausrüstung, Betrieb und Besatzung solcher Schiffe oder Anlagen als notwendig erwähnt. Nach Art. 194 SRÜ sind Maßnahmen notwendig, die den Schutz und die Bewahrung „seltener oder empfindlicher Ökosysteme, sowie des Lebensraumes gefährdeter, bedrohter oder vom Aussterben bedrohter Arten, und anderer Formen der Tier- und Pflanzenwelt des Meeres" bezwecken.[72] Ferner werden die Staaten zu Maßnahmen gegen die sich aus „der Anwendung von Technologien" und aus der „absichtlichen oder zufälligen Zuführung fremder oder neuer Arten in einen bestimmten Teil der Meeresumwelt..."[73] ergebende Meeresverschmut-

---

66 Sands, Principles of International Environmental Law (2003), S. 247.

67 Art. 194 Abs. 2 SRÜ. Die grenzüberschreitende Verschmutzung bezeichnet die Umweltbelastung, die ihren Ursprung in dem Hoheitsgebiet eines Staates hat und sich in dem Hoheitsgebiet eines anderen Staates auswirkt. Mehr dazu bei Odendahl, Die Umweltpflichtigkeit der Souveränität (1998), S. 73; Gündling/Müller/Süss, Environment, International Protection, in: EPIL Vol. II (1995), S. 96 ff.; Randelzhofer, Transfrontier Pollution, in: EPIL Vol. IV (2000), S. 913 ff.

68 Wolfrum, Die Entwicklung des Seerechts zum Recht der marinen Umwelt, S. 72.

69 Art. 194 Abs. 3 (a) SRÜ.

70 Art. 194 Abs. 3 (c) u. (d) SRÜ.

71 Art. 194 Abs. 3 (b) SRÜ.

72 Art. 194 Abs. 5 SRÜ. Dies beruht auf einer ökozentrierten Betrachtungsweise des Umweltschutzes.

73 Wolfrum, Die Entwicklung des Seerechts zum Recht der marinen Umwelt, S. 69: Wolfrum gibt dazu das Beispiel einer bestimmten gelben Muschelart, die von Schiffen in ihrem Ballast aus Asien transportiert worden ist und die durch den Ablass dieses Ballasts

zung verpflichtet.[74] Es war den Verfassern des SRÜ klar, dass sich mit der stetigen Entwicklung der Technologie weitere Nutzungen des Meeres ergeben würden, die für die Meeresumwelt eine Gefahr darstellen können. Deswegen wollten sie sicherstellen, dass neue Technologien so eingesetzt werden, dass sie die Meeresumwelt nicht beeinträchtigen. Es handelt sich heutzutage beispielsweise um das Errichten von Flugplätzen oder von Startanlagen für Satelliten im Meer, von schwimmenden Industrieanlagen und von verschiedenen Energiegewinnungssystemen wie Windparks.[75]

Im allgemeinen sind die Staaten verpflichtet bei Maßnahmen zum Schutz der Meeresumwelt die Gefahren nicht nur zu verlagern.[76]

2. Die „Pflicht" zur Zusammenarbeit und zur Hilfe

Das SRÜ weist der Zusammenarbeit im Bereich des Meeresumweltschutzes eine wichtige Rolle zu. Die Förderung der staatlichen Zusammenarbeit stellt auch eines der wesentlichen Prinzipien und Ziele der UN Charta dar.[77] Dieses Prinzip ist für den Schutz der marinen Umwelt durch zahlreiche Erklärungen[78] und alle einschlägigen völkerrechtlichen Verträge übernommen worden.[79] Ferner haben einige internationale Gerichte sich mit der Art und Reichweite dieses Prinzips befasst.[80] Beispielsweise hat der ISGH im MOX Plant -Fall betont dass:

---

in dem Seegebiet der USA sich drastisch verbreitet hat. Sie hat beträchtliche Schäden in den Kanälen und Abwasseranlagen verursacht.

74 Art. 196 SRÜ.

75 Jenisch, Die Errichtung von Windparks auf Hoher See und in der ausschließlichen Wirtschaftszone, in: Ehlers/Erbguth (Hg.), Aktuelle Entwicklungen im Seerecht (2000), S. 22; Erbguth, Rechtsfragen der Planung und Genehmigung von Offshore-Windenergieanlagen- unter besonderer Berücksichtigung des nationalen Rechts, in: Ehlers/Erbguth (Hg.), Aktuelle Entwicklungen im Seerecht (2000), S. 50.

76 In Art. 195 SRÜ heißt es: „Beim Ergreifen von Maßnahmen zur Verhütung, Verringerung und Überwachung der Verschmutzung der Meeresumwelt handeln die Staaten so, dass sie Schäden oder Gefahren weder unmittelbar noch mittelbar von einem Gebiet in ein anderes verlagern oder eine Art der Verschmutzung in eine andere umwandeln"; Dazu bei Wolfrum, Die Entwicklung des Seerechts zum Recht der marinen Umwelt, S. 72: Wolfrum sieht in Art. 195 SRÜ eine Grundlage für das Vorsorgeprinzip.

77 Art. 1 Abs. 3 UN Charta.

78 Grundsatz 24 Stockholmer Erklärung; Grundsatz 27 Rio-Erklärung.

79 Beispielsweise Art. 5 des Übereinkommens über die biologische Vielfalt; Art. 2 Abs. 2 des Übereinkommens zum Schutz der Ozonschicht.

80 Im Gabcikovo-Nagymaros Project-Fall vor dem IGH stellte die Art und die Reichweite des Kooperationsprinzip die Kernfrage des Streites zwischen Ungarn und der Slowakei dar: Case Concerning the Gabcikovo-Nagymaros Project (1997), in: ICJ Reports, insbes. Paras. 141-142; Mehr über diesen Fall siehe bei Klabbers, The substance of Form: The Case Concerning the Gabcikovo-Nagymaros Project, Environmental Law and the Law of Treaties, in: 8 Yearbook of International Environmental Law (1997), S. 32 u.

„the duty to cooperate is a fundamental principle in the prevention of pollution of the marine environment under part XII of the Convention and general international law and that rights arise therefrom which the Tribunal may consider to preserve under article 290 of the Convention".[81]

In die einschlägigen Verträgen wird das Kooperationsprinzip in zwei Weisen eingeführt: Erstens kann es sich um eine allgemeine Verpflichtung zur Kooperation handeln, um die Ziele des Vertrages zu erreichen. Zweitens kann sich die Kooperationspflicht auf die Erfüllung einer bestimmten und spezifischen Vertragspflicht beziehen.[82] Im SRÜ betrifft diese Kooperationspflicht die Erfüllung bestimmter Pflichten. Sie hat einen breiten Anwendungsbereich sowohl *ratione materiae* als auch *ratione personae*. Erstere betrifft die sachlichen Bereiche, in welchen die Zusammenarbeit verpflichtend ist. Die zweite bezieht sich auf die Parteien der Zusammenarbeit.

Bezüglich der Entwicklungsländer impliziert die Pflicht zur Zusammenarbeit für die entwickelten Länder eine Pflicht zu technischer Hilfe.

a. Die Zusammenarbeit

Das SRÜ verpflichtet die Staaten, unmittelbar oder im Rahmen der zuständigen internationalen Organisationen universell und regional bei der Weiterentwicklung der Normen und Standards zum Schutz und zur Bewahrung der Meeresumwelt zusammenzuarbeiten.[83] Das SRÜ enthält keine Definition der Region.[84] Ebenso wenig gibt es klare Hinweise darauf, welche Aspekte des Meeresumweltschutzes regional oder weltweit geregelt werden sollen.[85] Es betont jedenfalls, dass bei dem Meeresumweltschutz charakteristische regionale Eigenschaften berücksichtigt werden sollen.[86] Die Zusammenarbeitspflicht bei der Weiterentwicklung der Meeresumweltnormen beruht auf der Überzeugung, dass das

---

Rothwell, The ICJ and the Danube Dam Case: a Missed Opportunity for International environmental Law? In: 22 Melbourne University Law Review (1998), S. 507 ff.

81 ISGH, The MOX Plant (Irland v. United Kingdom), Case No. 10, Anordnung vom 3.12.2002, Para. 83, in: ILM 41 (2002), S. 405.

82 Sands, Principles of International Environmental Law (2003), S 250.

83 Art. 197 SRÜ.

84 Eriksson, Some Thoughts on Regional Marine Arrangements in the Developing world, in: Johnston (Ed.), Regionalization of the Law of the Sea (1978), S. 96; Treves, L'approche régionale en matière de protection de l'environnement marin, in Coussirat-Coustère (Ed.), La mer et son droit (2003), S. 593-595; Fatouros, Developing States, in: EPIL Vol. I (1992), S. 1017 ff.

85 Treves, L'approche régionale en matière de protection de l'environnement marin, S. 592.

86 Alexander, Regionalism at Sea: Concept and Reality, in: Johnston (Ed.), Regionalization of the Law of the Sea, (1978), S. 3.

Umweltvölkerrecht bezüglich der Meeresumwelt Lücken aufweist.[87] Die Pflicht bezieht sich auf die Ausarbeitung einer globalen und regionalen Strategie zur Verhütung und Bekämpfung der Meeresverschmutzung.[88] Da der Meeresumweltschutz von den technischen und wissenschaftlichen Entwicklungen unmittelbar betroffen ist, sollen die existierenden Normen und Standards von Zeit zu Zeit überprüft und geändert werden. Das SRÜ verpflichtet die Staaten, bei der Festlegung geeigneter wissenschaftlicher Kriterien für die Abfassung und Ausarbeitung von Regeln, Normen und empfohlenen Gebräuchen zu kooperieren.[89] Die wissenschaftliche Meeresforschung stellt im SRÜ einen Gegenstand der Kooperationspflicht dar. Staaten müssen zusammenarbeiten, um „Studien zu fördern, wissenschaftliche Forschungsprogramme durchzuführen und den Austausch der über die Verschmutzung der Meeresumwelt gewonnenen Informationen und Daten anzuregen (...)".[90]

Das SRÜ fordert ausdrücklich die Zusammenarbeit in weiteren Bereichen, wie die Benachrichtigung bei unmittelbar bevorstehenden oder tatsächlichen Verschmutzungsschäden,[91] oder die Zusammenarbeit bei der Erarbeitung von Notfallplänen zur Bekämpfung von Verschmutzungsereignissen.[92] Die Festlegung dieser Zusammenarbeitsbereiche ist auf den Wunsch zurückzuführen, Verschmutzungsereignisse mit verheerenden Folgen für die Meeresumwelt, wie die Unfälle der Schiffe *Torrey Canyon* oder *Amoco Cadiz,* zu vermeiden.[93] Die Zusammenarbeit bei der wissenschaftlichen Meeresforschung und die Benachrichtigung bei einer Verschmutzung könnten auch auf dem Recht auf Information beruhen und eine Anwendung des Solidaritätsprinzips darstellen.[94]

Im MOX Plant-Fall verpflichtet der ISGH die Streitparteien zur Zusammenarbeit. Zu diesem Zweck haben sie die Aufgabe:

> „to exchange further information with regard to possible consequences for the Irish Sea arising out of the commissioning of the MOX- plant; b) monitor risks or the effects of the operation of the MOX plant for the Irish Sea, c) devise as appropriate measures to prevent pollution of the marine environment which might result from the operation of the MOX plant."[95]

87 Wolfrum, International Law of Cooperation, in: EPIL Vol. II (1995), S. 1242 ff.

88 Tsaltas, Towards a World Protection Framework for the Marine Environment through the Promotion of International and Regional Cooperation under the UN Convention on the Law of the Sea, in: Strati/Gavouneli/Skourtos (Eds.), Unresolved Issues and New Challenges to the Law of the Sea (2006), S. 79.

89 Art. 201 SRÜ.

90 Art. 200 SRÜ.

91 Art. 198 SRÜ.

92 Art. 199 SRÜ.

93 Boyle, Marine Pollution under the Law of the Sea, S. 349.

94 Tsaltas, Towards a World Protection Framework (2006), S. 79.

95 ISGH, The MOX Plant, Para. 92 (1).

b. Die Hilfe an die Entwicklungsländer

Die Frage der Hilfe an die Entwicklungsländer ist von großer Relevanz für die Mittelmeeranrainer, weil zu ihnen sowohl Entwicklungsländer als auch Industriestaaten gehören.

Grundsätzlich behandelt das SRÜ die Entwicklungsländer[96] bezüglich der Pflichten nicht verschieden.[97] Dies gilt auch für die Pflicht zum Schutz und zur Erhaltung der Meeresumwelt. Diese Pflicht obliegt allen Staaten, ohne Rücksicht auf ihrem Entwicklungsstand.[98] Das SRÜ sieht jedoch einige konkrete[99] unterschiedliche Behandlungen im Hinblick auf die Erfüllung dieser Pflicht vor. Die Defizite der Entwicklungsländer in ihrer administrativen, organisatorischen, wirtschaftlichen und technischen Infrastruktur hindern diese an der Durchführung ihrer völkerrechtlichen umweltbezogenen Verpflichtungen.[100] Deswegen sieht das SRÜ, wie zahlreiche weitere umweltvölkerrechtliche Instrumente, eine Erfüllungshilfe für die Entwicklungsländer vor. Diese besteht in wissenschaftlicher und technischer Hilfe, um diese Staaten beim Meeresumweltschutz zu unterstützen. Die Hilfspflicht obliegt sowohl Staaten als auch internationalen Or-

---

96 Die Entwicklungsländer werden im SRÜ nicht definiert. Es ist unmöglich, eine eindeutige Definition dieser Staaten vorzunehmen. Sie stellen eine heterogene Gruppe dar. Sie teilen jedoch Anzeichen der Unterentwicklung. Ein der wichtigsten Merkmale dieser Länder ist das geringe wirtschaftliche Wachstum, das nach dem Bruttoinlands- bzw. Bruttosozialprodukt pro Kopf sowie dem Pro-Kopf Einkommen gerechnet wird. Verschiedene internationale Organisationen führen unterschiedliche Listen der Entwicklungsländer; z. B unterscheiden die Vereinten Nationen zwischen den Entwicklungsländern und den am wenigsten entwickelten Ländern. Eine weitere Gruppe machen die sog. Schwellenländer aus. Die letztgenannten leiden trotz einem wachsenden Anteil an der Weltindustrieproduktion und einem mittleren Einkommen unter sektoralen und regionalen Disparitäten. Mehr dazu bei Kellersmann, S. 14; Nohlen, Schwellenländer, in: Lexikon Dritte Welt, (1996), S. 599.

97 Im Gegensatz dazu beinhalten weitere neuere Umweltabkommen eine unterschiedliche Behandlung von Entwicklungsländern und Industriestaaten bezüglich des Inhaltes der wesentlichen Pflichten für den Zweck des Abkommens z. B. Das Rahmenübereinkommen der Vereinten Nationen über Klimaänderungen und das dazugehörige Kyoto Protokoll vom 10.12.1997, Text in: ILM 37 (1998), S. 8. Beide Instrumente beinhalten spezielle Pflichten für Industriestaaten, die für Entwicklungsländer nicht gelten. Diese Abkommen sehen Grenzwerte für Emissionen an Treibhausgasen vor. Mehr dazu siehe bei Kellersmann, S.150-156; Rajamani, Differential Treatment in International Environmental Law (2006), S. 94 ff.

98 Nordquist (Eds.), A Commentary, Vol. IV, S. 107.

99 "Konkret" im Gegensatz zu weiteren Bestimmungen des SRÜ, die lediglich mit breiten allgemeinen Formulierungen zur Berücksichtigung der besonderen Bedürfnisse der Entwicklungsländer auffordern, wie z.B. Art. 207 SRÜ...usw.

100 Beyerlin/Marauhn, Rechtsetzung und Rechtsdurchsetzung im Umweltvölkerrecht nach der Rio-Konferenz 1992 (1997), S. 121; Halvorssen, Equality Between Unequals in International Environmental Law (1999), S. 99.

ganisationen.[101] Obwohl es sich dabei um eine rechtliche Pflicht handelt, gewährt das SRÜ den Staaten bei ihrer Erfüllung eine gewisse Handlungsfreiheit.[102] Die Staaten sind verpflichtet, bilateral oder in den zuständigen internationalen Organisationen Hilfsprogramme für die Entwicklungsländer zu fördern.[103] Als Beispiele werden Programme zur Förderung der Wissenschaft, des Bildungswesens oder der Technik genannt. Das SRÜ beschreibt auch, welche Formen diese Hilfe annehmen kann, wie die Ausbildung des wissenschaftlichen und technischen Personals dieser Länder,[104] oder ihre Belieferung mit den erforderlichen Ausrüstungen und Einrichtungen.[105] Darüber hinaus sind die entwickelten Staaten verpflichtet, insbesondere den Entwicklungsländern geeignete Hilfe bei der Bekämpfung großer Verschmutzungsereignisse zu leisten.[106] Ähnliches gilt auch für die Ausarbeitung ökologischer Beurteilungen.[107] Das SRÜ verpflichtet die „Staaten" zu dieser Hilfe, ohne ausdrücklich die Industriestaaten zu erwähnen. Es ist jedoch nahe liegend, dass es die die Industriestaaten meint. Diese Erfüllungshilfe erfolgt durch technologische und finanzielle Leistungen der Industriestaaten an die Entwicklungsländer.[108] Besonders problematisch für die Industriestaaten ist die Erfüllung der Pflicht des Technologietransfers, weil der technologische Bereich von den privaten Unternehmen dominiert und deren geistiges Eigentum geschützt ist. [109]

Obwohl Art. 202 SRÜ eine Hilfspflicht begründet, ist es fraglich, ob diese Bestimmung den Entwicklungsländern ein Recht auf Hilfe gewährt, das sie vor den internationalen zuständigen Streitbeilegungsorganen geltend machen können. Da die diesbezügliche Bestimmung im SRÜ breit gefasst ist, kann sie kein *droit quantifiable* begründen.

Neben den Industriestaaten sind auch die internationalen Organisationen verpflichtet, Entwicklungsländer beim Meeresumweltschutz bevorzugt zu behandeln. Die „internationalen Organisationen" können sowohl global als auch regional sein. Ihr Mandat muss nicht unmittelbar den Meeresumweltschutz zum Gegenstand haben. Da viele Mittelmeeranrainerstaaten Entwicklungsländer und zugleich Mitglieder zahlreicher internationaler Organisationen sind, könnten sie diese vorrangige Behandlung beanspruchen. Es ist jedoch fraglich, ob Art. 202 SRÜ tatsächlich ein einklagbares Recht der Entwicklungsländer gegenüber allen

---

101 Art. 202 SRÜ (für die Staaten) u. Art.203 SRÜ (für die internationalen Organisationen).

102 Nordquist (Eds.), A Commentary, Vol. IV, S. 103.

103 Art. 202 Abs. (a) SRÜ.

104 Fakhry, Capacity-Building in International Marine Environmental Law: Perspectives of Developing Countries, in: Kirchner (Ed.), International Marine Environmental Law (2003), S. 93-100.

105 Art. 202 Abs. (a) i), ii), iii), iv), v) SRÜ.

106 Art. 202 Abs. (b) SRÜ.

107 Art. 202 Abs. (c) SRÜ.

108 Kellersmann, (2000), S. 69.

109 Cullet, Differential Treatment in International Environmental Law (2003), S. 96.

internationalen Organisationen begründen kann. Jedenfalls kann das SRÜ nur solche internationalen Organisationen unmittelbar verpflichten, die es ratifiziert haben.[110] Ansonsten richtet sich diese Pflicht zur bevorzugten Behandlung an die Vertragsstaaten des SRÜ. Als Mitglieder internationaler Organisationen sollen die Vertragsparteien des SRÜ dazu beitragen, dass diese Organisationen die Entwicklungsländer bevorzugen.[111]

Nach Art. 203 SRÜ bezieht sich diese Bevorzugung auf die Zuweisung finanzieller Mittel und technischer Hilfe und die Inanspruchnahme der Sonderdienste dieser internationalen Organisationen.[112] In der Praxis sind zahlreiche internationale Organisationen wie die FAO, die Intergovernmental Oceanographic Commission der UNESCO, die WHO, die IAEA, und die Weltbank wesentliche Vermittler dieser Hilfe an die Entwicklungsländer geworden.[113] Gemeinsame Initiativen mehrerer internationaler Organisationen haben beträchtliche Erfolge gehabt. Beispielsweise begünstigt das Mandat der Globalen Umweltfazilität die Entwicklungsländer. Diese Fazilität beruht u.a. auf einem *interagency agreement* der Weltbank,[114] des UNDP und des UNEP, um Programme zu finanzieren,

> „for which benefits would accrue to the world at large, while the country undertaking the measures would bear the cost and which would not otherwise be supported by existing development assistance or environment programs".[115]

---

110 Es handelt sich lediglich um die Europäischen Gemeinschaften. Dazu siehe Treves, The Role of Universal International Organizations in implementing the 1982 UN Law of the Sea Convention, in: Soons (Ed.), Implementation of the Law of the Sea Convention through International Institutions (1990), S. 15.

111 Treves, The Role of Universal International Organizations in implementing the 1982 UN Law of the Sea Convention, S. 26-27.

112 Art. 203 SRÜ.

113 Boisson de Chazournes, Technical and Financial Assistance and Compliance: the Interplay, in: Beyerlin/Stoll/Wolfrum (Eds.), Ensuring Compliance with Multilateral Environmental Agreements (2006), S. 274.

114 Bekhechi, Some Observations Regarding Environmental Covenants and Conditionalities in World Bank Lending Activities, in: 3 Max Planck Yearbook of UN Law (1999), S. 289-314.

115 Establishment of the Global Environment Facility, April 1991, in: ILM 30 (1991), S. 1793. Siehe kritisch dazu Beyerlin/Marauhn, Rechtsetzung und Rechtsdurchsetzung im Umweltvölkerrecht nach der Rio-Konferenz 1992 (1997), S. 139 ff; Rajamani, Differential Treatment, S. 111.

3. Die Verantwortlichkeit und Haftung[116]

Den Haftungsregelungen für Umweltschäden kommen drei Funktionen zu:[117] der Ausgleich von Personen- und Sachschäden, der Ausgleich von Umweltschäden, und die Durchsetzung internationaler Umweltstandards. Die zweite und dritte Funktion sind eng miteinander verbunden, während die erste nur mittelbar dem Umweltschutz dient. Für die vorliegende Arbeit ist es wichtig, dass die Haftungsregelungen ein Instrumentarium für die Durchsetzung internationaler Umweltstandards sein können.[118] Um keinen Schadenersatz bezahlen zu müssen, würden Staaten und Private versuchen, Umweltschäden zu vermeiden. Deswegen erfüllt das Haftungsrecht, neben der Möglichkeit einen Schadensausgleich zu schaffen, eine wesentliche Präventivfunktion.[119] Das SRÜ befasst sich in mehreren Bestimmungen mit der Haftungsregelung für Schäden aus der Meeresverschmutzung.[120] Die folgenden Ausführungen sind jedoch auf die Bestimmungen in Art. 235 SRÜ beschränkt, weil diese allgemein und Bestandteil von Teil XII des SRÜ sind.

Zunächst bekräftigt Art. 235 Abs. 1 SRÜ die Verantwortlichkeit der Vertragsparteien für die Erfüllung ihrer völkerrechtlichen Pflichten zum Schutz und zur Bewahrung der Meeresumwelt nach allgemeinem Völkerrecht.[121] Die staatliche Haftung für Umweltschäden war bereits zum Zeitpunkt der 3. Seerechtskonferenz der Vereinten Nationen zu Völkergewohnheitsrecht erstarkt.[122] Das

---

116 Während das Konzept der internationalen Verantwortlichkeit (*international responsibility*) sich in der Regel mit dem Verstoß gegen eine Rechtspflicht befasst, ist das Konzept der Haftung (*liability*) eher mit rechtmäßigen Handlungen verbunden, die jedoch einen Schaden verursachen. Die Relevanz dieser Unterscheidung ist fragwürdig. Siehe dazu Wolfrum, Means of Ensuring Compliance with and Enforcement of International Environmental Law, in: 272 RCADI (1998), fn. 220, S. 77; Boyle, State Responsibility and International Liability for Injurious Consequences of Acts Not Prohibited by International Law: A Necessary Distinction?, in: 39 International and Comparative Law Quarterly (1990), S. 1.

117 Wolfrum/Langenfeld, Umweltschutz durch internationales Haftungsrecht (1999), S. 2.

118 Siehe Kapitel 1/II/A/2.

119 Wolfrum/Langenfeld, Umweltschutz durch internationales Haftungsrecht, S. 436; Wolfrum, Means of Ensuring Compliance with and Enforcement of International Environmental Law, S. 77.

120 Bezüglich des Tiefseebergbaus (Art. 139 SRÜ). Dazu siehe bei Wolfrum/Langenfeld, S. 37-39; Bezüglich Schäden, die infolge der von den Vertragsparteien zur Durchsetzung umweltschützender Bestimmungen ergriffener Maßnahmen entstehen (Art. 232 SRÜ); Bezüglich infolge von durchgeführter wissenschaftlicher Meeresforschung entstandenen Schäden (Art. 263 Abs. 3 SRÜ).

121 Art. 235 Abs. 1 SRÜ. Über die Haftung für Umweltschäden nach allgemeinem Völkerrecht siehe z. B. Sands, Principles of International Environmental Law (2003), S. 874-876.

122 Boyle, Marine Pollution under the Law of the Sea, S. 366.

SRÜ spezifiziert diese Haftung für Schäden der Meeresumwelt.[123] Demnach sind die Vertragsparteien für die Nichterfüllung ihrer völkerrechtlichen Pflichten verantwortlich, unabhängig davon, ob dadurch ein Schaden für die Interessen oder Rechte anderer Staaten entstanden ist oder nicht.[124] Dieses Haftungsprinzip ist im SRÜ breit und allgemein abgefasst. Art. 235 Abs. 1 SRÜ sagt nicht, unter welchen Bedingungen Entschädigungsansprüche geltend gemacht werden können und wer dazu berechtigt ist. Hierzu verweist Art. 235 Abs.1 auf das „Völkerrecht".[125] Abgesehen von den einschlägigen völkergewohnheitsrechtlichen Grundsätzen und dem von der *International Law Commission*[126] (hiernach: ILC) im Jahr 2001 verabschiedeten Entwurf über *Responsibility of States for Internationally Wrongful Acts*,[127] besteht im Völkerrecht kein einheitliches Haftungsregime für Umweltschäden. In einzelnen umweltschutzrelevanten Konventionen sind allerdings spezielle Haftungsregelungen enthalten. Im Verhältnis zum SRÜ haben diese speziellen *„self-contained"* Regime Vorrang.[128] Einige davon sehen sogar eine Haftung für völkerrechtsgemäße Handlungen vor.[129] Die meisten dieser speziellen Regime begründen bei grenzüberschreitender Verschmutzung keine Haftung des Urheberstaates, sondern statuieren allein die zivilrechtliche Inanspruchnahme der schadensverursachenden privaten Akteure.[130] Einige kombinieren die private zivilrechtliche Haftung mit einer staatlichen Einstandspflicht.[131] Dies ist darauf zurückzuführen, dass grenzüberschreitende Umweltschäden häufiger von privaten Personen als von staatlichen Organen verursacht werden. Die völkerrechtlichen Verträge bezwecken eine Vereinheitlichung der

---

123 Ebenda.

124 Ebenda, S. 367.

125 Nordquist (Ed.), A Commentary, Vol. IV, S. 412-413.

126 Ebenda, S. 413.

127 Documents Officiels de l'Assemblée Générale, cinquante-sixième session, supplément n°10 (A/56/10); Kommentare dazu siehe bei Crawford, The ILC's Articles on State Responsibility: Introduction, Text and Commentaries (2002).

128 Siehe Kapitel 1/I/C.

129 Z. B. Art. VII des Vertrags vom 27.1.1967 über die Grundsätze zur Regelung der Tätigkeiten von Staaten bei der Erforschung und Nutzung des Weltraumes einschließlich des Mondes und anderer Himmelskörper, Text in: BGBl. 1969 II. S. 1967. Dazu siehe bei Ipsen, Völkerrecht (2004), S. 632; Christol, International Liability for Damage Caused by Space Objects, in: 74 AJIL (1980) S. 346; Schwarz/Berlin, After the Fall: An Analysis of Canadian Legal Claims for Damage Caused by Cosmos 954, in: 27 McGill Law Journal (1982), S. 676.

130 Taschner, Umwelthaftung: Schadenersatz oder/und Kostenerstattung, in: Bröhmer (Hg.), Festschrift für Georg Ress, Internationale Gemeinschaft und Menschenrechte, (2005), S. 843-856.

131 Beyerlin, Umweltvölkerrecht (2000), S. 279; Sands, Principles of International Environmental Law, S. 870.

innerstaatlichen Haftungsregelungen ihrer Vertragsparteien, um die Entschädigung der Verschmutzungsschäden zu vereinfachen und zu beschleunigen.[132]

Völkervertragsrechtliche Haftungsregelungen, die auch den Meeresumweltschutz betreffen sind vor allem für folgende Verschmutzungsquellen verabschiedet worden: Verschmutzung durch Schiffe,[133] nukleare Verschmutzung,[134] Verschmutzung aus Offshore-Tätigkeiten[135] und Verschmutzung durch grenzüberschreitende Verbringung gefährlicher Stoffe und Abfälle.[136] Trotz der Man-

---

132 Über innerstaatliche Haftungsregelungen für die aus Meeresverschmutzung entstandenen Schäden siehe bei Faure/Hu (Eds.), Prevention and Compensation of Marine Pollution Damage (2006).

133 Die völkerrechtlichen einschlägigen Haftungsabkommen sind: Das Brüsseler Übereinkommen über die zivilrechtliche Haftung für Ölverschmutzungsschäden vom 29. 2.1969 (in Kraft getreten am 19.6.1975, Text in: BGBl. 1975 II, S. 305); Das Übereinkommen zur Errichtung des Internationalen Fonds zur Entschädigung von Ölverschmutzung vom 18.12.1971 (in Kraft getreten am 16.10.1978, Text in: BGBl.1975 II, S. 320). Beide wurden durch zwei Protokolle vom 27.11.1992 geändert (in Kraft getreten am 30.5.1996, Texte in: BGBl. 1996 II, S. 671 u. 686); Für mehr über die Protokolle von 1992 siehe Wolfrum/Langenfeld, S. 6ff. Noch zu erwähnen ist das *Supplementary Fund Protocol*. Dieses Protokoll ist am 3.12.2004 unter der Ägide der IMO verabschiedet worden. Es trat am 3.3.2005 in Kraft, verdrängt aber das Übereinkommen von 1992 nicht, sondern bietet den Geschädigten in den beigetretenen Staaten zusätzliche Entschädigungsmöglichkeiten an, Text abrufbar unter www.iopcf.org. Für mehr über die Haftungsnormen für die aus der Verschmutzung durch Schiffe entstandenen Schäden siehe Freiss, Der Ölverschmutzungsschaden in der Schifffahrt- Haftung und Entschädigung (1996); Mensah, Civil Liability and Compensation for Vessel-Source Pollution of the Marine Environment and the United Nations Convention on the Law of the Sea (1982), in: Ando/McWhinney/Wolfrum (Eds.), Liber amicorum judge Shigeru Oda (2002) S. 1391; Ausführlich über die einschlägigen europarechtlichen Quellen siehe Traisbach, Haftung und Entschädigung bei Öltankerunfällen, in: Tomuschat (Hg.), Schutz der Weltmeere gegen Öltankerunfälle (2005), S. 169-214.

134 Auf der regionalen Ebene (OECD-Staaten): das Pariser Übereinkommen über die Haftung gegenüber Dritten auf dem Gebiet der Kernenergie vom 20.7.1960; Das Brüsseler Zusatzübereinkommen vom 31.1.1963. Das universelle Gegenstück zu dem OECD-Haftungsregime: das IAEA Wiener Übereinkommen über die zivilrechtliche Haftung für Atomschäden vom 21.5.1963, Text in: ILM 2 (1963), S.727. Dieses Übereinkommen ist komplett revidiert durch das Zusatzprotokoll zu dem Wiener Übereinkommen vom 12. 9.1997, Text in: ILM 36 (1997), S. 1461. Siehe dazu Soljan, Modernization of the International Regime of Civil Liability for Nuclear Damage. Protocol to amend the 1963 Vienna Convention and the Convention on Supplementary Compensation for Nuclear Damage, in: 58 ZaöRV (1998), S. 733 ff; Kageneck/Pinel, Développements récents du régime juridique applicable à la protection des mers et aux substances radioactives: prévention et réparation des dommages, in : ADM (1997), S. 232 ff.

135 Wolfrum/Langenfeld, (1999). S. 33-36.

136 Die Internationale Konvention über Haftung und Ersatz für Schäden im Zusammenhang mit der Beförderung von gefährlichen und schädlichen Substanzen vom 3.2.1996, Text in : ADM T.1 (1996), S. 103 ; Art. 12 Basler Übereinkommen über die Kontrolle der

nigfaltigkeit dieser völkerrechtlichen Haftungsregelungen steht ein internationales Haftungsregime noch am Anfang. Deswegen verpflichtet das SRÜ die Staaten „bei der Weiterentwicklung des Völkerrechts betreffend die Verantwortlichkeit und Haftung“[137] zusammenzuarbeiten. Das SRÜ enthält anders als die programmatischen Haftungsklauseln in den meisten Umweltschutzverträgen, einige Vorgaben für die inhaltliche Ausgestaltung einer Haftungsregelung. Bedauerlicherweise handelt es sich nur um vage Leitlinien.[138] So fordert das SRÜ, dass die Entschädigung umgehend und angemessen sein soll und dass die aufzustellenden Haftungsnormen sich mit der Bewertung von Schäden, der Entschädigung und der Beilegung damit zusammenhängender Streitigkeiten befassen sollen. Nach dem SRÜ soll sich die staatliche Zusammenarbeit in diesem Bereich auch mit der Entwicklung von Kriterien und Verfahren für die Leistung einer angemessenen Entschädigung, wie „Pflichtversicherung oder Entschädigungsfonds“ beschäftigen. Außerdem verpflichtet das SRÜ den einzelnen Staat, in Übereinstimmung mit seinem Rechtssystem, Rechtswege für umgehenden und angemessenen oder sonstigen Ersatz für Schäden zur Verfügung zu stellen.[139] Aufgrund dieser allgemein gehaltenen Vorgaben ist klar, dass die haftungsbezogenen Bestimmungen des SRÜ ausfüllungsbedürftig sind. Diese Aufgabe kommt sowohl den existierenden als auch den abzuschließenden völkerrechtlichen Verträgen zu.

C. Das Verhältnis zwischen dem SRÜ und anderen internationalen Übereinkünften

Bei der Verabschiedung des SRÜ waren bereits verschiedene völkerrechtliche Abkommen in Kraft, die sich mit spezifischen Meeresverschmutzungsquellen befassen.[140] Auf regionaler Ebene waren auch Abkommen verabschiedet worden, welche die Bekämpfung der Meeresverschmutzung in einer bestimmten Region als Ziel haben.[141] Das SRÜ selbst fordert die Staaten auf, auf diplomati-

grenzüberschreitenden Verbringung gefährlicher Abfälle und ihre Entsorgung und ihr Haftungsprotokoll: Protocol on the Liablity and Compensation for Damage Resulting from Transboundary Movements of Hazardous Wastes and Their Disposal vom 10.12.1999, Text abrufbar unter http//www.unep.ch/basel/COP5/docs/prot-e.pdf ; La Fayette (de), Compensation for Environmental Damage in Maritime Liability Regimes, in : Kirchner (Ed.), International Marine Environmental Law (2003), S. 245-249; Odier, La Convention sur la responsabilité et l'indeminsation pour les dommages liés au transport par mer de substances nocives et potentiellement dangereuses (Convention HNS), in : ADM (1996), S. 99.

137 Art. 235 Abs. 3 SRÜ.

138 Wolfrum/Langenfeld, S. 46.

139 Art. 335 Abs. 2 SRÜ.

140 Siehe z.B. Kapitel 3/I/B u. E.

141 Leanza, Le nouveau droit international de la mer méditerranée (1994), S. 589-601.

schen Konferenzen oder in internationalen Organisationen, internationale Normen und Standards bezüglich der Meeresverschmutzungsquellen festzulegen.[142] Deswegen war es erforderlich, das Verhältnis des SRÜ zu den damals bereits existierenden sowie den zukünftigen Abkommen und zu den sonstigen einschlägigen völkerrechtlichen Instrumenten zu regeln.

Das SRÜ befasst sich in Art. 311 mit seinem Verhältnis zu internationalen Übereinkünften im allgemeinen. Die Bestimmungen zu den Meeresumweltschutzabkommen sind in Art. 237 (Teil XII) zu finden. Als *lex specialis* haben sie Vorrang vor Art. 311 SRÜ.[143] Sie sicheren die Integration der sektoralen und der regionalen Abkommen zum Meeressumweltschutz in das SRÜ, das den allgemeinen Rahmen des Seerechts darstellt.[144]

Einerseits berührt Teil XII des SRÜ weder die Verpflichtungen, die Staaten aufgrund früherer besonderer Übereinkommen über den Schutz und die Erhaltung der Meeresumwelt eingegangen sind, noch Übereinkünfte, die sie zur Ausgestaltung der im SRÜ enthaltenen allgemeinen Grundsätze geschlossen haben.[145] Andererseits müssen die Staaten die sich aus diesen besonderen Abkommen ergebenden Verpflichtungen in einer Weise erfüllen, die mit den allgemeinen Grundsätzen und Zielen des SRÜ vereinbar ist.[146] Das Verhältnis des SRÜ zu den Meeresumweltabkommen ist weniger strikt ausgestaltet als das zu den sonstigen Abkommen nach Art. 311. Nach dieser allgemeinen Bestimmung müssen sich die sonstigen Abkommen in Übereinstimmung mit dem SRÜ befinden. Die Meeresumweltabkommen sollen jedoch lediglich im Einklang mit den Grundsätzen des SRÜ angewendet werden.[147] Jedenfalls bewirkt Art. 237 SRÜ, dass bei einem Konflikt zwischen einer Umweltkonvention und den Grundsätzen des SRÜ die letztgenannten Vorrang haben.[148] Deswegen hat die *International Maritime Organization* (hiernach IMO)[149] nach Inkrafttreten des SRÜ ein Dokument mit dem vielsagenden Titel „Implications of the Entry into Force of the United Nations Convention on the Law of the Sea for the International Maritime Organisation“[150] erarbeitet. Demnach sollen die IMO-Konventionen so ausgelegt und angewendet werden, dass sie mit dem SRÜ als *„umbrella conven-*

142 Siehe Kapitel 1/II/A/1/a.

143 Nordquist (Eds.) A Commentary, Vol. IV, S. 425.

144 Ebenda, S. 423.

145 Art. 237 Abs. 1 SRÜ.

146 Art. 237 Abs. 2 SRÜ.

147 Nordquist (Eds.), A Commentary, Vol. IV, S. 425.

148 Nordquist (Eds.) A Commentary, Vol. IV. S. 425-426: indes lassen sie Art. 237 SRÜ dieselbe Wirkung wie Art. 103 UN Charta zukommen.

149 Siehe Kapitel 1/II/A/1/a.

150 LEG/MISC/2 vom 6.10.1997.

tion“ übereinstimmen.[151] Dies betrifft besonderes die Beachtung der im SRÜ verankerten Regeln des neuen Seerechts. Es handelt sich vor allem um die Regime der verschiedenen Meereszonen und um die Verteilung der staatlichen Kompetenzen im allgemeinen und um die Verhütung und Bekämpfung der Meeresverschmutzung im besonderen.[152]

Nach dem Inkrafttreten des SRÜ sind zahlreiche Abkommen, insbesondere zur Fischereibewirtschaftung, abgeschlossen worden, die die Rahmenbestimmungen und Prinzipien des SRÜ ausfüllen und näher konkretisieren sollen. Die aus der Anwendung dieser Abkommen entstandenen Streitigkeiten haben Fragen über ihr Verhältnis zum SRÜ aufgeworfen. Dies betrifft insbesondere das Verhältnis der in diesen Abkommen vorgesehenen Streitbeilegungsregime mit dem obligatorischen Streitbeilegungssystem des SRÜ. Die Rechtsprechung des ISGH enthält hierzu einleuchtende Aussagen.[153] Dieses Problem stellt „one of the challenges that international environmental law faces as it seeks to strive for enhanced compliance in the 21t century“[154] dar.

---

151 Blanco-Bazán, The Environmental UNCLOS and the Work of IMO in the Field of Prevention of Pollution from Vessels, in: Kirchner (Ed.), International Environmental Law (2003), S. 34.

152 Ebenda, S. 35-44.

153 Z. B. im Southern Bluefin Tuna-Fall hat der ISGH sich mit der Frage des Verhältnisses des SRÜ mit spezielleren Verträgen befasst und hat dazu einleuchtende Ausführungen in seiner Anordnung über einstweilige Maßnahmen gemacht. Der ISGH weist die Behauptung Japans ab, dass die *Convention for the Conservation of the of Southern Bluefin Tuna* (CCSTB) als spezielles Abkommen das SRÜ verdrängt. Der ISGH übernimmt die im Völkerrecht allgemein anerkannte Fassung, dass die *lex-specialis*-Regel nur Anwendung findet, wenn das speziellere Abkommen ein *self-contained* Regime ist. Der ISGH zeigt jedoch in diesem Fall, dass die CCSTB eine Umsetzung des SRÜ ist und deswegen im Zusammenhang mit ihm zu verstehen ist. Mehr dazu bei Stephens, The Limits of International Adjudication in International Law: Another Perspective on the Southern Bluefin Tuna Case, in: 19 IJMCL (2004), S. 117-197; Mansfield, Compulsory Dispute Settlement after the Southern Bluefin Tuna Award, in: Oceans Management in the 21st Century (2004), S. 255-272; Yamada, Priority Application of Successive Treaties Relating to the Same Subject Matter: The Southern Bluefin Tuna Case (2002), in: Liber amicorum Judge Shigeru Oda (2002), S. 763-771; Röben, The Southern Bluefin Tuna Cases: Re-regionalization of the Settlement of Law of the Sea Disputes?, in: 62 ZaöRV (2002), S. 61-67. Für die Rechtsprechung des ISGH in weiteren Fällen siehe Rothwell/Stephens, Dispute Resolution and the Law of the Sea: Reconciling the Interaction between the LOS Convention and Other Environmental Instruments, in: Oude Elferink/Rothwell (Eds.), Oceans Management in the 21st Century: Institutional Frameworks and Responses (2004), S. 209- 229.

154 Rothwell/Stephens, Dispute Resolution and the Law of the Sea: Reconciling the Interaction between the LOS Convention and other Environmental Instruments, S. 229.

II. Die Regelungs- und Durchsetzungskompetenzen für den Meeresumweltschutz

Der Teil XII des SRÜ unterscheidet zwischen Regelungs- und Durchsetzungskompetenzen. Darüber hinaus verfolgt er den klassischen Verschmutzungsquellenansatz. Die Verteilung der Regelungs- und der Durchsetzungskompetenzen erfolgt nach der Ursache der Meeresverschmutzung. Die nachfolgenden Ausführungen befassen sich mit den folgenden Verschmutzungsursachen: Verschmutzung durch Schiffe, Verschmutzung durch Einbringen, Verschmutzung vom Lande aus, und durch Tätigkeiten auf dem Meeresboden, die sogenannten Offshore-Tätigkeiten.

A. Die Bekämpfung der Meeresverschmutzung durch Schiffe

1. Die Regelungskompetenzen

Das SRÜ normiert die Regelungskompetenzen, um Rechtsvorschriften mit dem Ziel zu erlassen, die Verschmutzung durch Schiffe zu verhüten, zu reduzieren oder zu bekämpfen. Art. 211 dieses Abkommens enthält diesbezüglich eine umfassende Regelung. Das SRÜ regelt die Verschmutzung durch Schiffe am ausführlichsten,[155] weil „hier der Interessenkonflikt zwischen Küstenstaaten und Flaggenstaaten am deutlichsten und wohl in der Praxis auch am häufigsten hervortritt und von letztgenannten am ehesten ein Eingriff in die Schifffahrtsfreiheit und die Flaggenhoheit befürchtet worden ist“.[156]

a. Die Regelungskompetenz der „zuständigen internationalen Organisation“

(1) Die „zuständige internationale Organisation“

Bei der Verhütung und Bekämpfung der Meeresverschmutzung durch Schiffe haben die globalen Normen und Standards eine führende Rolle erhalten. Dies dient dem Ziel, die Schifffahrtsfreiheit fremder Schiffe nicht durch einseitige staatliche Regelungen zu beeinträchtigen.[157] Deswegen betrifft die in Art. 211 Abs. 1 SRÜ vorgesehene Regelungspflicht die globale Ebene. Hiernach sind die Staaten verpflichtet, im Rahmen der zuständigen internationalen Organisation oder auf einer allgemeinen diplomatischen Konferenz internationale Regeln und Normen zur Verhütung, Verringerung und Überwachung der Verschmutzung der Meeresumwelt durch Schiffe aufzustellen.[158] Obwohl das SRÜ die Internati-

155 Reichart, Umweltschutz durch völkerrechtliches Strafrecht (1999), S. 164.
156 Ebenda, S. 163.
157 König, The Enforcement of the International Law of the Sea by Coastal and Port States, in: 62 ZaöRV (2002), S. 4.
158 Art. 211 Abs. 1 SRÜ.

onale Seeschifffahrts-Organisation[159] (*International Maritime Organization*) nur in einer einzigen Bestimmung ausdrücklich erwähnt, sind Wissenschaft und internationale Praxis sich einig, dass mit der Bezeichnung „zuständige internationale Organisation“ die IMO gemeint ist.[160] Die IMO wurde im SRÜ mit dieser Aufgabe betraut, weil sie über ein globales Mandat und eine breite staatliche Akzeptanz verfügt. Sie zählt 166 Mitgliederstaaten, die sämtliche Regionen der Welt repräsentieren.[161] Die IMO ist eine Fachorganisation der Vereinten Nationen. Sie wurde 1948 unter der Bezeichnung *International Maritime Consultative Organization* (IMCO) errichtet.[162] Sie soll einen Rahmen für eine staatliche Zusammenarbeit bieten, durch die internationale Regelungen im Bereich der maritimen Sicherheit, der Wirksamkeit der Schifffahrt und der Verhütung und Kontrolle der Verschmutzung durch Schiffe vereinbart werden sollen.[163] Die IMO soll zur allgemeinen Annahme hoher Standards beitragen. Aufgrund dieses Mandats hat sie ungefähr 35 weltweit geltende internationale Übereinkommen und technische Standards in Form von Codes, Richtlinien und Empfehlungen[164] erarbeitet.[165] Das SRÜ gilt als eine Rahmenkonvention, welche „die vorhande-

---

159 Lagoni, Die Internationale Seeschiffahrts- Organisation (IMO) als Rechtsetzungsorgan, in: 50 Jahre Vereinte Nationen: Tätigkeit und Wirken der Internationalen Seeschiffahrts- Organisation (IMO) (1997), S. 45.

160 Wolfrum, IMO Interface with the Law of the Sea Convention, in: Nordquist (Ed.), Current Maritime Issues and the International Maritime Organization (1999), S. 223: Wolfrum zählt die weiteren Stellen des SRÜ zur *competent international organisation* auf und kommt zu folgendem Ergebnis: „In such cases, when the expression „competent international organisation" when used in the singular, applies exclusively to the IMO and its global mandate.“; Siehe auch UN Doc. A/52/491, Law of the Sea, Impact of the Entry into Force of the 1982 United Nations Convention on the Law of the Sea on Related Existing and Proposed Instruments and Programmes, Report of the Secretary-General, 20 October 1997, 17 Para. 9.

161 Mihneva-Natova, The Relationship between the United Nations Convention on the Law of the Sea and the IMO Conventions (2005), S. 8.

162 Diese Bezeichnung wurde 1982 geändert. Seit dem gilt die Bezeichnung *international maritime organization.*

163 Art. 1 (a) des Übereinkommens über die Internationale Seeschifffahrts-Organisation vom 6.3.1948 (Fassung von 1986).

164 Lagoni, Internationale Seeschiffahrts-Organisation (IMO) als Rechtssetzungsorgan, in: Ehlers/Erbguth (Hg.), 50 Jahre Vereinte Nationen-Tätigkeiten und Wirken der Internationalen Seeschiffahrtsorganisation (IMO), 3. Rostocker Gespräch zum Seerecht (1997), S. 55; Siehe für eine Auflistung sämtlicher unter der Ägide der IMO verabschiedeten Abkommen Mihneva-Natova, The Relationship between the United Nations Convention on the Law of the Sea and the IMO Conventions (2005), S. 8-10; Siehe auch Kapitel 3/I/B u. E.

165 Siehe bezüglich der Rechtsetzungstätigkeit der IMO Tomuschat, Die Internationale Seeschifffahrts-Organisation (International Maritime Organisation, IMO) als Hauptakteur, in: Tomuschat (Hg.), Schutz der Weltmeere gegen Öltankerunfälle (2005), S. 24-29. Für mehr Details über die Rechtsetzungstätigkeit bestimmter Gremien innerhalb der IMO

nen IMO- Übereinkommen wie ein Dach überspannt".[166] Laut Art. 237 und Art. 311 Abs. 2 SRÜ lässt das SRÜ diese Übereinkommen unberührt. Im Falle eines Konflikts mit dem SRÜ werden diese Übereinkommen jedoch vom SRÜ verdrängt.[167] Deswegen mussten die unter der Ägide der IMO erarbeiteten Konventionen nach dem Abschluss des SRÜ dessen Regelungen angepasst werden.[168] Im Ergebnis weist das SRÜ der IMO Rechtssetzungsaufgaben im Sinne der Vorbereitung von Entwürfen für die Schifffahrtsicherheit und die Verhütung und Bekämpfung der Verschmutzung der Meeresumwelt durch Schiffe zu. Die IMO soll den durch das SRÜ errichteten rechtlichen Rahmen für den Meeresschutz gegen die Verschmutzung durch Schiffe ausfüllen.[169]

Das SRÜ erwähnt ein konkretes Beispiel, das global im Rahmen der IMO oder auf einer diplomatischen Konferenz normiert werden muss, nämlich die Entwicklung von Verkehrsführungssystemen, um Unglücksfälle zu vermeiden.[170] Die Bedeutung der IMO bei der inhaltlichen Ausgestaltung der programmatischen Klausel des SRÜ bezüglich der Verschmutzung durch Schiffe wird durch den Begriff der allgemein anerkannten internationalen Normen und Standards gestärkt.

(2) Die allgemein anerkannten internationalen Normen und Standards

Zahlreiche Bestimmungen des SRÜ verweisen auf die „allgemein anerkannten internationalen Normen und Standards" (hiernach: AAINS).[171] Diese Bestim-

---

wie *the Marine Environment Protection Committee* (MEPC) siehe Blanco-Bázan, The Environmental UNCLOS and the Work of IMO in the Field of Prevention of Pollution from Vessels, insbes. S. 32- 33; Balkin, The Establishment and Work of the IMO Legal Committee, in: Nordquist/Moore (Eds.), Current Maritime Issues and the International Maritime Organisation (1999), S. 291 ff.; La Fayette (de), The Marine Environment Protection Committee, in: 16 IJMCL (2001), S. 155-238; Ilg, Die Rechtsetzungstätigkeit der IMO, zur Bedeutung der International Maritime Organisation bei der Weiterentwicklung der Meeresumwelt (2001), S.21-27.

166 Lagoni, Internationale Seeschiffahrts- Organisation (IMO) als Rechtsetzungsorgan, S.45 ff.; Scott, The LOS Convention as a Constitutional Regime for the Oceans, in: Oude Elferink (Ed.), Stability and Change in the Law of the Sea: The Role of the LOS Convention (2005), S. 12-19.

167 Siehe Kapitel 1/I/C.

168 Lagoni, Internationale Seeschiffahrts- Organisation (IMO) als Rechtssetzungsorgan, S. 54; IMO Doc. LEG/MISC/1, Implications of the United Nations Convention on the Law of the Sea, 1982 for the International Maritime Organization (IMO), 10 February 1986, Para. 5; Kilian, Umweltschutz durch internationale Organisationen (1987), S. 315.

169 Wolfrum, IMO Interface with the Law of the Sea Convention, S. 231.

170 König, Durchsetzung internationaler Bestands- und Umweltschutzvorschriften auf Hoher See im Interesse der Staatengemeinschaft (1990), S. 144; Gold/Johnston, Ship-Generated Pollution: The Creator of Regulated Navigation, in: Clingan (Ed.), Law of the Sea: State Practice in Zones of Special Jurisdiction (1982), S. 156-197.

171 Art. 21 Abs. 2; Art. 211 Abs. 2, 5, 6 u. Art. 226 Abs. 1 (a) SRÜ.

mungen richten Regelungsaufträge an die Küsten-, Hafen- und Flaggenstaaten. Dabei stellen die AAINS grundsätzlich den Maßstab für die Völkerrechtsmäßigkeit der innerstaatlichen Rechtsvorschriften dar. Deswegen ist es notwendig, den Inhalt dieser Kategorie von Normen und Standards zu definieren. Art. 197 SRÜ kann in dieser Hinsicht Hilfe leisten.[172] Danach sind die Vertragsparteien bei „der Abfassung und Ausarbeitung von internationalen Regeln, Normen und empfohlenen Gebräuchen und Verfahren zum Schutz und zur Bewahrung der Meeresumwelt" unmittelbar oder durch internationale Organisationen zur Zusammenarbeit verpflichtet. Die durch die IMO gesetzten Standards im Bereich der Schifffahrtsicherheit, des Schutzes der Meeresumwelt vor Verschmutzung durch Schiffe, usw. machen den Inhalt der Normenkategorie der AAINS aus. Dafür gibt es zwei Argumente: zunächst befasst sich die IMO mit denselben Rechtsgebieten wie die im SRÜ vorgesehenen AAINS. Ferner bedürfen die AAINS, wie die Mehrheit der IMO Konventionen, einer breiten staatlichen Zustimmung. Diese Konventionen treten erst in Kraft wenn sie, nach einer regelmäßigen Tonnageklausel, von Staaten, die 50 % der Welttonnage repräsentieren, ratifiziert worden sind. Im Jahre 2000 war das Internationale Übereinkommen von 1973 zur Verhütung der Meeresverschmutzung durch Schiffe (im Folgenden: MARPOL) von Staaten mit 97, 07 % der Welttonnage ratifiziert.[173] Deswegen stellen mindestens die Anlagen I und II dieser Konvention AAINS im Sinne des SRÜ dar.[174] Darüber hinaus enthält insbesondere das Internationale Übereinkommen zum Schutz des menschlichen Lebens auf See (hiernach: SOLAS)[175] AAINS über die schiffsbaulichen Vorschriften und die Seetüchtigkeit der Schiffe. Die AAINS über die Bemannung von Schiffen und die Ausbildung des Personals an Bord sind in Kapitel V von SOLAS und in der *Convention on Standards of Training, Certification and Watchkeeping for Seafarers* kodifiziert.[176]

Nach h. M. liegt die Schwelle für die Erstarkung zur allgemeinen Rechtsverbindlichkeit für die AAINS tiefer als bei der Entstehung von Gewohnheitsrecht.[177]

---

172 Wolfrum, IMO Interface with the Law of the Sea Convention, S. 229-230.

173 Siehe Kapitel 3/I/B/2.

174 Boyle/Bernie, International Law and the Environment (2002), S. 363.

175 Siehe Kapitel 3/I/E/1/a.

176 Siehe Kapitel 3/I//E/1/b; Wolfrum, IMO Interface with the Law of the Sea Convention, S. 230.

177 Wolfrum, Recht der Flagge, S. 138; Molenaar, Coastal State Jurisdiction over Vessel-Source Pollution (1998), S. 183. Gegenteilige Meinung siehe bei Van Reeven, Rules of Reference in the New Convention on the Law of the Sea, in Particular in Connection with Pollution of the Sea by Oil from Tankers, in: 12 Netherlands Yearbook of International Law (1981), S.12: bezüglich des Urteils des IGH in Festlandsockel in der Nordsee, hält er die AAINS für Völkergewohnheitsrecht. So Timagenis, International Control of Marine Pollution, Vol. 2 (1990), S. 606.

Die Kategorie der AAINS erfüllt eine sehr wichtige Rolle für den Schutz der Meeresumwelt. Über die Ratifikation des SRÜ werden die AAINS für den Staat verbindlich, ohne dass dieser die entsprechenden IMO-Konventionen ratifiziert hat.[178] Dies hat die Folge, dass eine eventuelle Nichtratifikation dieser Konventionen umgangen wird. Es fragt sich, was gilt, wenn eine Vertragspartei ausdrücklich eine IMO Norm ablehnt.[179] Kann man dieser Partei eine AAINS-Norm entgegenhalten? Die Frage ist offen, weil sich internationale Gerichte noch nicht mit ihr beschäftigt haben.[180]

Wegen der damit zusammenhängenden Rechtsunsicherheit haben nur sehr wenige Staaten in ihrer nationalen Gesetzgebung auf die AAINS verwiesen.[181] Bei dem Verweis auf internationale Normen erwähnen die Staaten in der Regel, dass es sich um von ihnen selbst ratifizierte Normen handelt.[182]

b. Die Regelungskompetenzen des Küstenstaates

(1) In den inneren Gewässern

Die inneren Gewässer liegen landwärts der Basislinien, ab welcher die Breite des Küstenmeeres gemessen wird.[183] In ihnen verfügt der Küstenstaat über eine uneingeschränkte Hoheitsgewalt wie auf jedem anderen Teil seines Staatsgebietes.[184] Da die inneren Gewässer sich in unmittelbarer Nähe zum terrestrischen Staatsgebiet befinden, teilen sie nach Völkergewohnheitsrecht grundsätzlich denselben Rechtsstatus mit ihm.[185] Im Gegensatz zum Küstenmeer ist die Sou-

---

178 Oxman, The Duty to Respect Generally Accepted International Rules and Standards, in: 24 JILP (1991-1992), S. 23

179 Seit 1972 wurde in den IMO-Konventionen das vereinfachte Verfahren der stillschweigenden Annahme eingeführt d.h. die von der einfachen Mehrheit der anwesenden Vertragsparteien verabschiedete Änderung bzw. Ergänzung einer Konvention wird nach dem Ablauf einer von ihnen festgesetzten Frist als von allen diesen Parteien endgültig zugestimmt, vermutet. Jede Vertragspartei kann jedoch für sich diese Vermutung durch eine ausdrückliche Erklärung ausschließen. Mehr dazu bei Lagoni, Die Internationale Seeschiffahrts- Organisation (IMO), S. 50.

180 Oxman, S. 39: Er schreibt, dass das SRÜ "opens the door to the development of a jurisprudence of detailed environmental obligations rooted in the concept of the generally accepted standards“.

181 Molenaar, Coastal State Jurisdiction, S. 177-178: Er erwähnt das Beispiel von Bulgarien und Neuseeland.

182 Z.B. die tunesische Gesetzgebung über die Bekämpfung der Verschmutzung durch Schiffe; Dazu siehe Kapitel 9/I/A/2 u. 3.

183 Art. 8 Abs. 1 SRÜ.

184 In Art. 2 Abs. 1 SRÜ heißt es, dass: „die Souveränität eines Küstenstaats erstreckt sich *jenseits seines Landgebiets und seiner inneren Gewässer* (...) auf einen angrenzenden Meeresstreifen, der als Küstenmeer bezeichnert wird". Hervorhebung zugefügt.

185 Lagoni, Internal Waters, Seagoing Vessels, in: EPIL 11 (1989), S. 153; Churchill/Lowe (1988), S. 51.

veränität nicht durch das Recht auf friedliche Durchfahrt eingeschränkt.[186] Die Häfen sind als Teil der inneren Gewässer zu betrachten.[187] Deswegen gelten die Regelungen des SRÜ über die Regelungs- und Durchsetzungsbefugnisse in den Häfen *mutatis mutandis* auch für die inneren Gewässer.[188] Die Regelungskompetenzen des Küstenstaates in den inneren Gewässern werden zusammen mit den hafenstaatlichen Regelungskompetenzen erörtert.[189]

(2) Im Küstenmeer

Jedem Staat ist es gestattet, sein Küstenmeer auf eine Breite von 12 sm auszudehnen.[190] Die Staatssouveränität erstreckt sich auf diese Meereszone.[191] Deswegen darf der Küstenstaat für diese Meereszone selbstverständlich umweltrelevante Gesetze erlassen. Trotzdem erkennt das SRÜ (Art. 21) ihm dieses Recht ausdrücklich zu. Diese Bestimmung soll jedoch nicht als ein „Dürfen", sondern als ein "Sollen" ausgelegt werden. Sie ist ein Appell an die Staaten, ihre Küsten stärker zu schützen.[192] In dem spezielleren Art. 211 SRÜ ist es dem Küstenstaat gestattet, nationale Rechtsvorschriften zur Verhütung, Verringerung und Überwachung der Meeresverschmutzung durch fremde Schiffe zu erlassen. Der Küstenstaat darf jedoch, in Wahrnehmung dieser rechtlichen Möglichkeit, das Recht fremder Schiffe auf friedliche Durchfahrt nicht beeinträchtigen.[193] Deswegen lautet Art. 211 Abs. 4 SRÜ: „diese Gesetze und sonstigen Vorschriften dürfen in Übereinstimmung mit Teil II Abschnitt 3 die friedliche Durchfahrt fremder Schiffe nicht behindern". Die Schiffe aller Staaten, ob Küsten- oder Binnenstaaten, genießen das Recht der friedlichen Durchfahrt durch das Küstenmeer.[194]

---

186 Art. 8 Abs. 2 SRÜ führt jedoch eine Ausnahme ein: Das Recht auf friedliche Durchfahrt bleibt aufrechterhalten in den inneren Gewässern, die durch die Ziehung von geraden Basislinien gewonnen worden sind.

187 Badura, Ports, in: EPIL Vol. III (1997), S. 1068 ff.

188 Dies gilt insbesondere für die hafenstaatlichen Regelungskompetenzen nach Art. 211 Abs. 3, in welchem Häfen und innere Gewässer praktisch als Synonyme verwendet werden. Dazu: Molenaar, S. 183

189 Siehe Kapitel 1/II/A/1/d.

190 Art. 3 SRÜ.

191 Art. 2 SRÜ. Mehr über die rechtliche Natur des Küstenmeeres siehe Churchill/Lowe, (1988), S. 77-84; Francioni, Criminal Jurisdiction over Foreign Merchant Vessels in Territorial Waters: A New Analysis, in: 1 International Journal of Environmental Law (1975), S. 28-31.

192 Wolfrum, Die Entwicklung des Seerechts zum Recht der marinen Umwelt, S. 75-76.

193 Scharma, Territorial Sea, in: EPIL Vol. IV (2000), S. 818 ff.

194 Art. 17 SRÜ; Art. 18 SRÜ definiert die friedliche Durchfahrt wie folgt „(...) die Fahrt durch das Küstenmeer zu dem Zweck, a) es ohne Einlaufen in die inneren Gewässer oder Anlaufen einer Reede oder Hafenanlage außerhalb der inneren Gewässer zu durchqueren oder b) in die inneren Gewässer einzulaufen oder sie zu verlassen oder eine solche Reede oder Hafenanlage anzulaufen oder zu verlassen". Nach Art. 18 Abs. 2 SRÜ

Das SRÜ nennt selbst einige Beispiele von Umweltschutzmaßnahmen ohne Behinderung der friedlichen Durchfahrt. Den Küstenstaaten ist es z.B. gestattet die friedliche Durchfahrt in bestimmten Gebieten ihres Küstenmeers vorübergehend zu suspendieren.[195] Hierbei darf der Küstenstaat auch die Schiffswege vorschreiben. Die küstenstaatlichen Gesetze und sonstigen Rechtsvorschriften dürfen sich jedoch nicht auf den Entwurf, den Bau, die Bemannung oder die Ausrüstung (die sog. CDEM- Standards) fremder Schiffen erstrecken, sofern sie nicht den allgemein anerkannten internationalen Regeln oder Normen Wirksamkeit verleihen.[196] Die innerstaatlichen CDEM-Standards dürfen nicht strenger als die internationalen Standards sein.[197] Besonders bekannte internationale CDEM-Standards zur Verhütung der Meeresverschmutzung durch Schiffe sind die sog. Segregated Ballast Tanks (SBT's), und die Load on Top Systems (LOT).[198]

Außer in diesen beiden Fällen steht es dem Küstenstaat frei, nationale Umweltschutzgesetze für sein Küstenmeer zu erlassen. Für das Einleiten schädlicher Substanzen in sein Küstenmeer darf er strengere als die einschlägigen internati-

---

„muss die Durchfahrt ohne Unterbrechung und zügig erfolgen. Die Durchfahrt schließt jedoch das Anhalten und Ankern ein, aber nur insoweit, als dies zur normalen Schifffahrt gehört oder infolge höherer Gewalt oder eines Notfalls oder zur Hilfeleistung für Personen, Schiffe oder Luftfahrtzeuge in Gefahr oder Not erforderlich wird"; Die Durchfahrt kann nicht verhindert werden, sofern sie friedlich ist. In Art. 19 Abs. 1 heißt es „die Durchfahrt ist friedlich, solange sie nicht den Frieden, die Ordnung oder die Sicherheit des Küstenstaates beeinträchtigt." Bedroht die Durchfahrt die Meeresumwelt eines Küstenstaates, verliert sie dann den friedlichen Charakter. Das Sicherheitskonzept erfasst seit den sechziger Jahren die Umweltangelegenheiten. Siehe über Entstehung und Inhalt des Konzepts der Umweltsicherheit: Broadus/Vartanov, The Oceans Environmental Security (1994), S. 7 ff. Außerdem enthält das SRÜ eine Liste der Ereignisse oder Handlungen, die einer Durchfahrt den friedlichen Charakter nehmen. Eine davon ist die „vorsätzliche schwere Verschmutzung" (Art. 19 Abs. 2 (h) SRÜ) Deswegen haben die Küstenstaaten das Recht, nationale Maßnahmen zu ergreifen, um einer solchen Verschmutzung vorzubeugen. Art. 21 SRÜ zählt auch die Bereiche auf, in welchen der Küstenstaat die friedliche Durchfahrt regeln darf. Unter diesen Bereichen sind die Sicherheit der Schifffahrt, die Regelung des Seeverkehrs (Art. 21 Abs. 1 (a) SRÜ), Schutz der Umwelt des Küstenstaates (Art. 21 Abs. 1 f) SRÜ) usw. Der Küstenstaat darf Maßnahmen treffen, um seine marine Umwelt vor Verschmutzung durch Schiffe zu schützen, ohne die friedliche Durchfahrt zu behindern.

195 Art. 25 Abs. 3 SRÜ.

196 Art. 21 Abs. 2 SRÜ.

197 Molenaar, S. 200- 201: Er vertritt die Meinung, dass Küstenstaaten theoretisch CDEM-Standards erlassen dürfen, die weniger streng als die diesbezüglichen AAINS sind. Dadurch werden nämlich die bezweckte internationale Vereinheitlichung der CDEM Standards und dahinter die Schifffahrtsfreiheit nicht beeinträchtigt.

198 König, The Enforcement of the International Law of the Sea by Coastal and Port States, in: 62 ZaöRV (2001), S. 4.

onalen Normen erlassen.[199] Sollte man in diesem breiten Ermessen jedoch die Ermächtigung sehen, Gesetze zu erlassen, die hinter den internationalen Regelungen[200] zurückbleiben, wäre dies für einen effizienten Schutz der marinen Umwelt im Küstenmeer schädlich.

Die weitergehende Regelungsbefugnis des Küstenstaates in seinem Küstenmeer ist auf das Regime dieser Meereszone zurückzuführen. Im Küstenmeer genießt der Küstenstaat Souveränität, während er in der AWZ lediglich über einzelne „souveräne Rechte" verfügt.[201]

(3) In der ausschließlichen Wirtschaftszone

Die ausschließliche Wirtschaftszone (AWZ) erstreckt sich bis zu 200 sm ab der Basislinie.[202] In dieser Zone hat der Küstenstaat einzelne „souveräne Rechte" zur Erforschung, Ausbeutung, Erhaltung und Bewirtschaftung der lebenden und nichtlebenden natürlichen Ressourcen der Gewässer über dem Meeresboden, des Meeresbodens und seines Untergrundes, sowie hinsichtlich anderer Tätigkeiten zur wirtschaftlichen Erforschung und Ausbeutung der Zone. Ferner hat der Küstenstaat in der AWZ „Hoheitsbefugnisse"[203] unter anderem zum Schutz und zur Bewahrung der Meeresumwelt.[204] Diese sind eine Innovation des SRÜ. Die herkömmlichen küstenstaatlichen Befugnisse zum Meeresumweltschutz außerhalb des Küstenmeeres waren auf die Kontrolle der durch Schiffsunglücke verursachten Verschmutzung beschränkt.[205]

In der AWZ verfügen die anderen Staaten über die auf der Hohen See geltenden Freiheiten, solange sie mit dem AWZ- Regime übereinstimmen.[206] Dabei handelt es sich beispielsweise um die Freiheit der Schifffahrt, des Überflugs und des Verlegens von Kabeln und Pipelines.[207] Diese küstenstaatlichen Regelungs-

---

199 Molenaar, Coastal State Jurisdiction over Vessel-Source Pollution (1998), S.201; König, Durchsetzung, S. 161.

200 Die AAINS bezüglich der Verschmutzung durch Schiffe.

201 Art. 56 SRÜ.

202 Über die Entstehungsgeschichte des Regimes der AWZ während der 3. Seerechtskonferenz siehe Gündling, Die 200 Seemeilen-Wirtschaftszone (1983), S. 51-112.

203 Über die Bedeutung dieses Begriffunterschieds zwischen „souveränen Rechten" und „Hoheitsbefugnissen" siehe bei Ipsen, Völkerrecht, (1999), S. 745; Oda, Exclusive Economic Zone, in: EPIL Vol. II (1995), S. 305 ff.

204 Art. 56 Abs. 1 lit. b) (iii) SRÜ.

205 Churchill/Lowe, S. 169.

206 Art. 58 SRÜ.

207 Art. 56 Abs. 2 SRÜ: „Der Küstenstaat berücksichtigt bei der Ausübung seiner Rechte und der Erfüllung seiner Pflichten aus diesem Übereinkommen in der ausschließlichen Wirtschaftszone gebührend die Rechte und Pflichten anderer Staaten und handelt in einer Weise, die mit dem Übereinkommen vereinbar ist." Die Rechte anderer Staaten sind in Art. 58 Abs. 1 SRÜ wie folgt vorgesehen: „Alle Staaten, ob Küsten- oder Binnenstaaten, genießen in der ausschließlichen Wirtschaftszone vorbehaltlich der diesbezüglichen

kompetenzen in der AWZ sind jedoch sehr begrenzt. Ihr Zweck ist auf die Durchsetzung der einschlägigen AAINS beschränkt. Deswegen müssen die für die AWZ erlassenen innerstaatlichen Rechtsvorschriften den AAINS „entsprechen und ihnen Wirksamkeit verleihen".[208] Die Ausgestaltung der küstenstaatlichen Rechtsetzungskompetenzen in der AWZ erstrebt einen Interessenausgleich zwischen den Küstenstaaten und den seefahrenden Staaten. Die letztgenannten waren keinesfalls bereit, Beeinträchtigungen der Schifffahrtsfreiheit durch strengere Umweltstandards in der AWZ zu akzeptieren.[209] Zum Schutz der Schifffahrtsfreiheit müssen in der AWZ einheitliche Standards und Normen für den Umweltschutz angewendet werden. Deswegen geht die Regelungskompetenz der Küstenstaaten hier nicht über eine Anwendung internationaler Normen hinaus. Im Gegensatz zur Regelung für andere Verschmutzungsarten besitzen die Küstenstaaten bei der Verhütung der Verschmutzung durch Schiffe in der AWZ keine substantielle Regelungsfreiheit.[210]

(4) Die Ausweisung von Meeresschutzgebieten in der ausschließlichen Wirtschaftszone

Im Völkerrecht und im nationalen Recht werden verschiedene Gebiete als Meeresschutzgebiete ausgewiesen. Sie haben unterschiedliche Bezeichnungen wie *„special areas"* oder *„particularly sensitive sea areas"*.[211] Sie schützen unterschiedliche natürliche Gegebenheiten und sind unterschiedlichen Rechtsregimen

---

Bestimmungen dieses Übereinkommens die in Artikel 87 genannten Freiheiten der Schifffahrt, des Überflugs und der Verlegung unterseeischer Kabel und Rohrleitungen sowie andere völkerrechtlich zulässige, mit diesen Freiheiten zusammenhängende Nutzungen des Meeres...". Siehe für Kommentare über die Rechte anderer Staaten in der AWZ Lagoni, Die Errichtung von Schutzgebieten in der ausschließlichen Wirtschaftszone aus völkerrechtlicher Sicht, in: 24 Natur und Recht (2002), S.121; Gündling, Die 200 Seemeilen-Wirtschaftszone (1983), 38 ff. u. S. 269-295; Churchill/Lowe, S. 170-176.

208 Molenaar, S. 201 (Fn. 22); König, Die Durchsetzung S. 146 (fn. 97): Beide Autoren sind der Meinung, dass kein Unterschied besteht zwischen der alleinigen Formulierung *„giving effect to"* und wenn *„conforming to"* zugefügt ist. Eine gegenteilige Meinung vertritt Bernhardt, A Schematic Analysis of Vessel-Source Pollution; Prescriptive and Enforcement Regimes in the Law of the Sea Conference, in: 20 Virginia Journal of International Law (1980), S. 279.

209 König, Durchsetzung, S. 146.

210 Ebenda.

211 Scovazzi, Marine Specially Protected Areas under International Law, in: ders. (Ed.), Marine Specially Protected Areas (1999), S. 17; Jarass, Naturschutz in der ausschließlichen Wirtschaftszone, (2002), S. 30; Janssen, Die rechtlichen Möglichkeiten der Einrichtung von Meeresschutzgebieten in der Ostsee, (2002), S. 72.

unterworfen. Die von der *World Conservation Union* (IUCN)[212] empfohlene Definition scheint Schutzgebiete verschiedener Bezeichnungen und Rechtsregime zu decken. Hiernach ist ein Schutzgebiet:

> „any area of intertidal or substantial terrain, together with its overlying water and associated flora, fauna, historical and cultural features, which has been reserved by law or other effective means to protect part or all of the enclosed environment".[213]

Die Staaten sind verpflichtet, Maßnahmen zum Schutz und zur Bewahrung seltener oder empfindlicher Ökosysteme sowie des Lebensraumes gefährdeter, bedrohter oder vom Aussterben bedrohter Arten und anderer Formen der Tier - und Pflanzenwelt des Meeres zu treffen.[214] Demzufolge ist die Errichtung eines Meeresschutzgebietes im Sinne des SRÜ auch eine erforderliche Maßnahme, um die Meeresumwelt vor den Gefahren der Verschmutzung zu schützen. Sie soll in Übereinstimmung mit dem SRÜ erfolgen.[215] Im SRÜ wird die Möglichkeit, Meeresschutzzonen auszuweisen, nur bezüglich der AWZ ausdrücklich festgelegt. Zwei Bestimmungen befassen sich damit. Eine betrifft einen Regelfall, die andere einen Sonderfall.

i. Die eisbedeckten Gebiete: ein Sonderfall

Eisbedeckte Gebiete sind für die vorliegende Arbeit nicht relevant, da sie im Mittelmeer nicht vorkommen. Art. 234 SRÜ gestattet den Küstenstaaten in den eisbedeckten Gebieten ihrer AWZ, Gesetze und sonstige Vorschriften zu erlassen, wenn in diesen Gebieten bestimmte Bedingungen erfüllt sind.[216] Die Küstenstaaten verfügen in diesen Gebieten über mehr Regelungsfreiheit als in der sonstigen AWZ und dürfen hier einseitig Meeresschutzgebiete ausweisen.[217] Die in Art. 211 SRÜ vorgesehenen Schranken gelten in den eisbedeckten Gebieten

---

212 Proelß, Meeresschutz im Völker- und Europarecht, S. 90: Er definiert das IUCN wie folgt. „ ein internationales Umweltforum, das mit der World Commission on Protected Areas (WCPA) ein globales Schutzgebietsnetzwerk unterhält".

213 Kenchington, Guidelines for Establishing Marine Protected Areas, (1991), S. 2.

214 Art. 194 Abs. 5 SRÜ.

215 In Art. 194 Abs. 5 SRÜ ist nämlich von den „in Übereinstimmung mit diesem Teil (Teil XII) ergriffenen Maßnahmen „ die Rede.

216 Art 234 SRÜ „(…) wenn dort besonders strenge klimatische Bedingungen und das diese Gebiete während des größten Teils des Jahres bedeckende Eis Hindernisse oder außergewöhnliche Gefahren für die Schifffahrt schaffen und die Verschmutzung der Meeresumwelt, das ökologische Gleichgewicht ernstlich schädigen oder endgültig zerstören könnte."

217 Proelß, S. 95; Zur Entstehungsgeschichte dieser Sonderbestimmung siehe Schultheiss, Umweltschutz und die Freiheit der Meere: Eine Studie am Beispiel der kanadischen Arctic Waters Pollution Prevention Act von 1970 (1974) S. 18 ff.; Nordquist (Eds.), A Commentary, Vol. IV (1991), S. 49.

nicht. Art. 234 wurde zu Recht als *lex specialis* zu Art. 211 betrachtet.[218] Die für diese Gebiete erlassenen Gesetze sind allerdings einigen Beschränkungen unterworfen. Erstens dürfen sie nicht diskriminieren und müssen deshalb für eigene und für fremde Schiffe gelten. Zweitens müssen sie die Schifffahrt sowie den Schutz und die Bewahrung der Meeresumwelt berücksichtigen. Die zweite Beschränkung ist unklar.[219] Trotzdem führt sie zum Ergebnis, dass kein Schutzgebiet ausgewiesen werden darf, in welchem die Schifffahrt vollständig ausgeschlossen ist.[220]

ii. Die Errichtung von Sondergebieten nach Art. 211 Abs. 6 SRÜ: ein Regelfall

Im Regelfall nach Art. 211 Abs. 6 SRÜ darf der Küstenstaat in seiner AWZ Sondergebiete nicht einseitig ausweisen. Ist er der Meinung, dass ein bestimmtes Gebiet in seiner AWZ eines verschärften Schutzes[221] vor der Verschmutzung durch Schiffe bedarf, hat er bei der zuständigen internationalen Organisation, der IMO einen Antrag zu stellen.[222] Diese Vorschrift bezweckt im Gegensatz zu anderen Schutzgebietsregelungen keinen ganzheitlichen und umfassenden Schutz.[223] Die aufgrund Art. 211 Abs. 6 SRÜ errichteten Gebiete in der AWZ dürfen weder mit den MARPOL-Sondergebieten,[224]noch mit den in der Praxis der IMO bekannten *specially protected marine areas* gleichgesetzt werden.[225] Die Sondergebiete nach Art. 211 Abs. 6 SRÜ sind Sondergebiete im Sinne von MARPOL, aber geographisch auf die AWZ begrenzt.[226] Die Errichtung der *specially protected areas* erfordert weniger Voraussetzungen als die der Sondergebiete im Sinne von Art. 211 Abs. 6 SRÜ.[227]

Um die Voraussetzungen zur Errichtung von Sonderzonen zu erfüllen muss der Küstenstaat die IMO überzeugen, dass das Gebiet in seiner AWZ eines besonderen Schutzes, „aus technisch anerkannten Gründen im Zusammenhang mit den ozeanographischen und ökologischen Verhältnissen dieses Gebietes, mit seiner Nutzung, oder dem Schutz seiner Ressourcen und mit der besonderen Art des Verkehrs in diesem Gebiet", bedarf. Bevor er den Antrag an die IMO stellt,

218 Nordquist (Eds.), A Commentary, S. 49.
219 Franckx (Ed.), Vessel-Source Pollution and Coastal State Jurisdiction (2001), S. 102.
220 Proelß, S. 95.
221 Nach Art. 211 Abs. 6 (a) SRÜ wird ein verschärfter Schutz gebraucht, wenn die „in Absatz 1 genannten internationalen Regeln und Normen" „nicht ausreichen", „um besonderen Umständen gerecht zu werden".
222 Wolfrum, IMO Interface with the Law of the Sea Convention, S.223.
223 Janssen, S. 79.
224 Siehe Kapitel 3/I/B/2.
225 Jansen, S. 87-88.
226 Proelß, S. 94.
227 Proelß, S. 94 insb. Fn. 116.

soll der Küstenstaat mit den anderen betroffenen Staaten innerhalb der Organisation darüber beraten.

Innerhalb von 12 Monaten nach Vorlage des staatlichen Antrages entscheidet die IMO, ob das Gebiet tatsächlich eines besonderen Schutzes vor der Verschmutzung durch Schiffe bedarf. Bei einer positiven Antwort ist es dem Küstenstaat erlaubt, Gesetze und Rechtsvorschriften für dieses Gebiet zu erlassen, die den von der IMO für Sondergebiete zugelassenen internationalen Regeln und Normen oder Schifffahrtsgebräuchen Wirksamkeit verleihen. Die IMO hat Richtlinien über die Ausweisung und Ausgestaltung von Sondergebieten erlassen.[228] Sie befassen sich mit den *„special areas"* im Sinne von MARPOL und den *„specially protected areas"*.[229] Für die letztgenannten Gebiete handelt es sich um Maßnahmen wie die Festlegung von Schifffahrtswegen oder von bestimmten Gebieten, in welchen die Schifffahrt suspendiert wird oder obligatorisches Lotsen oder zusätzliche Bauanforderungen.[230] Wie bereits erwähnt, sind Sondergebiete nach Art. 211 Abs. 6 SRÜ nicht mit den *„special areas"* und den *„specially protected areas"* gleichzusetzen. Deswegen soll die IMO Richtlinien erlassen, die den Anforderungen von Art. 211 Abs. 6 Rechnung tragen. Jedenfalls dürfen die für das ausgewiesene Schutzgebiet erlassenen Gesetze und sonstigen Vorschriften die von Art. 56 Abs. 2 zuerkannten Rechte anderer Staaten in der AWZ nicht verletzen.[231] Art. 211 Abs. 6 SRÜ versucht, die umweltpolitischen Interessen der Küstenstaaten und die nutzungspolitischen Interessen der anderen Staaten unter einen Hut zu bringen.[232]

Ebenso ist Küstenstaat beim Erlass „zusätzlicher Gesetze" für das Sondergebiet im Sinne von Art. 211 Abs. 6 SRÜ beschränkt. Diese müssen den allgemein anerkannten Normen und Regeln betreffend Entwurf, Bau, Bemannung und Ausrüstung entsprechen.[233] Sie dürfen sich jedoch mit dem Einleiten und den Schifffahrtsgebräuchen befassen. Diese Gesetze sind strenger als die

---

228 IMO Doc. A 22/Res. 927, Guidelines for the Designation of Special Areas under MARPOL 73/78 and Guidelines for the Identification and Designation of Particularly Sensitive Sea Areas vom 15.1.2002.

229 Scovazzi, Marine Specially Protected Areas and Present International Law of the Sea, in: Beurier/Kiss/Mahmoudi (Eds.), New Technologies and Law of the Marine Environment (2000), S. 179 ff.

230 Churchill/Lowe, The Law of the Sea (1999), S. 394 u. ausführlich über die Schutzgebiete in weiteren Abkommen S. 392 ff.

231 Art. 56 Abs. 2 SRÜ.

232 Proelß, S. 89.

233 Art. 211 Abs. 6 (c) SRÜ: „Beabsichtigt der Küstenstaat, für dasselbe Gebiet zusätzliche Gesetze und sonstige Vorschriften zur Verhütung, Verringerung und Überwachung der Verschmutzung durch Schiffe zu erlassen (...) so setzt er die Organisation zugleich mit der obengenannten Mitteilung davon in Kenntnis".

AAINS. Die IMO muss ihnen zustimmen.[234] Es kann sich um strengere Einleitungsnormen handeln, wie ein Einleitungsverbot oder die Festlegung von Orten, an welchen eingeleitet werden darf.[235]

c. *Die Regelungskompetenzen des Flaggenstaates*

Dem Flaggenstaat sind durch das SRÜ und andere internationalen Übereinkommen, insbesondere die IMO-Konventionen, verschiedene Pflichten auferlegt. Das SRÜ sieht in Art. 211 Abs. 2 SRÜ eine Verpflichtung betreffend die Verschmutzung durch Schiffe vor und zählt die flaggenstaatlichen Pflichten in den verschiedenen Meereszonen, nämlich dem Küstenmeer, der AWZ und der Hohen See auf.[236] Die Flaggenhoheit untergliedert sich in "*jurisdiction to prescribe, jurisdiction to enforce, and jurisdiction to adjudicate*".[237]

(1) Die Flaggenzugehörigkeit

Die Staaten haben das Recht, die Bedingungen zur Verleihung ihrer Flagge frei zu bestimmen.[238] Das Völkerrecht enthält jedoch einige Vorgaben, weil die Rechtsfolgen eines Flaggenführungsrechts bedeutsam sind.[239] Zwischen dem Flaggenstaat und dem Schiff muss eine „echte Verbindung" (*genuine link*) be-

---

234 Art. 211 Abs. 6 c. SRÜ: Diese zusätzlichen Gesetze „werden auf fremde Schiffe nach Ablauf von 15 Monaten nach Vorlage der Mitteilung an die Organisation anwendbar, sofern die Organisation ihnen innerhalb von 12 Monaten nach Vorlage der Mitteilung zustimmt".

235 Janssen, Die rechtlichen Möglichkeiten der Einrichtung von Meeresschutzgebieten in der Ostsee (2002), S. 255.

236 Art. 21 Abs. 4; Art. 39 Abs. 2; Art. 54; Art. 60 Abs. 6; Art. 91 ff. SRÜ.

237 Nunez-Müller, Die Staatszugehörigkeit von Handelsschiffen im Völkerrecht (1994), S. 87.

238 ISGH, The „MV/Saiga" (Saint Vincent and the Grenadines v. Guinea), Case No. 2, Urteil vom 1.7.1999. Abweichende Meinung von Richter Wolfrum, Para. 18: Er bezieht sich auf Art. 91 Abs. 1 SRÜ, in welchem es heißt: „jeder Staat legt die Bedingungen fest, zu denen er Schiffen seine Staatsangehörigkeit gewährt, sie in seinem Hoheitsgebiet in das Schiffsregister einträgt und ihnen das Recht einräumt, seine Flagge zu führen". Sie stellt nach seiner Meinung die Kodifikation einer völkergewohnheitsrechtlichen Norm dar. Das Urteil und die abweichende Meinung sind abrufbar unter http://www.itlos.org/Start2_en.html.

239 Wolfrum, Recht der Flagge und „billige Flaggen"- Neuere Entwicklungen im Völkerrecht, in: Drobnig/Basedow/Wolfrum (Hg.), Neuere Entwicklungen im internationalen Privatrecht und Völkerrecht (1990), S. 126. Wolfrum zählt die aus der Flaggenhoheit für den Flaggenstaat erwachsenden Rechte wie folgt auf „Die Staatsangehörigkeit des Schiffes bestimmt, welches Recht an Bord gilt und welcher Staat auf Hoher See gegenüber einem Schiffe das Gewaltmonopol besitzt. Bei diesen Regelungs- und Durchsetzungskompetenzen handelt es sich grundsätzlich um Ausschlussrechte; dritten Staaten stehen außer in Sonderfällen derartige Kompetenzen nicht zu."

stehen.[240] Sie soll die Erfüllung der aus der Flaggenhoheit erwachsenen internationalen Pflichten gewährleisten.[241] In seinen ersten Entscheidungen hat der Internationale Seegerichtshof die Bedeutung der echten Verbindung betont. [242] Da die Hohe See von keinem Staat in Anspruch genommen werden darf, befinden sich die Schiffe dort grundsätzlich in einem herrschaftsfreien Raum. Es ist deswegen wichtig, eine Verbindung zwischen dem Flaggenstaat und seinen Schiffen herzustellen, um auf der staatsfreien Hohen See eine normierte Ordnung gewährleisten zu können. In diesem Sinne wurde geschrieben, dass die Flaggenhoheit eine „Brückenfunktion" erfülle.[243] In Kritik an dem verbreiteten Phänomen der „Billigflaggen"[244] hat man sowohl in der Lehre als auch in der Praxis betont, dass die Staaten ihre Pflichten gegenüber Schiffen unter ihrer Flagge effektiv und nach Treu und Glauben ausüben müssen.[245] Es gibt unterschiedliche

240 Art. 91 SRÜ; Art. 5 Genfer Übereinkommen über Hohe See (im folgenden GÜHS). Über die geschichtliche Entwicklung zwischen Flaggenverleihungsfreiheit und –bedingungen siehe Skourtos, Billigflaggenpraxis und staatliche Verleihungsfreiheit, (1990) S. 37-106; Nunez-Müller, Die Staatszugehörigkeit von Handelsschiffen im Völkerrecht (1994), S. 221-227.

241 Nunez-Müller, S. 224: Die echte Verbindung „(...) verpflichtet den Flaggenstaat, solche Umstände zur Vorraussetzung der Flaggenverleihung zu machen, die es ihm nach der Flaggenverleihung ermöglichen seine Jurisdiktion auch effektiv auszuüben".

242 Im „MV/Saiga"-Fall hat Richter Wolfrum in seiner abweichenden Meinung hervorgehoben, dass die Flaggenhoheit eine bestimmte Funktion im Seevölkerrecht erfüllt und dass dabei nicht lediglich daran gedacht ist, den Interessen der Staaten zu dienen. Deswegen war es für ihn entscheidend, dass im Moment des Aufbringens das Schiff nicht mehr in Saint-Vincent registriert war und deswegen ohne Flagge war. Er hat die enge Beziehung zwischen der Führung einer Staatsflagge und der Ausübung der mit der Flaggenhoheit verbundenen internationalen Pflichten wie folgt beschrieben„ The respective link between the flag state and the ships concerned being the necessary precondition for the implementation and enforcement of such international rules is established through the registration of ships and their acquiring the respective nationality. As already indicated, article 91, paragraph 1, of the Convention leaves it to the states to prescribe the national rules which specify the conditions for registration. *But the said provision does not allow a state to claim the flag position in international proceedings although there is no valid registration when the very state considers this to be in its interest and to reject it if its interests so require*" (Para. 33). Der Richter hat auch die diesbezügliche Gesetzgebung und die Praxis von Saint Vincent wie folgt kritisiert: „This legislation (...) combined with the administrative practice is likely to weaken the link between it and the ships flying its flag although this link is essential for the implementation of the international rules referred to in article 94 of the Convention" (Para. 45). Hervorhebung zugefügt.

243 Nunez-Müller, S. 74.

244 Mit Bezug auf die Entwicklungsländer siehe Metaxas, Flags of Convenience, S. 62-71.

245 Die britische Regierung hat Lord Donaldson mit der Aufgabe betraut, Schiffsregister von Staaten zu überprüfen, die nicht in der Lage sind, die notwendigen Kontrollen und sonstigen aus der Flaggenhoheit erwachsenden Pflichten zu erfüllen. Mehr dazu bei

Ansätze[246] bei der Definition der „Billigflaggen" bzw. der Offenen Register.[247] Sie können wie folgt zusammengefasst werden: Es handelt sich um Staaten, die Schiffen ihre Flagge verleihen, ohne dass die Schiffseigentümer ihre Staatsangehörigkeit besitzen. Diese Staaten ziehen die Schifffahrtsunternehmen an, weil sie ihnen zahlreiche Vorteile wie tiefere Betriebs- und Personalkosten, geringere Steuern und Abgaben, niedrigere Sicherheitsstandards und weniger intensive Schiffsinspektionen anbieten. Neben den negativen Auswirkungen, die sie auf die soziale Situation der Seeleute haben, stellen die Billigflaggen eine große Gefahr für die Meeresumwelt dar.[248] Sie ziehen nämlich unternormierte Schiffe an, die Seeunfälle mit verheerenden Folgen verursachen können.[249]

Auch wenn die Staaten, welche Billigflaggen verleihen, die notwendigen Vorschriften erlassen haben, fehlt bei ihnen oft deren effektive Kontrolle, weil die Schiffe unter Billigflaggen ihre Heimathäfen kaum anlaufen.[250] Um den wegen der Billigflaggen entstandenen Gefahren für die Meeressicherheit und Meeresumwelt zu begegnen gibt es zwei Ansätze.[251] Nach dem ersten sollen die Flaggenverleihungsbedingungen kodifiziert werden, um einen *genuine link* zu sichern. Nach dem zweiten Ansatz sollen die an die Registrierung anknüpfenden Pflichten des Flaggenstaates verschärft und die Durchsetzungsbefugnisse der Küsten- und Hafenstaaten erweitert werden.[252]

Anderson, The Roles of the Flag States, Port States, Coastal States and International Organisations in the Enforcement of International Rules and Standards Governing the Safety of Navigation and the Prevention of Pollution from Ships under the UN Convention on the Law of the Sea and other International Agreements, in: 2 Singapore Journal of International and Comparative Law (1998), S. 564 ff.

246 Nunez-Müller, S. 45-49; Ignarski, Flags of Convenience, in: EPIL Vol. II (1995), S. 404 ff.

247 Beide Begriffe werden heute von der UNCTAD als Synonyme verwendet. Dazu siehe Economic Consequences of the Existence or Lack of Genuine Link Between Vessel and Flag of Registry, UNCTAD-Sec. Report, UN Doc. TD/B/C.4/168 vom 10.3.1977, 22 Para.77.

248 Nunez-Müller, S. 61.

249 So wie für die unter liberianischer Flagge fahrenden Tanker: *Torrey Canyon*, *Amoco Cadiz*, und *Argo Merchant*. Siehe dazu bei Marriot, Disaster at Sea (1987), S. 143 ff.; Skourtos, Billig-Flaggenpraxis, S. 13 ff.

250 Nunez-Müller, S. 55; Wolfrum, Recht der Flagge und „billige Flaggen": Neuere Entwicklungen im Völkerrecht, S. 131.

251 Manchmal koexistieren beide Ansätze in demselben Abkommen, wie im es sich im GÜHS und im SRÜ feststellen lässt.

252 Wolfrum, Recht der Flagge, S. 135: Er scheint den zweiten Ansatz zu befürworten, indem er schreibt: Die Billigflaggen weisen auf eine Lücke im Völkerrecht hin, „die dazu zwingt, die Verteilung der Jurisdiktion in Hinsicht auf die Schifffahrt und zwar sowohl was die Rechtsetzung als auch die Rechtsdurchsetzung betrifft, neu zu überdenken."

(2) Die Verpflichtungen des Flaggenstaates

Die Verpflichtungen des Flaggenstaates lassen sich in zwei Kategorien einteilen: die Verpflichtungen, die sich auf die Verschmutzung durch Schiffe beziehen und die Verpflichtungen der Flaggenstaaten im Allgemeinen.

i. Die Verpflichtungen des Flaggenstaates bei der Bekämpfung der Verschmutzung durch Schiffe

Laut Art. 211 Abs. 2 SRÜ müssen die Flaggenstaaten Gesetze und Verordnungen für Schiffe unter ihrer Flagge „zur Verhütung, Verringerung und Überwachung der Verschmutzung durch Schiffe" erlassen. Der Flaggenstaat ist in der Ausgestaltung dieser Normen nicht vollkommen frei. Die von ihm erlassenen Gesetze und sonstigen Rechtsvorschriften „dürfen nicht weniger wirkungsvoll sein als die allgemein anerkannten internationalen Regeln und Normen".[253] Diese AAINS stellen für die Flaggenstaaten einen Mindeststandard dar. Die Flaggenstaaten sind nicht verpflichtet, den internationalen Konventionen zum Schutze der marinen Umwelt beizutreten. Sie müssen lediglich nationale Gesetze erlassen, die mindestens den gleichen Effekt für den Umweltschutz haben wie die allgemein anerkannten internationalen Normen. [254] Diese Bestimmung stellt auf die Wirksamkeit der Norm ab. Der Flaggenstaat darf jedoch strengere Normen als die AAINS erlassen. Wichtig ist, dass die von ihm erlassenen Standards nicht diskriminieren und mit dem SRÜ vereinbar sind.[255] Der Bezug auf die AAINS ist darauf zurückzuführen, dass viele Flaggenstaaten die einschlägigen internationalen Abkommen wie MARPOL nicht ratifiziert haben oder weniger strenge Regelungen erlassen haben.[256] Durch den Verweis auf die AAINS werden diese für die Flaggenstaaten über das SRÜ verbindlich.

ii. Die Verpflichtungen des Flaggenstaates im allgemeinen

Das Attribut „allgemein" dient der Abgrenzung zu den Pflichten, die mit der Bekämpfung einer bestimmten Meeresverschmutzungsquelle verbunden sind. Der Flaggenstaat übt seine Hoheitsgewalt und Kontrolle über die seine Flagge führenden Schiffe sowie dessen Kapitän, Offiziere und Besatzung in Bezug auf die das Schiff betreffenden verwaltungsmäßigen, technischen und sozialen Angelegenheiten wirksam aus.[257] Außerdem ergreift der Flaggenstaat die notwendigen Maßnahmen zur Gewährleistung der Sicherheit auf See. Zweifelsohne

253 Siehe Kapitel 1/II/A/1/a/(2).

254 Hasselmann, Die Freiheit der Handelsschifffahrt (1987), S. 405; Wolfrum, Die Internationalisierung, S. 638;

255 Nunez-Müller, S. 291.

256 Molenaar, S. 88.

257 Art. 94 Abs. 1 SRÜ.

trägt die Schifffahrtssicherheit zum Schutz und zur Bewahrung der Meeresumwelt bei.[258] Ein seeuntüchtiges Schiff stellt eine Gefahr für die Meeresumwelt dar.

In Ausübung der Hoheitsgewalt und Kontrolle ist der Flaggenstaat verpflichtet, ein Register zu führen, in welchem Namen und weitere Merkmale der unter seiner Flagge fahrenden Schiffe eingetragen sind. Zur Gewährleistung der Sicherheit auf See überwacht der Flaggenstaat Schiffe und Bemannung. Hinsichtlich der Schiffe muss der Flaggenstaat Vorkehrungen in Bezug auf ihren Bau, ihre Ausrüstung und ihre Seetüchtigkeit treffen. Außerdem stellt er sicher, dass sich Seekarten, nautische Veröffentlichungen sowie Navigationsausrüstungen und -instrumente an Bord befinden. Um die Beachtung dieser Vorschriften zu überprüfen, ist der Flaggenstaat verpflichtet, die Schiffe vor deren Eintragung in das Schiffsregister und danach in angemessenen Abständen von einem befähigten Schiffsbesichtiger besichtigen zu lassen. Hinsichtlich der Bemannung sorgt der Flaggenstaat für ihre Ausbildung[259] und für ihre Arbeitsbedingungen und stellt sicher, dass „der Kapitän, die Offiziere und soweit erforderlich, die Besatzung mit den anwendbaren internationalen Vorschriften zum Schutz des menschlichen Lebens auf See, zur Verhütung von Zusammenstößen, zur Verhütung, Verringerung und Überwachung der Meeresverschmutzung, sowie zur Unterhaltung von Funkverbindungen vollständig vertraut und verpflichtet sind, sie zu beachten“. Diese verschiedenen Aufgaben muss der Flaggenstaat durch innerstaatliche Gesetze und sonstiger Rechtsvorschriften regeln. Seine Regelungskompetenz ist an die AAINS gebunden.[260] Die Bindung an die AAINS betrifft jedoch nicht die sozialen Verhältnisse und die Arbeitsbedingungen der Bemannung. Insoweit sind die Flaggenstaaten nur aufgefordert, die anwendbaren, d.h. die von ihnen ratifizierten internationalen Übereinkünfte zu berücksichtigen.[261]

d. Die Regelungskompetenzen des Hafenstaates

Gemäß Art. 211 Abs. 3 SRÜ dürfen die Hafenstaaten „fremden Schiffen für das Einlaufen in ihre Häfen oder inneren Gewässer oder für das Anlegen an ihren vor der Küste liegenden Umschlagplätzen, besondere Bedingungen zur Verhütung, Verringerung und Überwachung der Verschmutzung der Meeresumwelt auferlegen“.

---

258 Lagoni, Die Abwehr von Gefahren für die marine Umwelt, in: BDGVR 32 (1991) S. 95.

259 In Anlehnung an das 1978 unterzeichneten STCW-Übereinkommen wurde die Pflicht zur passenden Ausbildung der Besatzung zugefügt.

260 In Art. 94 Abs. 5 SRÜ heißt es: „wenn ein Staat Maßnahmen nach den Absätzen 3 und 4 ergreift, ist er verpflichtet, sich an die allgemein anerkannten internationalen Vorschriften, Verfahren und Gebräuche zu halten und alle erforderlichen Vorkehrungen zu treffen, um ihre Beachtung sicherzustellen“.

261 Wolfrum, Recht der Flagge, S. 135.

Insoweit entspricht Art. 211 SRÜ einer völkergewohnheitsrechtlichen Norm, nach welcher Hafenstaaten das souveräne Recht haben, Bedingungen für den Zugang zu ihren Häfen festzulegen.[262] Deswegen enthält Art. 211 Abs. 3 SRÜ keine Einschränkungen der hafenstaatlichen Regelungsbefugnisse.[263] Im Gegensatz zum Küstenstaat steht es dem Hafenstaat frei, Normen in Bezug auf die CEDM-Standards zu erlassen,[264] ohne dabei an die AAINS gebunden zu sein.[265] Dies lässt sich von dem Ausdruck „besondere Bedingungen" (*„conditions particulières"*/ *„particular requirements"*) ableiten. Obwohl manche Autoren diesen Ausdruck für unklar halten,[266] ist er doch klar genug für diese Schlussfolgerung. „Besondere" Bedingungen stehen im Gegensatz zu „normalen Bedingungen", d.h. solchen, die allgemein anerkannt sind.

Ferner sieht das SRÜ vor, dass mehrere Staaten ihre Politik in diesem Bereich aufeinander abstimmen, indem sie Abkommen über gleich lautende Bedingungen zum Einlaufen in ihre Häfen schließen. Diese Abkommen dürfen nicht mit den Vereinbarungen, den sog. *Memoranda of Understanding*[267] über die Hafenstaatskontrolle, verwechselt werden. Letztere sollen ein gemeinsames Durchsetzungssystem der bereits existierenden Normen herstellen.[268]

Es darf nicht verkannt werden, dass die verschiedenen Abkommen über die Einlaufsbedingungen zum gefürchteten *„crazy patchwork kilt"*[269] führen können. Dadurch kann die Rechtssicherheit gefährdet werden. Deswegen fordert

262 Lowe, The Right of Entry into Maritime Ports in International Law, in: 15 San Diego Law Review (1977), S. 597-622; La Fayette (de), Access to Ports in International Law, in: 11 IJMCL (1996), S. 1-22.

263 Im Völkergewohnheitsrecht besteht kein Recht auf Zugang zu Häfen: Im Nicaragua Case (1986) ICJ Reports 111, Para. 213 und im Land, Island and Maritime Frontier Dispute Case (1992) ICJ Reports 588, Para. 351 wiederholt der IGH das *obiter dictum*, nach welchem: "it is by virtue of its sovereignty that the costal state may regulate access to its ports." Mehr dazu bei Yang, Jurisdiction of the Coastal State over Foreign Merchant Ships (2006), S. 51.

264 Obwohl sich dies aus einer wirtschaftlichen Perspektive als für den Hafenbetrieb ungünstig zeigen kann.

265 König, The Enforcement of the International Law of the Sea by Coastal and Port states, in: 62 ZaöRV (2001), S. 5; Churchill/Lowe, S. 353: Sie kritisieren den *US Oil Pollution Act von 1990*, in welchem die USA verlangen, dass Schiffe, die ihre Häfen anlaufen Doppelhüllen besitzen. Diese Forderung sei mit dem SRÜ vereinbar, sie entspreche jedoch nicht dem Geist dieses Übereinkommens „(...) which is to discourage unilateral design and construction standards for ships".

266 Z. B. Molenaar, S. 104.

267 Siehe Kapitel 3/II/B.

268 Molenaar, S. 104.

269 Anderson, The Roles of Flag States, Port States and Coastal States, S. 557: Anderson benutzt diesen Ausdruck *„crazy patchwork kilt"*, um die Vielfalt der staatlichen Regelungen bezüglich einer gleichen Angelegenheit zu bezeichnen.

Art. 211 Abs. 3 SRÜ die Staaten auf, die von ihnen in diesem Bereich erlassenen Vorschriften zu veröffentlichen und der IMO mitzuteilen.

Das SRÜ weist den Hafenstaaten eine breite Regelungskompetenz zum Meeresumweltschutz zu. Die Innovation des SRÜ bezüglich der hafenstaatlichen Befugnisse liegt aber auf der Durchsetzungsebene.[270]

e. *Zwischenergebnis*

Das SRÜ erkennt verschiedenen Staatengruppen, nämlich Küsten- Flaggen- und Hafenstaaten, bestimmte Regelungskompetenzen zu, um die Meeresverschmutzung durch Schiffe zu verhüten, zu verringern und zu bekämpfen. Dabei kommt den globalen Normen und Standards mittels der AAINS eine führende Rolle zu. Nach h. M. füllen die unter der Ägide der Internationalen Seeschifffahrtsorganisation (IMO) verabschiedeten Konventionen im Bereich der Schifffahrtssicherheit und des Meeresumweltschutzes die AAINS aus.

Das Verhältnis nationaler Normen und internationaler Regeln und Maßstäbe ist von wesentlicher Bedeutung für die Internationalisierung des Umweltschutzes.[271] Der stetige Bezug auf die AAINS zeigt den Willen der Staatengemeinschaft, den Umweltschutz hinsichtlich der Verschmutzung durch Schiffe zu internationalisieren. Die Tendenz, die Bekämpfung und Verhütung der Verschmutzung durch Schiffe global und nicht regional oder national zu regeln, wird auch von der nachfolgenden Praxis bestätigt.[272]

Obwohl alle genannten Staatengruppen zum Erlass nationaler Gesetze und sonstiger Vorschriften aufgefordert sind, unterscheidet sich die ihnen in den SRÜ-Bestimmungen eingeräumte Regelungskompetenz. An den Küstenstaat wird „appelliert“, nationale Gesetze gegen die Meeresverschmutzung durch Schiffe in seinem Küstenmeer zu erlassen, wobei die von ihm erlassenen Vorschriften die friedliche Durchfahrt fremder Schiffe nicht behindern dürfen. Der Küstenstaat darf keine CDEM-Standards erlassen, die über die AAINS hinausgehen. In der AWZ sind seine Gesetze darauf beschränkt, die Implementierung der AAINS zu sichern. Diese enthalten sowohl bezüglich des Einleitens als auch der CDEM-Standards maximale Regeln. Im Gegensatz dazu hat der Hafenstaat

---

270 Churchill/Lowe, S. 34; Schiano di Pepe, Port State Control as an Instrument to Ensure Compliance with International Marine Environmental Obligations, in: Kirchner (Ed.), International Marine Environmental Law (2003), S. 140.

271 Wolfrum, Die Internationalisierung, S. 637.

272 Der Report on the Work of the United Nation Open-Ended Informal Consultative Process Established by the General Assembly in its Resolution 54/33 in Order to Facilitate the Annual Review by the Assembly of Developments in Ocean Affairs at its Third Meeting belegt dies wie folgt: „Action to prevent, reduce and control marine pollution from vessels is most appropriately achieved at the global level.“ in: issue J, point. 33, S. 9. Siehe dazu Treves, L'approche régionale en matière de protection de l'environnement marin, S. 596.

für das Einlaufen in seine Häfen die volle Regelungsfreiheit auch in Bezug auf den Schutz der Meeresumwelt. Seine Vorschriften können strenger als die als AAINS anerkannten CDEM-Standards sein. Der Flaggenstaat ist verpflichtet Gesetze zu erlassen, um die Verschmutzung durch die seine Flagge führenden Schiffe zu verhüten und zu bekämpfen. Für sie gelten die AAINS als Mindeststandard.

Die Wirksamkeit der Verteilung der Regelungsbefugnisse nach dem SRÜ ist durch das in diesem Übereinkommen vorgesehene zwingende Streitbeilegungssystem (Teil XV) gesichert.[273] Nach Art. 297 SRÜ umfasst es auch die Rechtsausübung von Flaggenstaaten und von Küstenstaaten zu umweltbezogenen Fragen.[274]

Die gerichtliche Kontrolle der Handhabung der Regelungskompetenzen durch den Küstenstaat oder Flaggenstaat oder Hafenstaat kann inzident oder direkt erfolgen.[275] Der Küstenstaat kann eine andere Vertragspartei des SRÜ vor einem der zuständigen Streitbeilegungsforen verklagen, „wenn behauptet wird, dass ein Staat in der Ausübung der genannten Freiheiten, Rechte (…).gegen (…) Gesetze oder sonstige Vorschriften des Küstenstaates verstoßen hat, die dieser im Einklang mit dem Übereinkommen und sonstigen mit dem Übereinkommen nicht unvereinbaren Regeln des Völkerrechts erlassen hat."[276] Der verklagte Staat kann dann behaupten, dass die Regelung, des Küstenstaates völkerrechtswidrig sei.[277] In diesem Fall kontrolliert das Streitbeilegungsorgan die Ausübung der küstenstaatlichen Regelungskompetenz inzident.

Die Ausübung dieser Kompetenzen kann auch direkt überprüft werden. Das zwingende Streitbeilegungssystem des SRÜ kann eingeschaltet werden,[278] „wenn

273 Ausführlich über das Streitbeilegungssystem im SRÜ (Teil XV) siehe bei Mensah, The Role of the Peaceful Dispute Settlement in Contemporary Oceans Politics and Law, in: Vidas/Ostreng (Eds.), Order for the Oceans at the Turn of the Century (1999), 81-94; ders., The Place of the International Tribunal for the Law of the Sea in the International System for the Peaceful Settlement of Disputes, in: 37 Indian Journal of International Law (1997), S. 465-477; Wolfrum, Der Internationale Seegerichtshof in Hamburg, in: 6 Vereinte Nationen (1996), S. 205-210; Treves, Recent Trends in the Settlement of International Disputes, in: 1 Bancaja Euromediterranean Courses of International Law (1997), S. 395-437; ders, The Law of the Sea Tribunal: Its Status and Scope of Jurisdiction after November 16, 1994, in: 55 ZaöRV (1995), S. 421-451.

274 König, Durchsetzung, S. 164; Mehr zu Art. 297 SRÜ siehe Heitmüller, Durchsetzung von Umweltrecht im Rahmen des Seerechtsübereinkommens von 1982 durch den Internationalen Seegerichtshof in Hamburg (2001), S. 27-28; Schneider-Addae-Mensah, Der Internationale Seegerichtshof und die Abgrenzung zu anderen Mitteln völkerrechtlicher Streitbeilegung (2004), S. 61-62.

275 Wolfrum, Die Entwicklung des Seerechts zum Recht der marinen Umwelt, S. 76.

276 Art. 297 Abs. 1 (b) SRÜ.

277 Wolfrum, Die Entwicklung des Seerechts zum Recht der marinen Umwelt, S. 76.

278 Kolodkin, National Legislation in the Light of UNCLOS and the Practice of the International Tribunal for the Law of the Sea, in: Nordquist/Moore (Eds.), Current Marine En-

behauptet wird, dass ein Küstenstaat gegen bestimmte auf ihn anwendbare internationale Regeln und Normen zum Schutz und zur Bewahrung der Meeresumwelt verstoßen hat, die durch dieses Übereinkommen oder durch eine zuständige internationale Organisation oder eine diplomatische Konferenz in Übereinstimmung mit dem Übereinkommen festgelegt worden sind."[279]

Diese Kontrolle gilt nicht nur für die Ausübung der Regelungskompetenzen, sondern auch für die Handhabung der Durchsetzungskompetenzen.

2. Die Durchsetzungskompetenzen

Es handelt sich hierbei um die staatliche Durchsetzung der völkerrechtlichen Normen gegenüber den tatsächlichen Akteuren in der Schifffahrt, nämlich den Reedern, Kapitänen usw. und nicht gegenüber den verpflichteten Staaten. Die Durchsetzung liegt überwiegend in den Händen der Einzelstaaten,[280] weil es dem Völkerrecht an einer zentralen Rechtsdurchsetzungsgewalt fehlt.[281]

a. Die Durchsetzungskompetenzen des Küstenstaates

Die Ausgestaltung der küstenstaatlichen Durchsetzungskompetenzen unterscheidet sich nach dem *locus delicti* und nach der Zone, in welcher das Schiff sich bei der Ausübung der Durchsetzungsbefugnis befindet.[282]

(1) In den inneren Gewässern bzw. Häfen

Befindet sich ein Schiff freiwillig in einem Hafen oder an einem vor der Küste liegenden Umschlagplatz, darf der Küstenstaat wegen jeden Verstoßes gegen seine in Übereinstimmung mit dem SRÜ erlassenen Gesetze ein gerichtliches Verfahren einleiten und den Verstoß bestrafen, wenn der Verstoß in seinem Küstenmeer oder in seiner ausschließlichen Wirtschaftszone erfolgt ist.[283] Es liegt auf der Hand, dass der Küstenstaat befugt ist, zunächst Ermittlungen bezüglich des mutmaßlichen Verstoßes durchzuführen.[284] Obwohl Art. 220 SRÜ die in den inneren Gewässern, einschließlich der Häfen begangenen Verstöße nicht ausdrücklich erwähnt, unterfallen sie nach h. M. den gleichen küstenstaatlichen Durchsetzungsbefugnissen.[285]

---

vironmental Issues and the International Tribunal for the Law of the Sea (2001) S. 239-240.

279 Art. 297 Abs. 1 (c) SRÜ.

280 König, Durchsetzung, S. 22.

281 Ebenda, S. 21.

282 Yang, S. 112; König, Durchsetzung, S. 160.

283 Art. 220 Abs. 1 SRÜ.

284 Yang, S. 112.

285 Yang, S. 112; Nordquist, (Eds.), A Commentary, Vol. IV, S. 299.

(2) Im Küstenmeer

Im Küstenmeer sind die küstenstaatlichen Durchsetzungsbefugnisse eingeschränkt. Der Küstenstaat kann die ihm in Art. 220 SRÜ zuerkannten Durchsetzungsbefugnisse gegenüber einem in seinem Küstenmeer fahrenden Schiff nur ausüben,[286] wenn eindeutige Gründe (*clear grounds*) zur Annahme bestehen, dass dieses Schiff eine Zuwiderhandlung gegen die Gesetze des Küstenstaates und gegen die internationalen Normen zur Verhütung, Verringerung oder Überwachung der Verschmutzung durch Schiffe begangen hat. Der Begriff „eindeutige Gründe" ist auslegungsbedürftig. Das SRÜ enthält keinen Hinweis darauf, was solche Gründe sein können. Diesbezüglich lässt das SRÜ dem Küstenstaat einen breiten Ermessensspielraum. Um ihn auszufüllen können weitere Umweltkonventionen herangezogen werden. Beispielsweise heißt es in Reg. 9 (3) Anlage I von MARPOL:

> „Whenever *visible traces of oil are observed on or below the surface of the water in the immediate vicinity of a ship or its wake*, the Government of Parties to the Convention should, to the extent they are reasonably able to do so, promptly investigate the facts bearing on the issue of whether there has been a violation of the provisions of this regulation..."[287]

Der Küstenstaat kann stufenweise drei Arten von Durchsetzungsmaßnahmen vornehmen: Inspektion, Zurückhaltung und Einleitung eines Verfahrens. Erst wenn die Beweise ausreichen, darf er ein Verfahren gegen das Schiff einleiten und die Zurückhaltung des Schiffs anordnen.[288] Dabei müssen die in Abschnitt 7 des Teils XII SRÜ vorgesehenen Schutzmaßnahmen („*safeguards*") beachtet werden.[289] Die abgestufte Ausübung dieser Befugnisse bezweckt die Aufrechterhaltung des Rechts auf friedliche Durchfahrt und des damit verbundenen Gebotes der Verhältnismäßigkeit (*reasonableness*).[290] Dies ist dem Verweis von Art. 220 SRÜ auf Teil II Abschnitt 3 SRÜ über die friedliche Durchfahrt zu entnehmen. Da der Küstenstaat fremden Schiffen das Recht auf friedliche Durch-

---

286 Es ist zu bemerken, dass Art. 220 Abs. 2 SRÜ nicht zwischen „friedlicher und nichtfriedlicher Durchfahrt" unterscheidet. Die küstenstaatlichen Durchsetzungsbefugnisse gegenüber Schiffen in nichtfriedlicher Durchfahrt sind jedoch unbeschränkt. Anderer Meinung Molenaar, (1998), S. 249-250.

287 MARPOL 73/78 Consolidated Edition (1997), IMO, S. 59. Hervorhebung zugefügt.

288 Art. 220 Abs. 2 SRÜ.

289 Diese Schutzmaßnahmen gelten für alle gemäß Teil XII von anderen als dem Flaggenstaat durchgeführten Inspektionen und Verfahren, dazu bei König, Durchsetzung, S. 160; Siehe auch Kapitel 1/ II/A/ 2/ c.

290 Molenaar, S. 246.

fahrt nicht verweigern darf, müssen seine Zwangsmaßnahmen notwendig und verhältnismäßig sein.[291]

(3) In der ausschließlichen Wirtschaftszone

Wenn eindeutige Gründe für die Annahme bestehen, dass ein durch das Küstenmeer oder die AWZ fahrendes Schiffes in der AWZ gegen „anwendbare internationale Regeln und Normen zur Verhütung, Verringerung und Überwachung der Verschmutzung durch Schiffe oder gegen die solchen Regeln und Normen entsprechen und Wirksamkeit verleihen“[292] verstoßen hat, darf der Küstenstaat eingreifen. Die Schranken der küstenstaatlichen Regelungskompetenzen in der AWZ gelten auch für die Durchsetzungskompetenzen. Durchsetzen darf der Küstenstaat nur die in Art. 211 Abs. 5 SRÜ vorgesehenen allgemein anerkannten Normen und Standards und die nationalen Vorschriften, die für deren Umsetzung und Durchsetzung erlassen wurden.[293] Wenn die erwähnten eindeutigen Gründe vorliegen, hat der Küstenstaat einen Auskunftsanspruch, um feststellen zu können, ob das Schiff den mutmaßlichen Verstoß begangen hat. Eine materielle Untersuchung des Schiffs darf nur erfolgen:

- Wenn die Zuwiderhandlung ein erhebliches Einleiten von Schadstoffen zur Folge hat und eine bedeutende Meeresverschmutzung verursacht hat oder zu verursachen droht;
- Wenn der Kapitän sich geweigert hat, die geforderten Informationen zu geben oder wenn die von den Kontrolloffizieren erhaltenen Antworten offensichtlich mit der tatsächlichen Lage des Schiffes nicht übereinstimmen.

Ein gerichtliches Verfahren gegen das Schiff erfordert noch weitere Voraussetzungen. Für die Bestrafung einer in der AWZ begangenen Zuwiderhandlung ist, anders als für die im Küstenmeer erfolgten Verstöße, „klarer objektiver Beweis“ unentbehrlich.[294] Diese Beschränkung der küstenstaatlichen Durchsetzungsbefugnisse beruht auf den Willen der Schifffahrtsnationen auf der 3. Seerechtskonferenz, die Durchfahrt nur in gering gehaltenen Ausnahmefällen zu unterbrechen. Aus demselben Grund soll im Sinne des SRÜ die Einleitung eines Strafverfahrens primär dem Flaggenstaat vorbehalten sein. Die diesbezügliche küstenstaatliche Kompetenz soll subsidiär sein, wie dies unter den Schutzmaßnahmen näher dargestellt wird.[295]

---

291 Yang, Jurisdiction of the Coastal State over Foreign Merchant Ships (2006), S. 230. Molenaar, Coastal State Jurisdiction over Vessel-Source Pollution (1998), S. 245.

292 Art. 220 Abs. 3 SRÜ.

293 König, Durchsetzung, S. 162.

294 Art. 220 Abs. 6 SRÜ.

295 Siehe über die Schutzmaßnahmen Kapitel 1/II/A/2/ c.

(4) Auf Hoher See

Wegen der Freiheit der Hohen See darf auf der Hohen See kein Staat gegenüber Schiffen unter der Flagge eines anderen Staates Hoheitsgewalt ausüben.[296] Dieses Prinzip hat einige völkergewohnheits- und völkervertragsrechtliche Ausnahmen, nämlich einzelne Polizeibefugnisse etwa bei Piraterie oder bei Sklavenhandel.[297] Nach Art. 221 SRÜ hat der Küstenstaat bei einem Schiffsunglück Interventionsrechte auf Hoher See, („außerhalb des Küstenmeeres"), um eine drohende schwere Gefahr der Verschmutzung seiner Küsten oder ähnlicher Schäden zu verringern.[298] Es handelt sich dabei um das gewohnheitsrechtlich anerkannte Selbsthilferecht der Staaten.[299] Dieses Recht wurde durch das 1969 verabschiedete Internationale Übereinkommen über Maßnahmen auf Hoher See bei Ölverschmutzungen konkretisiert.[300] Anders als bei Schiffsunglücken hat der Küstenstaat bei Verstößen durch rechtswidriges Einleiten keine Durchsetzungsbefugnisse auf Hoher See. Diesbezüglich räumt das SRÜ ihm lediglich hafenstaatliche Durchsetzungsbefugnisse ein.[301]

b. Die Durchsetzungskompetenzen des Hafenstaates

Art 218 SRÜ befasst sich mit den Einleitungsverstößen, während Art. 219 SRÜ die Seetüchtigkeit des Schiffes behandelt. Die zwei Durchsetzungsbereiche dienen verschiedenen Zwecken. Hinsichtlich des Einleitens haben die hafenstaatlichen Durchsetzungsbefugnisse eine repressive Funktion. Der Hafenstaat greift ein, nachdem ein Verstoß begangen wurde. Die Überprüfung der Seetüchtigkeit ist präventiv und soll eine Meeresverschmutzung vermeiden. Die Unterscheidung zwischen Einleitungsverstößen und Seeuntüchtigkeit ist wesentlich, da die Reichweite der hafenstaatlichen Kontrollbefugnisse sich in beiden Fällen unterscheidet.

---

296 König, Durchsetzung, S. 19; Treves, High Seas, in: EPIL Vol. II (1995), S. 705 ff.

297 König, Durchsetzung, S. 97-116.

298 Dies war der Fall, als Spanien entschieden hat, den havarierten Tanker *Prestige* auf die Hohe See zu schleppen, um die Küste vor einer Ölpest zu bewahren. Mehr dazu bei Niemann, Die Befugnisse des Küstenstaates zur Verhinderung von Öltankerunfällen, in: Tomuschat (Hg.), Schutz der Weltmeere (2005), S. 91 ff.

299 König, Durchsetzung, S. 157.

300 Am 29.11.1969 verabschiedet, Text in: BGBl. 1975 II, S. 139. Sachlicher Anwendungsbereich durch andere Stoffe als Öl im Protokoll von 1973 erweitert, Text in: BGBl. 1985 II., S. 593. Zur Entstehungsgeschichte dieser Instrumente siehe bei Abecassis/Jarashow, Oil Pollution from Ships, 1985, S. 120; Kassmann, Die Bekämpfung der Meeresverschmutzung nach Tankerunglücken- Intervention und Kooperation, in: Tomuschat (Hg.) (2005), S. 130 ff.

301 König, The Enforcement of the International Law of the Sea by Coastal and Port States, S. 5.

(1) Die Durchsetzungskompetenzen des Hafenstaates wegen Einleitungsverstößen

Das Völkergewohnheitsrecht weist dem Hafenstaat keine Durchsetzungskompetenzen wegen illegaler Einleitungen, die außerhalb seiner Hoheitsgewässer geschehen sind, zu. Er darf solche Befugnisse nur insofern ausüben, als sie ihm durch multilaterale oder bilaterale Abkommen eingeräumt wurden[302] oder wenn die Einleitung in seinen Hoheitsgewässern eine Verschmutzung verursacht hat oder zu verursachen droht. Die Innovation von Art. 218 SRÜ liegt darin, dass der Hafenstaat Durchsetzungsbefugnisse gegen Schiffe erhält, wenn das illegale Einleiten auf Hoher See oder in den inneren Gewässern, im Küstenmeer oder in der AWZ anderer Staaten erfolgt ist. Für die Ausübung dieser Durchsetzungskompetenzen braucht der Hafenstaat keine schädlichen Wirkungen für sich selbst zu beweisen. In dieser Konstellation übt er seine Befugnisse gegen die verdächtigen Schiffe im Auftrag der Staatengemeinschaft aus.[303] Die Zuweisung dieser Durchsetzungsbefugnisse an den Hafenstaat als „Beauftragter der Staatengemeinschaft" ist dadurch begründet, dass zahlreiche Flaggenstaaten ihre Kontroll- und Durchsetzungspflichten gegenüber den ihre Flagge führenden Schiffen nicht erfüllen. Die deswegen entstandene Lücke musste geschlossen werden.[304] Die durch das SRÜ bewirkte Erweiterung der hafenstaatlichen Durchsetzungskompetenzen ist das Ergebnis eines mühsam erreichten Kompromisses zwischen den Schifffahrtsnationen und den Küstenstaaten.[305] Deswegen ist die Durchsetzungskompetenz des Hafenstaates im Auftrag der Staatengemeinschaft erheblich beschränkt. Im ersten informellen Verhandlungstext, dem ISNT vom Mai 1975,[306] wurde der Hafenstaat verpflichtet, diese Durchsetzungskompetenz im Auftrag der Staatengemeinschaft auszuüben und Ermittlungen aufzunehmen. Für ihn war eine Art Polizeifunktion für den marinen Umweltschutz vorgesehen.[307] Im endgültigen Text des SRÜ ist der Hafenstaat nicht mehr verpflichtet, die ihm neu zuerkannten Befugnisse auszuüben. Es ist vielmehr seine eigene Entscheidung, ob er Untersuchungen vornimmt. Dabei darf er Opportunitätsgesichtspunkte berücksichtigen. Ebenso wenig verpflichten die unter der IMO-Ägide verabschiedeten Konventionen wie MARPOL oder SO-

302 McDorman, Port State Enforcement, in: 28 Journal of Maritime Law and Commerce (1997), S 308.

303 König, The Enforcement of the International Law of the Sea, S. 3.

304 Ebenda, S. 4.

305 Vgl. Wolfrum, Die Internationalisierung. S. 651.

306 UN Doc. A/ CONF.62/WP.8 vom 7.5.1975, abgedruckt bei Platzöder, Documents of the Geneva Session 1975, S. 1 ff.

307 König, Durchsetzung, S.195.

LAS die Hafenstaaten zu Kontrollen fremder Schiffe.[308] Diese Konventionen sprechen lediglich von einer Befugnis („*Power*").[309]

Der fakultative Charakter der hafenstaatlichen Durchsetzungskompetenzen im SRÜ kann zu Wettbewerbsverzerrungen zwischen den Häfen führen. Schiffe laufen eher Häfen an, die eine laxe Kontrollpolitik haben. Diese Möglichkeit wurde erst durch regionale Vereinbarungen über die Hafenstaatskontrolle überwunden, in welchen der betroffenen Hafenbehörde eine Kontrollpflicht obliegt und die später erörtert werden.[310]

Der fakultative Charakter der hafenstaatlichen Durchsetzungsbefugnisse im SRÜ ist an weiteren Indizien zu erkennen. Art. 218 Abs. 3 SRÜ begründet die Pflicht des Hafenstaates, auf Antrag des Küstenstaates eine Untersuchung durchzuführen, wenn der mutmaßliche Verstoß in den inneren Gewässern, dem Küstenmeer oder der AWZ des Küstenstaates erfolgt ist oder wenn der Verstoß in diesen Meeresgebieten eine Verschmutzung verursacht hat oder zu verursachen droht. Diese Pflicht ist durch den Zusatz „nach Möglichkeit" erheblich abgeschwächt. Ebenso muss der Hafenstaat dem Ersuchen des Flaggenstaates, einen mutmaßlichen Verstoß unabhängig davon wo, er erfolgt ist, zu untersuchen, nur „nach Möglichkeit" entsprechen.[311]

Der Hafenstaat darf aus eigener Initiative untersuchen, aber kein Verfahren einleiten. Darum muss der Flaggenstaat oder der Staat, in dessen Küstenmeer oder AWZ die Zuwiderhandlung erfolgte, ersuchen.[312] Hat der Hafenstaat in Übereinstimmung mit dem SRÜ ein Verfahren eingeleitet, kann er dieses Verfahren auf Ersuchen des Küstenstaates auszusetzen, wenn der Verstoß in dessen inneren oder Küstengewässern oder in dessen Wirtschaftszone begangen worden ist. Mit der Übergabe der Beweise, Unterlagen und hinterlegten Sicherheiten an den Küstenstaat ist eine Fortsetzung des Verfahrens im Hafenstaat ausgeschlossen.[313] Die Aussetzung eines eingeleiteten Strafverfahrens auf Ersuchen des Flaggenstaates wird bei der Darstellung der Schutzmaßnahmen erörtert.[314]

---

308 Art. 5 MARPOL 73/78; In Regulation 19 SOLAS 1974 wird die folgende weiche Fomulierung benutzt: „a ship is subject to control…"; Molenaar, S. 191: Er schließt daraus, dass „(…) while the regulatory conventions leave it to port states to decide whether or not to inspect a ship, port states are obliged to take certain steps where deficiencies or violations are found"; Siehe auch Kapitel 3/I/B u. E.

309 Yang, S. 102; Molenaar, S. 191.

310 Siehe Kapitel 3/II/B.

311 English *"as far as practicable"*; Französisch *"s'efforcerait"*; Yang, Jurisdiction of the Coastal State (2006), S. 111; Dipla, Préservation du milieu marin versus liberté de la navigation : La lutte contre la pollution par les navires et les pouvoirs de l'Etat du port, in : ADM (2003), S. 311.

312 Art. 218 Abs. 2 SRÜ.

313 Art. 218 Abs. 4 SRÜ. Dazu König, Durchsetzung, S. 200.

314 Siehe Kapitel 1/II/A/2/ c.

Jedenfalls kann man aufgrund dieser Merkmale der hafenstaatlichen Durchsetzungsbefugnisse zum Schluss kommen, dass diese subsidiär sind und ihre Effektivität von dem Gutdünken und der Kooperationsbereitschaft des Hafenstaates abhängt. Man darf nicht aus dem Auge verlieren, dass die Wahrnehmung dieser Kompetenzen kostenträchtig ist. Ohne finanzielle und technische Hilfe werden die Entwicklungsländer nicht imstande sein, die hafenstaatlichen Durchsetzungsbefugnisse effektiv auszuüben.[315] Das gilt ebenso für ihre Seetüchtigkeitskontrolle.

(2) Die Durchsetzungskompetenzen des Hafenstaates bezüglich seeuntüchtiger Schiffe

Die hafenstaatlichen Durchsetzungsbefugnisse wegen Seeuntüchtigkeit setzen anders als bei Einleitungsverstößen nicht voraus, dass das zu kontrollierende Schiff sich freiwillig im Hafen befindet. Auch Schiffe, die den Hafen aus Seenot angelaufen haben, dürfen gemäß Art. 219 SRÜ inspiziert werden.[316] Wenn der Hafenstaat, aus eigener Initiative oder im Auftrag eines anderen Staates, die mangelnde Seetüchtigkeit des Schiffes feststellt, ergreift er im Rahmen seiner Möglichkeiten die notwendigen „Verwaltungsmaßnahmen, um das Schiff am Auslaufen zu hindern."[317] Die Seetüchtigkeit bezieht sich auf die Schiffssicherheit, den Umweltschutz und die Arbeitsbedingungen. Im allgemeinen bedeutet Seetüchtigkeit, dass das Schiff imstande ist, eine Reise zu unternehmen und den Gefahren des Meeres zu begegnen.[318] Die diesbezüglichen Maßstäbe sind in den unter der IMO-Ägide über die Schifffahrtssicherheit verabschiedeten Konventionen, insbesondere in den Normen über Planung, Bauweise, Ausrüstung und Bemannung, den sog. CDEM-Standards,[319] zu finden.[320] Bei der Feststellung des mangelhaften Zustandes des Schiffes, ist der Hafenstaat nicht verpflichtet, die „Verwaltungsmaßnahmen"[321] zu treffen. Wegen der Formulierung „nach Möglichkeit", steht es dem Hafenstaat frei, ob er eingreift. Im Gegensatz dazu ist ein Eingreifen nach Art. 5 Abs. 2 MARPOL vorgeschrieben, falls eine Seeuntüchtigkeit festgestellt worden ist. Die Maßnahmen, die ein Hafenstaat nach Art. 219 SRÜ treffen kann, sind als Verwaltungsmaßnahmen bezeichnet. Dies schließt

315 König, The Enforcement of the International Law of the Sea by Coastal and Port States, S. 7.

316 De Zayas, Ships in Distress, in: EPIL Vol. IV (2000), S. 397 ff.

317 Art. 219 SRÜ.

318 Yang, S. 113-114; Dipla, Préservation du milieu marin versus liberté de la navigation, S. 305.

319 König, Durchsetzung, S. 201.

320 Die wesentlichen Bestimmungen sind in den folgenden IMO-Konventionen zu finden: MARPOL 73/87, SOLAS 1974 und STCW 1978.

321 Art. 219 SRÜ.

strafrechtliche Maßnahmen bzw. das Einleiten eines Strafverfahrens aus.[322] Zu den Verwaltungsmaßnahmen zählen das Zurückhalten oder die Anordnung, die festgestellten Mängel im Schiff zu beseitigen oder das Auslaufen lediglich in Richtung des nächstgelegenen Reparaturhafens zu gestatten.[323] Jedenfalls muss der Flaggenstaat von allen getroffenen Maßnahmen benachrichtigt werden.[324] Sind die Mängel behoben worden, ist der Hafenstaat gehalten, dem Schiff unverzüglich die Weiterfahrt zu gestatten. Die Verweigerung der Weiterfahrt kann zu Verfahren im Rahmen des obligatorischen Streitbeilegungssystems des SRÜ (Teil XV) führen.[325]

c. *Schutzmaßnahmen*

Die Verteilung der Regelungs- und Durchsetzungskompetenzen im SRÜ beruht auf eine Kompromisslösung. Den Küsten- und Hafenstaaten sind, wie bereits gezeigt worden ist, neue Durchsetzungskompetenzen zugewiesen. Dies lässt sich z.T. durch den Willen erklären, die mangelhafte Pflichterfüllung der Flaggenstaaten bei der Durchsetzung zu kompensieren. Nichtsdestotrotz war es den Verfassern des SRÜ wichtig, die Rechte der Flaggenstaaten bzw. der Schifffahrtsnationen zu wahren und ihre Interessen zu schützen. Um die erweiterten hafenstaatlichen und küstenstaatlichen Durchsetzungskompetenzen durch einige Schutzmaßnahmen zugunsten der Flaggenstaaten auszubalancieren, wurde Abschnitt 7 „Schutzbestimmungen" in Teil XII eingeführt. Er gilt für alle von anderen als dem Flaggenstaat gemäß Teil XII durchgeführten Durchsetzungsmaßnahmen. Einige Schutzbestimmungen sind verfahrensrechtlicher Art, andere nicht. Nachfolgend werden die wichtigsten dieser Bestimmungen aufgeführt.

Der das Verfahren einleitende Hafen- oder Küstenstaat ist verpflichtet, Maßnahmen zur Erleichterung dieses Verfahrens, wie beispielsweise die Anhörung von Zeugen oder die Zulassung von Beweismaterial, zu ergreifen. Damit sollen die Verteidigungsrechte der mutmaßlichen Täter geschützt werden.[326] Ferner dürfen Zwangsmaßnahmen nur von Staats- oder Kriegsschiffen vorgenommen werden.[327] Ebenso müssen die Flaggenstaaten und die anderen betroffenen Staaten von den Maßnahmen informiert werden.[328] Darüber hinaus darf die Ausübung der Durchsetzungsbefugnisse gegenüber fremden Schiffen nicht die Schifffahrtssicherheit gefährden oder die Meeresumwelt einer unverhältnis-

322 König, Durchsetzung, S. 201.
323 Yang, S. 114.
324 Durch den Verweis in Art. 219 SRÜ auf Abschnitt 7 „Schutzmaßnahmen" in Teil XII SRÜ.
325 Siehe Kapitel 1/II/A/2/c.
326 Art. 223 SRÜ.
327 Art. 224 SRÜ.
328 Art. 231 SRÜ.

mäßig großen Gefahr aussetzen.[329] Ferner ist den Küsten- und Hafenstaaten untersagt, zwischen fremden Schiffen zu diskriminieren.[330] Sollten die Durchsetzungsmaßnahmen zu Schäden oder zu sonstigen Verlusten führen, haften Küsten- bzw. Hafenstaaten dafür. Außerdem sind diese Staaten verpflichtet, den Rechtsweg zu ihren Gerichten zu eröffnen.[331]

Besonders wichtig für die Rechte und Interessen der Schifffahrtsnationen, d.h. der Flaggenstaaten, sind die Bestimmungen über die Untersuchungsverfahren (Art. 226 SRÜ) und über die Aussetzung und Beschränkungen im Fall eines Strafverfahrens (Art. 228 SRÜ). Die Untersuchung fremder Schiffe folgt einem stufenweisen Ansatz. Deswegen beschränkt sie sich zunächst auf die Überprüfung der Schiffspapiere und der notwendigen Zertifikate. Erst wenn festgestellt wird, dass diese dem wirklichen Zustand des Schiffes oder den tatsächlich durchgeführten Einleitungen nicht entsprechen oder wenn sie ungültig sind, kann es zu einer materiellen Inspektion des Schiffes selbst kommen. Die „Schutzbestimmungen“ enthalten keine Angaben über diese Schiffszeugnisse. Die Details sind in den IMO-Instrumenten, insbesondere MARPOL und SOLAS, zu finden.[332] Wenn es zum Zurückhalten des Schiffes kommt,[333] soll dieses nach Hinterlegung einer Kaution oder einer ähnlichen finanziellen Sicherheitsleistung sofort freigegeben werden.[334] Die Forderung, untersuchte Schiffe nicht länger als gebührend aufzuhalten, soll finanzielle Verluste für den Schiffseigentümer, bzw. Reeder vermeiden.[335] Anders ist die Rechtslage, wenn die Freigabe des Schiffes „eine unverhältnismäßig große Gefahr einer Schädigung der Meeresumwelt darstellen würde“.[336] In diesem Fall ist der Küstenstaat berechtigt, dem Schiff die Freigabe zu verweigern, oder davon abhängig machen, dass das Schiff die nächstgelegene geeignete Reparaturwerft anläuft. Von seiner Entscheidung muss der Küstenstaat den Flaggenstaat benachrichtigen. Art. 226 Abs. 1 (c) SRÜ erwähnt die Möglichkeit für den Flaggenstaat, gegen die Entscheidung des Zurückhaltens im Rahmen des Streitbeilegungssystems des SRÜ

329 Art. 225 SRÜ.

330 Art. 227 SRÜ; Lagoni, Der Hamburger Hafen, die internationale Handelsschifffahrt und das Völkerrecht, in: 26 Archiv des Völkerrechts (1988), S. 308: Lagoni zog daraus den Schluss, dass die Nichtdiskriminierung ein *developing* Prinzip im Völkergewohnheitsrecht ist, das übrigens auf den Zugang fremder Schiffe zu den Häfen anwendbar sein wird.

331 Art. 232 SRÜ.

332 Molenaar, Coastal State Jurisdiction, S. 461; Schiano di Pepe, Port State Control, in: Kirchner (Ed.), S. 144.

333 Art. 226 Abs. 1 (b) SRÜ spricht zwar nicht ausdrücklich vom „Zurückhalten/detention/immobilisation“. Dies ist allerdings vorausgesetzt, da die Bestimmung von der Freigabe spricht.

334 Art. 226 Abs. 1 (b) SRÜ.

335 Art. 226 Abs. 1 (a) SRÜ.

336 Art. 226 Abs. 1 (c) SRÜ.

(Teil XV) zu klagen. Zum zwingenden Streitbeilegungssystem des SRÜ gehört das in Art. 292 SRÜ eingebettete Verfahren der sofortigen Freigabe von Schiffen und Besatzungen. Gemäß Art. 292 SRÜ kann der Internationale Seegerichtshof (ISGH) von dem Flaggenstaat eines Schiffes oder im Namen dieses Staates angerufen werden, um die Freigabe des Schiffes und dessen Besatzung zu erreichen, wenn diese durch einen Vertragsstaat des SRÜ zurückgehalten werden.[337] Eine der wichtigsten materiellen Voraussetzungen zur Anrufung des ISGH ist, dass der Küstenstaat durch das Zurückhalten die Bestimmungen des SRÜ missachtet hat, welche nach Hinterlegung einer angemessenen Kaution die sofortige Freigabe anordnen. Deswegen wurde gefragt, ob das Zurückhalten eines Schiffes wegen Seeuntüchtigkeit auch von Art. 292 SRÜ erfasst ist. Problematisch ist in diesem Fall, dass die Freigabe eines wegen Seeuntüchtigkeit zurückgehaltenen Schiffes nicht von der Hinterlegung einer Kaution abhängt.[338] In der Lehre gibt es verneinende[339] und bejahende Meinungen.[340]

Die Meinung, dass die Zurückhaltung von Schiffen wegen Seeuntüchtigkeit von Art. 292 SRÜ erfasst sei, entspricht der Spezifizität und dem Ziel dieses Verfahrens. Das Freigabeverfahren ist nämlich als „unique procedure a special case of interference with a coastal state's judicial authorities" zu betrachten, "which must as a consequence be interpreted with *caution and restraint*".[341] Die Bestimmungen des SRÜ sind das Ergebnis sorgfältig ausgehandelter Kompromisse und Interessenausgleiche, die nicht durch eine allzu breite Auslegung ignoriert werden dürfen. Der ISGH hat jedoch in seiner Entscheidung im Volga-Fall angedeutet, dass die Zurückhaltung von Schiffen wegen Seeuntüchtigkeit

---

337 Zur Rechtsprechung des ISGH bezüglich des Freigabeverfahrens siehe Van Dyke, Giving Teeth to the Environmental Obligations in the LOS Convention, in: Oude Elferink/Rothwell (Eds.), Oceans Management in the 21st Century, S. 168-169; Serdy/Bliss, Prompt Release of Fishing Vessels: State Practice in the Light of the Cases before the International Tribunal for the Law of the Sea, in: Oude Elferink/Rothwell (Eds.), S. 273- 294; Gallala, La notion de caution raisonnable dans la jurisprundence du tribunal international du droit de la mer, in: 105 RGDIP (2001), S. 931-968.

338 Sowohl nach Art. 219 als Art. 226 Abs. 1 c) SRÜ. Siehe dazu Heitmüller, Durchsetzung von Umweltrecht im Rahmen des Seerechtsübereinkommens von 1982 durch den Internationalen Seegerichtshof in Hamburg (2001), S. 135.

339 Z. B. Brown, MV/ Saiga, in: 22 Marine Policy (1998), S. 315-316.

340 Mahmoudi, Prompt Release of Vessels and Crews and the United Nations Convention on the Law of the Sea, in: Jurisdika Tidskrift (1995/1996), S. 722; Treves, The Proceedings Concerning Prompt Release of Vessels and Crews before the International Tribunal for the Law of the Sea, in: 11 IJMCL (1996), S. 184.

341 ISGH, The „M/V Saiga" (Saint Vincent and the Grenadines v. Guinea) Case No. 1, Urteil vom. 4.12.1997, Wolfrum und Yamamoto, Abweichende Meinung, Para. 16 abrufbar unter http://www.itlos.org/Start2_en.html.

aufgrund Art. 226 Abs. 1 c) SRÜ von dem Verfahren der sofortigen Freigabe in Art. 292 SRÜ gedeckt ist. [342]

Der Flaggenstaat hat ein Vorrecht zur Einleitung von Verfahren wegen der Verschmutzung durch Schiffe, wenn der Verstoß außerhalb des Küstenmeeres des Küsten- oder Hafenstaates begangen wurde. Hat ein Küsten- oder ein Hafenstaat deswegen ein Strafverfahren gegen ein fremdes Schiff eingeleitet, dann ist er zu dessen Aussetzung verpflichtet, wenn der Flaggenstaat binnen 6 Monaten ein entsprechendes Strafverfahren eröffnet. Der Küstenstaat ist zur Aussetzung allerdings nicht verpflichtet, wenn der Flaggenstaat in Bezug auf seine Schiffe seine Durchsetzungspflichten wiederholt missachtet hat oder wenn dem Küstenstaat durch die Zuwiderhandlung ein schwer Schaden entstanden ist.[343] Erst nach Abschluss des flaggenstaatlichen Verfahrens wird das ausgesetzte küstenstaatliche Verfahren eingestellt. Hat der Küstenstaat die Verfahrenskosten zurückerhalten, muss er jede im Zusammenhang mit dem ausgesetzten Verfahren hinterlegte Kaution oder andere finanzielle Sicherheit freigeben.

Eine weitere Schutzbestimmung befasst sich mit den zu verhängenden Strafen. Für Verstöße außerhalb und innerhalb des Küstenmeeres dürfen nur Geldstrafen verhängt werden[344] außer wenn der Verstoß innerhalb des Küstenmeeres eine vorsätzliche schwere Verschmutzungshandlung darstellt.[345]

d. Zwischenergebnis

Das SRÜ hat die Durchsetzungskompetenzen von Küsten- und Hafenstaaten erweitert. Besonders wichtig ist die dem Hafenstaat zuerkannte Zuständigkeit, gegen fremde Schiffe in seinem Hafen wegen vermuteter Zuwiderhandlungen außerhalb seiner Hoheitsgewässer zu ermitteln bzw. diese zu ahnden. Es handelt sich um eine Beschränkung der ausschließlichen Jurisdiktion des Flaggenstaates. Für den Flaggenstaat sind jedoch bedeutende Schutzmaßnahmen vorgesehen. Am wichtigsten ist die Möglichkeit der Suspendierung eines von einem anderen Staat eingeleiteten Strafverfahrens. Flaggenstaaten, die wiederholt ihre Durchsetzungspflichten nicht erfüllt haben, können dieses Vorrecht jedoch nicht in Anspruch nehmen. Die Verteilung der Durchsetzungskompetenzen zur Bekämpfung der Verschmutzung durch Schiffe im SRÜ ist komplex, weil das SRÜ ein

---

342 ISGH, The Volga Case, (Russian Federation v. Australia) Case No. 11, Urteil vom 23.12.2002, Para. 77. http://www.itlos.org/Start2en.html; Dazu Escher, Release of Vessels and Crews before the International Tribunal for the Law of the Sea, in: 3 The Law and Practice of International Courts and Tribunals (2004), S. 271-274; Gavouneli, From Uniformity to Fragmentation? The Ability of the UN Convention on the Law of the Sea to Accommodate New Uses and Challenges, in: Strati/Gavouneli/Skourtos (Eds.), Unresolved Issues and New Challenges to the Law of the Sea (2006), S. 231.

343 Art. 228 SRÜ.

344 Art. 230 Abs. 1 SRÜ.

345 Art. 230 Abs. 2 SRÜ.

Kompromiss zwischen den Interessen der Schifffahrtsnationen und der Küstenstaaten ist. Ein Verdienst des SRÜ ist es, den Schutz der Meeresumwelt als ein gemeinsames Anliegen der Staatengemeinschaft zu betrachten. Dabei weigerten sich die Verfasser des SRÜ jedoch, die Meeresfreiheit und vor allem die Schifffahrtsfreiheit über Gebühr zu beschränken.

Obwohl die Regelungskompetenz bezüglich der Meeresverschmutzung durch Schiffe von einem internationalisierenden Ansatz geprägt ist, steht die Durchsetzungskompetenz primär den Einzelstaaten zu. Es werden keine Durchsetzungskompetenzen in die Hände einer internationalen Organisation gelegt.

Dennoch kann man in der Durchsetzungskompetenz des Hafenstaates als Beauftragter der Staatengemeinschaft nach Art. 218 SRÜ den Anfang eines Prozesses zur Internationalisierung der Durchsetzung sehen.

B. Die Bekämpfung der Verschmutzung durch Einbringen

1. Die Definition des Einbringens

Das SRÜ definiert das Einbringen als jede vorsätzliche Beseitigung von Abfällen oder sonstigen Stoffen von Schiffen, Luftfahrzeugen, Plattformen oder sonstigen auf See errichteten Bauwerken aus, oder als jede vorsätzliche Beseitigung von Schiffen, Luftfahrzeugen, Plattformen oder sonstigen auf See errichteten Bauwerken.[346] Danach umfasst das Einbringen nicht die Beseitigung von Abfällen oder sonstigen Stoffen, die mit dem normalen Betrieb dieser Einrichtungen zusammenhängen. Dennoch umfasst die Definition des Einbringens die Beseitigung der folgenden Stoffe:

- Abfälle oder sonstige Stoffe, die durch zur Beseitigung dieser Stoffe betriebene Schiffe, Luftfahrzeuge, Plattformen oder sonstige auf See errichtete Bauwerke befördert oder auf sie verladen werden;
- Abfälle oder sonstige Stoffe, die aus der Behandlung solcher Abfälle oder sonstigen Stoffe auf solchen Schiffen, Luftfahrzeugen, Plattformen oder Bauwerken herrühren.

Das Absetzen von Stoffen zu einem anderen Zweck als dem der bloßen Beseitigung, sofern es nicht den Zielen des SRÜ widerspricht, ist vom Begriff des Einbringens nicht erfasst.

2. Die Regelungskompetenzen

Die Vertragsparteien des SRÜ sind verpflichtet, Gesetze und sonstige Rechtsvorschriften zur Verhütung, Verringerung und Überwachung der Verschmutzung durch Einbringen zu erlassen.[347] Sie bemühen sich, zu diesem Zweck

346 Art. 1 Abs. 1 u. 5 (a) u. (b) SRÜ.
347 Art. 210 Abs. 1 u. 2 SRÜ.

weltweite Regeln und Normen aufzustellen.[348] Den innerstaatlichen Maßnahmen werden vom SRÜ einige Vorgaben gemacht. Zunächst dürfen sie nicht weniger wirkungsvoll als die weltweiten Normen sein.[349] Demzufolge enthalten die internationalen Maßstäbe einen Mindeststandard für innerstaatliche Vorschriften zur Verklappung von Abfällen.[350] Sowohl global als auch regional wurden Instrumente zur Verhütung und Bekämpfung der Meeresverschmutzung durch Einbringen verabschiedet. Die bedeutendsten völkerrechtlichen Instrumente zur Ausgestaltung von Art. 210 SRÜ sind das Londoner Übereinkommen über die Verhütung der Meeresverschmutzung durch das Einbringen von Abfällen und anderer Stoffe und dessen Protokoll,[351] auf welche später eingegangen wird.[352]

Darüber hinaus ist das Einbringen von der vorherigen Zustimmung der zuständigen Staaten abhängig.[353] Soll es innerhalb des Küstenmeeres und der AWZ oder auf dem Festlandsockel erfolgen, ist die vorherige Genehmigung des Küstenstaates notwendig. Der Küstenstaat ist dann berechtigt, das Einbringen nach Beratung mit den anderen Staaten, die dadurch betroffen werden können, zu erlauben, zu regeln und zu überwachen.[354]

3. Die Durchsetzungskompetenzen

Nach Art. 216 SRÜ werden die in Übereinstimmung mit dem SRÜ erlassenen Gesetze und sonstigen Vorschriften zur Verhinderung, Verringerung und Überwachung einer Verschmutzung durch Einbringen und die einschlägigen internationalen Regeln und Normen von verschiedenen Staaten durchgesetzt: Vom Küstenstaat im Hinblick auf das Einbringen in seinem Küstenmeer, in seiner ausschließlichen Wirtschaftszone oder auf seinem Festlandsockel, vom Flaggenstaat im Hinblick auf Schiffe, die seine Flagge führen, oder auf Schiffe oder Luftfahrzeuge, die in sein Register eingetragen sind, unabhängig davon wo sie sich befinden, und von jedem Ladestaat. Es besteht deswegen eine Kompetenzkonkurrenz zwischen diesen Staaten. Der Küstenstaat genießt jedoch für die küstennahen Gebiete Priorität nach Art. 216 SRÜ.[355]

---

348 Art. 210 Abs. 4 SRÜ.

349 Art. 210 Abs. 6 SRÜ.

350 Wolfrum, Die Internationalisierung, S. 649.

351 Proelß, Meeresschutz im Völker- und Europarecht, S. 143-144; Wolfrum, Die Internationalisierung, S. 250-252.

352 Siehe Kapitel 4/I/A u. B.

353 Art. 210 Abs. 3 SRÜ; Letalik, Pollution from Dumping, in: Johnston (Ed.), The Environmental Law of the Sea (1981), S. 225.

354 Art. 210 Abs. 5 SRÜ.

355 Wolfrum, Die Internationalisierung, S. 649.

C. Die Bekämpfung der landseitigen Verschmutzung

1. Die Regelungskompetenzen

Nach Art. 207 SRÜ sind die Vertragsparteien verpflichtet, nationale Gesetze und Verordnungen zu erlassen, um die Verschmutzung der Meeresumwelt von Land aus zu verhüten, zu verringern und zu kontrollieren. Es handelt sich dabei um die Meeresverschmutzung, die ihren Ursprung auf dem Land hat, und die das Meer auf verschiedenen Wegen erreicht. Das SRÜ definiert die landseitige Meeresverschmutzung nicht. Es führt vielmehr einige Beispiele hierfür auf,[356] wie durch Flüsse, Gezeitenmündungen, Pipelines und Ableitungsanlagen.

Die Staaten sind aufgefordert, diese Verschmutzungsquelle zu regeln. Dabei liegt das Schwergewicht auf der nationalen Ebene.[357] Bezüglich der globalen Ebene „bemühen sich" die Vertragsparteien auf diplomatischen Konferenzen und in internationalen Organisationen, Normen, Maßstäbe, sowie empfohlene Praktiken und Prozeduren zu entwickeln. Dabei müssen sie regionale Gegebenheiten, sowie die wirtschaftlichen Kapazitäten der Entwicklungsländer und die Notwendigkeit von deren Entwicklung berücksichtigen.[358] Zwei Punkte sind hierbei hervorzuheben: Zum einen handelt es sich dabei nicht um eine Pflicht, sondern lediglich um einen „Appell".[359] Zum anderen hat in Art. 207 Abs. 4 SRÜ die auf der 3. Seerechtskonferenz umstrittene Bezugnahme auf regionale und wirtschaftliche Eigenschaften ihren Niederschlag gefunden.[360] Die Berücksichtigung dieser Eigenschaften bei der Aufstellung globaler Normen ist insbesondere hinsichtlich der landseitigen Meeresverschmutzung äußerst wichtig. Die Auswirkungen der landseitigen Schadstoffe ändern sich wegen der hydrologischen und ökologischen Merkmale eines Meeres und den verschiedenen industriellen und wirtschaftlichen Entwicklungsmustern nämlich stark je nach Region.[361]

Für nationale Gesetze und sonstige Rechtsvorschriften sollen die Staaten lediglich die internationalen Normen berücksichtigen.[362] Demzufolge dürfen die nationalen Vorschriften die internationalen Normen unterschreiten. Es ist nahe liegend, dass Staaten, insbesondere Entwicklungsländer, diesen breiten Ermessenspielraum missbrauchen. Sie erliegen dann der Versuchung, dem unmittel-

356 Ebenda, S. 648.

357 Wolfrum, Die Internationalisierung, S. 648; Krüger, Anwendbarkeit von Umweltschutzverträgen in der Antarktis (2000), S. 142

358 Art. 207 Abs. 4 SRÜ.

359 Wolfrum, Die Internationalisierung, S. 648.

360 Ebenda.

361 Kuwabara, The Legal Regime of the Protection of the Mediterranean against Pollution from Land-based Sources, (1984), S. 20; Hassan, Protecting the Marine Environment from Land-based Sources of Pollution (2006), S. 105.

362 Wolfrum, Die Internationalisierung, S. 648.

baren wirtschaftlichen Gewinn Vorrang zu geben und die Meeresumwelt großen Gefahren auszusetzen.[363]

Art. 207 SRÜ ist dermaßen breit abgefasst, dass er den Staaten keine konkreten und hilfreichen Vorgaben für die Bekämpfung der landseitigen Meeresverschmutzung anbietet.[364] „*Internationally agreed norms*", die von den Staaten berücksichtigt werden sollen, sind hier nicht erwähnt. Art. 207 SRÜ stellt auch keine Maßstäbe für die Angemessenheit dieser internationalen Normen auf, obwohl für die Bekämpfung dieser Verschmutzungsquelle spezifische und konkrete Kriterien und Maßstäbe erforderlich sind. Im Gegensatz zur Verschmutzung durch Schiffe, zur Verschmutzung durch Einbringen und zur Verschmutzung durch Offshore-Tätigkeiten sind bei Art. 207 SRÜ keine von internationalen Organisationen aufgestellten Mindeststandards zu beachten.[365]

Außerdem ist das hier gesetzte Ziel der nationalen, regionalen und globalen Normen darauf beschränkt, das Einleiten giftiger, schädlicher, insbesondere nicht abbaufähiger Substanzen zu verringern, und nicht, es gänzlich zu unterbinden.[366] Es liegt auch im Ermessen der Staaten, zu bestimmen, welche Substanzen einer Regelung und Kontrolle bedürfen.[367]

Trotz seines geringen normativen Gehalts stellt Art. 207 SRÜ eine Rechtsgrundlage für die Bekämpfung der landseitigen Meeresverschmutzung dar. Global sind bisher nur unverbindliche Instrumente zu diesem Thema verabschiedet worden.[368] Detaillierte und verbindliche Regelungen sind nur auf nationaler und regionaler Ebene zu finden.[369]

2. Die Durchsetzungskompetenzen

Die Durchsetzung der Regelungen über die Verringerung und Bekämpfung der landseitigen Verschmutzung liegt bei den einzelnen Staaten.[370] Die Vertragsparteien des SRÜ sind gehalten hierzu Vorschriften zu erlassen.

3. Zwischenergebnis

Die Bestimmungen des SRÜ zur landseitigen Verschmutzung sind kritisiert worden, weil sie nicht über das Völkergewohnheitsrecht hinausgehen.[371] Sie ent-

363 Biermann, Internationale Meeresumweltpolitik (1994), S. 109.
364 Churchill/Lowe, The Law of the Sea (1999), S. 380.
365 Birnie/Boyle, International Law and the Environment (2002), S. 410.
366 Wolfrum, Die Internationalisierung, S. 648.
367 Frank, Protection of the Marine Environment from Pollution, in: 6/7 Georgia Journal of International and Comparative Law (1976), S. 83.
368 Siehe Kapitel 6/I.
369 Siehe Kapitel 6/ II; Kapitel 10/I u. II.
370 Art. 213 SRÜ.

halten die schwächsten unter den quellenbezogenen Pflichten in Teil XII. Sie werden von den Anforderungen der später abgeschlossenen regionalen Abkommen und Protokolle weit übertroffen. Daraus kann man entnehmen, dass der im SRÜ für die Verhütung und Bekämpfung der landseitigen Verschmutzung verfolgte Ansatz nicht global, sondern national und regional ist. Die diesbezüglichen Probleme unterscheiden sich nämlich je nach Region. Außerdem beeinträchtigt die landseitige Meeresverschmutzung unmittelbar lokale Interessen an der Küste.[372] Ein enger Staatenkreis aus derselben Region ist besser imstande, diesen Interessen Rechnung zu tragen, als die gesamte Staatengemeinschaft.

D. Die Bekämpfung der Verschmutzung durch Offshore-Tätigkeiten

1. Überblick

Das SRÜ unterscheidet zwischen zwei Arten von Offshore-Tätigkeiten und zwar je nach der Meereszone, in welcher diese durchgeführt werden. Während Art. 208 SRÜ sich mit Offshore-Tätigkeiten unter küstenstaatlicher Jurisdiktion befasst, hat Art. 209 SRÜ die Regulierung des Meeresbergbaus im „Gebiet", d.h. „jenseits der Grenzen des Bereichs nationaler Hoheitsbefugnisse„[373] zum Gegenstand.[374] Nach dem SRÜ umfasst der Bereich nationaler Hoheitsbefugnisse außer den inneren Gewässern und dem Küstenmeer, in welchen der Küstenstaat allumfassende staatliche Hoheitsbefugnisse ausübt (Gebietshoheit), auch die Anschlusszone, den Festlandsockel und die AWZ, in welchen der Staat lediglich über funktional begrenzte Hoheitsrechte verfügt.[375] Während das im SRÜ enthaltene Regime des Meeresbergbaus jenseits des Bereichs nationaler Hoheitsbefugnisse eine sehr entwickelte Internationalisierung oder Globalisierung widerspiegelt,[376] setzt das SRÜ für das Regime in Meereszonen unter nationalen Hoheitsbefugnissen den Schwerpunkt auf nationale und regionale Regelungen. Da im Mittelmeer kein Punkt weiter als 200 sm (*the external limit of the continental shelf* gemäß Art. 76 SRÜ) vom nächsten Land oder von der nächsten Insel ent-

371 Rose, Protection and Conservation of the Marine Environment, in: Tsamenyi (Ed.), The United Nations Convention on the Law of the Sea: What means to Australia and Australia's maritime Industry? (1996), S. 155.

372 Alhéritière, Marine Pollution Control Regulation: Regional Approaches, in: 6 Marine Policy (1982), S. 162.

373 Art. 1 Abs. 1 SRÜ.

374 Ausführlich über das Meeresbodenregime im „Gebiet" siehe bei Wolfrum, Die Internationalisierung, S. 328-616; Wolfrum (Ed.), Law of the Sea at the Crossroads, the Continuing Research for a Universally Accepted Regime (1991); Mahmoudi, The Law of deep sea-bed mining (1987).

375 Siehe bei Dahm/Delbrück/Wolfrum, Völkerrecht Bd. I/2 (2002), S. 495 ff.

376 Wolfrum, Die Internationalisierung, S. 693 ff.

fernt ist, fällt hier jede Offshore-Aktivität unter nationale Hoheitsbefugnisse. Deswegen ist für die vorliegende Arbeit nur Art. 208 SRÜ von Relevanz.

2. Gefahr der Offshore-Aktivitäten für die Meeresumwelt

Obwohl Offshore-Aktivitäten nur wenig zur Meeresverschmutzung beitragen,[377] können sie zu Unfällen mit verheerenden Auswirkungen für die Meeresumwelt führen.[378]

Art. 208 SRÜ befasst sich mit der Meeresverschmutzung, „die sich aus oder im Zusammenhang mit (...) Tätigkeiten auf dem Meeresboden ergibt oder von künstlichen Inseln, Anlagen und Bauwerken herrührt, die aufgrund der Artikel 60 und 80 in ihre Hoheitsbefugnisse fallen".[379] Ursprünglich beschränkten sich die Offshore-Tätigkeiten auf die Erforschung und Ausbeutung natürlicher Ressourcen.[380] Diese sind nach Art. 77 Abs. 4 SRÜ „(...) the mineral and other non-living resources of the seabed and subsoil together with living organisms belonging to sedantary species". Mineralische Ressourcen sind alle nichtlebenden und nichterneuerbaren natürlichen Ressourcen wie Erdöl, Erdgas, Kohle, sowie metallische und nichtmetallische Mineralien.[381]

Neuere Technologien erlauben die Errichtung „künstlicher Inseln", die Forschungslabors oder meteorologische oder militärische Stationen beherbergen.[382] Ferner haben die Ölkrisen der 70 er Jahre die Staaten zu der Suche nach alternativen Energiequellen angespornt. Deswegen erwähnt Art. 56 Abs. 1 (a) SRÜ die Errichtung von Anlagen und Bauwerken zur Energiegewinnung aus Wasser, Wind und Strömen.[383] Art. 208 SRÜ sieht für alle Offshore-Anlagen und künstlichen Inseln die gleiche Behandlung vor.[384]

---

377 Die Offshore-Tätigkeiten sollen mit 3- 4 % zur gesamten Meeresverschmutzung beitragen. Dazu siehe Rémond-Gouilloud, Pollution from Seabed Activities, in: Johnston (Ed.), The Environmental Law of the Sea (1981), Fn. 271, S. 283

378 The Ekofisk Field in the North Sea, April 1977: Mehr als 30.000 Tons Rohöl und 1.7 Nm cube Gas wurden ins Meer abgelassen. Mehr dazu siehe bei Bollecker-Stern, A propos de l'accident d'Ekofisk- problèmes posés par la pollution par les installations de production pétrolières, in: 24 AFDI (1978), S. 722; Der Unfall Ixtoc I in Mexico am 2.6.1979: Das Ablassen von Öl dauerte über 9 Monate: 7, 000 Tons Öl wurden täglich ins Meer abgelassen. Mehr dazu siehe Gomez-Robledo Verduzco, El caso del Ixtoc en derecho internacional, in: Temas selectos de derecho internacional (1994), S. 203.

379 Art. 208 Abs. 1 SRÜ.

380 Gavouneli, Pollution from Offshore Installations (1995), S. 15.

381 Krüger, Anwendbarkeit von Umweltverträgen in der Antarktis (2000), S. 156.

382 Churchill/Lowe, (1988), S. 138-139.

383 Risch, Windenergieanlagen in der ausschließlichen Wirtschaftszone (2006), S. 29-58; Fitzpatrick, Künstliche Inseln und Anlagen auf See (1998), S. 71-83.

384 Im SRÜ wird in diesem Zusammenhang von "künstlichen Inseln, Anlagen, und Bauwerken" gesprochen. Der Unterschied zwischen ihnen liegt in der Bauweise. Die Literatur geht davon aus, dass der Begriff „Anlagen" als Oberbegriff benutzt werden kann,

Trotz der Erweiterung der Offshore-Tätigkeiten bleiben die Erforschung und Ausbeutung der natürlichen Ressourcen aus dem Meeresboden und dem Meeresuntergrund wirtschaftlich die bedeutendsten Tätigkeiten. Die Ölbohranlagen sind viel zahlreicher und gefährlicher als die anderen Offshore-Tätigkeiten,[385] und stellen für die Meeresumwelt die größten Gefahren dar. Die Meeresbodenaktivitäten gefährden die Meeresumwelt durch Emissionen, Einleitungen und Abgabe von Schadstoffen, welche die Meersumwelt erreichen oder erreichen können und Verschmutzungen verursachen oder verursachen können. Besonderes gefährlich sind die Bohrlocharbeiten für die Öl- und Gasgewinnung. Die schädlichen Auswirkungen der Offshore-Tätigkeiten für die Meeresumwelt können betriebsbedingt (durch die operationellen Handlungen) oder unfallbedingt (wie im Fall eines Bohrlochausbruchs *blow-out*) auftreten.[386]

3. Die Regelungskompetenzen

Art. 208 Abs. 1 SRÜ verpflichtet die Küstenstaaten zum Erlass von Gesetzen und sonstigen Vorschriften zur Verhütung, Verringerung und Überwachung der Verschmutzung der Meeresumwelt. Die Verschmutzung muss sich aus Tätigkeiten auf dem Meeresboden ergeben oder von künstlichen Inseln, Anlagen und Bauwerken ausgehen, die unter ihre Hoheitsbefugnisse fallen. Die nationalen Normen dürfen jedoch „nicht weniger wirkungsvoll sein als die internationalen Regeln, Normen und empfohlenen Gebräuche und Verfahren".[387] Deswegen enthält das SRÜ, im Gegensatz zu den Genfer Seerechtskonventionen über den Festlandsockel und über die Hohe See,[388] neue internationalisierende Ansätze. Das SRÜ fordert nämlich die Staaten auf, internationale Normen, Standards und Empfehlungen durch die zuständigen internationalen Organisationen oder im Rahmen einer diplomatischen Konferenz zu entwickeln.[389] Trotzdem fehlt immer noch ein verbindliches globales Instrument, das sich speziell mit Offshore-Tätigkeiten befasst. Deswegen ist diese Verschmutzungsquelle primär national geregelt.[390] Auf der internationalen Ebene gibt es regionale Instrumente.[391] An ihnen wird die Rechtmäßigkeit innerstaatlicher Normen gemessen.

---

und dass er dann auch künstliche Inseln umfasst. Ausführlich dazu bei Fitzpatrick, Künstliche Inseln und Anlagen auf See (1998), S. 42 ff.; Münch, Artificial Islands and Installations, in: EPIL Instalment 11 (1989), S. 38.

385 Esmaeili, The Legal Regime of Offshore Oil Rigs in International Law (2001), S. 155.

386 Rémond-Gouilloud, S. 250-251; Gavouneli, Pollution from Offshore Installations (1995), S. 6-7; Esmaeili, The Legal Regime of Offshore Oil Rigs, S. 148-149.

387 Art. 208 Abs. 3 SRÜ.

388 Gavouneli, S. 43.

389 Art. 208 Abs. 5 SRÜ.

390 Gavouneli, S. 42-43.

391 Siehe Kapitel 7/II/B.

Weil es sich als schwierig erwiesen hat, die Offshore-Tätigkeiten weltweit materiell-rechtlich zu regeln, „bemühen" sich die Staaten nach dem SRÜ, ihre diesbezügliche Politik regional aufeinander abzustimmen.[392] Dadurch bestätigt das SRÜ den Trend, diese Verschmutzungsquelle regional[393] und national zu regulieren.

Der primär nationale und regionale Ansatz zur Regelung der Verschmutzung durch Offshore-Quellen ist auch angemessen. Offshore-Tätigkeiten finden in Küstengewässern statt. Deswegen müssen für die Bekämpfung und Verhütung hieraus rührender Verschmutzungen die geographische Lage und die wirtschaftliche Bedeutung dieser Gewässer besonders stark berücksichtigt werden.[394] Dies ist einfacher in einer regionalen Konvention zu erreichen, deren Parteien gemeinsame geographische und wirtschaftliche Verhältnisse teilen.[395] Ferner sind regionale und nationale Regelungen von großem Vorteil für die Geschädigten. In den meisten Fällen unterliegt hier der durch eine Verschmutzung aus einer Offshore-Tätigkeit Geschädigte derselben Jurisdiktion wie die Offshore-Tätigkeiten selbst oder der Jurisdiktion benachbarter Staaten. Deswegen ist es angemessen, die Ahndung der Verstöße und die Haftung bzw. Entschädigung für die Schäden primär regional und national zu regeln.[396] Dies erhöht die Chancen auf eine gerechte und wirksame Entschädigung.

4. Die Durchsetzungskompetenzen

Gemäß Art. 214 SRÜ müssen die Küstenstaaten die Normen zur Verhütung und Bekämpfung der Verschmutzung durch Offshore-Tätigkeiten durchsetzen. Diese Staaten wenden ihre in Übereinstimmung mit Art. 208 SRÜ erlassenen Rechtsvorschriften an. Darüber hinaus sind sie verpflichtet, Gesetze und sonstige Vorschriften zu erlassen und andere Maßnahmen zu ergreifen, die zur Durchführung internationaler Regeln und Normen notwendig sind. Wie für die anderen Meeresverschmutzungsquellen verfolgt das SRÜ auch für die Offshore-Tätigkeiten einen nationalen Ansatz.

Es fragt sich, ob das SRÜ die halbumschlossenen oder umschlossenen Meere diesbezüglich einem besonderen Regime unterwirft.

---

392 Art. 208 Abs. 4 SRÜ.

393 Gavouneli, S. 43.

394 Alexander, Regionalism at Sea; Concept and Realities, in: Johnston (Ed.), Regionalisation of the Law of the Sea, (1978), S. 3-17.

395 Handl, Environmental Security and Global Change: The Challenge to International Law, in: 1 Yearbook of International Environmental Law (1990), S. 3-33; Sand, Lessons Learned in Global Environmental Governance, in: 18 Boston College Environmental Affairs Law Review (1991), S. 213-277.

396 Rémond-Gouilloud, Pollution from Seabed Activities, S. 251; McGonigle/Zacher, Pollution, Politics and International Law (1979), S. 70.

III. Umschlossene oder halbumschlossene Meere

Das Mittelmeer gehört zu der Kategorie der umschlossenen oder halbumschlossenen Meere.[397] Auf der 3. Seerechtskonferenz war es umstritten, ob für diese Meereskategorie besondere Normen und Regeln aufgestellt werden sollten. Die Schifffahrtsnationen fürchteten, dass dadurch die Schifffahrtsfreiheit in diesen Meeren gefährdet werden könnte. Interessanterweise waren sich die Mittelmeeranrainerstaaten über die Einführung des Begriffs der halbumschlossenen oder umschlossenen Meere in das SRÜ nicht einig. Während die Nordanrainerstaaten dagegen waren, sprachen sich die Südanrainerstaaten stark dafür aus. Die Südanrainerstaaten suchten einen Begriff,[398] der im Mittelmeer eine engere Kooperation erlauben und neue Verhältnisse ermöglichen würde.[399]

Nach langen Beratungen haben die Staaten sich darauf geeinigt, den halbumschlossenen und umschlossenen Meeren im SRÜ eigene Bestimmungen zu widmen. Deren normativer Inhalt ist jedoch gering. Die allgemeinen Normen des SRÜ finden auf die umschlossenen und halbumschlossenen Meere weiterhin Anwendung. Allerdings wird die Koordinations- und Kooperationspflicht, die im Übereinkommen für alle Meere vorgesehen ist, für die halbumschlossenen und umschlossenen Meere verstärkt.

A. Definition

Während der 3. Seerechtskonferenz der Vereinten Nationen war es umstritten, ob für umschlossene und halbumschlossene Meere eine gleich lautende Definition in das SRÜ aufgenommen werden sollte.[400] Es hat sich schließlich eine einzige Definition durchgesetzt. Die Definition ist komplex.[401] Dies ist darauf zurückzuführen, dass sie das Ergebnis eines Kompromisses ist.[402] Art. 122 SRÜ definiert die halb oder ganz umschlossenen Meere wie folgt: "Im Sinne dieses Übereinkommens bedeutet umschlossenes oder halbumschlossenes Meer einen Meerbusen, ein Becken oder ein Meer, die von zwei oder mehr Staaten umgeben

---

397 Scovazzi, Les zones côtières en Méditerranée: évolution et confusion, in : 6 ADM (2001), S. 100 ; Vukas, State Practice in the Aftermath of the UN Convention on the Law of the Sea : The Exclusive Economic Zone and the Mediterranean Sea, in: Strati/Gavouneli/Skourtos (Eds.), Unresolved Issues (2006), S. 254.

398 Nelson, The Functions of Regionalism in the Emerging Law of the Sea as Reflected in the Informal Composite Negotiating Text, in: Johnston (Ed.), Regionalization of the Law of the Sea (1978), S. 17-30; Bilder, The Consequences of Regionalizations in the Treaty and Customary Law of the Sea, in: Johnston (Ed.), (1978), S. 32.

399 Benchikh, La mer méditernaée, mer semi-fermée, in : 84 RGDIP (1980), S. 290.

400 Vukas, The Law of the Sea: Selective Writings, (2004), S. 271; Posselt, Umweltschutz in umschlossenen und halbumschlossenen Meeren (1995), S. 137 ff.

401 Pecoraro, The Concept of Enclosed or Semi-Enclosed Seas in the New Law of the Sea, in: 2 Universita degli Studi di Roma Tor Vergata Yearbook (1989), S. 369-382.

402 Leanza, Le nouveau droit international de la mer méditerranée, S. 35.

und mit einem anderen Meer oder dem Ozean durch einen engen Ausgang verbunden sind oder die ganz oder überwiegend aus den Küstenmeeren und den ausschließlichen Wirtschaftszonen von zwei oder mehr Küstenstaaten bestehen."

Hieraus ergeben sich drei Kriterien, um ein Meer als umschlossen oder halbumschlossen zu bezeichnen. Zunächst muss es von den Territorien zweier oder mehrerer Staaten umgeben sein. Zweitens reicht es, wenn es mit einem offenen Meer oder dem Ozean durch einen engen Ausgang verbunden ist oder wenn dieses aus der AWZ und dem Küstenmeer mehrer Küstenstaaten besteht. Die dritte Bedingung ist, dass die Proklamation einer AWZ das gesamte Meer umfasst.[403] Sind alle drei Elemente gegeben, kann ein Meer als halbumschlossen oder umschlossen i. S. des SRÜ bezeichnet werden.[404]

Auf Grund seiner geographischen Eigenschaften entspricht das Mittelmeer der im SRÜ enthaltenen Definition der umschlossenen oder halbumschlossenen Meere. Das Mittelmeer ist von 21 Anrainerstaaten umgeben. Es ist nur durch drei enge Ausgänge mit anderen Meeren und dem Ozean verbunden. Die Meerengen des Bosporus und der Dardanellen verbinden es mit dem Schwarzen Meer, das selber ein geschlossenes Meer ist. Der Suezkanal, ein künstlich geschaffener Ausgang, führt zum Roten Meer und zum Indischen Ozean. Nur die Meerenge von Gibraltar verbindet das Mittelmeer mit dem Atlantischen Ozean. Sollten alle Mittelmeeranrainerstaaten ihre AWZ errichten, erstrecken sich diese auf die gesamte Mittelmeerfläche.[405] Das Mittelmeer ist das breiteste unter den 25 halbumschlossenen oder umschlossenen Meeren der Welt.[406]

Es ist der Definition der halbumschlossenen oder umschlossenen Meere zu entnehmen, dass bei ihrer Nutzung besondere Herausforderungen und Gefahren bestehen. Ihre geringe Fläche und die Meerengen machen die Schifffahrt in diesen Meeren besonders schwierig und bergen zahlreiche Verschmutzungsrisiken. Diese sind umso größer, als sich die Gewässer dieser Meere sehr langsam erneuern. Die Einführung dieser Meereskategorie in das SRÜ sollte es den Anliegerstaaten ermöglichen, diesen besonderen Gefahren zu begegnen.[407] Deswegen

403 Vukas, The Law of the Sea: Selective writings, S. 283.

404 Ebenda, S. 274.

405 Skrk, Exclusive Economic Zone in Enclosed or Semi-Enclosed Seas, The Legal Regime of Enclosed or Semi-Enclosed Seas: The Particular Case of the Mediterranean, in: Prinosi za poredbeno proucavanje prava i medunarodno pravo, Vol. XIX, Nr.22, S. 168; Andreone, The Legal Regime of Fishing in the Mediterranean, Some Issues Concerning Italy, in: 11 Italian Yearbook of International Law (2003), S. 231 ff; Leanza, Il nuovo diritto del mare e la sua applicazione nel Mediterraneo (1993), S. 335 ff.

406 Dazu werden beispielsweise die folgenden Meere gezählt: die Bering See, die Baffin See, der Golf von Mexico, die Karibik, die Ostsee, die Nordsee. In Asien: das Rote Meer, der Golf von Aden, das Japanische Meer. Für eine ausführliche Aufzählung siehe bei Alexander, Regionalism and the Law of the Sea, S. 158 ff. u. S. 164 ff.

407 Leanza, Le regime juridique international de la mer méditerranée, in: 236 RCADI (1992), S. 141.

handelt sich bei dem Begriff der umschlossenen oder halbumschlossenen Meere um einen funktionalen Begriff.

B. Bestehen einer Kooperationspflicht?

Auf der 3. Seerechtskonferenz haben einige Staatenvertreter vorgeschlagen, spezielle Normen für die Abgrenzung der Meereszonen in umschlossenen und halbumschlossenen Meeren oder für die Schifffahrt in diesen Meeren vorzusehen. Diese Vorschläge konnten sich nicht durchsetzen. Sie haben sogar das Einfügen von Teil IX über umschlossene oder halbumschlossene Meere in das SRÜ in Gefahr gebracht.[408]

In diesen Meeren hat sich die Anwendung der Normen über die Abgrenzung der Meereszonen als sehr kompliziert und schwierig erwiesen[409] und zu zahlreichen Streitigkeiten zwischen den Vertragsparteien geführt.[410] Trotzdem sieht die einzige spezifische Regelung des SRÜ für die Anrainerstaaten dieser Meere eine allgemeine Aufforderung zur Kooperation vor. Die Anrainerstaaten sollen bei der Ausübung ihrer Rechte und der Erfüllung ihrer Pflichten aus dem SRÜ zusammenarbeiten. Deswegen bemühen sie sich, unmittelbar oder in einer geeigneten regionalen Organisation, in ausgewählten Bereichen zusammenzuarbeiten. Damit wollen sie ihren umweltbezogenen Herausforderungen gemeinsam begegnen. Dies gilt auch für das Mittelmeer als halbumschlossenes Meer.[411]

1. Die Verbindlichkeit der Kooperation

Es kann nicht behauptet werden, dass Art. 123 SRÜ die Anrainerstaaten von umschlossenen und halbumschlossenen Meeren einer Kooperationspflicht unterwirft.[412] Das wird in der französischen Version des SRÜ deutlich, die lautet:

---

408 Vukas, The Law of the Sea: Selected writings, S. 285.

409 Leanza, Le nouveau droit international de la mer méditerranée, S. 48; Anderer Meinung Skrk, Exclusive Economic Zone in Enclosed or Semi-Enclosed Seas, The Legal Regime of Enclosed or semi-Enclosed Seas: The particular case of the Mediterranean, S. 168: Sie schreibt in Bezug auf die AWZ: "The EEZ regime cannot be reserved to oceanic states but it represents a general rule of customary law of the sea, embodied in the LOS Convention".

410 Dies betrifft insbesondere die Abgrenzung der Meereszonen im Mittelmeer.

411 Scovazzi, Implications of the New Law of the Sea for the Mediterranean, in: 5 Marine Policy (1981), S. 308.

412 Eriksson, Some Thoughts on Regional Marine Arrangements in the Developing World, in: Johnston (Ed.), Regionalization of the Law of the Sea (1978), S. 100: Eriksson betont, dass "it was ironical that one of the few changes found in the Revised Single Negotiating Text was to reduce the obligation to cooperate and coordinate activities in enclosed or semi-enclosed seas".

„Les Etats *devraient* coopérer".[413] Dies ist auf die Vorbehalte einiger Delegationen während der 3. Seerechtskonferenz gegenüber einer verbindlichen Kooperationspflicht zurückzuführen.[414] Einige Anrainerstaaten von umschlossenen oder halbumschlossenen Meere wollten nicht zur Zusammenarbeit gezwungen werden. Drittstaaten befürchteten, dass eine Kooperationspflicht zu diskriminierenden Maßnahmen führen würde, die ihre Schifffahrtsinteressen in diesen Meeren berühren würden.[415]

Obwohl Art. 123 SRÜ keine Kooperationspflicht im engeren Sinne begründet, handelt es sich dabei um mehr als eine Empfehlung.[416] Lehnt es ein Anrainerstaat ab, mit anderen Anrainerstaaten über Themen wie biologische Ressourcen, den Schutz der Meeresumwelt oder die wissenschaftliche Forschung zu verhandeln, ist das als Verletzung der Bestimmung über die Zusammenarbeit in Art. 123 SRÜ zu betrachten.[417] Die Lehre ist sich einig, dass die Bestimmung über die Kooperation zwischen den Anrainerstaaten in umschlossenen und halbumschlossenen Meeren eine Pflicht *sui generis* begründet.[418] Scovazzi bezeichnet diese Bestimmung als eine *bona fide*- Pflicht der Anrainerstaaten, ihre Bemühungen in ausgewählten Bereichen zu koordinieren.[419]

2. Die Bereiche der Kooperation

Art. 123 SRÜ zählt drei Bereiche auf, in denen die Anrainerstaaten umschlossener und halbumschlossener Meere zusammenarbeiten sollen, nämlich: „a) die Bewirtschaftung, Erhaltung, Erforschung und Ausbeutung der lebenden Ressourcen des Meeres, b) die Ausübung ihrer Rechte und die Erfüllung ihrer Pflichten hinsichtlich des Schutzes und der Bewahrung der Meeresumwelt, c) die Koordinierung ihrer wissenschaftlichen Forschungspolitik und gegebenenfalls die Durchführung gemeinsamer wissenschaftlicher Forschungsprogramme in diesem Gebiet."[420] Wegen der Empfindlichkeit der Ökosysteme in umschlossenen und halbumschlossenen Meeren ist die Kooperation zwischen den Anrainerstaaten in diesen Bereichen unabdingbar, um unwiderrufliche Schäden für

---

413 Über die Kooperationspflicht im SRÜ im allgemeinen siehe bei Pinto, The Duty of Co-operation and the United Nations Convention on the Law of the Sea, in: Bos/Siblesz (Eds.), Realism in Law-Making, Essays on International Law in Honour of Willem Riphagen, (1986), S. 133 ff.

414 Eriksson, Some Thoughts on Regional Marine Arrangements in the Developing World, S. 100.

415 Ebenda, S. 101.

416 Leanza, Le nouveau droit international de la mer méditerranée, S. 483.

417 Vukas, The Law of the Sea: Selected Writings, S. 286; Pinto, The Duty of Co-operation and the United Nations Convention on the Law of the Sea, S. 134.

418 Vukas, The Law of the Sea: Selected Writings, S. 286.

419 Scovazzi, Implications of the New Law of the Sea for the Mediterranean, S. 307.

420 Art. 123 SRÜ.

diese Meere zu vermeiden. Im Mittelmeer wurden bereits vor dem SRÜ Initiativen in den von Art. 123 SRÜ ausgewählten Kooperationsbereichen ergriffen.[421]

Die in Art. 123 SRÜ vorgesehene Liste der Kooperationsbereiche ist nicht abschließend. Die Anrainerstaaten der umschlossenen oder halbumschlossenen Meere können auch in weiteren Bereichen zusammenarbeiten. Auf der 3. Seerechtskonferenz wurde von der Türkei empfohlen, die Zusammenarbeit zwischen den Anrainerstaaten i.S. von Teil IX SRÜ bei der Abgrenzung der Meereszonen vorzusehen.[422] Dieser Vorschlag ist nicht *expressis verbis* in den Text des SRÜ übernommen worden. Zur Errichtung einer AWZ im Mittelmeer durch Kroatien hat Italien jedoch behauptet, dass die Errichtung dieser Zone ohne vorherige Beratungen mit den adriatischen Nachbarländern gegen die Kooperationspflicht nach Art. 123 SRÜ verstöße.[423] Da Die Kooperationspflicht in Art. 123 SRÜ breit gefasst ist, kann über deren Reichweite gestritten werden. Jedenfalls ist es nahe liegend, dass die Kooperation zwischen Anliegern eines umschlossenen oder halbumschlossenen Meeres in Bereichen notwendig ist, die Herausforderungen darstellen, denen ein Staat allein nicht effektiv begegnen könnte.[424]

3. Die Kooperationsparteien

Die Anrainerstaaten der umschlossenen und halbumschlossenen Meere bemühen sich nach Art. 123 SRÜ unmittelbar oder im Rahmen einer geeigneten regionalen Organisation, in den bereits erwähnten Bereichen zusammenzuarbeiten. Das SRÜ sieht eine regionale Zusammenarbeit unmittelbar zwischen den Staaten oder in einer regionalen Organisation vor. Das bestätigt die bereits in der Praxis festgestellte Tendenz, die Probleme der halbumschlossenen Meere regional zu lösen.[425] Diese Praxis spiegelt in einigen Fällen den Willen der Anrainerstaaten wider, ihre umschlossenen oder halbumschlossenen Meere als *mare nostrum* oder *mare clausum* zu betrachten und Drittstaaten an deren völkerrechtlich er-

---

421 Scovazzi, Implications of the New Law of the Sea for the Mediterranean, S. 309-312.

422 Bennouna, La délimitation des espaces maritimes en Méditerranée, in: Mélanges Offerts à J. Carroz, le droit de la mer (1987), S. 13.

423 Permanent Mission of Italy to the United Nations, Communication dated 16 April 2004 to the Secretariat of the United Nations, New York.

424 Caldwell, International Environmental Policy (1990), S. 129: Er erwähnt den Grund, der Staaten zu einem regionalen Ansatz beim Umweltschutz bringt: "And because many environmental policies transcend national boundaries but fall short of being global, governments have developed bilateral or regional arrangements to deal cooperatively with matters that they cannot effectively manage separately"; Pinto, The Duty of Co-operation and the United Nations Convention on the Law of the Sea, S. 133: "cooperation derives from interdependence".

425 Leanza, Le nouveau droit international de la mer méditerranée, S. 58.

laubter Nutzung zu hindern.[426] Dagegen fordert Art. 123 SRÜ die Anrainerstaaten solcher Meere auf, andere „interessierte Staaten“ und „internationale Organisationen“ in die Zusammenarbeit einzubinden. „Interessierte Staaten“ sind Drittstaaten, die das umschlossene Meer für die Schifffahrt oder für die Meeresforschung benutzen.[427] „Internationale Organisationen“ sind diejenigen, die sich aufgrund ihres Mandats mit den Kooperationsbereichen des Art. 123 SRÜ befassen, wie die UNEP.[428] Die Einbeziehung anderer Staaten verleiht den Bemühungen der Anrainerstaaten mehr Wirksamkeit. Hierdurch werden die Drittstaaten angespornt, regionale Umweltabkommen, die für sie rechtlich nicht verbindlich sind, einzuhalten.[429]

IV. Ergebnisse von Kapitel 1

Nach seiner Präambel stellt das SRÜ die Kodifizierung und die fortschreitende Entwicklung des Seevölkerrechts dar.[430] Die fortschreitende Entwicklung des Völkerrechts bedeutet nicht immer die Ausarbeitung genauer und näher ausgestalteter Rechtsvorschriften. Deswegen haben zahlreiche Bestimmungen des SRÜ nach dem Ausdruck von Vukas einen „*promotional*“ Charakter.[431] Sie fordern nämlich die Vertragsparteien zur Zusammenarbeit und zur weiteren Entwicklung des Völkerrechts auf. Die Bestimmungen im SRÜ zum Schutz und zur Bewahrung der Meeresumwelt und zu den halbumschlossenen und umschlossenen Meeren gehören zu dieser Normenkategorie.

Im SRÜ ist Teil XII dem Schutz der Meeresumwelt gewidmet. Er enthält kein materielles Recht, sondern eine Verteilung der Regelungs- und Durchsetzungskompetenzen zwischen den verschiedenen Staatengruppen: Hafen-, Küsten- und Flaggenstaaten. Darüber hinaus enthält Teil XII Grundsätze, wie die Pflicht zum Umweltschutz, das Verbot der grenzüberschreitenden Verschmutzung und der Gefahrenverlagerung und die Pflicht zur Zusammenarbeit. Deswegen ist das SRÜ insbesondere bezüglich des Schutzes und der Bewahrung der Meeresumwelt eine Rahmenkonvention. Kiss definiert Rahmenkonventionen wie folgt:

> „un traité-cadre est un instrument conventionnel qui énonce les principes devant servir de fondement à la coopération entre les Etats parties dans un domaine déterminé, tout en leur laissant le soin de définir, par des accords séparés, les modalités et

---

426 Ebenda.

427 Über den völkerrechtlichen Status von Drittstaaten siehe bei Chinkin, Third Parties in International Law (1993).

428 Siehe Kapitel 2/I.

429 Fitzmaurice, Third Parties and the Law of Treaties, in: 6 Max Planck Yearbook of United Nations Law (2002), S. 37-137.

430 Präambel, Para. 7 SRÜ.

431 Vukas, The Law of the Sea: Selected Writings, S. 288-289.

les détails de la coopération, en prévoyant, s'il y a lieu, une ou des institutions adéquates ».[432]

Als Rahmenkonvention ist das SRÜ und insbesondere sein Teil XII, ausfüllungsbedürftig. Deswegen fordert das SRÜ die Vertragsparteien auf, globale und regionale Normen zum Schutz und zur Bewahrung der Meeresumwelt zu erlassen. Das SRÜ legt nicht genau fest, welche Umweltverschmutzungsursache auf welcher Ebene geregelt werden soll. Wenn das SRÜ Regelungsaufträge an die nationale, die regionale und die globale Ebene gibt, enthält es Indizien für die von ihm für jede Verschmutzungsursache bevorzugte Regelungsebene. Dies wird in dem Verhältnis zwischen nationalen, regionalen und globalen Normen deutlich. Bei der Verschmutzung durch Schiffe stellen die AAINS einen Mindeststandard für die Flaggenstaaten und einen Höchststandard für die Küstenstaaten dar. Damit wird eine gewisse Vereinheitlichung der küstenstaatlichen Regelungen erstrebt. Unterschiedliche küstenstaatliche Regelungen, die strenger als die globalen Standards sind, würden die Meeresfreiheit, insbesondere die Schifffahrtsfreiheit beeinträchtigen. Die landseitige Verschmutzung soll nach dem SRÜ primär national und regional geregelt werden. Die Bedeutung des regionalen Ansatzes für die Bekämpfung der Verschmutzung durch Offshore-Tätigkeiten wird durch den Verweis auf die Notwendigkeit, die diesbezügliche Politik auf der geeigneten regionalen Ebene abzustimmen, deutlich.

Im SRÜ ist die Zusammenarbeit nur für die Rechtsetzung vorgesehen. Die Durchsetzung der Umweltschutzregelungen bleibt nach dem SRÜ bei den Einzelstaaten. Dies ist zu bedauern, weil das Problem im Umweltvölkerrecht bei der Implementierung und Anwendung liegt. Das Fehlen einer klaren Grundlage für die staatliche Zusammenarbeit bei der Normdurchsetzung hat negative Auswirkungen insbesondere für die Entwicklungsländer.[433] Deren Mangel an finanziellen Mitteln und kompetenten Fachleuten hindert sie, ihre Durchsetzungsbefugnisse effektiv auszuüben.

Auch ohne eine deutliche Aufforderung zur Zusammenarbeit bei der Rechtsdurchsetzung bietet das SRÜ eine angemessene Rechtsgrundlage für eine breite und vielseitige staatliche Zusammenarbeit zum Schutz der Meeresumwelt. Es enthält eine richtige Balance zwischen Vereinheitlichung und Beachtung der Besonderheiten Einerseits legt das SRÜ allgemein geltende Prinzipien und Regime für die Meereszonen und Meeresnutzungen fest, andererseits fordert es von den Vertragsparteien, spezifischen Situationen Rechnung zu tragen. So verlangt es die Berücksichtigung der Bedürfnisse der Entwicklungsländer. Ein Teil des SRÜ ist den halbumschlossenen und umschlossenen Meeren gewidmet. Der

432 Kiss, Les traités-cadres: Une technique juridique caractéristique du droit international de l'environnement, in: 39 AFDI (1993), S. 793.

433 Eriksson, Some Thoughts on Regional Marine Arrangements, S. 99.

normative Gehalt dieser Bestimmungen ist gering. Es liegt an den betroffenen und interessierten Staaten, dieser Zusammenarbeit einen Inhalt zu geben.

Als Anlieger eines halbumschlossenen Meeres haben die Mittelmeeranrainerstaaten die Forderung nach Zusammenarbeit zum Schutz und zur Bewahrung der Meeresumwelt sowohl nach dem allgemeinen Teil XII wie dem besonderen Teil IX des SRÜ eingehalten, indem sie das UNEP *Regional Seas* Programm errichtet und entwickelt haben. Der Aufbau von Institutionen ist tatsächlich die höchst entwickelte Form zwischenstaatlicher Zusammenarbeit.[434]

---

434 Pinto, The Duty of Co-operation and the United Nations Convention on the Law of the Sea, S. 154.

Kapitel 2: Entwicklung und Bestandteile des UNEP regionalen Umweltschutzes für das Mittelmeer

Das *Regional Seas* Programm für das Mittelmeer (nachfolgend: UNEP/MAP) gehört zu dem von dem *United Nations Environment Programme* (UNEP)[1] aufgestellten Programm für die regionalen Meere,[2] welches verschiedene Regionen erfasst und den Schutz der Meeresumwelt in den jeweiligen Regionen bezweckt.

Das *Regional Seas* Programm für das Mittelmeer war das erste regionale UNEP Programm. Es hat den späteren Programmen als Muster gedient.[3] Die verschiedenen UNEP *Regional Seas* Programme sind grundsätzlich gleich aufgebaut. Trotzdem hat jedes regionale Programm seine besonderen Eigenschaften, um den Problemen und Risiken der betroffenen Region zu entsprechen.

Alle diese Programme, insbesondere das UNEP/MAP, haben sich als entwicklungsfähig gezeigt. Das regionale Schutzsystem für Mittelmeer hat die Neuerungen der Konferenz der Vereinten Nationen über Umwelt und Entwicklung (hiernach: Rio-Konferenz) für das Umweltvölkerrecht übernommen. Die Strukturen und Grundsätze des UNEP/MAP werden nach zwei Perioden behandelt. Die erste Periode oder erste Generation, reicht von der Verabschiedung des Programms im Jahre 1976 bis 1995, wenn die zweite, von der Rio- Konferenz beeinflusste Periode beginnt.

---

1 Es handelt sich um das Umweltprogramm der Vereinten Nationen. Es wurde am 15.12.1972 durch eine Resolution der Generalversammlung der Vereinten Nationen errichtet, nämlich Institutional and Financial Arrangements for International Environmental Cooperation, UNGA Resolution 2997 (XXVII). Sein Gründungsinstrument verleiht ihm die folgende Aufgabe: "to promote international co-operation in the field of the environment, and to recommend as appropriate, policies to this end, and to provide general policy guidance for the direction and coordination of environmental programmes within the United Nation system." Ausführlich über Mandat und Strukturen des UNEP siehe: Schröder, Die Koordinierung der internationalen Bemühungen zum Schutz der Umwelt (2005), S. 51-72; Dupuy, United Nations Environmental Programme, in: EPIL Vol. IV (2000), S. 1101 ff.

2 Über den einflussreichen Beitrag von UNEP bei dem Schutz der regionalen Meere siehe Ulfstein, The Marine Environmental Governance, in: Nordquist/Moore/Mahmoudi (Eds.), The Stockholm Declaration and Law of the Marine Environment (2003), S. 106; Ausführlich bei Haas, Saving the Mediterranean: the Politics of International Environmental Cooperation (1990).

3 Doussis, Le bilan du système de Barcelone pour la protection de la mer méditerranée contre la pollution (plan d'action pour la Méditerranée) (1994), S. 32; Gavouneli, New Forms of Cooperation in the Mediterranean System of Environmental Protection, in: Nordquist/Moore/Mahmoudi (Eds.), The Stockholm Declaration, S. 223-224; Chung, Is the Mediterranean Regional Cooperation Model Applicable to North-East Asia?, in: 11 Georgetown International Environmental Law Review (1999), S. 363 ff.

Bereits vor dem UNEP/MAP Programm gab es regionale Bestrebungen, um die Meeresumwelt im Mittelmeer durch organisierte Zusammenarbeit zu schützen und zu erhalten. Diese Versuche sind an politischen Unstimmigkeiten in der Mittelmeerregion gescheitert.[4] Neben dem UNEP/MAP gibt es weitere Kooperationen zum Umweltschutz im Mittelmeer. Im Rahmen der Europa-Mittelmeer-Partnerschaft (nachfolgend: Euro-Med Partnerschaft)[5] finanzieren das MEDA-Programm und die Europäische Investitionsbank zahlreiche Umweltprojekte im südlichen Mittelmeer.[6] Das *Short and Medium Term Priority Environmental Action Programme*, auch als *Euro-Mediterranean Programme for the Environment* bezeichnet (hiernach: SMAP) bei dem es sich um „the environmental piece of

---

4 Mehr über die UNEP/MAP- Initiativen siehe bei Kiss, Récents traités régionaux concernant la pollution de la mer, in: 21 AFDI (1976), S. 731; Dejeant-Pons, La Méditerranée en droit international de l'environnement (1990), S. 57.

5 Diese Partnerschaft wurde zwischen der EU und den südlichen Mittelmeeranrainerstaaten abgeschlossen. Sie Wurde von der Euro-Med Außenministerkonferenz in Barcelona 1995 initiiert (daher auch die Bezeichnung der Partnerschaft als Barcelona-Prozess). Die in der Barcelona-Erklärung (am 27.11. 1995 verabschiedet, Text unter http://ec.europa.eu/comm/external_relations/euromed/bd.htm abrufbar) verankerten Ziele dieses Prozesses sind: Friede, Stabilität und Wohlstand im Mittelmeerraum zu schaffen. Die wirtschaftliche und finanzielle Partnerschaft hat zum Abschluss von Assoziationsabkommen zwischen der EG, ihren Mitgliedern und einigen südlichen Mittelmeerpartnern geführt. Diese Abkommen haben, wenn auch mittelbar, eine bestimmte Relevanz für den Umweltschutz in diesen Ländern. Z.B. Mit Tunesien am 17.7.1995 abgeschlossen, seit dem 1.3.1998 in Kraft, Text in: Abl. EGL 097 vom 30.3.1997, S. 2ff. Es heißt in Art. 48 dieses Abkommens: „Ziel der Zusammenarbeit sind die Verhinderung der Umweltzerstörung und die Verbesserung der Umweltqualität, der Schutz der menschlichen Gesundheit sowie die rationelle Nutzung der natürlichen Ressourcen, um eine nachhaltige Entwicklung zu gewährleisten. Die Vertragsparteien arbeiten insbesondere in folgenden Bereichen zusammen: a. Qualität der Böden und Gewässer b. Auswirkung der Entwicklung insbesondere des industriellen Sektors (besondere Sicherheit der Anlagen und Abfälle) c. Überwachung und Verhinderung der Meeresverschmutzung; Ausführlich über die Assoziationsabkommen siehe bei Jakob, Die Assoziationsabkommen zwischen der Europäischen Gemeinschaft und ihren Mitgliedern sowie Tunesien, Marokko und Algerien (2006), S. 47-48.

6 Es handelt sich um finanzielle Hilfe der EU an die südlichen Mittelmeerpartner, um strukturelle Reformen zu unterstützen. Die Abkürzung MEDA steht für *MEsures D'Accompagnement*, Begleitmaßnahmen zu den hiesigen Reformen. Für den Zeitraum von 2000 bis 2006 stehen im Rahmen von MEDA II insgesamt EUR 5, 35 Milliarden zur Verfügung. Z.B wurden Projekte in Tunesien und Marokko zur Abwasserklärung und zur Errichtung von Auffanganlagen in den Häfen von MEDA finanziert. Mehr dazu siehe unter http://europa.eu/scadplus/leg/de/lvb/r15001.htm; Europäische Kommission, Jahresbericht über die Durchführung des MEDA-Programmes (2000), S. 3 ff.

the general partnership“ handelt,[7] will die nachhaltige Entwicklung in den südlichen Anrainerstaaten durch Beratung und finanzielle Hilfe unterstützen.[8]

Die fünf Mitglieder der subregionalen[9] *Union du Maghreb Arabe* (UMA)[10] haben ein politisches Instrument, nämlich die „Maghrebinische Charta zum Schutz der Umwelt und zur nachhaltigen Entwicklung“ vom 11. November 1992, verabschiedet.[11] Darin haben sie gemeinsame Richtlinien für eine Umweltpolitik festgelegt. Einige Leitlinien beziehen sich ausdrücklich auf die Verhütung und Bekämpfung der Meeresverschmutzung.[12]

Die folgenden Ausführungen beschränken sich auf die Darstellung des UNEP/MAP, weil es sich gegenüber den anderen regionalen Initiativen durch seine Kontinuität und seinen umfassenden Charakter auszeichnet. Sie behandeln keine materiell-rechtlichen Bestimmungen, sondern lediglich Grundsätze und Strukturen des UNEP/MAP.

I. Das UNEP Regional Seas Programm

A. Die Entstehung

Die UNEP hat seit ihren ersten Sitzungen die Ozeane zu einem ihrer Schwerpunktbereiche erklärt.[13] Die Errichtung der UNEP und ihre späteren Tätigkeiten entsprechen dem Wortlaut und dem Geist der Stockholmer Erklärung. Dementsprechend stellt die Zusammenarbeit eine der wichtigsten Grundsätze dar.[14] Die Stockholmer Erklärung, die zur Errichtung der UNEP geführt hat, hat den Inhalt und die Form der Programme für die regionalen Meere eindeutig beeinflusst.

7 Rede des Kommissars Likanen während der Helsinki Euro-Med ministeriellen Konferenz über Umwelt vom 28.11.1997.

8 Für mehr über die durchgeführten Projekte in diesem Rahmen siehe http://www.smaprms.net/EN/index.php?subdir=sma&page=sma.php.

9 Tunesien, Algerien, Marokko, Mauretanien und Libyen.

10 Gründungsvertrag vom 17.2.1989, Text abrufbar unter http://www.maghrebarabe.org/fr/index3.htm.

11 Charte Maghrébine pour la protection de l’environnement et le développement durable vom 11.11.1992, Text abrufbar unter http://scide.oss.org.tn/scide-uma/uma/conv/Charte_Magh_Env.pdf.

12 Kapitel 2, Abs. 5 Charte Maghrébine pour la protection de l’environnement et le développement durable.

13 Ausführlich dazu siehe bei Sand, Marine Environmental Law in the United Nations Environment Programme (1988).

14 Kiss, The Destiny of the Principles of the Stockholm Declaration, in: Nordquist/Moore/Mahmoudi (Eds.), The Stockholm Declaration and Law of the Marine Environment, S. 55.

Darüber hinaus haben die Ostsee-[15] und die OSPAR-[16] Meeresumweltschutzsysteme die regionalen Meeresprogramme der UNEP inspiriert.[17]

Die Stockholmer Konferenz gab den wesentlichen Anstoß zu einem umfassenden Umweltschutz. Vorher wurden die Ursachen der Verunreinigung einzeln behandelt. Deswegen betonte die Generalversammlung der Vereinten Nationen im Jahre 1972, dass die Umweltprobleme eine neue und wichtige internationale Zusammenarbeit notwendig machen und dass die Vielseitigkeit dieser Probleme und ihre wechselseitige Abhängigkeit neue Ansätze erfordern.[18] Die UNEP *Regional Seas* Programme befassen sich mit den verschiedenen Verschmutzungsquellen für die Meeresumwelt. In dem Aktionsplan für die menschliche Umwelt der Stockholmer Konferenz wurde betont, dass hinsichtlich verschiedener Verschmutzungsarten die halbumschlossenen Meere vorrangig behandelt werden müssen.[19] Deswegen räumten die UNEP *Regional Seas* Programme den halbumschlossenen Meeren den Vorrang ein. Das erste Programm betraf das Mittelmeer.

B. Die verschiedenen *Regional Seas* Programme[20]

Es wurden 13 UNEP regionale Programme für Meere verabschiedet und eines wird noch vorbereitet. Daneben gibt es auch drei sog. „*Partner Programmes*", die nicht von der UNEP entwickelt wurden, aber eng mit ihr zusammenarbeiten: für die Arktis, OSPARCOM für den Nordostatlantik und HELCOM für die Ost-

15 Seminar on Control Techniques with Regard to Municipal and Industrial Sewage Treatment Plants, Convention on the Protection of the Marine Environment of the Baltic Sea area (1980); Über die nachfolgenden Entwicklungen des Schutzsystems der Ostsee siehe bei Fitzmaurice, The 1992 Convention on the Baltic Sea Environment, in: 2 Review of European Community and International Environmental Law (1993), S. 24-30; Lagoni, Baltic Sea, in: EPIL Vol. I (1992), S. 321 ff.

16 Cron, Das Umweltregime der Nordsee (1995); Simcock, OSPAR Convention on the Protection of the Marine Environment of the North-East Atlantic, in: Beyerlin/Stoll/Wolfrum (Eds.), Ensuring Compliance with Multilateral Environmental Agreements (2006), S. 97-99.

17 Ebbesson, Protection of the Marine Environment of the Baltic Sea Area, the Impact of the Stockholm Declaration, in: Nordquist/Kiss/Mahmoudi (Eds.), The Stockholm Declaration, S.162.

18 Res 2997(XXVII) Gen. Vers. Institutionelle und finanzielle Regelungen für die internationale Zusammenarbeit im Umweltbereich.

19 Stockholm Action Plan (1972), Recommendation No. 86, Abs. (e) abrufbar unter http://www.unep.org/Documents.Multilingual/Default.Print.asp?DocumentID=97&ArticleID=1510&l=en.

20 Die Bezeichnung des Programmes wurde 1985 von *Regional Seas* Programm im *Ocean and Coastal Area* Programm (OCA) geändert. Sein Hauptsitz wurde von Genf nach Nairobi verlegt. Das Programm wird weiterhin in der Doktrin als *Regional Seas* bezeichnet.

see. Die regionalen Programme der UNEP für die Meere umfassen die folgenden Meere: das Mittelmeer (seit 1975), das Rote Meer und den Golf von Aden (seit 1976), die Kuwait-Region (seit 1978), das Meer vor West- und Zentralafrika (seit 1981), das weitere karibische Gebiet (seit 1981), ostasiatische Meere (seit 1981), den Südostpazifik (seit 1981), den Südpazifik (seit 1982), das Meer vor Ostafrika (seit 1985), das Schwarze Meer (seit 1993), den Nordwestpazifik (seit 1994), die südasiatischen Meere (seit 1995) und den Nordostpazifik (seit 2001). Das Programm für den oberen Südwestatlantik wird seit 1980 vorbereitet.[21]

Am 1 Januar 2000 waren etwa 140 Staaten von den regionalen Programmen der UNEP für die Meere berührt.

C. Die „Region" in den UNEP *Regional Seas* Programmen

Entsprechend der Empfehlung der Stockholmer Erklärung[22] hat die UNEP sich bei ihren *Regional Seas* Programmen anfangs auf die halbumschlossenen Meere konzentriert. Danach hat die UNEP den Begriff der Region breiter gefasst.[23] Das entscheidende Kriterium für den Umfang einer Region bei der Bestimmung eines regionalen Meeresprogramms ist für sie die umweltmäßige Empfindlichkeit eines Gebietes geworden. Die Programme der regionalen Meere werden deswegen derzeit in Gebieten ausgeführt, die diesem weiten Begriff der Region entsprechen: halbumschlossene Meere wie das Mittelmeer, Küstenstreifen wie der Golf von Guinea oder der Südostpazifik.

D. Die Bestandteile der UNEP *Regional Seas* Programme

Der regionale Ansatz bei dem Schutz der Meeresumwelt bezweckt, den Eigenschaften eines bestimmten Raumes oder einer Region Rechnung zu tragen. Deswegen spiegeln die verschiedenen Aktionspläne die Besonderheiten der jeweiligen Meere wider. Dennoch haben sie Gemeinsamkeiten. Alle entsprechen dem Aktionsplan zum Schutz der Umwelt, der auf der Stockholmer Konferenz angenommen wurde[24] und enthalten die folgenden Komponenten: Die Evaluierung, die Bewirtschaftung der sich im Meer befindenden Ressourcen, das finanzielle und das institutionelle Traggerüst und die rechtlichen Instrumente.[25]

---

21 Mehr über die *Regional Seas* Programme in diesen verschiedenen Regionen siehe Hafner, Meeresumwelt, Meeresforschung und Technologietransfer in: Graf Vitzthum (Hg.), Handbuch des Seerechts (2006), S. 419-421.

22 Stockholm Action Plan, Rec. No. 86.

23 Okidi, Regional Control of Ocean Pollution: Legal and Institutional Problems and Prospects (1978), S. 5.

24 Doussis, Le bilan du système de Barcelone, S. 26.

25 Jacobson, United Nations Environmental Program: How Does it Measure up?, in: 23 Coastal Management (1995), S. 21; Kwiatkowska, Marine Pollution from Land-Based

1. Die naturwissenschaftliche Komponente

Naturwissenschaftliche Untersuchungen sind von großer Relevanz, weil sie eine wissenschaftliche Grundlage für den Umweltschutz legen. Hierbei wird mit Studien und Analysen der Verschmutzungsstand geschätzt und es werden Umweltverträglichkeitsprüfungen durchgeführt.[26] Ferner werden Tätigkeiten an der Küste und auf dem Meer untersucht, um die Auswirkung sozialer und ökonomischer Faktoren auf die Meeresumwelt festzustellen. Die naturwissenschaftlichen Untersuchungen wurden in Anlehnung an die Stockholmer Konferenz-Dokumente eingeführt. Die Stockholmer Erklärung fordert die Staaten zur wissenschaftlichen Umweltforschung wie folgt auf:

> "It is recommended that Governments: a) Support national research and monitoring efforts that contribute to agreed international programmes for research and monitoring in the marine environment, in particular the Global Investigation of Pollution in the Marine Environment (GIPME) and the Integrated Global Ocean Station System (IGOSS)...[27]"

> "It is also recommended that states take early action to adopt effective national measures for the control of all significant sources of marine pollution, including land-based sources, and concert and coordinate their actions regionally and where appropriate on a wider international basis"[28].

Die UNEP legt Wert darauf, gemeinsame Forschungsmethoden zu entwickeln und Programme für die Teilnehmer an Meeresaktionsplänen vorzubereiten.[29]

2. Die sozio-ökonomische Komponente

Die sozio-ökonomische Komponente besteht in präzis definierten Projekten und Programmen, die sich mit einem bestimmten Handlungsbereich befassen. Beispielsweise handelt es sich dabei um die Reaktion auf Klimaauswirkungen oder die Bewirtschaftung der Küstenlagunen, Mündungen und Mangrovenökosysteme oder die Steuerung industrieller oder landwirtschaftlicher Überschusspro-

---

Sources: Current Problems and Prospects, in: 14 Ocean Development and International Law (1985), S. 317: Sie betont die Interdependenz dieser verschiedenen Komponenten.

26 Gerges, Marine Pollution Monitoring, in: 28 Assessment and Control: UNEP's Approach and Strategy (1994), S. 317.

27 Stockholm Konferenz, Action Plan for Human Environment: Marine Pollution Rec. N°87 a).

28 Stockholm Konferenz, Action Plan for Human Environment: Marine Pollution Rec. N°90 b).

29 Um die Vergleichbarkeit der erzeugten Daten sicherzustellen, hat UNEP bewirkt, dass die Überwachung in den regionalen Meeren sich auf einer allgemeinen Methodenlehre basiert, die allen teilnehmenden Labors vorgeschrieben ist. Mehr dazu siehe unter www.unep.ch/main/hregmon.htm:

duktionen oder die Erstellung von Katastrophenplänen. Die sozio-ökonomische Komponente soll wissenschaftliche Forschungsergebnisse berücksichtigen, um Gefahren zu vermeiden.[30]

3. Das institutionelle Traggerüst

Die UNEP Programme für regionale Meere sind institutionell verschieden organisiert. Die meisten Programme haben die UNEP mit der Aufgabe betraut, sie zu verwalten, was diese durch sog. *Coordinating units* tut. Für manche Programme wurde eine neue internationale Organisation errichtet. So für das Kuwait *Regional Sea* Programm *the Regional Organisation on the Protection of the Marine Environment* (ROPME)[31] und für das Rote Meer-Programm *the Regional Organisation for the Conservation of the Environment of the Red Sea and Gulf of Aden* (PERSGA).[32] Diese beiden Organisationen besitzen drei Organe. Das legislative Organ ist als Rat bezeichnet. Ein Sekretariat erfüllt die Verwaltungsaufgaben. Die gerichtlichen Funktionen sind bei ROPME einer Gerichtsbehörde[33] und bei PERSGA einem Gremium zur Streitbeilegung übertragen.[34]

Neben dem Hauptorgan (UNEP-*Coordinating Unit*, oder autonome permanente internationale Organisation) sind regionale Zentren für die UNEP Programme für regionale Meere errichtet worden. Einige von ihnen sind schon in den Rahmenkonventionen vorgesehen und werden durch die dazugehörigen Protokolle näher ausgestaltet. Auf nationaler Ebene errichten alle Programme für regionale Meere *national focal points.* Diese innerstaatlichen Behörden der Mitgliedstaaten der jeweiligen Programme stellen die Verbindung zwischen dem Programm und den nationalen Behörden her.[35]

4. Die rechtliche Komponente

Die rechtliche Komponente besteht in rechtsverbindlichen Instrumenten, welche in der Regel die Rahmenkonvention und die sie ausfüllenden Protokolle sind.

Besonders an den Protokollen lassen sich die verschiedenen Schwerpunkte der regionalen Meeresprogramme feststellen. Der Verschmutzung durch Einbringen wird nur selten ein Protokoll gewidmet, nämlich in den Programmen für das Mittelmeer, für das Schwarze Meer und für den Südpazifik. Einige Ver-

---

30 Beurier, La protection des mers régionales, in : Actes des journées de l'environnement du Centre International de la Recherche Scientifique (1988), S. 270.

31 Die regionale Organisation für den Schutz der Meeresumwelt.

32 Die regionale Organisation für den Schutz der Meeresumwelt im Roten Meer und im Golf von Aden.

33 http://www.ropme.com/default.asp.

34 http://www.unep.org/regionalseas/Programmes/NonUNEP_administered_Programmes/Red_Sea_and_Gulf_of_Eden/default.asp.

35 Mehr dazu unter http://www.unep.org/regionalseas/Programmes/default.asp.

schmutzungsquellen werden von allen Seeprogrammen geregelt wie die Verschmutzung durch Unfälle oder die landseitige Meeresverschmutzung.

Manche Protokolle befassen sich mit Problemen, die nicht alle Regionen betreffen. Beispielsweise wurde 1992 im Rahmen des Südostpazifik-Programms ein Protokoll über das *El-Nino* Phänomen verabschiedet.[36] In keinem regionalen Programm wurde der Meeresverschmutzung durch Schiffe ein Protokoll gewidmet.

5. Die Kooperation zwischen den verschiedenen *Regional Seas* Programmen

Die verschiedenen Programme für regionale Meere arbeiten zusammen. Von 1998 bis 2000 hat die UNEP jährlich ein *Inter-Regional Seas Programme Consultation Meeting* veranstaltet, um gemeinsame Fragen zu beraten und Erfahrungen auszutauschen. [37] Die Zusammenarbeit zwischen den regionalen Programmen, insbesondere wenn deren Meere benachbart sind wie das Mittelmeer und das Schwarze Meer, wurde mehrfach gefordert.[38]

II. Die erste Generation von UNEP/MAP

Während einer UNEP-Konferenz für die Mittelmeeranrainerstaaten wurde 1975 der Mittelmeeraktionsplan (hiernach: UNEP/MAP) durch 16 Mittelmeeranrainer verabschiedet. Dieser Plan besteht aus drei Komponenten rechtlicher, programmatischer und wissenschaftlicher Natur. Ein institutionelles und finanzielles Traggerüst ermöglicht die Tätigkeit des UNEP/MAP. Die Staaten waren an der

---

36 Protocol on the Programme for the Regional Study on the El Nino Phenomenon (ERFEN) in the South Pacific vom 6.11.1992, Text unter http://www.cpps-int.org/spanish/tratadosyconvenios/tratadosregionales/protocoloerfen.htm.

37 Das erste *Global Meeting of Regional Seas Conventions* fand in Den Haag im Juni 1998 statt:" bringing for the first time all the secretariats and coordinating units (...) to discuss the status of implementation of regional conventions and action plans, common problems and areas of interest for cooperation; evolution and future of the programme". Das zweite Treffen fand in den Haag im Juli 1999 statt, wo die folgenden Angelegenheiten diskutiert wurden: The role of Regional Seas conventions and action plans in the implementation of the Jakarta Mandate on Coastal and Marine Biodiversity, The International Coral Reef Initiative, the Barbados Programme of Action for Sustainable Development of Small Islands, Developing States and the Buenos Aires Programme of Work of the United Nations Framework Convention on Climate Change, implementation of the Global Plan of action for marine mammals, relationship with the law of the sea, and strengthening linkages and cooperation among Regional Seas conventions and action plans. Das dritte Treffen wurde von der UNEP im November 2000 in Monaco abgehalten. Mehr dazu abrufbar unter http://www.unep.ch/seas.

38 Oral, The Black Sea: A Case Study in Regional Cooperation, in: Nordquist/Moore/Mahmoudi (Eds.), The Stockholm Declaration, S. 252.

Vorbereitung dieses Plans aktiv beteiligt. Juristen und Naturwissenschaftler aus dem Mittelmeerraum haben dazu beigetragen.[39]

A. Die rechtliche Komponente

Die rechtliche Komponente besteht aus einer Rahmenkonvention und den Protokollen, die sie ausfüllen. Sie wird auch als „Barcelona-System" bezeichnet.

1. Die Konvention über den Schutz des Mittelmeeres vor Verschmutzung

Die Konvention über den Schutz des Mittelmeeres vor Verschmutzung (hiernach: Barcelona-Konvention I) wurde am 16. Februar 1976 in Barcelona unterzeichnet und ist am 12. Februar 1978 in Kraft getreten. Sie bot den rechtlichen Rahmen für die Durchführung des ganzen UNEP/MAP Systems.[40] Am 9. Juli 2004 wurde sie durch die Konvention über den Schutz der Meeresumwelt und der Küstengebiete im Mittelmeer (hiernach: Barcelona-Konvention II) ersetzt. Trotzdem ist es angebracht, die wichtigsten Komponenten und Ansätze der Barcelona Konvention I zu untersuchen. Die überwiegende Zahl der in ihrem Rahmen verabschiedeten Protokolle ist noch in Kraft.

Die Barcelona-Konvention I enthält „*common environmental norms*" und „*community membership norms*."[41] Die ersten befassen sich mit dem Meeresumweltschutz im Mittelmeer (hiernach: umweltbezogene Normen) und die zweiten enthalten Bedingungen der Teilnahme an dem UNEP/MAP System. Sie sollen die Institutionalisierung dieses Systems erlauben (hiernach: Mitgliedschaftsnormen).

a. Die umweltbezogenen Normen

Als Rahmenkonvention enthält die Barcelona-Konvention I Grundsätze, die dem gesamten Umweltschutzprozess zugrunde liegen. In ihr haben sich die Staaten verpflichtet, alle ihnen zur Verfügung stehenden Mittel anzuwenden, um die

---

39 Leanza, Le régime juridique international de la mer méditerranée, in : 236 RCADI (1992), S. 384-385.

40 Wassermann, Barcelona Convention against Pollution of the Mediterranean, in: Journal of World Trade Law (1977), S. 379 ff; World Bank, The Environmental Program for the Mediterranean: Preserving a Shared Heritage and Managing a Common Resource, Washington DC (1990); Vukasovic, Barcelona Convention as an Important Component of the Mediterranean Action Plan, in: Vukas (Ed.), The Legal Regime of Enclosed and Semi-Enclosed Seas: the Particular Case of the Mediterranean (1988), S. 277 ff; Raftopoulos, The Mediterranean Action Plan: a Paradigm for Rethinking International Law, in: Vukas (Ed.), 2 Essays in the New Law of the Sea (1990), S. 245 ff.

41 Raftopoulos, Barcelona Convention and Protocols (1993), S. 43 ff.

Verschmutzung des Mittelmeeres nicht nur zu bekämpfen, sondern auch zu verhüten und zu verringern.[42]

In der Präambel wird das Ziel des regionalen Schutzsystems des UNEP/MAP festgelegt. Es ergibt sich aus den ökologischen, hydrographischen und sonstigen spezifischen Bedürfnissen des Mittelmeeres.[43] Der in der Barcelona-Konvention I verfolgte Ansatz ist kurativ und präventiv. Daran erkennt man den Einfluss der Stockholmer Deklaration von 1972.[44] Darüber hinaus bezweckt die Konvention umfassend den Schutz der Mittelmeerumwelt nicht nur gegen eine bestimmte, sondern gegen alle zur Zeit ihrer Verabschiedung bekannten Verschmutzungsursachen: Verschmutzung durch Schiffe,[45] durch Einbringen,[46] landseitige Verschmutzung,[47] Verschmutzung durch Ausbeutung und Erforschung des Festlandsockels, des Meeresbodens und des Meeresuntergrunds.[48] Die Barcelona-Konvention I enthält keine materiellrechtlichen Normen zum Umweltschutz. Die Vertragsparteien verpflichten sich, alle erforderlichen Maßnahmen gegen die oben aufgezählten Quellen der Meeresverschmutzung zu treffen.[49]

Materiellrechtliche Umweltnormen sind in den Protokollen enthalten. Das Übereinkommen vom 22. März 1974 über den Schutz der Meeresumwelt des Ostseegebietes legte ein umfassendes materiell-rechtliches Regime zum Schutz der Ostsee fest.[50] Für den Nordatlantik bestand das regionale Schutzsystem in verschiedenen getrennten Instrumenten, nämlich in dem Osloer Übereinkommen zur Verhütung der Meeresverschmutzung durch Einbringen durch Schiffe und Luftfahrzeuge vom 15. Februar 1972[51] und in dem Pariser Übereinkommen zur Verhütung der Meeresverschmutzung vom Lande aus vom 21. Februar 1974.[52]

---

42 Art. 4 Barcelona-Konvention I.

43 Präambel, Barcelona-Konvention I; Vgl. Beurier, La protection des mers régionales, in : Actes des journées de l'environnement du Centre International de la Recherche Scientifique (1988), S. 270.

44 Vgl. Leanza, Le régime juridique international de la mer Méditerranée, S. 382.

45 Art. 6 Barcelona- Konvention I.

46 Art. 5 Barcelona-Konvention I.

47 Art. 8 Barcelona-Konvention I.

48 Art. 7 Barcelona-Konvention I.

49 Art. 4 Abs. 1 Barcelona-Konvention I.

50 Text in: BGBl. 1979 II, S. 1230; Dieses Übereinkommen ist außer Kraft und durch das Übereinkommen über den Schutz der Meeresumwelt des Ostseegebietes vom 9.2.1992 ersetzt worden, Text in: BGBl. 1994 II, S. 1397.

51 Text in: BGBl. 1977 II, S. 165; außer Kraft mit In-Kraft-Treten des Übereinkommens zum Schutz der Meeresumwelt des Nordostatlantiks vom 22.9.1992 am 25.3.1998.

52 Text in: BGBl. 1979 II, S. 870; außer Kraft mit In-Kraft-Treten des Übereinkommens zum Schutz der Meeresumwelt des Nordostatlantiks vom 22.9.1992 am 25.3.1998.

Die Mittelmeeranrainerstaaten haben sich für eine gemischte Lösung entschieden: Eine Rahmenkonvention und weitere ausfüllende Protokolle.[53]

b. Die Mitgliedschaftsnormen

Die Mitgliedschaftsnormen der Barcelona Konvention I betreffen institutionelle und finanzielle Angelegenheiten.[54] Ferner unterwirft die Konvention die aus ihrer Auslegung entstandenen Konflikte zwischen den Vertragsparteien der Schiedsgerichtsbarkeit. [55]

Darüber hinaus spricht die Konvention die Erfüllungskontrolle (*compliance control*) an.[56] Die Vertragsparteien sind aufgefordert, der "Organisation"[57] Berichte über die von ihnen in Anwendung der Konvention und der ausfüllenden Protokolle getroffenen Maßnahmen zu erstatten.[58] Die Konvention überlässt es der Vertragsparteienversammlung, Form und Häufigkeit der Berichte zu bestimmen. Darüber hinaus verpflichten sich die Vertragsparteien, gemeinsam Verfahren zur Erfüllungskontrolle zu entwickeln.[59] Diese weiche Formulierung ist auf die Schwierigkeit zurückzuführen, einen Konsens der Parteien zur Erfüllungskontrolle zu erreichen. Es ist bekannt, dass die Berichterstattung nur begrenzt als Erfüllungskontrolle wirkt, wenn sie keiner unabhängigen Expertenkontrolle unterworfen ist.[60]

Als Rahmenkonvention bestimmt die Barcelona-Konvention I ihr Verhältnis zu den ausfüllenden Protokollen und zu den anderen einschlägigen Verträgen. Mit ihrer Ratifizierung tritt die Vertragspartei in ein *open-ended* System ein. Gemäß Art. 23 Abs. 1 dieser Konvention darf kein Staat Vertragspartei werden, solange er nicht mindestens einem ihrer Protokolle beigetreten ist. Gleichzeitig darf kein Staat einem Protokoll beitreten, ohne die Konvention ratifiziert zu haben. Diese Bestimmung entspricht den Besonderheiten der Mittelmeerregion, wo die Staaten verschiedene Entwicklungsstufen aufweisen. Demzufolge verpflichtet sich der Staat, die gemeinsamen Ziele zu verwirklichen. Er hat aber die

---

53 Dejeant-Pons, La Méditerranée en droit international de l'environnement (1990), S. 106.

54 Siehe Kapitel 2/II/D.

55 Art. 22 Barcelona-Konvention I; Das Regime der Schiedsgerichtsbarkeit ist in Anhang A festgelegt.

56 Mehr über die Erfüllungskontrolle im Umweltvölkerrecht siehe Wolfrum (Ed.), Enforcing Environmental Standards, Economic Mechanisms as Viable Means? (1996).

57 Siehe Kapitel 2/II/D/1/a.

58 Art. 20 Barcelona- Konvention I.

59 Art. 21 Barcelona -Konvention I.

60 Bothe, Ensuring Compliance with Multilateral Environmental Agreements- Systems of Inspection and External Monitoring, in: Beyerlin/Stoll/Wolfrum (Eds.), Ensuring Compliance (2006), S. 251; Kiss, Reporting Obligations and Assessment of Reports, in: Beyerlin/Stoll/Wolfrum (Eds.), S. 233.

Möglichkeit, den entsprechenden Protokollen erst beizutreten, wenn es ihm seine sozialen und wirtschaftlichen Verhältnisse erlauben.[61] Der Inhalt der Protokolle ist nicht auf die in der Konvention ausdrücklich vorgesehenen Quellen der Meeresverschmutzung beschränkt. Erforderlich ist nur, dass die Protokolle mit den Zielen der Barcelona Konvention I übereinstimmen.[62]

Die Konvention gestattet den Vertragsparteien, weitere bilaterale oder multilaterale Abkommen zum Schutz der Umwelt des Mittelmeeres abzuschließen. Diese müssen mit der Konvention und dem Völkerrecht in Einklang stehen.[63]

Deswegen ist die Barcelona-Konvention I als Rahmenkonvention eine Art *pactum de contrahendo* oder eine moralische Verpflichtung zu weiteren Verhandlungen,[64] um die in ihr verankerten Prinzipien in konkrete Verpflichtungen umzuwandeln und diese dann in die Tat umzusetzen.[65]

2. Die Protokolle

Die Protokolle der ersten Generation des UNEP/MAP, die in dem Teil über den Schutz des Mittelmeeres vor Verschmutzung nach speziellem Völkerrecht näher untersucht werden, sind:

- Das Protokoll über die Zusammenarbeit bei der Bekämpfung der Verschmutzung des Mittelmeeres durch Öl und andere Stoffe in Notfällen vom 16. Februar 1976.[66]
- Das Protokoll über die Verhütung der Mittelmeerverschmutzung durch Einbringen vom 16. Februar 1976.[67]
- Das Protokoll über den Schutz des Mittelmeeres gegen die Verschmutzung vom Lande aus vom 17. Mai 1980.[68]
- Das Protokoll über die besonderen Schutzgebiete im Mittelmeer vom 3. April 1982.[69]

---

61 Juste Ruiz, The Evolution of the Barcelona Convention and its Protocols for the Protection of the Mediterranean Sea against Pollution, in: Miles/Treves (Eds.), The Law of the Sea: New Worlds, New Discoveries (1994), S. 208-238.

62 Dejeant-Pons, La Méditerranée en droit international de l'environnement, S. 107.

63 Art. 3 Abs. 1 Barcelona-Konvention I.

64 Beyerlin, Pactum de contrahendo, pactum de negotiando, in: EPIL Vol. III (1997), S. 854 ff.

65 Caron, La protection de la couche d'ozone stratosphérique et la structure de l'activité normative internationale en matière de l'environnement, in : 36 AFDI (1990), S. 707; Kiss, Les traités cadres, in : 39 AFDI (1993), S. 795 ; Leanza, Le régime juridique international de la mer méditerranée, S. 386.

66 Siehe Kapitel 3/I/F/1.

67 Siehe Kapitel 4/II/A.

68 Siehe Kapitel 6/II/A.

69 Dieses Protokoll wurde vom Protokoll über die besonderen Schutzgebiete und die biologische Vielfalt vom 10.6.1995 (in Kraft seit dem 12.12.1999) ersetzt. Beide Protokolle werden in der vorliegenden Arbeit nicht dargestellt. Sie entsprechen nicht dem für

B. Die programmatische Komponente

Der auf der ersten interministeriellen Konferenz für den Schutz des Mittelmeeres verabschiedete Aktionsplan, der das grundlegende Instrument des UNEP/MAP ist,[70] hat programmatische Natur. Er beschreibt die verschiedenen Teile des UNEP *Regional Seas* Programms für das Mittelmeer. Ferner enthält das UNEP/MAP zwei weitere Pläne:

- Den Blauen Plan (*Blue Plan*)
- Das Dringlichkeitsprogramm (*Priority Actions Programme*)

Im Gegensatz zu der rechtlichen Komponente des UNEP/MAP hat der programmatische Teil eine rasch wechselnde und eher komplexe Entwicklung durchgemacht.[71]

1. Der Blaue Plan

Ein Ziel des Blauen Plans ist die Beobachtung der langfristigen Beziehung zwischen Umwelt und Entwicklung im Mittelmeer. Ferner will er den Anrainerstaaten helfen, die Meeresumwelt unter Berücksichtigung ihrer kulturellen und sozio- ökonomischen Entwicklung zu schützen. Hierdurch beschäftigt sich der Blaue Plan mit der zentralen Problematik des Umweltvölkerrechts. Das Verhältnis von Umweltschutz und Entwicklung hat im Mittelmeer, wegen des verschiedenen wirtschaftlichen Standes der Staaten des nördlichen und des südlichen Ufers, eine besondere Brisanz.[72] Der Blaue Plan hat sich mit den Bereichen Wasserverwaltung, industrielles Wachstum, Energie, Besiedlung, ländliche Entwicklung und Tourismus befasst.

Seine Arbeiten entwickelten sich in drei Phasen. Während der ersten Phase (1980-1983) wurden Daten und Informationen über die sozio-ökonomische Struktur im Mittelmeerraum gesammelt.[73] Während der zweiten Phase seit 1985 hat sich der Blaue Plan mit der Vorbereitung von Entwicklungs- und Umweltszenarien für die Anrainerstaaten befasst.[74] Während der dritten Phase wurden die vorbereiteten Szenarien verteilt und ausgetauscht. Der Blaue Plan gibt Empfehlungen, die rechtlich nicht verbindlich sind. Trotzdem werden die Arbeiten

---

diese Arbeit ausgewählten quellenbezogenen Ansatz. Mehr über diese Protokolle bei Scovazzi, Marine Specially Protected Areas Under International Law, in: ders. (Ed.), Marine Specially Protected Areas (1999), S. 24-25.

70 24.1. bis 4.2. 1975. Das MAP I ist abrufbar unter http://umepmap.org.

71 Raftopoulos, The Mediterranean Action Plan in a Functional Perspective: a Quest for Law and policy. MAP Technical Reports Series n°25, UNEP, Athens (1988), S. 13.

72 Neuman, The United Nations Regional Seas Programme, in: 19 Marine Technology Society Journal (1985), S. 46.

73 Grenon, La composante Plan Bleu du Plan d'Action pour la Méditerranée, in: Droit méditerranéen de l'environnement (1988), S. 113.

74 Ebenda, S. 115.

des Blauen Plans als ein vorbildliches Beispiel für die regionale Zusammenarbeit im Mittelmeergebiet gewertet.[75]

2. Das Dringlichkeitsprogramm

Wie der Blaue Plan unterstützt das Dringlichkeitsprogramm die umweltgerechte Wirtschaftstätigkeit. Sein praktischer Ansatz ist jedoch stärker.[76] Seine Themen Wasserverwaltung, menschliche Siedlungen, Aquakultur, Bodenschutz, Fremdenverkehr und erneuerbare Energiequellen sind für die Meeresumwelt im Mittelmeer besonders wichtig. Das Dringlichkeitsprogramm macht die Ergebnisse seiner Studien in Seminaren bekannt und sendet Experten in die Anrainerstaaten, um diese zu unterstützen.

C. Die naturwissenschaftliche Komponente

Für die globale Ebene wird oft die Notwendigkeit der Überwachung des Zustandes der Umwelt betont.[77] Die Kenntnis des Umweltzustandes ist auch für das Mittelmeer unentbehrlich. Nur hierdurch können regionale und nationale Institutionen die wichtigen Probleme erkennen und dementsprechend handeln. Außerdem ermöglichen naturwissenschaftliche Untersuchungen die Evaluierung der getroffenen Maßnahmen. [78] Zu dem naturwissenschaftlichen Teil des MAP gehört das *Coordinated Programme of Research, Monitoring and Exchange of Information and Assessement of the State of Pollution and of Protection Measures* (MEDPOL). Es will vor allem Daten über den Umweltzustand im Mittelmeer zur Verfügung stellen. MEDPOL entwickelte sich in Etappen. Während der ersten Etappe (1975-1981) wurden sieben Pilotprojekte ausgeführt, die sich mit damals aktuellen Problemen, wie der kontinuierlichen Überwachung von Kohlenwasserstoffen, von Metallen, des DDT und des PCB in den Meeresgewässern befassten. Während der zweiten Etappe (1981-1995) standen kontinuierliche Überwachung und Forschung im Vordergrund. Die Überwachung sollte die Wirkung der getroffenen Maßnahmen prüfen, während die Forschung die Überwachung unterstützen sollte.[79]

D. Die institutionellen und finanziellen Aspekte

1. Die Institutionen

UNEP/MAP hat eine organisatorische Struktur errichtet, die das stufenweise Erreichen der proklamierten Ziele erlaubt, denn die Verhütung und die Bekämp-

---

75 Ebenda, S. 117.

76 Raftopoulos, The Mediterranean Action Plan in a Functional Perspective, S. 15.

77 Siehe Kapitel 1/I/B/2/a.

78 Vgl. Bothe, Ensuring Compliance, S. 252.

79 Doussis, S. 37.

fung der Verschmutzung im Mittelmeer bedürfen einer institutionellen Kontinuität. Seine Institutionen sind das Sekretariat, die Versammlung der Vertragsparteien und die regionalen Zentren.

a. Das Sekretariat

Die Vertragsparteien der Barcelona Konvention I haben der UNEP die Funktion eines Sekretariats übertragen.[80] UNEP erfüllt diese Funktion durch eine *coordinating unit*, deren Sitz seit 1982 in Athen ist. Diese Struktur wird in der Barcelona-Konvention I als „Organisation“[81] bezeichnet. Sie soll die Zusammenarbeit zwischen den Vertragsparteien und den verschiedenen UNEP/MAP Institutionen koordinieren. Die „Organisation“ beruft die Versammlung der Vertragsparteien ein und bereitet ihre Treffen vor.[82] Sie übermittelt den Vertragsparteien entsprechend der Barcelona- Konvention I die notwendigen Informationen und Berichte,[83] erfüllt die ihr durch die zusätzlichen Protokolle zugewiesenen Aufgaben[84] und unterhält Kontakte zu anderen internationalen Institutionen.[85]

b. Die Versammlung der Vertragsparteien

Die Versammlung der Vertragsparteien ist das wichtigste Organ des UNEP/MAP. Es ist sein rechtssetzendes Organ im System. Die Versammlung tritt alle zwei Jahre zusammen[86] und stellt sicher, dass die Konvention und ihre zusätzlichen Protokolle angewendet werden. Sie untersucht Berichte über den Umweltzustand und seine Folgen[87] und prüft die von den Vertragsparteien erstatteten Berichte. Die Versammlung entwickelt das Recht im Barcelona-System weiter und beschließt Änderungen der Anlagen und Protokolle der Barcelona-Konvention I. Sie darf jede Handlung vornehmen, die den Zwecken der Konvention und der Protokolle dient. Die Änderung der Konvention oder der Protokolle erfordert, ebenso wie der Beschluss neuer Protokolle, die Zustimmung von 3/4 der Vertragsparteien.[88]

Ferner wurde ein Büro errichtet, um den Arbeiten der Vertragsparteienversammlung Kontinuität zu sichern. Das Büro ist mit drei Vertretern aus den Nordanrainerstaaten und drei aus den Südanrainerstaaten des Mittelmeeres paritätisch besetzt, um die unterschiedlichen Interessen beider Ufer in gleicher Wei-

---

80 Art. 13 Barcelona-Konvention I.
81 Z. B. Art. 15 u. Art. 20 Barcelona-Konvention I.
82 Art. 13 (i) Barcelona- Konvention I.
83 Art. 13 (ii) Barcelona- Konvention I.
84 Art 13 (iv) Barcelona -Konvention I.
85 Art. 13 (vi) Barcelona -Konvention I.
86 Art. 14 Abs. 1 Barcelona- Konvention I.
87 Art. 14 Abs. 2 Barcelona-Konvention I.
88 Art. 16 Abs. 3 Barcelona-Konvention I.

se zu wahren. Gewählt werden diese Vertreter am Anfang jeder Versammlung der Vertragsparteien für die folgenden zwei Jahre. In den Zwischenzeiten trifft das Büro die notwendigen Entscheidungen.

c. *Die regionalen Zentren*

Die regionalen Zentren (*Regional Activity Centres,* hiernach: RACs) sollen die verschiedenen Komponenten des UNEP/MAP implementieren. Die RACs der ersten Generation heißen:

- *Blue Plan Regional Activity Centre*[89]
- *Priority Actions Programme Regional Activity Centre*[90]
- *Regional Marine Pollution Emergency Centre* [91]
- *Specially Protected Areas Regional Activity Centre*[92]

2. Die finanziellen Aspekte

Die Anfangsfinanzierung hat die UNEP übernommen.[93] Im Jahre 1979 hat die Versammlung der Vertragsparteien den *Trust Fund* für das Mittemeer errichtet.[94] Er soll aus Beiträgen der Vertragsparteien nach der UNO-Skala finanziert werden[95] und wird von der UNEP verwaltet. Bereits während der Anfangphase konnten die staatlichen Beiträge den Haushalt des Fonds nicht decken.[96] Die Knappheit der finanziellen Ressourcen hat die anfängliche Phase überdauert.[97]

III. Die zweite Generation des UNEP/MAP: der Einfluss der Rio-Konferenz

Die zweite Generation des UNEP/MAP beginnt 1995. Die damals eingeführten Änderungen sind auf die Konferenz der Vereinten Nationen über Umwelt und Entwicklung zurückzuführen. Die Konferenz fand vom 3. bis 14. Juni 1992 in Rio de Janeiro statt und wird daher oft als Rio-Gipfel bezeichnet. Sie hat das

---

89 Assemboni, Le Plan d'Action pour la Méditerranée et la protection de l'environnement marin, in: 4 Revue Européenne de Droit l'Environnement (2002), S. 386.

90 Ebenda.

91 Ursprünglich hieß es *Regional Oil Combatting Center* 1989. Dieses Zentrum ist umbenannt worden in *Regional Marine Pollution Emergency Response Center*. Dazu Siehe Khodjet El Khil, La pollution de la mer méditerranée du fait du transport maritime de marchandises, S. 328.

92 http://www.rac-spa.org/accueil.php?langue=1#.

93 Johnston/Enomoto, Regional Approaches to the Protection and Conservation of the Marine Environment in: Johnston (Ed.), The Environmental Law of the Sea, S. 329.

94 UN Doc.UNEP/1G.14/9.

95 Art. 18 Abs. 2 Barcelona-Konvention I.

96 Johnston/Enomoto, Regional Approaches, S. 329.

97 Leanza, Le régime juridique international de la mer méditerranée, S. 403.

Profil des internationalen Umweltrechts geändert.[98] Die institutionellen und materiell-rechtlichen Änderungen des Rio-Gipfels betreffen zahlreiche und entscheidende Teile des UNEP/MAP. Einige Regeln der ersten Generation haben sich im Barcelona-System erhalten, so dass dieses als hybrid angesehen werden kann.[99]

Außerdem hatte das UNEP/MAP einige Prinzipien und Richtlinien der Rio-Konferenz bereits vor der Konferenz verwirklicht.

Die folgenden Ausführungen beschränken sich auf die institutionellen und grundsätzlichen Änderungen.

A. Die Vorreiterrolle des UNEP/MAP

In Anlehnung an den Brundtland Bericht[100] ist die nachhaltige Entwicklung in Grundsatz 3 der Rio Erklärung wie folgt festgelegt: „Das Recht auf Entwicklung muss so verwirklicht werden, dass den Entwicklungs- und Umweltbedürfnissen der heutigen und der kommenden Generationen in gerechter Weise entsprochen wird". Das Barcelona-System war mit dem Hinweis auf die zukünftigen Generationen bereits vorausgegangen. Schon 1976 haben die Mittelmeerstaaten in der Präambel der Barcelona-Konvention I bekräftigt, dass es notwendig sei, die Umwelt für die „heutigen und kommenden Generationen" zu erhalten.[101] Auch als die Vertragsparteien 10 Jahre nach Verabschiedung der Barcelona-Konvention I die Ziele des UNEP/MAP in der Genua-Erklärung neu definierten,

---

98 Beyerlin, Umweltvölkerrecht (2000), S.15; Birnie/Boyle, International Law and the Environment (2002), S. 84; Epiney/Scheyli, Umweltvölkerrecht (2000), S. 75 ff.; Kusuma-Atmadja/Mensah/Oxman (Eds.), Sustainable Development and Preservation of the Oceans : The Challenges of UNCLOS and Agenda 21 (1997); Beyerlin/Marauhn, Rechtsetzung und Rechtsdurchsetzung im Umweltvölkerrecht nach der Rio Konferenz (1992). Spezifischere Literatur: Böckenförde, The Operationalization of the Precautionary Approach in International Environmental Law Treaties, in: 63 ZaöRV (2002), S. 313-331; Rayfuse, International Fisheries and Sustainability, in: 14 Ocean Yearbook (2000), S. 114-137; Hassan, From Rio 1992 to Johannesburg 2002, in: 6 Singapore Journal of International and Comparative Law (2002), S. 683-722; Boyed, From Rio to Johannesburg, in: 6 Singapore Journal of International and Comparative Law (2002), S. 723-746; Lawrence, Rio Plus Ten: the Evolution of International Marine Fisheries Governance, in: 33 Ocean Development and International Law (2002), S. 109-144.

99 Gavouneli, New Forms of Cooperation in the Mediterranean System of Environmental Protection, in: Nordquist/Moore/Mahmoudi (Eds.), The Stockholm Declaration, S. 224,

100 Der Bericht ist von der Weltkommission für Umwelt und Entwicklung 1987 erstellt worden. Er wurde auf verschiedenen Konferenzen eingehend diskutiert und wird als der auslösende Hauptfaktor für die Umweltkonferenz in Rio betrachtet. Mehr dazu Lexikon der Nachhaltigkeit abrufbar unter http://www.nachhaltigkeit.info/

101 The Revision of MAP Legal Framework: The Barcelona Convention and its Protocols, UNEP, MAP, Athens 2002, S. 12.

enthielt ihre Erklärung von 1985 beispielhafte Aspekte für die Rio-Konferenz.[102] Diese können in zwei Leitgedanken zusammengefasst werden: die themenbezogene Integration und die raumbezogene Integration. Erstere betrifft die Integration von Entwicklung und Umweltschutz, während die zweite bedeutet, dass der Schutz der marinen Umwelt sich nicht auf die Meeresgebiete beschränkt, sondern die terrestrischen Küstenzonen und die in ihnen betriebenen Aktivitäten mit einbezieht. Die Integration von Umweltschutz und Entwicklung ist in den programmatischen und in den rechtlichen Teilen des UNEP/MAP festzustellen. Der rechtliche Teil hat überwiegend zur Berücksichtigung der Unterschiede in dem Entwicklungsstand der Länder aufgefordert, ohne daraus konkrete Konsequenzen zu ziehen.[103] Beispielsweise sieht Art.11 Abs. 3 der Barcelona-Konvention I vor, dass die Vertragsparteien sich zur Zusammenarbeit verpflichten, um technische und anderweitige Hilfe für den marinen Umweltschutz an die Entwicklungsländer bereitzustellen.[104] Das Protokoll über den Schutz des Mittelmeeres gegen die Verschmutzung vom Lande aus von 1982 verpflichtet die Vertragsparteien zur Berücksichtigung der Entwicklungsunterschiede.[105] Auch bei der raumbezogenen Integration ist das Barcelona-System der Rio-Konferenz vorangegangen. Da die Aktivitäten auf dem Land die Qualität der Meeresumwelt unvermeidbar beeinflussen, haben die UNEP/MAP-Parteien ein Protokoll über die landseitige Verschmutzung verabschiedet. Zu jener Zeit gab es diesbezüglich noch keinen universellen Text.[106] Deswegen ist Kapitel 17 der Agenda 21,[107] soweit es ein umfassendes Programm gegen die landseitige Verschmutzung auf universeller Ebene enthält, eine Neuheit auf universeller Ebene. Auch der Titel des Kapitels 17 weist darauf hin, dass nun Küstengebiete auch universell als Teil der marinen Umwelt betrachtet werden.[108] Ein weiteres wichtiges Ergebnis der

102 Doc. UNEP/IG56/5II.

103 French, Developing States and International Environmental Law, the Importance of Differenciated Obligations, in: 49 International and Comparative Law Quarterly (2000), S. 35 ff.

104 Bateman, Technical Cooperation for Sustainable Development; Capacity Building, in: Kusuma-Atmadja (Ed.), Sustainable Development and Preservation of the Oceans; The Challenges of UNCLOS and Agenda 21, S. 783.

105 Präambel u. Art. 7 Abs. 3 Barcelona- Konvention I.

106 Siehe Kapitel 6/I.

107 Es handelt sich um den auf der Rio-Konferenz verabschiedeten weltweiten Aktionsplan. Er besteht aus insgesamt 40 Kapiteln, in denen alle relevanten Politikbereiche und Handlungsmaßnahmen angesprochen werden. In diesem Aktionsplan werden detaillierte Handlungsaufträge gegeben, um der Verschlechterung des Umweltzustandes entgegenzuwirken und eine nachhaltige Nutzung der natürlichen Ressourcen sicherzustellen. Siehe für einen Kommentar der Agenda 21 Robinson (Ed.), Agenda 21: Earth's Action Plan, (1993).

108 Der Titel von Kapitel 17 der Agenda 21 lautet: Schutz der Ozeane, aller Arten von Meeren einschließlich umschlossener und halbumschlossener Meere und Küstengebiete sowie Schutz, rationelle Nutzung und Entwicklung ihrer lebenden Ressourcen. Mehr dazu

Rio-Konferenz ist das Übereinkommen über die biologische Vielfalt,[109] der das bereits 1982 verabschiedete UNEP/MAP Protokoll über die besonders geschützten Meeresgebiete vorausging. An diesen Beispielen wird deutlich, dass UNEP/MAP verschiedene Ergebnisse von Rio vorweggenommen hat. Dies liegt daran, dass sich die Mittelmeerstaaten sehr aktiv in der Vorbereitung der Rio Konferenz und an ihrem Ablauf beteiligt[110] und das UNEP/MAP als Modellsystem verstanden haben.[111] Dies führt zu dem Ergebnis, dass die regionale Ebene sich nicht immer damit zufrieden gibt, die auf universeller Ebene erzielten Ergebnisse und Neuerungen zu übernehmen, sondern auch umgekehrt die universelle Ebene speist. Es handelt sich um eine Wechselwirkung und eine gegenseitige Bereicherung.

B. Die programmatischen Änderungen

In Antalya haben die Mittelmeerstaaten ein Jahr nach Rio während des 8. regelmäßigen Treffens im Oktober 1993 beschlossen, das UNEP/MAP zu ändern, um es den Neuerungen der Rio-Instrumente (Rio-Erklärung und Agenda 21) für den Umweltschutz anzupassen.[112] Sie haben die Einladung des tunesischen Präsidenten zu einer Konferenz über „die Umwelt und die nachhaltige Entwicklung“ (nachfolgend: Konferenz-MED 21) in Tunis angenommen.[113] Der Vorbereitungsausschuss der Konferenz-MED 21 hat die Besonderheiten der Umwelt im Mittelmeer und deren Bezug zu der sozio-ökonomischen Entwicklung unterstrichen.[114] Insbesondere hat der unterschiedliche Entwicklungsstand der beiden Ufer des Mittelmeeres die Aufmerksamkeit des Vorbereitungsausschusses auf sich gezogen. Dieser hat der Konferenz- MED 21 folgende Dokumente unterbreitet:

- Die Erklärung von Tunis über die Umwelt und die Nachhaltige Entwicklung im Mittelmeer (*La Déclaration de Tunis sur l' Environnement et le Développement Durable en Méditerranée*).[115]

---

bei Treves, The Protection of the Oceans in Agenda 21 and International Environmental Law, in: Campglio (Ed.), The Environment after Rio (1994), S. 161.

109 Das Übereinkommen über die biologische Vielfalt vom 5.6.1992, Text in: BGBl. 1993 II, S. 1742.

110 Doussis, S. 133.

111 Kiss, Un modèle méditerranéen de protection des mers régionales, in : Chérot/Roux, Droit méditerranéen de l'environnement (1988), S.157; Imperiali, Négotiation internationale et élaboration des normes d'un droit de l'environnement, in: Chérot/ Roux, Droit méditerranéen de l'environnement, S. 136.

112 Gavouneli, New Forms of Cooperation in the Mediterranean System of Environmental Protection, in: Nordquist/Moore/Mahmoudi (Eds.), The Stockholm Declaration, S. 224.

113 Khodjet El Khil, S. 150.

114 Ebenda.

115 Déclaration de Tunis pour le Développement Durable dans le Bassin Méditerranéen, Text in : La Conférence Ministérielle de Tunis sur le Développement Durable en Médi-

- Die Resolution über die Agenda- MED 21.[116]

- Die Resolution über die Errichtung einer Mittelmeerkommission für nachhaltige Entwicklung.[117]

- Die Resolution über die Schaffung der *Conservatoire du Littoral Méditerranéen* für die Erhaltung und rationelle Bewirtschaftung der Küstenzonen im Mittelmeer.[118]

Die verschiedenen Empfehlungen und Richtlinien dieser Instrumente haben das UNEP/MAP in seinen programmatischen und rechtlichen Komponenten stark geprägt. So ist 1995 der Mittelmeeraktionsplan (MAP I) durch den Aktionsplan für den Schutz der marinen Umwelt und der nachhaltigen Entwicklung der Küstengebiete des Mittelmeeres (nachfolgend: MAP II) ersetzt worden.[119] MAP II setzt für das regionale Schutzsystem des Mittelmeeres der UNEP folgende Ziele: [120]

- Die Sicherstellung der nachhaltigen Nutzung der natürlichen marinen und terrestrischen Ressourcen und die Integration von sozio-wirtschaftlichen und Umweltpolitiken;

- Den Schutz der Umwelt der Meeres- und Küstengebiete durch die Verhütung der Verschmutzung und die Verringerung oder, im Rahmen der Möglichkeiten, Beseitigung des Einleitens von Schadstoffen;

- Die Stärkung der Solidarität zwischen den Mittelmeeranliegerstaaten bei der Bewirtschaftung ihres gemeinsamen Erbes und ihrer gemeinsamen Ressourcen zum Wohle der jetzigen und der kommenden Generationen.

MAP II stellt die Weichen für eine Mittelmeer-Strategie für nachhaltige Entwicklung. Dabei fordert dieser Aktionsplan die Anrainerstaaten zur Einhaltung der Rio-Instrumente und zur Berücksichtigung der besonderen Verhältnisse im Mittelmeer auf.[121] Darüber hinaus definiert MAP II drei breite Handlungsbereiche,[122] nämlich die Integration von Umwelt und Entwicklung, die Bewahrung

---

terranée « MED21 » : Le rapport de la Conférence , 1 November 1994, Tunis, Tunisie, Ministère de l'Environnement et de l'Aménagement du Territoire Tunisien, Mai 1995, Ref.: Document MED 21/L1, S.15.

116 Résolution Concernant le document Agenda MED 21, Text in : La Conférence Ministérielle de Tunis sur le Développement Durable en Méditerranée « MED21 » Ref. Document MED 21/L.2, S. 17.

117 Résolution relative á la Création d'une commission Méditerranéenne de Développement Durable, in : Conférence Ministérielle de Tunis, Ref. Document MED 21/L.3, S. 19.

118 Résolution Relative à l'Utilisation de Politique Foncière en vue d'assurer la Conservation des Zones Côtières en Méditerranée, in : Ref. Document MED21/L.4, S. 21.

119 PNUE/PAM, La révision du cadre juridique du PAM, la Convention de Barcelone et ses Protocoles, Athenes (2002), S. 7.

120 Text des MAP II ist abrufbar unter http://www.unepmap.org/Archivio/ All_Languages/ WebDocs/BC&Protocols/MAPPhaseII_eng.pdf, S. 2.

121 MAP II, S. 10.

122 Ebenda.

von Natur, Landschaftsräumen und Gebieten, sowie die Evaluierung, Verhütung und Beseitigung der Meeresverschmutzung. Für jeden Handlungsbereich bestimmt MAP II das Ziel und schlägt regionale und nationale Maßnahmen vor. Die Nennung nationaler Maßnahmen ist auch auf den Einfluss von Rio, insbesondere den Grundsatz der nachhaltigen Entwicklung zurückzuführen. Eine von dessen Konsequenzen ist nämlich, dass „it makes a state's management of its own domestic environment a matter of international concern in a systematic way."[123]

C. Die institutionellen Änderungen

1. Die Mittelmeerkommission für Nachhaltige Entwicklung

Die Mittelmeerkommission für Nachhaltige Entwicklung (hiernach: MCSD) wurde durch einen Beschluss der Versammlung der UNEP/MAP- Vertragsparteien auf deren neunter Sitzung eingerichtet.[124] Das Ziel des regionalen Schutzsystems des UNEP/MAP nach der Rio Konferenz ist nicht nur, die Verschmutzung zu bekämpfen, sondern auch eine nachhaltige Entwicklung der Region sicherzustellen.[125] Die Kommission soll den Vertragsparteien hierzu Empfehlungen geben.

a. Zusammensetzung

Die MCSD soll nach dem Vorbild der Kommission für Nachhaltige Entwicklung der Vereinten Nationen (hiernach: UNCSD) ausgestaltet werden. [126]

Im allgemeinen wurde die Notwendigkeit betont, dass in der MCSD die Sitze zwischen Vertretern aus den Nordanrainerstaaten und den Südanrainerstaaten gerecht verteilt werden.[127] Die MCSD hat 36 rotierende Mitglieder.[128] Von ihnen vertreten 21 die Vertragsparteien der Barcelona-Konvention II, fünf lokale Be-

---

123 Bernie/ Boyle, International Law and the Environment (2000), S. 85.

124 Tamburelli, The Mediterranean Commission on Sustainable Development, in: Cataldi (Ed.), La Méditerranée et le droit de la mer à l'aube du 21 e siècle (2002), S. 478.

125 MAP II, S. 1.

126 Mensah, The United Nations Commission on Sustainable Development, in: Werksman, (Ed.) Greening International Institutions (1996), S. 21-37; Beyerlin/Marauhn, S. 60-67.

127 Siehe MAP, Meeting of the Bureau of the Contracting Parties to the Convention for the Protection of the Mediterranean against Pollution and its Protocols, UNEP/Bur/55/Inf.3, 25 April 2000.

128 Während der Sonderversammlung der Vertragsparteien im Juli 1996 in Montpellier wurde ein Beschluß über die Zusammensetzung der Kommission gefasst: Report of the Extraordinary Meeting of the Contracting Parties to the Convention for the Protection of the Mediterranean Sea against Pollution and its Protocols (Montpellier, 1-4 July 1996), Annex V, MCSD Terms of reference and Annex VI, MCSD composition of the commission, UNEP (OCA)/MED IG. 8/7, 2 August 1996.

hörden und weitere fünf die sozio-wirtschaftlichen Gruppen. Diese kommen nach der Praxis der MCSD aus der Industrie, dem Handel und der Landwirtschaft.[129] Fünf weitere Mitglieder der MCSD vertreten nichtstaatliche Organisationen. Demzufolge besteht die Kommission nicht nur aus Regierungsvertretern. Diese unterschiedliche Zusammensetzung spiegelt die Richtlinien von Rio wider, nach welchen sich die Normadressaten aktiver an der Abfassung der Normen beteiligen sollen.[130] Allerdings konnte sich eine solche unterschiedliche Zusammensetzung auf der Ebene der UNCSD nicht durchsetzen.[131] An diesem Beispiel wird klar, dass sich bestimmte Innovationen manchmal leichter auf regionaler als auf universeller Ebene verwirklichen lassen. Vermutlich akzeptiert eine begrenzte Zahl von einigermaßen berechenbaren Parteien, wie bei den regionalen Meeresumweltsystemen, Innovationen leichter.

Die Versammlung der Vertragsparteien wählt die Mitglieder der MCSD, nachdem zunächst die Kandidaturen vorgelegt worden sind. Die Kandidaten aus den sozio-wirtschaftlichen Gruppen und aus den lokalen Behörden werden dem Sekretariat des MAP von den jeweiligen Vertragsparteien genannt.

Im November 1995 ist das *Mediterranean Network for Ecology and Sustainable Development* entstanden. Es handelt sich um ein Netzwerk nichtstaatlicher Organisationen, die sich mit „Nachhaltiger Entwicklung und Umweltschutz im Mittelmeer" befassen. Die Kandidaten der nichtstaatlichen Organisationen für ihre Vertreter in der MCSD werden aus diesem Netzwerk gewählt. Nur die in ihren Ursprungsländern zugelassenen nichtstaatlichen Organisationen dürfen dem Netzwerk angehören.

Obwohl die MCSD nicht nur aus Regierungsvertretern, sondern auch aus Vertretern der Zivilgesellschaft besteht, behalten die Vertragsstaaten des UNEP/MAP einen bedeutenden Einfluss auf die Auswahl ihrer Mitglieder der MCSD.

b. Aufgaben

Nach Art. 4 Abs. 2 der Barcelona Konvention über den Schutz der Meeresumwelt und der Küstengebiete im Mittelmeer (hiernach: Barcelona-Konvention II) verpflichten sich die Vertragsparteien "(...). For the purpose of implementing the objectives of sustainable development the Contracting Parties *shall take fully into account* the recommendations of the Mediterranean Commission on Sus-

129 Tamburelli, S. 486.

130 Grundsatz 10 der Rio-Erklärung: "Umweltfragen sind am besten auf entsprechender Ebene unter Beteiligung aller betroffenen Bürger zu behandeln".

131 Beyerlin/Marauhn, S. 61; Suarez, Towards Sustainable Ocean Development: The Participation and Contribution of Non-Governmental Organisations to the Work of International Organisations in the Ocean Sector, in: Ehlers/Lagoni (Eds.), International Maritime Organisations and their Contribution towards a Sustainable Marine Development (2006), S. 66-67.

tainable Development established within the framework of the Mediterranean Action Plan."[132] Demzufolge fungiert die MCSD als ein beratendes Organ. Sie arbeitet eng mit der Versammlung der Vertragsparteien des UNEP/MAP zusammen. Beispielsweise prüft sie die Staatenberichte über die von den Staaten in Anwendung der programmatischen und der rechtlichen Komponenten des UNEP/MAP ergriffenen Maßnahmen. Aufgrund dieser Prüfung unterbreitet sie den Vertragsparteien Empfehlungen,[133] wenn die Vertragsparteienversammlung diese akzeptiert hat. Obwohl die Empfehlungen der MCSD unverbindlich sind, können sie großen Einfluss ausüben, da das Ansehen der MCSD ihren Empfehlungen in der Öffentlichkeit eine gewisse Autorität verleiht.[134]

Zur Erfüllung ihrer beratenden Aufgabe kann die MCSD Arbeitsgruppen mit der Untersuchung einschlägiger Fragen beauftragen.[135] Bisher hat die MCSD acht Serien von Empfehlungen in Bereichen wie Bewirtschaftung der Küstengebiete, oder Wasserbewirtschaftung, oder Entwicklungsindikatoren, oder Tourismus erlassen.[136]

„Freihandel und Umwelt" ist eines der acht Hauptthemen für die MCSD. Hierzu hat sie in Zusammenarbeit mit dem Blauen Plan zahlreiche Studien und Veranstaltungen organisiert,[137] bei denen die Wirkungen des Freihandels auf die Umwelt definiert werden, um dann geeignete Maßnahmen für den Umweltschutz zu treffen.

c. *Bilanz der Mittelmeerkommission für Nachhaltige Entwicklung*

Die MCSD hat der Versammlung der Vertragsparteien einen Entwurf für die *Strategic Review 2000*[138] unterbreitet. Dieses Dokument ist von großer Bedeutung, da der Beitrag des MAP zum UNEP, zur UNCSD und zum zweiten Erdgipfel in Johannesburg darauf beruhen sollte.[139] Es ist eine Selbstevaluierung des UNEP/MAP, insbesondere der in der zweiten Generation eingebrachten Neuerungen.[140] Hinsichtlich der MCSD ist die Bilanz gemischt. Immerhin hat diese

---

132 Hervorhebung zugefügt.

133 Tamburelli, S. 490

134 Tamburelli, S. 491.

135 Tamburelli, S. 493.

136 Mehr über die Tätigkeiten der MCSD siehe UNEP/MAP, Report on the Ninth Meeting of the Mediterranean Commission on sustainable Development, Athens (2004).

137 Libre échange et environnement dans le contexte euro-méditerranéen: Premier rapport de synthèse pour la Commission Méditerranéenne du Développement Durable (CMDD), Sophia-Antipolis (2001).

138 UNEP/MAP/MCSD, Sustainable Development in the Mediterranean Region, Synthesis of the Strategic Review, Athens 2001.

139 Tamburelli, S. 498-499.

140 Assemboni, Le Plan d'Action pour la Méditerranée et la Protection de l'Environnement Marin, S. 388.

Kommission etwa im Bereich der Wasserbewirtschaftung einige Erfolge erreicht.[141]

Die MCSD ist auch ein Diskussionsforum für Vertreter der Regierungen, der Kommunalkörperschaften, der Wirtschaft und der Zivilgesellschaft über die Strategie der nachhaltigen Entwicklung im Mittelmeergebiet. Als solches sichert die MCSD die Anpassung der globalen Strategie der nachhaltigen Entwicklung an die besonderen Verhältnisse und Bedürfnisse der Mittelmeeranrainer. Dies haben die Mitglieder der MSCD am Beispiel des Tourismus wie folgt betont: „(...) while the development of sustainable tourism was one of some importance at the global level, it was of prime importance in the Mediterranean where tourism formed such a vital part of the economies of so many countries".[142] Ferner ist es der MCSD gelungen, eine Strategie der nachhaltigen Entwicklung für das Mittelmeer zu erarbeiten.[143]

Trotz dieser Erfolge ist der Kommission vorgeworfen worden, dass sie nicht ausreichend koordinationsfähig sei.[144] Ihr Verhältnis zu der UNCSD[145] ist noch nicht klar definiert. Auch ist es ihr bisher nicht gelungen, Kompetenzüberschneidungen mit anderen Institutionen, die sich mit den gleichen Themen beschäftigen, wie etwa dem *Mediterranean Environment Technical Assistance Programme*[146] (hiernach: METAP) zu vermeiden.[147] Dies ist jedoch ein allgemeines Problem, das nicht nur die MCSD, sondern die Gesamtheit des institutionellen Gefüges im Umweltschutzbereich auf allen Ebenen (national, regional und global) betrifft. Sowohl die Doktrin[148] als auch internationale Umweltorga-

141 Tamburelli, S. 499.

142 UNEP/MAP, Report on the Ninth Meeting of the Mediterranean Commission on Sustainable Development, Athens (2004), Para. 30, S. 8-9.

143 Mediterranean Strategy for Sustainable Development, a Framework for Environmental Sustainability and Shared Prosperity. UNEP (DEC)/MED WG.277/4 Annex 1.

144 Vgl. Cicin-Sain, Implementation of Earth Summit Agreement, in: Belfiore (Ed.), Regional Seas towards Sustainable Development (1996), S. 39: Sie betont die symbolische Funktion der Institutionen wie der MCSD. Allein ihre Errichtung spiegelt den Willen der regionalen Schutzsysteme, die Leitlinien der Rio-Konferenz hinsichtlich der nachhaltigen Entwicklung umzusetzen, wider.

145 Williams Silveira, United Nations Commission on Sustainable Development (CSD), in: 9 Yearbook of International Environmental Law, (1998), S. 531-541; Beyerlin/ Marauhn, S. 60-67.

146 Das Programm wurde 1990 beschlossen und wird von der Europäischen Kommission, der UNDP, der Weltbank und der Europäische Investitionsbank finanziert.

147 Tamburelli, S. 501.

148 McConnell, Inter-Agency Collaboration or Inter-Agency Competition- a Challenge for the UN System, in: Kirchner (Ed.), International Marine Law (2003), S. 82; Ulfstein, The Marine Environment and International Environmental Governance, in: Nordquist/Moore/Mahmoudi (Eds.), S. 102.

nisationen[149] setzen sich mit diesen institutionellen Schwierigkeiten, insbesondere in Rahmen des Konzepts des *International Environmental Governance* (hiernach: IEG) auseinander.[150]

2. Die neuen regionalen Zentren

Während der zweiten Generation des UNEP/MAP sind neue regionale Zentren errichtet worden, die Ansätzen und Leitlinien der Rio-Konferenz Rechnung tragen. Sie haben verschiedene Arbeitsschwerpunkte.[151]

a. Das Environment Remote Sensing Regional Activity Centre (ERS/RAC)[152]

Das (ERS/RAC) unterstützt die Anrainerstaaten bei der Entscheidungsfindung für die nachhaltige Entwicklung der Küsten- und Meeresgebiete und anhand von durch Fernerkundung gewonnenen Daten.[153] Es fördert die Überwachung des Umweltzustandes im Rahmen des UNEP/MAP.[154] Seine Errichtung stimmt mit der Agenda 21 überein, welche die Staaten auffordert, die Möglichkeiten der Erfassung, Analyse und Anwendung von Informationen über die nachhaltige Nutzung der Ressourcen einschließlich der Umweltwirkungen von Tätigkeiten in Küsten- und Meeresgebieten zu erweitern.[155] Nach der Agenda 21 soll die Zusammenarbeit mit den Entwicklungsländern und gegebenenfalls mit subregionalen und regionalen Stellen bei diesen Tätigkeiten verstärkt werden, damit die Länder die in der Agenda erwähnten Ziele erreichen können.[156]

---

149 United Nations Environment Programme, International Environmental Governance, Report of the Executive Director to the Open Ended intergovernmental Group of Ministers or their Representatives on International Governance, first meeting, 18 April 2001. UNEP Doc. No: UNEP/IGM/1/2, 4 April 2001, S. 4, Text abrufbar unter http://www.unep.org.

150 Die *International Environmental Governance* ist ein Lösungsansatz, um die festgelegten Ziele im Bereich des Umweltschutzes auf den verschiedenen geographischen Ebenen zu erreichen. Dieser Ansatz beruht auf die "*Effectiveness, Coherence between different sectors, Cost-effectivness*". Mehr dazu bei Ulfstein, S. 102.

151 Spangenberg, Die Barcelona Konvention, ein umfassender Schutz des Mittelmeeres? Stiftung Europäisches Naturerbe, Studie von April 2004, S. 8 Abrufbar unter http://www.euronatur.org/fileadmin/docs/info_deutsch/barcelona_konvention.pdf.

152 Mehr darüber unter http://www.coldproject.net/partners.asp.

153 Assemboni, Le Plan d'Action pour la Méditerranée, S. 387.

154 Es unterstützt die Bemühungen im Rahmen des Programms MEDPOL. Dazu siehe Kapitel 2/II/C.

155 Kap. 17. 8. Agenda 21.

156 Kap. 17. 9. Agenda 21.

b. *Das Regional Activity Centre for Cleaner Production (CP/RAC)*

Das Zentrum für die Umsetzung sauberer Produktionsweisen (CP/RAC) ist 1996 errichtet worden.[157] Als Mittel gegen die Meeresverschmutzung fordert die Agenda 21 die Staaten zu umweltverträglichen Produktionsverfahren auf.[158] Dies ist der verstärkten Vorbeugung und Vorsorge in den Rio-Instrumenten zuzuschreiben.[159] Außerdem stimmen die Staaten darin überein, dass über geeignete internationale Mechanismen zusätzliche Finanzierungsmittel bereitgestellt und bessere Zugangsmöglichkeiten zu sauberen Technologien und entsprechenden Forschungsergebnissen geschaffen werden müssen, um den Entwicklungsländern zu helfen, den vorstehenden Verpflichtungen nachzukommen.[160] Das regionale Zentrum für saubere Produktionsverfahren des UNEP/MAP ist eines der Mittel zur Umsetzung dieser Richtlinie.

c. *Das Secretary for the Protection of Coastal Historic Sites*

Dieses Zentrum dient der nachhaltigen Bewirtschaftung historischer Küsten- und Meeresgebiete im Mittelmeerraum. Zur Sensibilisierung, Aus- und Fortbildung organisiert es Tagungen und Seminare. Sein Arbeitsschwerpunkt ist das maritime archäologische Erbe einschließlich der Schiffswracks.[161]

D. Die prinzipienbezogenen Änderungen

Manche bereichsübergreifenden Prinzipien der Rio-Instrumente haben in das UNEP/MAP Eingang gefunden. Diese Prinzipien sind überwiegend in dem allgemeinen Teil der Barcelona- Konvention II zu finden.

1. Die nachhaltige Entwicklung

Die nachhaltige Entwicklung liegt den Rio-Instrumenten zugrunde. Ihre inhaltliche Unbestimmtheit lässt bei ihrer Implementierung Unsicherheiten entstehen.[162] Jedenfalls kann sie um zwei Gedanken gegliedert werden, nämlich um die rationelle Bewirtschaftung der natürlichen Ressourcen nicht nur zum Wohle

---

157 Mehr über das CP/RAC abrufbar unter http://www.cema-sa.org/.

158 Kap. 17. 21. Agenda 21.

159 Siehe Kapitel 2/III/D/2.

160 Kap. 17. 23. Agenda 21.

161 Assemboni, Le Plan d'Action pour la Méditerranée, S. 387

162 Beyerlin, The Concept of Sustainable Development, in: Wolfrum (Ed.), Enforcing Environmental Standards: Economic Mechanisms as Viable Means? (1996), S. 95-121; Beyerlin, „Prinzipien" im Umweltvölkerrecht- ein pathologisches Phänomen? In: Cremer/Giegerich/Richter/Zimmermann (Hg.), Festschrift für Helmut Steinberger, Tradition und Weltoffenheit des Rechts, (2002) S. 31- 63.

der jetzigen, sondern auch der zukünftigen Generationen und um die unlösbare Verflechtung von Umweltschutz und Entwicklung.[163]

Die nachhaltige Entwicklung hat nicht nur in die rechtlichen, sondern auch in die programmatischen Instrumente der neuen Generation des Barcelona-Systems Eingang gefunden. In der Barcelona-Konvention II ist die nachhaltige Entwicklung nicht lediglich als Prinzip, sondern auch als höchstes Ziel des gesamten regionalen Schutzsystems des Mittelmeeres dargestellt.[164] Nach Art.4 Abs. 1 dieser Konvention ergreifen die Vertragsparteien alle notwendigen Maßnahmen „ to prevent, abate, combat and to the fullest possible extent eliminate pollution of the Mediterranean Sea Area and to protect and enhance the marine environment in that area *so as to contribute towards its sustainable development*".[165]

2. Das Vorsorgeprinzip

Auch das Vorsorgeprinzip ist in der Rio-Erklärung verankert.[166] Es besagt, dass dann Präventivmaßnahmen ergriffen werden müssen, wenn es Grund zur Annahme gibt, dass eine Handlung schädlich für die Umwelt sein kann, auch wenn es keine konkreten Belege dafür gibt.[167] Dieses Prinzips ist an verschiedenen Stellen der Barcelona-Konvention II befolgt. Zunächst ist die Definition der Verschmutzung in der Barcelona-Konvention II durch den Einschluss der Vorsorge breiter geworden. So ist Verschmutzung nicht nur die Zuführung von Stoffen und Energien, aus der sich abträgliche Wirkungen auf die Meeresumwelt ergeben, wie in der Barcelona-Konvention I, sondern auch nur sich ergeben können („*or is likely to result*").[168] Dieser Verzicht auf wissenschaftliche Ge-

---

163 Vgl. Sands, Environmental Protection in the Twenty-First Century: Sustainable Development and International Law, in: Revesz/Sands/Stewart (Eds.), Environmental Law, the Economy and Sustainable Development (2000), S. 374-375; ders., International Law in the Field of Sustainable Development, in: British Yearbook of International Law (1994), S. 303-381.

164 Gavouneli, New Forms of Cooperation, S. 224; Marchisio, Mediterranean Sustainable Development in International Law, in: 26 Environmental Policy and Law (1996), S. 260.

165 Hervorhebung zugefügt.

166 Grundsatz 15 der Rio-Erklärung.

167 Zu dem Vorsorgeprinzip siehe Wolfrum, Precautionary Principle, in: Beurier/Kiss/Mahmoudi (Eds.), New Technologies and Law of the Marine Environment (2000), S. 203-213, insb. S. 210: Wolfrum betont die enge Verbindung zwischen dem Vorsorgeprinzip und dem Prinzip der nachhaltigen Entwicklung. Dazu auch ISGH, The MOX Plant, Separate Opinion Wolfrum, Text der Meinung abrufbar unter http://www. itlos.org/start2_en.html. Über die Anwendung des Vorsorgeprinzips in den verschiedenen Bereichen des Seeumweltrechts siehe Marr, The Precautionary Principle in the Law of the Sea (2003).

168 Art. 2 (a) Barcelona- Konvention II.

wissheit ist der Anwendung des Vorsorgeprinzips zuzuschreiben.[169] Die Vertragsparteien der Barcelona-Konvention II verpflichten sich, das Vorsorgeprinzip „im Rahmen ihrer Möglichkeiten“ anzuwenden.[170] Die Hinzufügung der Formulierung „im Rahmen ihrer Möglichkeiten“ schwächt die Pflicht zur Anwendung ab und berücksichtigt die begrenzten wissenschaftlichen und wirtschaftlichen Kapazitäten der Entwicklungsländer unter den Mittelmeeranliegerstaaten. Anders als die Barcelona-Konvention II sieht das OSPAR Übereinkommen zum Schutz der Meeresumwelt des Nordostatlantiks das Vorsorgeprinzip ohne eine solche Abschwächung vor.[171] Dies ist der wirtschaftlichen Homogenität der Vertragsparteien dieses Übereinkommens zuzuschreiben.[172]

Auch mit der abgeschwächten Pflicht zur Anwendung des Vorsorgeprinzips enthält die Barcelona-Konvention II einen breiten Vorsorgeansatz. So verpflichten sich die Vertragsparteien zur Durchführung von Umweltverträglichkeitsprüfungen bei Vorhaben, die auf die Meeresumwelt schädliche Wirkungen haben können und welche die vorherige Genehmigung der zuständigen nationalen Behörden benötigen.[173] Die Umweltverträglichkeitsprüfung kann als Anwendung des Vorsorgeprinzips betrachtet werden.[174]

3. Das Verursacherprinzip

Das Verursacherprinzip ist als Grundsatz 16 in der Rio-Erklärung enthalten. Danach sollen die nationalen Behörden bestrebt sein, die Internalisierung von Umweltkosten und den Einsatz wirtschaftlicher Instrumente zu fördern, wobei, unter gebührender Berücksichtigung des öffentlichen Interesses und ohne Störung des Welthandels und internationaler Investitionen, grundsätzlich der Verursacher die Kosten der Verschmutzung trägt. Ein solcher Kostenzurechnungsgrundsatz soll die Produzenten davon abhalten, die Umwelt durch ihre Aktivitäten zu verschmutzen.[175] Die Barcelona- Konvention II fordert die Staaten auf, das Verursacherprinzip anzuwenden.[176] Diesbezüglich weicht sie von anderen völker-

---

169 Vgl. Proelß, S. 82.

170 Art. 4 Abs. 3 (a) Barcelona- Konvention II.

171 Art. 2 Abs. 2 (a) OSPAR-Übereinkommen.

172 Cron, Das Umweltregime der Nordsee - völker-und europarechtliche Aspekte, S. 202.

173 Art. 4 Abs. 3 (c) Barcelona-Konvention II.

174 Epiney/Scheyli, Strukturprinzipien des Umweltvölkerrechts, S. 93-94; Juste Ruiz, L'évolution des conventions régionales protégeant l'environnement marin de l'Atlantique du nord-est et de la Méditerranée, in: Beurier/Kiss/Mahmoudi (Eds.), New Technologies, (2000), S. 164.

175 Epiney/ Scheyli, Strukturprinzipien des Umweltvölkerrechts, S. 152.

176 In Art. 4 Abs. 3 (b) Barcelona-Konvention II heißt es, dass die Vertragsparteien sich verpflichten: “to apply the polluter pays principle, by virtue of which the costs of pollution, prevention, control and reduction measures are to be borne by the polluter, with due regard to public interest”.

rechtlichen Instrumenten ab, die die abgeschwächte Formulierung „*guidance*" benutzen.[177] Klärungsbedürftig ist, ob das Verursacherprinzip nur innerstaatlich, oder auch in zwischenstaatlichen Beziehungen Anwendung findet. In der Rio-Erklärung scheint der Grundsatz 16 nur innerstaatliche Beziehungen zu betreffen. Dafür spricht zunächst, dass er sich an die „nationalen Behörden" richtet. Ferner ist die zwischenstaatliche Komponente des Verursacherprinzips von dem in derselben Erklärung verankerten Prinzip der gemeinsamen aber differenzierten Verantwortlichkeit von Industriestaaten und Entwicklungsländern für den Schutz der globalen Umwelt (Grundsatz 7) erfasst. Dieses Prinzip enthält zwei wichtige Komponenten: Einerseits teilen sämtliche Staaten die Verantwortung für den Schutz der Umwelt, andererseits müssen unterschiedliche Verhältnisse dieser Staaten berücksichtigt werden, wie ihr unterschiedlicher Beitrag zu einer bestimmten Umweltbelastung, und ihre unterschiedlichen Fähigkeiten, solche Belastungen zu verhüten und zu bekämpfen.[178] Die Anwendung dieses Prinzips führt zur Aufstellung und Implementierung von Umweltstandards, die den Staaten unterschiedliche Verpflichtungen auferlegen.[179]

Diese Argumentation legt nahe, dass sich das Verursacherprinzip in der Rio-Erklärung sich auf die innerstaatliche Sphäre bezieht. Sie kann nicht zur Abgrenzung des Anwendungsbereiches des Verursacherprinzips in der Barcelona-Konvention II dienen. Denn hier ist von Vertragsparteien, und nicht von nationalen Behörden die Rede wie in der Rio-Erklärung. Demzufolge bleibt es unklar, ob die Vertragsparteien das Prinzip lediglich innerhalb ihrer Rechtsordnungen oder auch in ihren zwischenstaatlichen Beziehungen anwenden müssen. Auch ist das Prinzip der gemeinsamen aber differenzierten Verantwortlichkeit in der Barcelona-Konvention II nicht enthalten. Deswegen bleibt der Anwendungsbereich des Verursacherprinzips unpräzise. Dabei sollte die Barcelona-Konvention II sich an die Rio-Erklärung anlehnen und das Prinzip der gemeinsamen aber unterschiedlichen Verantwortlichkeit übernehmen. Dies würde die Unsicherheit bezüglich des Anwendungsbereichs des Verursacherprinzips beseitigen. Dass das Prinzip der gemeinsamen aber differenzierten Verantwortlichkeit in der Barcelona-Konvention II fehlt, könnte an der Befürchtung der Industriestaaten unter den Mittelmeeranrainern liegen, dass ihre weniger entwickelten Mitanrainer sonst niedrigere Umweltstandards verlangen würden.

4. Die integrierte Bewirtschaftung von Küsten- und Meeresgebieten

Der Agenda 21 ist es gelungen, ein Konzept der integrierten Bewirtschaftung von Küsten- und Meeresgebieten vorzulegen und einzuleitende Maßnahmen zu

---

177 Birnie/Boyle, International Law and the Environment (2002), S. 93.

178 Kellersmann, S. 43.

179 Sands, Environmental Protection in the Twenty-First Century: Sustainable Development and International Law, S. 375.

empfehlen, mit denen dieses Ziel erreicht werden kann.[180] Nach diesem Konzept kann der traditionelle quellenbezogene Ansatz keinen nachhaltigen Schutz der Meeresumwelt sichern.[181] Dafür ist vielmehr eine integrierte Bewirtschaftung von Küsten- und Meeresgebieten notwendig. Hiernach soll eine integrierte Politik und ein integrierter Entscheidungsprozess unter Einbeziehung aller Sektoren erarbeitet und umgesetzt werden.[182] Dabei kommt der Beobachtung von Zusammenhängen und Wechselwirkungen zwischen wirtschaftlichem und sozialem Verhalten und der Meeresverschmutzung eine tragende Rolle zu.[183] Die zweite Generation des UNEP/MAP, insbesondere die Barcelona-Konvention II, spiegelt diese Betrachtungsweise wider.[184] Der Titel der Konvention ist um den Schutz der Küstengebiete erweitert worden.[185] Außerdem ist der Anwendungsbereich der Konvention breiter geworden. Er umfasst jetzt auch die inneren Gewässer und die Küstengebiete, wie diese von den jeweiligen Vertragsparteien definiert sind.[186] Ferner verpflichten sich die Vertragsparteien, die integrierte Bewirtschaftung der Küstengebiete zu fördern. Dabei berücksichtigen sie den Schutz von Gebieten, die ökologisch und landschaftlich bedeutsam sind und die rationelle Nutzung der natürlichen Ressourcen.[187]

IV. Ergebnisse von Kapitel 2

Das UNEP/MAP ist das bedeutendste regionale Meeresumweltschutzsystem im Mittelmeer. Dies ist seinem umfassenden Charakter und seiner Kontinuität zuzuschreiben. Das UNEP/MAP ist eines von zahlreichen anderen von der UNEP initiierten und betreuten Programmen zum Schutz regionaler Meere.

Die Errichtung und die Entwicklung des regionalen Schutzsystems für das Mittelmeer UNEP/MAP entsprechen dem SRÜ, das seine Vertragsparteien, insbesondere die Anrainer von umschlossenen oder halbumschlossenen Meeren, zur regionalen Zusammenarbeit für den Meeresumweltschutz auffordert.

---

180 Die integrierte Bewirtschaftung von Küsten- und Meeresgebieten stellt einen der Programmbereiche von Kapitel 17 Agenda 21 dar.

181 Chircop, Teaching Integrated Coastal Management: Lessons from the Learning Arena, in: 43 Ocean and Coastal Management (2000), S. 345.

182 Kap.17.5. (a) Agenda 21.

183 Vgl. Gavouneli, New Forms of Cooperation, S. 232.

184 McConnell, Inter-Agency Collaboration or Inter-Agency Competition- A Challenge for the UN System, in: Kirchner (Ed.), International marine Law (2003), S. 90.

185 Der neue Titel ist: „Die Konvention über den Schutz der Meeresumwelt und der Küstengebiete im Mittelmeer".

186 Art. 1 Abs. 2 Barcelona-Konvention II : "The application of the Convention may be extended to coastal areas as defined by each contracting party within its territory"; Juste Ruiz, L'évolution des conventions régionales, S. 163-164.

187 Art. 4 Abs. 3 (e) Barcelona-Konvention II; Scovazzi, Nuovi sviluppi nel sistema di Barcellona per la protezione del Mediterraneo dall'inquinamento, in: Rivista giuridica dell'ambiente (1995), S. 745.

Das UNEP/MAP verknüpft wie die anderen UNEP Programme für regionale Meere globale und regionale Elemente. Das UNEP Programm für regionale Meere, in welches zahlreiche regionale Programme für den Schutz jeweils eines bestimmten Meeres eingebettet sind, ist global. Es wurde von der UNEP als globale Institution konzipiert und wird von ihr betreut. Die gemeinsamen Komponenten dieser regionalen Programme entsprechen den globalen Vorgaben insbesondere des SRÜ, während ihre regionalen Komponenten den Besonderheiten der jeweiligen Region entsprechen, wie es das SRÜ fordert.[188] Die verschiedenen Komponenten des UNEP/MAP setzen SRÜ-Verpflichtungen um. Die wissenschaftliche Komponente entspricht der Verpflichtung des SRÜ zur Beobachtung des Zustands der Meeresumwelt und der zwischenstaatlichen Kooperation in diesem Bereich. Die rechtliche Komponente ist eine Anwendung der Forderung des SRÜ, auf der geeigneten regionalen Ebene zusammenzuarbeiten, um Normen und Standards zum Umweltschutz weiterzuentwickeln. Durch seine verschiedenen Komponenten, insbesondere sein institutionelles Traggerüst erweist sich das UNEP/MAP als eine entwickelte Form der Zusammenarbeit.

Das UNEP/MAP entspricht den globalen Vorgaben zum Meeresumweltschutz nicht nur aus einer statischen, sondern auch aus einer dynamischen Sichtweise. Dieses regionale Schutzsystem hat nämlich die Grundsätze und Leitlinien der Rio-Instrumente in weitestem Maße übernommen. Es änderte die Gesamtheit seiner Komponenten weitgehend, um die durch die Rio-Konferenz global bewirkten Neuerungen in das regionale Schutzsystem für das Mittelmeer aufzunehmen. Besonders wichtig ist die Einfügung der Prinzipien der Rio-Erklärung, wie die nachhaltige Entwicklung, das Vorsorgeprinzip oder das Verursacherprinzip in die Barcelona- Konvention II. Die Übernahme dieser Prinzipien in das UNEP/MAP hat zwei Folgen: Hierdurch werden zunächst Prinzipien auf regionaler Ebene normativ anerkannt, die aus nichtverbindlichen globalen Instrumenten stammen. Diese Prinzipien wurden von *soft law* zu *hard law*.[189] Ferner trägt die Übernahme dieser Prinzipien in das UNEP/MAP den spezifischen Bedürfnissen der Mittelmeer-Region Rechnung. Im Gegensatz zu dem Übereinkommen vom 1992 über den Schutz der Meeresumwelt des Ostseegebietes,[190] welches das Prinzip der nachhaltigen Entwicklung nicht kennt, kommt ihm im UNEP/MAP eine tragende Rolle zu. Dies ist den besonderen Bedürfnissen der Entwicklungsländer im Mittelmeer zuzuschreiben.[191] Aus demselben Grund ist die Pflicht zur Anwendung des Vorsorgeprinzips im UNEP/MAP, im Gegensatz

188 Siehe Kapitel 1/II/A/1/a/1.

189 Treves, Regional Approaches to the Protection of the Marine Environment, in: Nordquist/Moore/Mahmoudi (Eds.), The Stockholm Declaration, S. 148.

190 Das Übereinkommen wurde am 9.4.1992 verabschiedet, Text in: BGBl. 1994 II, S. 1397.

191 Treves, Regional Approaches to the Protection of the Marine Environment, in: Nordquist/Moore/Mahmoudi (Eds.), The Stockholm Declaration, S. 145.

zum OSPAR-Übereinkommen,[192] mit der Formulierung „im Rahmen ihrer Möglichkeiten“ abgeschwächt. Diese Unterschiede beider Übereinkommen in der Übernahme globaler Prinzipien zeigen ihre regionale Prägung.

Einige Leitlinien der Rio-Konferenz konnten zuerst regional umgesetzt werden. So sind neben den Regierungsvertretern auch Vertreter der Zivilgesellschaft Mitglieder der MCSD. Dies war bei der UNCSD nicht möglich. Aus diesen Gründen wurde zutreffend geschrieben:

> "The Post-Rio conferences accomplish much in keeping the Rio spirit alive, in rekindling the fires, in keeping the faithful going. In some cases, (...) *they also conceptually refine and advance the Rio program in the context of a specific set of countries and problems*".[193]

192 Das Vorsorgeprinzip ist im OSPAR-Übereinkommen in Art. 2 Abs. 2 (b) festgelegt.

193 Cicin-Sain, Implementation of Earth Summit Agreements: Progress since Rio, in: Belfiore (Eds.), Regional Seas towards Sustainable Development (1996), S. 29. Hervorhebung zugefügt.

Zweiter Teil: Der Schutz des Mittelmeeres vor Verschmutzung nach speziellem Völkerrecht

In diesem Teil werden die Normen des speziellen Völkerrechts zum Schutz des Mittelmeeres vor Verschmutzung untersucht. Es handelt sich dabei um regionale Normen und um Konventionen und Instrumente, die eine bestimmte Meeresverschmutzungsursache bekämpfen. Hierbei soll geprüft werden, wieweit die große Zahl internationaler Instrumente, die im Mittelmeer anwendbar ist, dessen Meeresumwelt tatsächlich schützt. Ferner wird gefragt, ob die verschiedenen Instrumente in Konflikt stehen oder ob sie sich ergänzen. Es wird auch geprüft, ob diese Instrumente den Vorgaben des SRÜ für die Regelungs- oder Durchsetzungsebene entsprechen.

Der Fokus wird auf die völkerrechtlichen Regelungen gerichtet, die sich mit den Quellen der Meeresverschmutzung befassen. Die Verschmutzungsquellen können ihren Ursprung auf See oder auf dem Land haben. In der ersten Fallgruppe wird die Verschmutzung durch die Schiffe, durch Einbringen und durch den Transport gefährlicher Substanzen, sowie die Verschmutzung durch Offshore-Tätigkeiten untersucht.

Kapitel 3: Der Schutz des Mittelmeeres vor Verschmutzung durch Schiffe

Der Begriff „Verschmutzung durch Schiffe" muss eng verstanden werden. Er bezeichnet nicht jede Verschmutzung, die durch ein Schiff verursacht wird. Das Einbringen als eine durch Schiffe verursachte Verschmutzung wird nur teilweise unter diesem Begriff subsumiert. Unter „Verschmutzung durch Schiffe" werden sowohl betriebsbedingte Routineeinleitungen als auch unbeabsichtigte Einleitungen während der Ladevorgänge und infolge von Undichtigkeiten des Schiffskörpers verstanden. Absichtliche Abfallversenkung auf See sowie Freisetzungen im Zusammenhang bei der Erforschung, Ausbeutung und Verarbeitung mineralischer Meeresbodenschätze werden von dieser Verschmutzungsart nicht erfasst.[1] Die Verschmutzung durch Schiffe kann betriebsbedingt oder unfallbedingt sein. Beide Fälle sind unterschiedlich geregelt. Der Schutz vor der Verschmutzung durch Schiffe erfordert, dass angemessene Regeln ausgearbeitet und erfolgreich durchgesetzt werden. Dies ist für das Mittelmeer besonders notwendig. Obwohl das Mittelmeer lediglich 1% der gesamten Fläche der weltweiten

1 Cron, S. 112.

Meere und Ozeane weltweit ausmacht, wird es von Schiffen befahren, die etwa 25 % des gesamten weltweit verbrauchten Öls befördern.[2]

I. Regelungen zur Verhütung und Bekämpfung der Verschmutzung durch Schiffe

Das Barcelona-System enthält keine materiell-rechtlichen Vorschriften zur Bekämpfung der schiffseitigen Meeresverschmutzung. Die Barcelona-Konvention verweist vielmehr auf die globalen Normen.

A. Regionale Regelungen der betriebsbedingten Verschmutzung durch Schiffe im Barcelona-System

Die Verschmutzung durch Schiffe wird in der alten Fassung der Barcelona-Konvention von 1976 und in ihrer neuen Fassung von 1995 in Art. 6 geregelt.[3] Die Vertragsparteien verpflichten sich, alle mit dem Völkerrecht übereinstimmenden Maßnahmen zu treffen, um die schiffseitige Verschmutzung zu verringern, zu kontrollieren und zu bekämpfen. Solche Maßnahmen sollen ergriffen werden, um den allgemein auf internationaler Ebene anerkannten einschlägigen Normen Wirksamkeit zu verleihen.[4] Die Barcelona-Konvention enthält somit keine spezifischen materiell-rechtlichen Normen zur Bekämpfung der schiffseitigen Meeresverschmutzung. Auch befasst sich keines der Protokolle des Barcelona-Systems mit der betriebsbedingten Meeresverschmutzung. Bei dem in Bezug genommenen Völkerrecht und den allgemein anerkannten internationalen Normen handelt es sich um das SRÜ und um die unter der Ägide der IMO verabschiedeten Instrumente.[5] Die Barcelona-Konvention II nimmt bereits in ihrer Präambel auf das SRÜ Bezug: „bearing in mind the relevant provisions of the United Nations Convention on the Law of the Sea, done at Montego Bay on 10 December 1982 and signed by many Contracting parties".

---

2 REMPEC, Protecting the Mediterranean against Maritime Accidents and Illegal Discharges from Ships (2003), S. 4-7, abrufbar unter http://www.rempec.org/admin/upload/publications/WS%20BROCHURE%20(low%20res).pdf.

3 Der einzige Unterschied zwischen den beiden Versionen besteht in ihren Ziel. In der Barcelona-Konvention II verpflichten sich die Vertragsparteien nicht nur „to prevent, abate" die schiffseitige Verschmutzung, sondern auch „to the fullest possible extent eliminate (it)".

4 Art. 6 Barcelona- Konvention II: "The Contracting parties shall take all necessary measures in conformity with international law to prevent, abate, combat and to the fullest possible extent eliminate pollution of the Mediterranean Sea Area caused by discharges from ships and to ensure the effective implementation in that area of the rules which are generally recognized at the international level relating to the control of this type of pollution".

5 Siehe Kapitel 1/II/A/1/a/(2).

Die Vertragsparteien der Barcelona-Konvention II müssen die Grundsätze, und Kompetenzverteilungen des SRÜ und die materiell-rechtlichen Normen in den IMO-Konventionen (AAINS) bei der Bekämpfung der schiffseitigen Verschmutzung beachten und diesen Wirksamkeit verleihen. In dieser Hinsicht werden die Bestimmungen des SRÜ und der AAINS für die Vertragsparteien der Barcelona-Konvention verbindlich, auch wenn sie das SRÜ und die IMO-Konventionen nicht ratifiziert haben. Darin liegt ein Vorteil des regionalen Ansatzes bei der Bekämpfung der Verschmutzung der Meeresumwelt. Mittelmeeranrainer wie Syrien, Libyen, die Türkei, Israel und Marokko, die das SRÜ nicht ratifiziert haben, müssen dessen Inhalt bezüglich der Bekämpfung und Verhütung der schiffseitigen Verschmutzung beachten, wenn sie die Barcelona-Konvention ratifiziert haben.[6]

Der Verweis auf die globalen Normen zur Bekämpfung der schiffseitigen Meeresverschmutzung im UNEP/MAP entspricht den Vorgaben des SRÜ und der allgemeinen Tendenz, diese Verschmutzungsart prinzipiell global zu regeln, um die Schifffahrtsfreiheit aufrechtzuerhalten.

B. Globale Regelungen der betriebsbedingten Verschmutzung durch Schiffe

Man kann die Normen und Standards zur Bekämpfung und Verhütung der betriebsbedingten Verschmutzung durch Schiffe in Standards zum Einleiten, zur Bemannung, zur Ausrüstung (sog. CDEM Standards), sowie Standards zur Beschränkung und Regulierung der Schifffahrt einteilen. Alle diese Standards sind von der IMO- Konvention erfasst.

1. Das Internationale Übereinkommen zur Verhütung der Meeresverschmutzung durch Öl

Das Internationale Übereinkommen zur Verhütung der Meeresverschmutzung durch Öl (hiernach: OILPOL) ist das erste multilaterale Übereinkommen, um die Verschmutzung durch Schiffe zu verhüten.[7] Es soll das Ablassen betriebsbedingter Ölabfälle in Konzentration von mehr als 100 ppm innerhalb von 50 sm vor der Küste oder in bestimmten Verbotszonen wie der Adria und der Nordsee verhindern.[8] Obwohl das Übereinkommen mehrfach wesentlich geändert wurde,

---

6 Vgl. Treves, L'approche régionale en matière de protection de l'environnement marin, S. 608.

7 OILPOL-Übereinkommen ist seit dem 26.6.1958 in Kraft, Text in: 327 UNTS, S. 3. Siehe weiter über dieses Übereinkommen bei Wolfrum, Die Internationalisierung (1984), S. 150 ff.

8 Cron, Das Umweltregime der Nordsee, S. 112.

hatte es wenig Erfolg.[9] Zahlreiche wichtige seefahrende Staaten haben es nicht ratifiziert. Ferner wurden seine Bestimmungen in der Praxis nicht hinreichend angewendet. Das Scheitern dieses ersten Versuchs, die Verschmutzung durch Schiffe zu verhüten, gab Anlass zu der Erarbeitung des Internationalen Übereinkommens zur Verhütung der Meeresverschmutzung durch Schiffe vom 2. November 1973 (hiernach: MARPOL), welches OILPOL ersetzt.[10]

Die Vertragsparteien des MARPOL entsprechen 97, 07 % der Welttonnage.[11] Deswegen wurde OILPOL tatsächlich von MARPOL verdrängt.[12] Heute zählt OILPOL weniger als 20 Vertragsparteien. Deshalb ist OILPOL für die vorliegende Arbeit ohne Bedeutung.

2. Das Internationale Übereinkommen zur Verhütung der Meeresverschmutzung durch Schiffe: MARPOL

Dieses Übereinkommen soll der Verschmutzung der Meeresumwelt durch Schiffe vorbeugen, diese reduzieren und bekämpfen. Die Einleitungsstandards sind in den sechs Anlagen[13] zu diesem Abkommen festgelegt. Jede Anlage regelt eine Einleitungsart. Die Regelungen unterscheiden sich nach der Art der eingeleiteten Substanz und dem Ort, an dem das Einleiten stattfindet. Nach Anlage I ist das Einleiten von Öl und ölhaltigen Gemischen in die als „Sondergebiete" bezeichneten Meere verboten.[14] Außerhalb der Sondergebiete hängt die Zulässigkeit des Einleitens von verschiedenen Bedingungen wie der Entfernung von den nächstgelegenen Küsten, oder von der Menge der einzuleitenden Substanzen und deren Gehalt an Öl ab.[15] Regel Nr. 10 bestimmt das Mittelmeer, die Ostsee, das Schwarze Meer, das Rote Meer, das Gebiet der Golfe, den Golf von Aden, die Nordsee, die Antarktis und die Meeresgewässer westlich von Großbritannien und Irland als Sondergebiete. Für das Einleitungsverbot gibt es Ausnahmen. Schiffe mit einem Bruttoraumgehalt von weniger als 400 RT, die keine Öltanker sind, dürfen in den Sondergebieten Öl einleiten, wenn der Ölgehalt des Ausflusses nicht mehr als 15 ppm und das Einleiten nicht weniger als 12 sm vom nächstgelegenen Land entfernt erfolgt. Im Mittelmeer ist das Einleiten von Öl und ölhaltigen Gemischen grundsätzlich verboten, da dieses wegen seiner geo-

9 Beyerlin, Umweltvölkerrecht, S. 116; Schneider, Pollution from Vessels, in: Johnston (Ed.), The Environmental Law of the Sea (1981), S. 205.

10 Art. 9 MARPOL.

11 IMO, Summary of Status of Conventions, (Stand: 31.9.2004).

12 Douvier, Umweltschutz auf dem Meer: MARPOL (2005), S. 27.

13 Die Ratifizierung und das Beitreten von MARPOL betrifft auch Anlage I und II; MARPOL und ihre Anlagen I und II sind am 2.10.1983 in Kraft getreten. Die restlichen Anlagen zu MARPOL müssen allerdings ausdrücklich von der Vertragspartei angenommen werden.

14 Anlage I, Regel 10 MARPOL.

15 Khoudjet El Khil, S. 201.

graphischen und hydrographischen Eigenschaften besonders empfindlich ist. Damit dieses Verbot wirksam wird, sind die Vertragsparteien, welche Anrainer dieses Meers sind, verpflichtet, ihre Häfen und Umschlagplätze mit Auffangbecken, Ölladeplätzen und Reparaturhäfen auszustatten, um schmutzige Ballast- und Tankwaschsubstanzen aufnehmen und behandeln zu können.[16]

Anlage II regelt die Überwachung der Verschmutzung durch als Massengut beförderte schädliche flüssige Stoffe. Auch sie weist Sondergebiete aus, in welchen das Einleiten schädlicher Substanzen verboten oder stark beschränkt ist. Bedauerlicherweise ist das Mittelmeer in dieser Anlage nicht als Sondergebiet bezeichnet,[17] obwohl die Beförderung solcher gefährlichen Substanzen hier sehr bedeutend ist. Die schädlichen Substanzen sind nach ihrem Schädlichkeitsgrad für die Meeresumwelt und für die menschliche Gesundheit in vier Gruppen eingeteilt, für die verschiedene Regelungen gelten.[18] Das Einleiten der Substanzen in Gruppe A ist sowohl in den Sondergebieten als auch in den anderen Meeresgebieten verboten. Die Substanzen der Kategorie B dürfen in den Sondergebieten nicht eingeleitet werden und in anderen Gebieten nur unter bestimmten Bedingungen wie einer geringen Menge (100 Liter pro Tank) oder der Geschwindigkeit des Schiffes. Die Regeln 10 bis 13 ermächtigen zur Besichtigung von Chemikalientankschiffen, die schädliche Substanzen als Massengut befördern. Diese Schiffe müssen internationale Zeugnisse an Bord haben und die im Code für den Bau und die Ausrüstung von Schiffen niedergelegten Mindeststandards einhalten.[19] Die schädlichen Substanzen der Kategorie C dürfen unter bestimmten Bedingungen in jedem Gebiet eingeleitet werden. Die zur Kategorie D gehörenden Substanzen dürfen ohne Mengenbeschränkungen eingeleitet werden, jedoch nicht näher als 12 sm von der nächstgelegenen Küste. Anlage III befasst sich mit Schadstoffen, die in verpackter Form auf See befördert werden.[20] Das Einleiten dieser Schadstoffe ist verboten, es sei denn, dass es sich für die Schiffssicherheit und für die Rettung von Menschenleben als notwendig erweist. Anlage IV gilt für die Verschmutzung durch Schiffsabwässer.[21] Deren Einleiten ist verboten, es sei denn, das Schiff leitet mechanisch behandeltes und desinfiziertes Abwasser mehr als 4 sm, oder nicht behandeltes und nicht desinfiziertes Wasser mehr als 12 sm vom Land entfernt ein, oder das Schiff betreibt eine zu-

---

16 Ausführlich über die Hafenauffanganlagen nach MARPOL bei Douvier, S. 123-127.

17 Die folgenden Meere sind i. S. der Anlage II als Sondergebiete bezeichnet: die Ostsee, das Schwarze Meer und die Antarktis.

18 Arbeiten und Bemühungen finden zurzeit im Rahmen der IMO statt, um dieses System zu vereinfachen. Siehe dazu: MARPOL a 25 ans, in: Reflets de l'OMI, octobre 1998, S.7 ff.

19 Beyerlin, Umweltvölkerrecht, S. 124.

20 Die Anlage III ist am 1.7.1992 in Kraft getreten. Ihr gehören 115 Vertragsparteien an. Dies entspricht 92.99% der Welttonnage, (Stand: 31.9.2004).

21 Die Anlage IV am 27.9.2003 in Kraft getreten. Ihr gehören 100 Vertragsparteien an. Dies entspricht 54% der Welttonnage, (Stand: 31.9.2004).

gelassene Abwasseraufbereitungsanlage. Nach Regel 10 dieser Anlage ist jeder Vertragsstaat verpflichtet, in seinen Häfen und an seinen Umschlagsplätzen Anlagen einzurichten, die Abwasser aufnehmen. Anlage V betrifft die Verhütung der Verschmutzung durch Schiffsmüll.[22] Die Regelung ist je nach Müllart unterschiedlich. Diese Anlage nennt acht Sondergebiete: Das Mittelmeer, die Ostsee, das Schwarze Meer, die Nordsee, die Antarktis und die Karibik, in welchen die Beseitigung aller Kunststoffgegenstände und allen sonstigen Mülls verboten ist. Die Vertragsparteien sind als die Anlieger eines Sondergebietes verpflichtet, in allen ihren Häfen geeignete Auffanganlagen einzurichten. Anlage VI wurde als Protokoll zu MARPOL verabschiedet.[23] Sie befasst sich mit der Verhütung der Luftverschmutzung durch Schiffe, insbesondere mit ozonabbauenden Stoffen und Stickstoffemissionen von Dieselmotoren, sowie mit Schwefelgehalt und Qualität von Treibstoffen.

C. Regionale Anwendung von MARPOL im Mittelmeer: Beispiel der Hafenauffanganlagen

Die Benutzung der Auffanganlagen bereitet der Ölindustrie hohe Kosten. Deswegen wurden Methoden entwickelt, um geringe Ölreste aufnehmen zu können. Diese technischen Innovationen haben dazu beigetragen, dass sich die Errichtung der Auffanganlagen verlangsamt hat.[24] Nach Regel 10 der Anlage I verpflichteten sich die Vertragsparteien, als Anlieger der Sondergebiete des Mittelmeeres, des Schwarzen Meeres und der Nordsee spätestens bis zum 1. Januar 1977 in allen Häfen und Umschlagplätzen Auffanganlagen zu errichten, die den verschmutzten Ballast aufnehmen können. Für die restlichen Sondergebiete müssen die Auffanganlagen so bald wie möglich errichtet werden. Das in Anlage I aufgeführte Ziel hat sich als unrealistisch erwiesen, da bis heute viele Häfen des Mittelmeeres keine oder keine angemessenen Auffanganlagen betreiben. Im Jahre 1990 wurde in verschiedenen Studien überprüft, ob die Mittelmeeranrainerstaaten die MARPOL-Verpflichtungen eingehalten haben. Nach MARPOL sind die Vertragsparteien verpflichtet, der IMO über die Auffanganlagen zu berichten.[25] Nur ein Drittel der Anliegerstaaten haben der IMO Antworten über die in ihren Häfen existierenden Auffanganlagen zukommen lassen.[26]

---

22 Die Anlage V ist am 31.12.1988 in Kraft getreten. Ihr gehören 119 Vertragsparteien an. Dies entspricht 95.23% der Welttonnage, (Stand: 31.9.2004).

23 Anlage VI tritt am 19.05.2005 in Kraft. Sie zählt 17 Vertragsparteien, was 56,27% der Welttonnage entspricht, (Stand: 31.9.2004); Dazu Odier, MARPOL, Annexe VI, in: ADM (1997), S. 193 ff.

24 Khoudjet El Khil, S. 208.

25 Ebenda.

26 Khoudjet El Khil, S. 273.

Von den 97 Häfen im Mittelmeer haben 17 keine Auffanganlage.[27] Ferner zeigt eine Studie der Weltbank und der Europäischen Investitionsbank von 1994, dass trotz der damals laufenden Projekte zwischen der EG und Ägypten, Griechenland und Jugoslawien die erwünschten Ergebnisse noch nicht erreicht wurden. Von 60 Häfen in 14 Mittelmeerrandstaaten haben nur 35 Auffanganlagen, von denen einige unzureichend sind. Um diese Lücke zu schließen haben die Weltbank und das UNEP/MAP verschiedene Maßnahmen ergriffen:

Die Maßnahmen der Weltbank zu einer effektiven Bekämpfung der betriebsbedingten Verschmutzung durch Schiffe beziehen sich auf das südliche Ufer des Mittelmeeres. Mit Unterstützung der Weltbank wollen Tunesien, Algerien und Marokko die existierenden Auffanganlagen ausreichend ausstatten und neue errichten. Die Weltbank bevorzugt die Erneuerung existierender gegenüber der Errichtung neuer Anlagen.[28] Das „Oil Pollution Management Project for the Southwest Mediterranean Sea" führt aus, dass entlang der Küsten dieser Länder ein sehr dichter Verkehr von Öltankern stattfinde. 30% des eingeleiteten Öls verwandelten sich an den Stränden in Teerrückstände.[29] Der Küstenstreifen sei der wichtigste wirtschaftliche Standort aller drei Länder. Diese Maghreb-Staaten verfügen nicht über die erforderlichen Infrastrukturen, um ihre auf globaler Ebene eingegangenen Verpflichtungen einzuhalten.[30]

Die Genua-Erklärung der Vertragsparteien des UNEP/MAP erhob die Errichtung von Auffanganlagen in den Häfen und Umschlagplätzen der Anliegerstaaten zu einem der zehn Prioritätsbereiche der kommenden Jahrzehnte.[31] Im Jahre 1991 wurde ein Aktionsplan mit folgenden Zielen aufgestellt:[32] alle Anrainerstaaten des Mittelmeeres müssen MARPOL und dessen Anlagen beitreten; sie sollen die Bestimmungen dieser Konvention in ihre innerstaatlichen Rechtsordnungen implementieren; es soll ein Finanzierungsmechanismus zur Verfügung gestellt werden, um die Auffanganlagen zu errichten oder wiederherzustellen; Anlage V zu MARPOL, die das Mittelmeer zu einem Sondergebiet erklärt,

27 Mitchell, International Oil Pollution at Sea – Environmental Policy and Treaty Compliance (1994), S. 202-203.

28 World Bank, Algeria, Morocco and Tunisia- Oil Pollution Management Project for the Southern Mediterranean Sea, Washington, DC, World Bank, Project document, April 1994.

29 Ebenda, S. 1.

30 Ebenda, S. 10: "Algeria, Morocco and Tunisia, with limited exceptions, lack the appropriate infrastructure to provide and monitor compliance with international conventions related to marine pollution by oil".

31 Rapport de la quatrième Réunion Ordinaire des Parties Contractantes à la Convention pour la protection de la mer Méditerranée, Gênes, 9-13 septembre 1985, in : PNUE, Athènes, ref. UNEP/IG.56/5.

32 Plan d'Action Concernant la Mise en Place d'Installations de Réception Portuaires Adéquates dans le Bassin Méditerranéen, Le Caire, Egypte, décembre 1991, in: OMI/ PNUE/REMPEC, Malte, 1991, ref. REMPEC/WG.4/4- Appendice IV.

soll möglichst schnell in Kraft treten; und die Mittelmeeranrainerstaaten müssen ein Abkommen schließen, um die regionale Zusammenarbeit zur Implementierung des UNEP/MAP zu unterstützen. Das Vorhandensein von qualifiziertem Personal in der Mehrheit der Mittelmeerhäfen ist ebenfalls als Ziel aufgeführt worden. Außerdem nennt der Aktionsplan die Häfen und Umschlagplätze, in welchen Auffanganlagen vorrangig errichtet oder funktionsfähiger gemacht werden sollen. In Tunesien soll im Hafen von Bizerta die bereits existierende Anlage für schmutzigen Ballast erneuert werden. Für die Behandlung des Bilgenwassers und der Schlämme wurden im Aktionsplan die Häfen Tunis, Goulette, Radés, Sousse, Sfax und Gabès genannt.[33]

Die Ziele dieses Aktionsplans wurden nur zum Teil erreicht. Beispielsweise ist die Definition des Mittelmeeres als Sondergebiet i. S. der Anlage V zu MARPOL in Kraft getreten.[34] Der Neubau und die Wiederherstellung der erforderlichen Auffanganlagen waren mangels finanzieller Mittel nicht in dem erwünschten Ausmaß möglich. Zusätzliche Finanzmittel wurden im Rahmen der Euro-Med Partnerschaft von dem MEDA-Fonds der EU zur Verfügung gestellt.[35] REMPEC,[36] der mit der Koordination der regionalen Projekte zur Bekämpfung der Verschmutzung durch Schiffe betraut wurde, hat im Dezember 2001 einen Projektvertrag mit der Europäischen Kommission und der IMO unterzeichnet.[37] Im November 2004 hat REMPEC das CLEANMED Projekt während des organisierten „*Regional Workshop on Prevention and Control of Operational Pollution in the Mediterranean Region*" vorgeschlagen, das drei Jahre dauern soll. Es bezweckt die Verbesserung der innerstaatlichen Gesetze (*Activity A*), die Vermehrung der Mitarbeiter einschließlich des technischen Personals, der Staatsanwälte, der Richter und der Juristen in den zuständigen nationalen Behörden (*Activity B*) und einige Pilotprojekte zur Kontrolle der Schifffahrt und rechtswidriger Einleitungen durch Luftüberwachung und Satellitenbeobachtung (*Activity C*).[38]

D. Zwischenergebnis

Das Barcelona-System enthält keine materiell-rechtlichen Normen zur Bekämpfung der betriebsbedingten Verschmutzung durch Schiffe. Es verpflichtet jedoch seine Vertragsparteien, die notwendigen Maßnahmen zu treffen, um den einschlägigen globalen Instrumenten Wirksamkeit zu verleihen. In Erfüllung dieser Pflicht wurden im Mittelmeerraum zahlreiche Auffanganlagen gebaut. Bei der

---

33 Khodjet El Khil, S. 279.
34 Khodjet El Khil, S. 279.
35 Siehe Kapitel 2/Einführung.
36 Siehe Kapitel 3/I/F/1.
37 Khoudjet El Khil, S. 280.
38 REMPEC News vom 11.11.2004 abrufbar unter http://www.rempec.org/newsmore.asp?id=111&lang=en

Bekämpfung dieser Verschmutzungsart hat sich die Aufgabenverteilung zwischen der globalen und der regionalen Ebene bewährt.

E. Globale Regelungen zur Verhütung und Bekämpfung unfallbedingter Verschmutzung durch Schiffe

Die unfallbedingte Verschmutzung wird global, regional und national geregelt, obwohl ihr Beitrag zu der Meeresverschmutzung vergleichsweise gering ist.[39] Man kann zwischen Bestimmungen, zur Verhütung von Unfällen auf See und Bestimmungen für das Eingreifen im Falle eines Unfalls unterscheiden.

1. Die Verhütung von Unfällen

Die Rechtsvorschriften beziehen sich auf den Bau- und die Ausrüstung der Schiffe, das Personal an Bord (die Mannschaften) und das Fahrverhalten der Schiffe.

a. Bau und Ausrüstung der Schiffe

Die wichtigste Konvention über Sicherheitsstandards für Schiffe ist das Internationale Übereinkommen zum Schutz des menschlichen Lebens auf See von 1960[40] und 1974/78[41] (hiernach: SOLAS).[42] Die Bestimmungen über die Seetüchtigkeit befassen sich mit der räumlichen Unterteilung, der Stabilität sowie der Maschinerie, den elektrischen Anlagen und dem Feuerschutz.[43] SOLAS wurde mehrfach geändert, um den technischen Entwicklungen zu folgen.[44] Auch MARPOL enthält schiffbauliche Normen und Standards. Diese betreffen in erster Linie die Anordnung und Größe von Ballast- und Ladetanks, um „so eine bessere Stabilität der Schiffe zu gewährleisten und die Menge des im Falle eines Unglücks auslaufenden Öls zu begrenzen."[45] Eine der wichtigsten und seit dem Erika-Unfall umstrittensten Änderungen von MARPOL bezieht sich auf die Doppelhüllen-Schiffe. Nach dieser Änderung soll jedes Öltankschiff, dessen Bauvertrag nach dem 6. Juli 1993 abgeschlossen wurde, Doppelhüllen erhalten.

---

39 Lagoni, Die Abwehr von Gefahren für die marine Umwelt, in: DGVR, Heft 32 (1993), S. 96; Wolfrum, Protection of the Marine Environment after Rio Conference, in: Beyerlin/Bothe/Hofmann/Petersmann (Hg.), Festschrift für Rudolf Bernhardt, Recht zwischen Umbruch und Bewahrung, (1995), S. 1004.

40 BGBl. 1965 II, S. 465 ff.

41 Text des Übereinkommens von 1974 in: BGBl. 1979 II, S. 141; Text des Übereinkommens von 1978 in: BGBl: 1980 II, S. 525.

42 König, Durchsetzung, S. 154.

43 Für mehr Details über die technischen Regeln von SOLAS siehe Khoudjet El Khil, La pollution de la mer Méditerranée, S. 169 ff.

44 Ebenda.

45 König, Durchsetzung, S. 155.

Hierbei werden die Ladetanks über ihre gesamte Länge durch Ballasttanks oder Räume, die keine Lade- oder Brennstofftanks sind, geschützt.[46] Dasselbe ist für Schiffe ab dem Alter von 25 Jahre vorgesehen.[47] Die Regel 13 F. von MARPOL jedoch lässt andere Bauarten zu, wenn sie mindestens die gleiche Sicherheit wie Doppelhüllen gewährleisten.[48]

b. Die Mannschaften

Jüngste Statistiken haben gezeigt, dass menschliche Fehler zwischen 60% und 80% der Seeunfälle verursachen.[49] Infolgedessen wurde mehr auf das menschliche Element abgestellt, um Unfälle zu verringern und ihre Schäden zu reduzieren. Die IMO und die *International Labour Organisation* (hiernach: ILO) haben Übereinkommen vorbereitet, die sich mit den Arbeits- und Ausbildungsbedingungen der Offiziere und Mannschaften befassen. Obwohl die meisten Normen über die Arbeitsbedingungen der Seeleute, welche die ILO seit 1920 erlassen hat, von der Mehrheit der Staaten nicht akzeptiert worden sind,[50] hat das Übereinkommen Nr. 147 der ILO vom 29. Oktober 1976 über Mindestnormen auf Handelsschiffen allgemeine Anerkennung gefunden.[51] Für die Ausbildung der Seeleute wurde unter der Ägide der IMO am 7. Juli 1978 *the Convention on Standards of Training, Certification and Watchkeeping for Seefarers* (hiernach: STWC) abgeschlossen.[52] Obwohl dieses Abkommen von der großen Mehrheit der Staaten ratifiziert wurde, wurde es nicht effektiv angewandt, weil es für die geforderten Qualifikationen ein großes Ermessen einräumte. Aus diesem Grunde wurde es 1995 geändert.[53]

c. Navigationsvorschriften

Die IMO hat auch Übereinkommen zum Fahrverhalten der Schiffe erarbeitet. Obwohl auch SOLAS Vorschriften hierzu enthält, sind die wichtigsten Normen in dem Übereinkommen über die internationalen Regeln zur Verhütung von Zusammenstößen auf See, bekannt unter COLERG[54] zu finden. Dieses Abkommen befasst sich mit der Lichterführung, mit den Signalen und mit dem Fahrverhal-

---

46 Douvier, Umweltschutz auf dem Meer: MARPOL (2005), S. 75-76.

47 Ebenda.

48 Khoudjet El Khil, S. 167.

49 Boisson, Politiques et Droit de la sécurité maritime (1998), S. 123.

50 Khoudjet El Khil, S. 181.

51 BGBl. 1980 II, S. 606, in Kraft seit dem 28.11.1981.

52 BGBl. 1982 II, S. 297, in Kraft seit dem 28.4.1984.

53 Änderung in Kraft seit dem 1.2.1997; Mehr dazu bei Baumard, Convention STCW 95: L'OMI „blanchit“ 72 Etats membres, in: Le Marin du 15 décembre 2000, N°2788, S. 7.

54 BGBl. 1976 II, S. 1017, in Kraft seit dem 15.7.1977.

ten in bestimmten Seegebieten. Es wurde von der überwiegenden Zahl der Staaten ratifiziert, so dass es als Teil des Völkergewohnheitsrechts betrachtet wird. [55]

2. Das Eingreifen bei einem Unfall: Das Internationale Übereinkommen über Vorsorge, Bekämpfung und Zusammenarbeit auf dem Gebiet der Ölverschmutzung

Durch das Internationale Übereinkommen über Vorsorge, Bekämpfung und Zusammenarbeit auf dem Gebiet der Ölverschmutzung vom 30. November 1990[56] (Vorsorge-Übereinkommen) wollen die Staaten die globale Zusammenarbeit bei einer Ölverschmutzung sicherstellen. Im Jahr 2000 ist das Vorsorge-Übereinkommen durch ein Protokoll erweitert worden, um schädliche und gefährliche Substanzen einzuschließen. [57] Nach diesem Übereinkommen müssen alle Vertragsparteien die erforderlichen Maßnahmen treffen, um sich auf Ölverschmutzungsereignisse vorzubereiten und sie zu bekämpfen.[58] Die Maßnahmen können als umweltrechtliche Vorsorge betrachtet werden.[59]

a. Das Mitführen von Notfallplänen

Die Vertragsparteien verpflichten sich, den Schiffen ihrer Flagge das Mitführen eines bordeigenen Notfallplans vorzuschreiben.[60] Sie überprüfen außerdem, ob die Schiffe unter der Flagge anderer Vertragsparteien in ihren Häfen, einen solchen Plan an Bord haben.[61] Auch müssen die Betreiber von Einrichtungen, die der Küste in dem Hoheitsbereich vorgelagert sind, über Notfallpläne für Ölverschmutzungen verfügen. Diese Notfallpläne müssen von den innerstaatlichen Behörden genehmigt werden.[62] Die gleiche Pflicht müssen die Vertragsparteien den Betreibern oder Behörden, die für die Seehäfen und Ölumschlaganlagen in ihrem Hoheitsgebiet verantwortlich sind, auferlegen.[63]

---

55 Abecassis/ Jarashow, Oil Pollution from Ships (1985), S. 20 u. 68; König, Durchsetzung, S. 156.

56 Seit dem 13.5.1995 in Kraft, Text in: BGBl. 1994 II, S. 3799.

57 Protocol on Preparedness, Response and Co-operation to Pollution Incidents by Hazardous and Noxious Substances (OPRC-HNS Protocol) vom 15.3.2000. Das Protokoll tritt am 14.6.2007 in Kraft.

58 Art. 1 Abs.1 Vorsorge-Übereinkommen.

59 Geisler, Das Internationale Übereinkommen von 1990 über Vorsorge, Bekämpfung und Zusammenarbeit auf dem Gebiet der Ölverschmutzung (2004), S. 38.

60 Art. 3 Abs. 1 a) Vorsorge- Übereinkommen.

61 Art. 3 Abs. 1 b) Vorsorge-Übereinkommen.

62 Art. 3 Abs. 2 Vorsorge-Übereinkommen.

63 Art. 3 Abs. 3 Vorsorge-Übereinkommen.

b. Die Meldepflicht

Da die Schnelligkeit einer Handlung im Falle einer Ölverschmutzung entscheidend sein kann, legt das Vorsorge-Übereinkommen großen Wert auf die Meldepflicht.[64] Deswegen muss jede Vertragspartei vorschreiben, dass Kapitäne und andere für Schiffe oder für der Küste in ihrem Hoheitsgebiet vorgelagerte Einrichtungen verantwortliche Personen, jedes Vorkommnis auf ihrem Schiff, oder ihrer Einrichtung, bei dem Öl ins Meer gelangt oder gelangen kann, unverzüglich zu melden haben. Für ein Schiff wird die Meldung an den nächstgelegenen Küstenstaat gerichtet. Bei einer der Küste vorgelagerten Einrichtung muss die Meldung an den Staat, unter dessen Hoheitsgewalt die Einrichtung steht, erfolgen.[65] Die Leiter von Seehäfen oder Ölumschlaganlagen müssen ihre innerstaatlichen Behörden von dem Austreten von Öl ins Meer benachrichtigen.[66] Für die Meldungen sieht das Vorsorge-Übereinkommen eine Standardisierung der Vorschriften und Richtlinien der IMO vor.[67]

Vertragsparteien, bei denen eine solche Meldung eingegangen ist, sind verpflichtet, unverzüglich alle Staaten, deren Interessen dadurch berührt werden können, vom Vorkommnis zu unterrichten.[68]

c. Das innerstaatliche Vorsorgesystem

Jede Vertragspartei schafft ein innerstaatliches System für die sofortige und wirksame Bekämpfung von Ölverschmutzungen.[69] Dieses System besteht aus der Benennung der zuständigen Behörden, der Ausarbeitung eines Vorsorgeplans und weiterer diversen Maßnahmen.

(1) Die Benennung der innerstaatlichen zuständigen Behörden

Jede Vertragspartei ist verpflichtet, die folgenden innerstaatlichen Behörden zu nennen: diejenigen, die für Vorsorge und Bekämpfung auf dem Gebiet der Ölverschmutzung zuständig sind; die innerstaatlichen Einsatz- und Kontaktstellen, die für die Entgegennahme und Weiterleitung von Ölverschmutzungsmeldungen zuständig sind; die Behörde, die ermächtigt ist, im Namen des Staates um Hilfeleistungen zu ersuchen oder über Hilfeersuchen zu entscheiden.[70]

---

64 Geisler, S. 44.
65 Art. 4 Abs. 1 (a) Vorsorge-Übereinkommen.
66 Art. 4 Abs. 1 (c) Vorsorge-Übereinkommen.
67 Art. 4 Abs. 2 Vorsorge-Übereinkommen; Geisler, S. 45.
68 Art. 5 Abs. 1 (c) Vorsorge-Übereinkommen.
69 Art. 6 Abs. 1 Vorsorge-Übereinkommen.
70 Art. 6 Abs. 1 (a) Vorsorge-Übereinkommen.

(2) Der innerstaatliche Vorsorgeplan

Dieser Plan soll die Vorsorge- und Bekämpfungsmaßnamen enthalten. Ferner regelt er die Beziehungen zwischen den verschiedenen beteiligten öffentlichen und privaten Stellen.[71]

(3) Diverse weitere Maßnahmen

Die Vertragsparteien treffen die folgenden Maßnahmen entweder einzeln oder in Zusammenarbeit mit anderen Vertragsparteien: Die Bereitstellung des für die jeweilige Gefahr angemessenen Gerätes zur Bekämpfung ausgelaufenen Öls, die Ausarbeitung eines Übungsplanes für die mit der Bekämpfung der Ölverschmutzung befassten Stellen und die Regelung zur Koordinierung der Bekämpfung einer Ölverschmutzung.

Die Vertragsparteien sind verpflichtet, die IMO laufend über ihr innerstaatliches System für Vorsorge- und Bekämpfungsmaßnahmen zu unterrichten.[72]

d. Die Pflicht zur Zusammenarbeit

Der Zusammenarbeit kommt eine bedeutende Rolle zu, um die Ziele des Vorsorge-Übereinkommens zu erreichen. Sie bezieht sich auf die Bekämpfung einer Ölverschmutzung und auf die Vorbereitung auf ein solches Ereignis.

Zur Bekämpfung einer Ölverschmutzung darf jede Vertragspartei, die tatsächlich oder wahrscheinlich davon betroffen ist, die anderen Vertragsparteien um Hilfe ersuchen. Diese umfasst Beratung, technische Unterstützung und Stellung von Gerät. Die Hilfe muss durch die Schwere des Ereignisses gerechtfertigt sein[73] und darf die Möglichkeiten des ersuchten Staates an Einsatzkräften und Gerät nicht übersteigen. Das Vorsorge-Übereinkommen bietet die Möglichkeit, außerhalb der jeweiligen Region um Hilfe zu ersuchen, falls die näher gelegenen Staaten nicht über die notwendigen Technologien zur Bekämpfung der Verschmutzung verfügen.[74]

Die Vertragsparteien arbeiten auch bei Forschungs- und Entwicklungsvorhaben zur Hebung des Standes der Technik bei der Vorsorge und Bekämpfung auf dem Gebiet der Ölverschmutzung zusammen.[75] Dies entspricht der allgemeinen Pflicht zur Zusammenarbeit im SRÜ, verbunden mit dem freien Austausch der Forschungsergebnisse.[76] Die Vertragsparteien verpflichten sich auch

---

71 Art. 6 Abs. 2 (b) u. (d) Vorsorge-Übereinkommen.

72 Art. 6 Abs. 3 Vorsorge- Übereinkommen.

73 Art. 7 Abs. 1 Vorsorge-Übereinkommen.

74 Geisler, S. 49.

75 Art. 8 Abs. 1 Vorsorge-Übereinkommen.

76 Art. 200 SRÜ; Mehr dazu Hafner, Meeresumwelt, Meeresforschung und Technologietransfer, S. 378.

ausgebildetes Personal und technische Hilfsmittel bereitzuhalten.[77] Der Technologietransfer der Staaten erfolgt nur „entsprechend ihren innerstaatlichen Gesetzen, sonstigen Vorschriften und politischen Grundsätzen".[78] Das Vorsorge-Übereinkommen begründet sowenig wie das SRÜ eine echte Pflicht zum Technologietransfer zugunsten der Entwicklungsländer für die Bekämpfung der unfallbedingten Meeresverschmutzung.[79]

Die Vertragsparteien beauftragen die IMO mit verschiedenen Aufgaben und Tätigkeiten, damit diese sie bei der Anwendung des Übereinkommens unterstützt. Dies betrifft Informationsdienste, Bildung und Ausbildung, technische Dienstleistungen und technische Hilfe.[80] Die IMO nutzt hierbei Erfahrungen der Staaten und der regionalen Übereinkommen und berücksichtigt die Bedürfnisse der Entwicklungsländer.[81] Der Bezug auf die Entwicklungsländer ist in diesem Zusammenhang realitätsnah, weil die Umsetzung des Vorsorge-Übereinkommens für sie sehr kostenträchtig und daher schwierig sein kann.[82] Die IMO führte zum Beispiel Workshops durch, um Entwicklungsländer für die Ratifizierung des Vorsorge-Übereinkommens zu gewinnen. Hierbei wurden diesen die mit der unfallbedingten Verschmutzung verbundenen Gefahren dargestellt und sie wurden auf die Möglichkeit des Vorsorge-Übereinkommens, bei solchen Ereignissen um die notwendige Hilfe zu ersuchen, aufmerksam gemacht.[83]

Der Rückgriff auf die Erfahrungen der regionalen Übereinkommen im Vorsorge-Übereinkommen lässt sich dadurch erklären, dass die unfallbedingte Meeresverschmutzung zunächst regional geregelt wurde.[84]

Für die Zukunft fordert das Vorsorge-Übereinkommen die Vertragsparteien zum Abschluss zwei- oder mehrseitiger Übereinkommen über Vorsorge und

---

77 Es handelt sich dabei um eine Anwendung der allgemeinen Pflicht zur Zusammenarbeit in Art. 200 SRÜ.

78 Art. 9 Abs. 2 Vorsorge-Übereinkommen.

79 Art. 266 SRÜ verpflichtet die Vertragsparteien, die Entwicklung der meereswissenschaftlichen und technologischen Kapazität der Entwicklungsländer zu fördern, im Hinblick auf die Erforschung, Ausbeutung, Erhaltung und Bewirtschaftung der Meeresressourcen, den Schutz und die Bewahrung der Meeresumwelt ...usw, um den sozialen und wirtschaftlichen Fortschritt der Entwicklungsländer zu beschleunigen. Nichtsdestotrotz wird diese Pflicht durch den im SRÜ genannten „Schutz berechtigter Interessen" abgeschwächt. In Art. 267 SRÜ heißt es: „Die Staaten nehmen bei der Förderung der Zusammenarbeit nach Art. 266 gebührend Rücksicht auf alle berechtigten Interessen, insbesondere auf die Rechte und Pflichten der Inhaber, Lieferer und Empfänger von Meerestechnologie"; Ausführlich dazu Hafner, S. 453 ff.

80 Art. 12 Abs. 1 Vorsorge-Übereinkommen.

81 Art. 12 Abs. 2 Vorsorge- Übereinkommen.

82 Geisler, S. 71.

83 Bericht über die 37. MEPC-Sitzung, in : 10 Hansa (1996), S. 16.

84 Art. 12 Abs. 2 Vorsorge-Übereinkommen.

Bekämpfung bei der Ölverschmutzung auf.[85] Die Mittelmeeranrainerstaaten haben diese Aufforderung befolgt.

F. Die UNEP/MAP Notfallprotokolle

Die Mittelmeeranrainer sind nicht in gleicher Weise ausgestattet, um im Notfall geeignete Maßnahmen zu ergreifen. Während der Verhandlungen zur Ausarbeitung des Barcelona-Systems in der Mitte der 70 er Jahre waren die Nordanrainer relativ gut vorbereitet, um das Risiko einer unfallbedingten Verschmutzung zu tragen. Den Südanrainern fehlten jedoch nationale Behörden und materielle und fachliche Kapazitäten in diesem Bereich. Diese ungleichen Verhältnisse standen einer wirklichen Kooperation und gegenseitigen Hilfe der Anrainerstaaten bei einer unfallbedingten Verschmutzung im Wege.[86] Deswegen haben die Vertragsparteien des Barcelona-Systems der Bekämpfung der unfallbedingten Verschmutzung durch Schiffe ihre volle Aufmerksamkeit geschenkt. Zurzeit befassen sich im Barcelona-System das Protokoll über die Zusammenarbeit bei der Bekämpfung der Verschmutzung des Mittelmeeres durch Öl und andere Schadstoffe in Notfällen (hiernach: Notfallprotokoll I)[87] und das Protokoll über die Zusammenarbeit bei der Verhütung der Verschmutzung durch Schiffe und über die Bekämpfung der Mittelmeerverschmutzung im Notfall (hiernach: Notfallprotokoll II), mit diesem Thema.[88] Das Notfallprotokoll II ersetzt das Notfallprotokoll I für die Parteien beider Protokolle.[89] Daraus lässt sich schließen, dass das alte Protokoll für Parteien, die das neue nicht ratifiziert haben, noch anwendbar ist. Deswegen werden beide Protokolle untersucht.

---

85 Art. 10 Vorsorge-Übereinkommen.

86 Khoudjet El Khil, S. 292.

87 Protocol Concerning Cooperation in Combating Pollution of the Mediterranean Sea by Oil and Other Harmful Substances in Cases of Emergency wurde am 16.2.1976 zusammen mit der Barcelona-Konvention I und dem Protokoll über die Verhütung der Mittelmeerverschmutzung durch das Einbringen verabschiedet; Es ist seit dem 12.2.1978 in Kraft, Text in: ILM 15 (1976), S. 306.

88 Protocol Concerning Cooperation in Preventing Pollution from Ships and, in Cases of Emergency, Combating Pollution of the Mediterranean Sea, Text abrufbar unter http://www.unepmap.org/Archivio/All_Languages/WebDocs/BC&Protocols/BCP_originals/ProtocolEmergency02_eng.pdf. Das Protokoll wurde im September 2002 verabschiedet und am 17.3.2004 in Kraft getreten. Am 31 Mai 2004 hatten bereits sieben Vertragsparteien das Protokoll ratifiziert: Frankreich, Kroatien, Malta, Monaco, Slowenien und die Türkei. Die EU stimmte dem Protokoll am 26.5.2004 zu. Mehr Details dazu unter http://www.rempec.org/newsmore

89 In Art. 25 Notfallprotokoll II heißt es: „From the date of its entry into force, this protocol shall replace the protocol concerning Cooperation in Combating Pollution of the Mediterranean Sea by Oil and other Harmful Substances in Cases of Emergency of 1976 in the relations between the parties to both instruments. "

1. Das Notfallprotokoll I

Dieses Protokoll wurde 1976 aufgrund Art. 9 der Barcelona-Konvention I vereinbart. Durch die Resolution N° 7 wurde auf derselben Konferenz das *Regional Marine Pollution Emergency Response Center for the Mediterranean Sea* (hiernach: REMPEC) errichtet. Es sollte die Vertragsparteien bei der Anwendung des Protokolls unterstützen. Wie die Barcelona-Konvention I findet das Notfallprotokoll I auf das Mittelmeer mit Ausnahme der inneren Gewässer Anwendung. In ihm verpflichten sich die Vertragsparteien zur Zusammenarbeit „in cases of grave and imminent danger to the marine environment, the coast or related interests of one or more of the parties due to the presence of massive quantities of oil or other harmful substances resulting from accidental causes or an accumulation of small discharges which are polluting or threatening to pollute the sea."[90] Obwohl das Protokoll dem Brüsseler Internationalen Übereinkommen über Maßnahmen auf Hoher See bei Ölverschmutzungen ähnelt,[91] gibt es einige Unterschiede. Anders als das Übereinkommen befasst sich das Protokoll nicht ausschließlich mit Notfällen. Es wird immer angewendet, wenn eine qualifizierte Gefahr für die marine Umwelt, die Küstengebiete und die damit zusammenhängenden Belange einer oder mehrerer Vertragsparteien besteht, etwa bei der Akkumulation geringer Einleitungen, die das Meer verschmutzen oder zu verschmutzen drohen. Das Notfallprotokoll I enthält im Vergleich zu dem Brüsseler Übereinkommen eine längere Liste von mit dem Küstengebiet zusammenhängenden Belangen,[92] weil es neben touristischen auch historische Anziehungspunkte, sowie Wassersportgebiete und Erholungsräume mit einbezieht. Das Barcelona-System will dem Mittelmeer einen größeren Schutz bieten als die auf universeller Ebene verabschiedeten Texte. Als halbumschlossenes Meer, dessen kultureller und ökonomischer Wert von den Vertragsparteien bereits in der Präambel der Barcelona-Konvention I als ein gemeinsames Erbe anerkannt ist, rechtfertigt das Mittelmeer die weitere Definition der *related interests*.

Das Notfallregime besteht aus der Vorbeugung, der Vorbereitung und dem Eingriff oder der Intervention infolge eines Notfalls.[93] Das Protokoll weist der Zusammenarbeit der Vertragsparteien untereinander und mit REMPEC eine zentrale Rolle zu.[94] Die Vertragsparteien sind angehalten, zunächst ihre nationalen Kapazitäten zur Vorbeugung und zur Bekämpfung unfallbedingter Verschmutzung durch Schiffe zu entwickeln. Damit alle Anrainerstaaten sich auf einen Notfall vorbereiten können, sind sie „im Rahmen ihrer Kapazitäten" zur

90 Art. 1 Notfallprotokoll I.

91 Siehe Kapitel 1/II/A/2/a/(4).

92 Zoller, Völker- und europarechtliche Aspekte des Mittelmeerumweltschutzes (1996), S. 92.

93 Patruno, L'action du REMPEC depuis 1976, in : ADM (2001), S. 61.

94 Khoudjet El Khil, S. 324.

gegenseitigen Hilfe verpflichtet. Dabei stellt die Ausarbeitung eines nationalen Notfallplanes eine sehr bedeutende Maßnahme dar. Der Notfallplan sieht alle im Falle eines Notfalls zu treffenden Maßnahmen vor. Darüber hinaus müssen die Vertragsparteien über die notwendige technische Ausstattung und ausgebildetes Personal für die Bekämpfung der unfallbedingten Verschmutzung verfügen.[95] Sie sind auch, einzeln oder in bilateraler oder multilateraler Zusammenarbeit, zu kontinuierlicher Überwachung angehalten, um die Gefahr einer Umweltverschmutzung möglichst schnell zu erkennen.[96] Ferner müssen die Vertragsparteien ihr Fachwissen zur Bekämpfung unfallbedingter Verschmutzung austauschen. Das Protokoll schreibt vor, dass sie die nationalen Behörden für die Bekämpfung der unfallbedingten Verschmutzung und für die Hilfeerteilung benennen und die anderen Vertragsparteien davon in Kenntnis setzen müssen.[97] Die Südanrainerstaaten sind auf die Informationen der nördlichen Nachbarn angewiesen. Die Vertragsparteien müssen ihre Kapitäne verpflichten, einen Unfall oder die Akkumulation ausgelaufenen Öls oder anderer Schadstoffe an das *Regional Marine Pollution Emergency Centre* (REMPEC)[98] oder den von der Verschmutzung bedrohten Staat zu melden.[99] Auch die Vertragspartei, die von einem Unfall Kenntnis nimmt, oder deren Gewässer davon bedroht sind, muss REMPEC oder die betroffenen Vertragsparteien darüber informieren. REMPEC, dem bei dieser regionalen Zusammenarbeit die koordinierende Rolle zukommt, wurde von den Vertragsparteien in Genua aufgefordert, Vorschläge für eine subregionale Kooperation bei Ölnotfällen auszuarbeiten.[100]

Obwohl das Notfallprotokoll I schnell verabschiedet und von zahlreichen Anrainerstaaten ratifiziert wurde, haben während der ersten 20 Jahre nur sehr wenige Parteien einen nationalen Notfallplan erstellt. Dennoch wurden schon ab 1985 nationale Notfallpläne entwickelt, allerdings nur von Staaten des nördlichen Ufers.[101]

2. Das Notfallprotokoll II

Ein neues Protokoll des Barcelona-Systems über die Vorbeugung und die Bekämpfung unfallbedingter Verschmutzung entspricht dem Erfordernis, das System den globalen Entwicklungen anzupassen. Den Vorsorge-Übereinkommen auf der globalen Ebene sollte regional, im Barcelona-System, Rechnung getra-

95 Art. 3 Notfallprotokoll I.

96 Art. 4 Notfallprotokoll I.

97 Art. 6 Notfallprotokoll I.

98 Dieser regionaler Zentrum wurde durch den Beschluss n°7 der Konferenz der Mittelmeeranrainer über den Schutz des Mittelmeeres vom 16.2.1976: ref. UNEP/Conf.1 errichtet.

99 Art. 8 Notfallprotokoll I.

100 Zoller, S. 93.

101 Doussis, S. 126.

gen werden. Ferner hielten die Vertragsparteien des Barcelona-Systems es für notwendig, das Notfallprotokoll I zu ändern, um die erforderliche Rechtsgrundlage für die Entwicklung einer Regionalstrategie zur Verhütung der Verschmutzung der marinen Umwelt des Mittelmeeres durch Schiffe zu schaffen.[102] Die Unterschiede zwischen dem neuen und dem alten Protokoll lassen sich in drei Punkten zusammenfassen. Im neuen Protokoll ist die Vorbeugung stärker betont, der Anwendungsbereich des neuen Protokolls ist breiter und die Verpflichtungen der Vertragsparteien sind genauer formuliert und zahlreicher.

Die beiden Protokolle verfolgen nicht genau dasselbe Ziel. Während das erste nur die Bekämpfung der Verschmutzung durch Schiffe infolge eines Notfalls bezweckt, will das zweite auch der Meeresverschmutzung durch Schiffe vorbeugen.[103] Deswegen verweist das neue Protokoll mehrfach auf die unter der IMO-Ägide verabschiedeten globalen Konventionen zur Verhütung und Bekämpfung schiffseitiger Verschmutzung. Da das neue Protokoll auf die Vorbeugung der Verschmutzung durch Schiffe im allgemeinen, das heißt sowohl betriebs- als auch unfallsbedingter Verschmutzung abzielt, verpflichten sich hier die Staaten "to implement international regulations to prevent, reduce and control pollution of the marine environment from ships".[104] Durch die Betonung der Vorbeugung wird in dem neuen Protokoll der Unterschied zwischen betriebs- und unfallbedingter Verschmutzung durch Schiffe nicht mehr besonders hervorgehoben.

Der breitere Anwendungsbereich des neuen Protokolls zeigt sich daran, dass es nicht nur für Schiffe sondern auch für Häfen und Offshore-Anlagen unter der Hoheitsgewalt der Vertragsparteien gilt.[105] Wie das Notfallprotokoll I bezieht es sich auf eine Verschmutzung, welche die Meeresumwelt, die Küsten einer oder mehrerer Vertragsparteien oder die damit zusammenhängenden Belange bedroht oder bedrohen kann. Im neuen Protokoll ist die Liste der Belange allerdings länger: [106] „the cultural, aesthetic, scientific and educational value of the area" und „the conservation of biological diversity and the sustainable use of marine and coastal biological resources". Das beruht auf den Einfluss der Rio-Konferenz,[107] und insbesondere des Übereinkommens über biologische Vielfalt.

Schließlich sind im neuen Protokoll die Pflichten weitreichender und genauer beschrieben. Diese nähere Ausformulierung betrifft insbesondere die Auffor-

---

102 Geisler, S. 136.

103 Gavouneli, Responsibility for Catastrophes: New Concepts in Their Conventional Application, in: Caron/Leben (Eds.), The International Aspects of Natural and Industrial Catastrophes (2001), S. 645-660.

104 Art. 3 Abs. 1 (a) Notfallprotokoll II.

105 Art. 11 Abs. 4 u. Abs. 5 Notfallprotokoll II.

106 Gavouneli, New Forms of Cooperation, S. 229-230.

107 Beyerlin, New Developments in the Protection of the Marine Environment: Potential Effects of the Rio Process, in: 55 ZaöRV (1995), S. 544.

derung, innerstaatliche Rechtsvorschriften in Anwendung des Protokolls zu erlassen.

Das Notfallprotokoll II verpflichtet die Vertragsparteien, nationale Notfallpläne für Vorsorge- und Bekämpfungsmaßnahmen vorzubereiten.[108] Die Vertragsparteien müssen Gesetze und Verordnungen erlassen, um den verschiedenen Handlungen während eines Notfalls eine rechtmäßige Grundlage zu geben. Jede Vertragspartei ist auch verpflichtet, ihre innerstaatlich zuständigen Behörden auf dem Gebiet der Vorsorge und der Bekämpfung der Verschmutzung durch Öl oder andere gefährliche Schadstoffe zu nennen und den anderen Vertragsparteien mitzuteilen.[109] Damit sollen die Zusammenarbeit erleichtert und die Verantwortung für Fehler deutlich werden. Außerdem müssen die Vertragsparteien die Kapitäne der Schiffe unter ihrer Flagge und die Piloten der in ihrem Register immatrikulierten Luftfahrzeuge durch Anordnungen anweisen, ihnen und dem nächstgelegenen Küstenstaat eine Verschmutzung durch Öl oder durch andere schädliche und gefährliche Stoffe so schnell wie dies die Umstände gestatten, zu melden. Bemerkenswert ist, dass das Notfallprotokoll II auf die internationalen Vorschriften bei der Meldepflicht verweist.[110] Jede Vertragspartei stellt sicher, dass die Kapitäne der ihr Küstenmeer befahrenden Schiffe die Meldepflicht beachten.[111] Die innerstaatliche Vorschrift muss auch die Zuständigen für die Häfen und Umschlaganlagen unter ihrer Hoheitsgewalt erfassen.[112] Ähnliches gilt auch für Betreiber von der Küste vorgelagerten Einrichtungen in ihrem Hoheitsbereich.[113] Anders als im alten Protokoll müssen nicht nur Vertragsparteien über das Vorkommnis informiert werden, sondern auch jeder nächstgelegene Küstenstaat, ob Partei des Protokolls oder nicht. Darüber hinaus verpflichten sich die Vertragsparteien, ihren Kapitänen und Verantwortlichen für Seehäfen und Offshore-Anlagen die Mitführung und Anwendung von Notfallplänen vorzuschreiben.[114] Dabei wird auch auf MARPOL verwiesen.[115] Da das Notfallprotokoll II viel Wert auf die Vorsorge legt, verpflichtet es die Vertragsparteien, in ihren Häfen und Terminals die notwendigen Auffanganlagen für die Schiffe bereitzustellen.[116] Darüber hinaus treffen die Vertragsparteien die notwendigen Vorkehrungen, um die Kapitäne in ihren Häfen über die aktualisierten

---

108 Art. 4 Abs. 1 Notfallprotokoll II.
109 Art. 7 Abs. 1 Notfallprotokoll II.
110 Art. 9 Abs. 1 Notfallprotokoll II.
111 Art. 9 Abs. 2 Notfallprotokoll II.
112 Art. 9 Abs. 3 Notfallprotokoll II.
113 Art. 9 Abs. 4. Notfallprotokoll II.
114 Art. 11 Notfallprotokoll II.
115 Geisler, S. 136.
116 Art. 14 Notfallprotokoll II.

MARPOL Vorschriften und über die innerstaatlichen Rechtsvorschriften zu informieren.[117]

Auf Betreiben der IMO und der EG befasst sich das Notfallprotokoll II mit dem Zugang zu Notliegeplätzen für Schiffe in Seenot, die eine Gefahr für die Meeresumwelt darstellen,[118] wofür die Vertragsparteien nationale, subregionale oder regionale Strategien entwickeln sollen.[119] Das kann man als einen, wenn auch geringen, Beitrag des Barcelona-Systems zur Klärung einer vom SRÜ offen gelassenen Frage ansehen.[120] Es geht darum, ob Staaten Schiffen in Seenot den Zugang zu ihren Nothäfen und Notliegeplätzen verweigern dürfen, auch wenn das zu Meeresverschmutzung führen würde.[121]

Die Forderung an die Vertragsparteien, das Protokoll in nationale Vorschriften umzusetzen zeigt, dass das Protokoll nicht *self-executing* ist.[122] Alle zwei Jahre müssen die Vertragsparteien REMPEC über ihre Maßnahmen zum Aufbau eines nationalen Vorsorge-Systems gegen unfallbedingte Meeresverschmutzung berichten.[123] Die im Protokoll vorgesehenen Pflichten kosten den Vertragsparteien erhebliche Beträge. Vermutlich deswegen hat es bisher kein Mittelmeeranliegerstaat in Entwicklung außer der Türkei ratifiziert. Die Befürchtungen der Staaten können vielleicht dadurch überwunden werden, dass man die gegenseitige Zusammenarbeit als das Leitmotiv des Protokolls hervorhebt. Die Verpflichtung bezüglich der Auffanganlagen für Öl und Schadstoffe und der Anlagen für Schiffe in Seenot soll „individually, bilaterally oder multilaterally" erfüllt werden. Wie bei der Euro-Med Partnerschaft geschildert, haben die EU und die Weltbank Projekte finanziert, um Auffanganlagen in Häfen und Umschlaganlagen des südlichen Mittelmeerufers zu reparieren oder neu zu errichten.[124] Trotzdem bleibt fraglich, wie verbindlich die Bestimmungen des Protokolls über die Hilfeleistung und die Zusammenarbeit sind. Diese Bestimmungen sind mit

---

117 Art. 14 Notfallprotokoll II.

118 Geisler, S. 137.

119 In Art. 16 Notfallprotokoll II heißt es: "The parties shall define national, subregional or regional strategies concerning reception in places of refuge, including ports, of ships in distress presenting a threat to the marine environment. They shall cooperate to this end and inform the Regional Centre of the measures they have adopted".

120 Vgl. Gavouneli, From Uniformity to Fragmentation? The Ability of the UN Convention on the Law of the Sea to accommodate New Uses and Challenges, in: Strati/Gavouneli/Skourtos (Eds.), S. 214-215.

121 Ausführlich über diese Problematik siehe Von Gadow-Stephani, Der Zugang zu Nothäfen und Notliegeplätzen für Schiffe in Seenot (2006), insbes. S. 64-90.

122 Über den Begriff von „*self-executing treaties*" siehe Henckaerts, Self-executing Treaties and the Impact of International Law on National Legal Systems, in: 26 International Journal of Legal Information (1998), S. 56-159.

123 Art. 4 Abs. 3 Notfallprotokoll II.

124 Siehe Kapitel 3/I/C.

Abschwächungsformeln wie „*as far as practicable*“ und „*shall use their best endeavours*“ versehen.[125]

Das Notfallprotokoll II fordert die Vertragsparteien zum Abschluss bilateraler und multilateraler Übereinkünfte auf, um die Anwendung des Protokolls zu vereinfachen.[126] Hierbei können subregionale Notfallpläne vorgesehen werden.[127] Tunesien, Algerien und Marokko haben am 20. Juni 2005 ein Abkommen über einen subregionalen Notfallplan zur Vorbereitung der Bekämpfung und zur Bekämpfung unfallbedingter Meeresverschmutzung im südwestlichen Mittelmeer geschlossen,[128] obwohl sie das Notfallprotokoll II noch nicht ratifiziert haben. Dieser subregionale Notfallplan ist von REMPEC vorbereitet und koordiniert worden. Die IMO hat die Vorbereitung dieses Planes finanziell unterstützt.[129]

G. Zwischenergebnis

Die regionale und die globale Ebenen zur Bekämpfung unfallbedingter Verschmutzung durch Schiffe stehen in einem Wechselwirkungsverhältnis zueinander. Die Maßnahmen nach einem Seenotfall und ihre Vorbereitungen wurden im Barcelona-System bereits Ende der 70er Jahre regional durch das Notfallprotokoll I bestimmt. Erst im Jahre 1990 erfolgte durch das Vorsorge-Übereinkommen eine globale Regelung. Das liegt daran, dass die Zusammenarbeit in einem relativ kleineren Staatenkreis einfacher zu vereinbaren ist. Außerdem können die Vertragsparteien bei einem Notfall wirksamer zusammenarbeiten, wenn sie Nachbarn sind. Das Vorsorge-Übereinkommen hat den Verdienst, dass es die staatlichen Gesetzgebungspflichten deutlicher gefasst hat. Ferner hat es die Bedeutung der Vorbeugung durch die notwendige Implementierung der IMO- Konventionen hervorgehoben. Das Notfallprotokoll II wurde in das Barcelona-System eingeführt, um diesen neuen Impulsen regional Rechnung zu tragen. Die Vertragsparteien des neuen Protokolls betonen die Bedeutung der regionalen Zusammenarbeit für die Implementierung der globalen Abkommen. Deswegen verweist das neue Protokoll mehrfach auf diese „*international agreements*“. Außerdem unterstreichen die Vertragsparteien in der Präambel des

---

125 Dazu Bothe, Legal and Non-Legal Norms- a Meaningful Distinction in International Relations?, in: Netherlands Yearbook of International Law (1980), S. 65-95.

126 Art. 17 Notfallprotokoll II.

127 Art. 4 Abs. 1 Notfallprotokoll II.

128 Accord portant plan d'urgence sous-régional pour la préparation et la lutte contre la pollution marine accidentelle dans la zone de la Méditerranée du sud-ouest ; Tunesien hat dieses Abkommen durch das Dekret n°2006-555 vom 23.2.2006, JORT vom 3.3.2006, Nr. 18 ratifiziert, Text abrufbar unter http://www.rempec.org/newsmore.asp?id=205&lang=en.

129 REMPEC News vom 4.7.2005 abrufbar unter http://www.rempec.org/newsmore.asp?id=123&lang=en.

neuen Protokolls „the importance of cooperation in the Mediterranean Sea Area in promoting the effective implementation of international regulations to prevent, reduce and control pollution of the marine environment from ships“.[130] Sie betonen die Rolle der IMO und der Kooperation in deren Rahmen, insbesondere zur Entwicklung von Normen und Standards zur Verhütung und zur Bekämpfung der Meeresverschmutzung durch Schiffe.[131]

Für die Zusammenarbeit zwischen den verschiedenen Regelungsebenen wurden die Aufgaben von REMPEC erweitert, damit er sich auch mit der durch das Einleiten anderer schädlichen Substanzen als Öl und nicht nur mit Ölverschmutzung befassen darf. Im Jahre 1989 wurde REMPEC aufgefordert, die Implementierung der IMO-Konventionen über Schifffahrtssicherheit und ähnlicher Konventionen bei den Mittelmeeranrainern sicherzustellen.[132] Laut einer Studie der EG wurden im Jahr 1999 in 1683 Fällen das Auslaufen von Öl und anderer schädlicher Substanzen festgestellt.[133] Dies zeigt, wie häufig gegen MARPOL verstoßen wird. Deswegen musste die Implementierung der Bestimmungen dieses Abkommens auf der Prioritätsliste der Mittelmeeranrainer stehen.[134]

Die Wirkung der globalen Regeln zur unfallbedingten Verschmutzung durch Schiffe auf das Barcelona-System lässt sich auch durch folgendes Beispiel belegen: Das Vorsorge- Übereinkommen fordert die Vertragsstaaten auf, die Kapitäne der unter ihrer Flagge fahrenden Schiffe zum Mitführen von Eigenbordnotfallplänen zu verpflichten. Eine solche Verpflichtung fehlt in dem Notfallprotokoll I.[135] Diese Lücke wurde durch Art. 11 des Notfallprotokolls II geschlossen. Für die unfallbedingte Meeresverschmutzung durch Schiffe lässt sich die Wechselwirkung und Ergänzbarkeit der regionalen und der globalen Abkommen feststellen.[136] Dabei erfüllt REMPEC als Koordinator nationaler Aktionen und als Verbindung zur IMO eine wichtige Aufgabe.[137]

---

130 Präambel Notfallprotokoll II.

131 Präambel Notfallprotokoll II.

132 REMPEC, Protecting the Mediterranean (2003), S. 24.

133 Ebenda.

134 Ebenda, S. 15.

135 Birnie/Boyle, International Law and the Environment (2002), S. 378

136 Gavouneli, New Forms of Cooperation, S. 231: Sie schreibt über die Bestimmungen des Notfallprotokolls II wie folgt: „their avowed goal is not to bypass the existing global rules but rather to ensure their effective implementation within the regional context of the Mediterranean“.

137 Raftopoulos, „Relational Governance" for Marine Pollution Incidents in the Mediterranean: Transformations, Developments and Prospects, in: 16 Tulane International Journal of Marine and Coastal Law (2001), S. 54-55.

II. Die Durchsetzung der Normen zur Verhütung und Bekämpfung der Verschmutzung durch Schiffe

A. Die IMO Instrumente

Die IMO hat der Durchsetzung der Normen gegen die Verschmutzung durch Schiffe umso mehr Aufmerksamkeit gewidmet, als die Flaggenstaaten ihre Pflichte für die Sicherheit der Schifffahrt und für den Meeresumweltschutz nicht systematisch erfüllt haben.[138] Um diese Lücke zu schließen hat die IMO sich ausführlich mit den hafenstaatlichen Durchsetzungskompetenzen befasst. So behandeln die folgenden Ausführungen diese Kompetenzen. Die durchsetzungsbezogenen Bestimmungen der IMO-Konventionen unterscheiden sich nicht grundsätzlich von den Regeln des SRÜ.[139] Das SRÜ hat für die Bestimmungen der hafenstaatlichen Durchsetzungskompetenzen jedoch Vorrang und hat diese erweitert.[140] Auch die IMO-Konventionen sind für die Durchsetzung internationaler Umwelt- und Schifffahrtssicherheitsstandards wichtig.[141]

Die Rechtsgrundlage für die Kontroll- und Durchsetzungskompetenzen der Hafenstaaten bieten sowohl das allgemeine Völkerrecht als auch das SRÜ.[142] Die IMO-Konventionen bestimmen lediglich, wie die hafenstaatlichen Prüfungen und Kontrollen durchgeführt werden und ermutigen die Staaten, diese Kompetenzen wahrzunehmen.[143] In Übereinstimmung mit den „Schutzmaßnahmen" des SRÜ[144] beschränkt sich die hafenstaatliche Kontrolle auf die Feststellung, ob sich gültige Zeugnisse an Bord befinden. Nur wenn eindeutige Gründe zu der Annahme bestehen, dass der Zustand des Schiffes den Angaben der Zeugnisse nicht entspricht, darf der Hafenstaat zur materiellen Inspektion des Schiffes übergehen.[145] Die Hafenstaaten sind jedoch nicht zu der Durchführung dieser Kontrollen verpflichtet.[146] Beispielsweise heißt es in Art. 5 Abs. 2 MARPOL, dass *„a ship is subject to inspection"*. Hat der Hafenstaat Mängel am Zustand des Schiffes festgestellt, verpflichten ihn die IMO-Konventionen zu be-

---

138 Schult, Das völkerrechtliche Schiffssicherheitsregime, S. 244; Scovazzi, The Evolution of International Law of the Sea: New Issues, New Challenges, in: 286 RCADI (2000), S. 228 ff.; Schiano di Pepe, S. 149.

139 Güner-Özbek, Paris Memorandum of Understanding-an Example of International Cooperation and its Perspectives, in: Ehlers/Lagoni (Eds.), International Maritime Organisations, S. 120-121.

140 Blanco-Bazán, The Environmental UNCLOS and the Work of IMO in the Field of Prevention of Pollution from Vessels, in: Kirchner (Ed.), S. 35.

141 Anianova, The International Maritime Organisation (IMO) - Tanker or Speedboat?, in: Ehlers/Lagoni (Eds.), S. 89-92.

142 Schiano di Pepe, S. 141; Nordquist (Ed.), A commentary, Vol. IV (1990), S. 176 u. 258.

143 Schult, S. 240-241; Churchill/Lowe, The Law of the Sea, S. 274.

144 Siehe Kapitel 1/II/A/2/c.

145 Regel I./19 SOLAS; Art. 4 ILO 147; Art. 5 MARPOL.

146 Özçayir, Port State Control (2001), S. 113; Schiano di Pepe, S. 144.

stimmten Maßnahmen.[147] Diese schließen das Festhalten des Schiffes ein.[148] In der STCW ist beschrieben, wann ein Schiff festgehalten werden darf.[149]

Der Beitrag der IMO zur Verhütung der Verschmutzung durch Schiffe besteht auch in dem Erlass von Richtlinien und Beschlüssen.[150] Die IMO hat regelmäßig aktualisierte Richtlinien erstellt, um die Hafenstaaten bei ihren Kontrollen zum Schutz der Meeresumwelt zu unterstützen.[151] Hierdurch werden die im SRÜ und in den IMO- Konventionen enthaltenen hafenstaatlichen Durchsetzungskompetenzen konkretisiert.[152] Sie enthalten praktische Hinweise, die den Inspektoren helfen sollen, den wirklichen Zustand des Schiffes zu erkennen, wie etwa die Feststellung von Lackschäden, Korrosion, oder nicht reparierter Schäden.[153] Sie bestimmen auch die Dokumente und Zeugnisse, die an Bord vorhanden sein müssen,[154] sowie die Anforderungen an die Inspektoren. Die Kontrolloffiziere müssen unparteiisch sein und die in den internationalen Abkommen geforderte fachliche Eignung besitzen. Die IMO-Resolution A. 882 (21) sagt, dass die Kontrolloffiziere weder an dem Inspektionshafen noch an dem untersuchten Schiff ein wirtschaftliches Interesse haben dürfen.[155] Im Falle des Zurückhaltens eines Schiffes sollen sie den Kapitän über sein Recht belehren, die Entscheidung des Arrests anzufechten. In diesem Fall sieht die IMO-Reslution auch die rasche Benachrichtigung des Flaggenstaates vor.

Die IMO betont die Notwendigkeit, globale Richtlinien für die Hafenstaatskontrolle zu entwickeln. Diese sollen eine harmonische Anwendung der IMO-Konventionen und Beschlüsse in den verschiedenen Regionen gewährleisten. Dadurch will die IMO eine uneinheitliche Anwendung dieser Instrumente im Rahmen der verschiedenen regionalen *Memoranda of Understanding* über die

147 Art. 5 Abs. 2 MARPOL; Regel I/19 (c) SOLAS.

148 Art. 4 Abs. 2 ILO 147.

149 Regel I/4 Abs. 2 STCW; Schult, S. 242-243.

150 Kachel, Competencies of International Maritime Organisations to Establish Rules and Standards, in: Ehlers/Lagoni (Eds.), S. 35-37.

151 Die jüngste Resolution ist: IMO Res. A. 882 (21), Amendment to the Procedure for Port State Control; Über die vorherigen Resolutionen siehe Güner-Özbeck, S. 120-121.

152 Vgl. Henry, The Carriage of Dangerous Goods by Sea-The Role of the International Maritime Organisation in International Legislation (1985), S. 97.

153 Özçayir, Port State Control, S.103.

154 Dabei muss der Inspektor nach den in Appendix 4 der IMO Resolution enthaltenen Zertifikaten fragen.

155 IMO Res. A. 882 (21), Amendment to the Procedure for Port State Control. Mehr bei Özcayir, Port State Control, Report to the conference: The Impact of Caspian oil and Gas Development on Turkey and Challenges Facing the Turkish Straits, Istambul 9 November 2001, S. 8 abrufbar unter http://denizhukuku.bilgi.edu.tr/doc/ oya_ozcayir _article.doc.

Hafenstaatskontrolle vermeiden.[156] Strengere regionale Standards würden eine globale Aktivität wie die Schifffahrt beeinträchtigen.[157]

B. Die regionale Durchsetzung: Vereinbarungen zur Hafenstaatskontrolle

1. Überblick

Es hat sich in der Praxis als notwendig erwiesen, die Hafenstaatskontrolle regional zu regeln. Eine regionale Zusammenarbeit von Staaten mit gemeinsamen geographischen Interessen und vergleichbarer Wirtschaftskraft ist einfacher als eine weltweite Kooperation.[158] Ferner sollen die aus unterschiedlicher Kontrollstrenge entstehenden Wettbewerbsverzerrungen hierdurch vermieden werden. Die Häfen stehen miteinander im Wettbewerb. Wenn ein Hafenstaat die Einhaltung internationaler Instrumente streng kontrolliert, kann er die Schiffe dazu veranlassen, auf andere Häfen auszuweichen, deren Staaten eine laxere Politik verfolgen.[159] Der Wille der Staaten, die Wettbewerbsfähigkeit ihrer Häfen aufrechtzuerhalten, hat sie davon abgehalten, die notwendigen Kontrollen durchzuführen. Ein regionales koordiniertes Kontrollsystem setzt einheitliche Kontrollkriterien und -mechanismen voraus. Sie wurden in der Pariser Vereinbarung zur Hafenstaatskontrolle vom 26. Januar 1982 festgelegt. Die Pariser Vereinbarung diente als Modell für die späteren regionalen Kontrollsysteme. Heute sind nahezu alle Häfen der Welt durch solche Vereinbarungen erfasst.[160] Die verschiedenen Memoranden haben überwiegend identischen Inhalt.[161] Ihre Unterschiede sind den geographischen und ökonomischen Eigenschaften der Regionen zuzuschreiben.[162] Diese Vereinbarungen sind von Verwaltungsbehörden, Ministerien oder von nationalen maritimen Behörden unterzeichnet und stellen *soft law*

---

156 Vgl. IMO, Port State Control, an Update on IMO's Work in 2003, insbes. Abs 2 (2) u. Abs. 3, abrufbar unter http://www.imo.org/includes/blastDataOnly.asp/data_id%3D8026/portstatecontrolupdate2003bmc.doc.

157 Schult, Das völkerrechtliche Schiffssicherheitsregime, S. 246.

158 Ebenda, S. 260

159 McDorman, Regional Port State Control Agreement : Some Issues of International Law, in: 207 Ocean and Coastal Law Journal (2000), S. 207

160 Die Lateinamerika Vereinbarung über die hafenstaatliche Kontrolle von 1996, die Tokyo-Vereinbarung von 1993, die Karibik-Vereinbarung von 1996, die Mittelmeer-Vereinbarung von 1997, die Indische Ozean- Vereinbarung, die Ostafrika-Vereinbarung von 1998, die Vereinbarung für West- und Zentralafrika von 1999, und zuletzt die Vereinbarung für das Schwarze Meer von April 2000.

161 McDorman, Regional Port State Control Agreement, S. 209.

162 Keselj, Port State Jurisdiction in Respect of Pollution from Ships: the 1982 United Nations Conventions for the Law of the Sea, and the Memorandum of Understanding, in: 127 Ocean Development and International Law Journal (1999), S. 141.

dar.[163] Nach h. M. sind diese Memoranden zwar keine internationalen Verträge i. S. des Wiener Übereinkommens über das Recht der Verträge, deren Missachtung die völkerrechtliche Haftung des rechtsverletzenden Staates nach sich zieht. Sie sind jedoch sonstigen internationalen Regelungen unterworfen, wie etwa den Interpretationsnormen und entfalten politisch und moralisch eine Verbindlichkeit besonderer Natur.[164]

In den folgenden Ausführungen werden die *Memoranda of Understanding* von Paris und von der Mittelmeer-Region untersucht, weil sie den Schutz der Mittelmeerumwelt unmittelbar betreffen.

2. Die Pariser Vereinbarung zur Hafenstaatskontrolle

Die Pariser Vereinbarung zur Hafenstaatskontrolle vom 26. Januar 1982 ersetzt das Haager Memorandum.[165] Von ihren Mitgliedstaaten gehören lediglich Island, Kanada, Kroatien, Norwegen und Russland nicht der EU an. 20 Behörden sind an dieser Vereinbarung beteiligt.[166] Ihr Anwendungsbereich umfasst auch die Häfen des nördlichen Ufers des Mittelmeeres, nämlich von Italien, Spanien, Frankreich, Griechenland, Kroatien und Slowenien. Ihr Inhalt wurde auf Druck der Europäischen Kommission mehrfach geändert.[167] Die Änderung von Mai 2004 bringt den Text der Pariser Vereinbarung in Einklang mit dem Schifffahrtssicherheitsrecht der Gemeinschaft.[168]

a. Ziel und Gegenstand

Die Pariser Vereinbarung zur Hafenstaatskontrolle will Doppelkontrollen und Wettbewerbsverzerrungen vermeiden. Die Vereinbarung befasst sich mit der Anzahl und der Auswahl der zu überprüfenden Schiffe und setzt die Maßnah-

---

163 Keselj, S.142-143; Über nichtverbindliche internationale Vereinbarungen siehe Gomaa, Non-binding Agreements in International Law, in: Boisson de Chazournes (Ed.): Liber amicorum Georges Abi Saab, The International Legal System in Quest of Equity and Universality (2001), S. 229; Molenaar, EC Directive on Port State Control in Context, in: 11 IJMCL (1996), S. 244-246.

164 Keselj, S. 142-143.

165 Das Memorandum über das Einvernehmen zwischen bestimmten Schifffahrtsbehörden über die Einhaltung der Normen auf Handelsschiffen wurde als Reaktion auf die Havarie der *Amoco Cadiz* im Jahre 1978 von acht Nordsee- Anrainerstaaten unterzeichnet.

166 Belgien, Dänemark, Finnland, Frankreich, Deutschland, Griechenland, Irland, Italien, die Niederlande, Norwegen, Portugal, Spanien, Schweden und die Schifffahrtsbehörden der folgenden Staaten, die der Vereinbarung erst später beigetreten sind: Island (11.5.2000), Kanada (3.5.1994), Kroatien (8.11.1996), Polen (27.11.1991), Russland (10.11.1995), Slowenien (15.5. 2003).

167 Schult, S. 252; Güner-Özbeck, S. 132-133.

168 Die neue Fassung ist am 1.7.2004 in Kraft getreten, Text abrufbar unter http://www.parismou.org.

men bei festgestellten Mängeln fest. Die durchgeführten Kontrollen werden in einem Informationssystem verzeichnet. In der Pariser Vereinbarung verpflichten sich die Schifffahrtsbehörden, ca. 25% der fremd beflaggten Schiffe, die ihre Häfen schätzungsweise während eines Jahres anlaufen, zu überprüfen. Dabei müssen einige Schiffstypen primär kontrolliert werden, wie gefahrenträchtige Öl-, Gas- und Chemikalientanker.

b. Bilanz

Die Schifffahrtsbehörden übermitteln die Daten ihrer Inspektionen dem Verwaltungszentrum für maritime Angelegenheiten in Saint Malo. Alle 2 Wochen erstellt das Zentrum Listen von den während der letzten sechs Monate durchgeführten Inspektionen. Diese Listen werden auch den Schifffahrtsbehörden und dem Sekretariat der Pariser Vereinbarung übermittelt. Aufgrund dieser Angaben erstellt das Sekretariat Statistiken und veröffentlicht den Jahresbericht. Obwohl die meisten Schifffahrtsbehörden das Ziel, ca. 25 % der ihre Häfen anlaufenden Schiffe zu überprüfen, erreicht haben, sind Schwankungen in den Überprüfungsquoten festgestellt worden.[169] Dies gab zu der Frage Anlass, ob alle Überprüfungen mit ähnlicher Qualität und Strenge durchgeführt wurden. Einige Schifffahrtsbehörden haben das Ziel einer Quote von ca. 25% nicht erreicht. Zwei davon hatten sogar eine Quote von weniger als 10%. Die Durchführung der Pariser Vereinbarung zur Hafenstaatskontrolle hat auch qualitative Mängel aufgewiesen.[170] Die Schwankungen in den Überprüfungsquoten und die unzureichende Vereinheitlichung der Auswahlkriterien und der Inspektionsverfahren haben zu einer Art *port shopping* geführt.[171]

c. Die EU Richtlinie über Hafenstaatskontrolle

Wegen der Mängel bei der Anwendung der Pariser Vereinbarung zur Hafenstaatskontrolle wurde die EU Richtlinie über Hafenstaatskontrolle erlassen. Mit dieser Richtlinie wurde das Regime der Pariser Vereinbarung vergemeinschaftlicht.[172] Es handelt sich um die Richtlinie 95/21/CE des Rates vom 19. Juni 1995 zur Durchsetzung internationaler Normen für die Schiffssicherheit, für die Verhütung von Verschmutzung und für die Lebens- und Arbeitsbedingungen an Bord von Schiffen, die Gemeinschaftshäfen anlaufen und in Hoheitsgewässern der Mitgliedstaaten fahren. Mit dieser Richtlinie wurde das in der Pariser Vereinbarung enthaltene Regime verbindlich. Die Mitgliedstaaten der EU sind ver-

169 König, Port State Control: An Assessment of European Practice, in: Ehlers/Mann-Borgese/Wolfrum (Eds.), Marine Issues from a Scientific, Political and Legal Perspective (2002), S. 44.

170 Khoudjet El Khil, S. 254.

171 Vgl. Schiano di Pepe, S. 152-153.

172 McDorman, Regional Port State Control Agreements, S. 225.

pflichtet, die Richtlinie in nationales Recht umzusetzen.[173] Das Ziel der Vereinheitlichung der Überprüfungskriterien und -verfahren ist jedoch nicht erreicht worden. Deswegen hat die Kommission die Änderung der Richtlinie 95/21 vorgeschlagen. „Den unmittelbaren Anlass zu dieser Maßnahme der Kommission gab die Havarie des unter maltesischer Flagge fahrenden Tankschiffs ERIKA, das im Dezember 1999 vor der nordfranzösischen Atlantikküste auseinanderbrach und Meer und Küste schwer verseuchte."[174] Der Änderungsentwurf kann in zwei wichtige Punkte zusammenfasst werden:

- Der Zugang zu den EU Häfen wird besonders gefahrenträchtigen Schiffen verweigert: „ den Gas- oder Chemikalientankschiffen, den Massengutfrachtern, den Einhüllenöltankschiffen, die älter als 15 Jahre und in den vorausgegangenen 24 Monaten mehr als zweimal in einem Hafen eines Mitgliedstaats festgehalten wurden und die Flagge eines Staates führen, der drei Jahre hintereinander in der von der Pariser Vereinbarung veröffentlichten Tabelle über überdurchschnittlich häufiges Festhalten aufgeführt ist".
- Die Überprüfung soll in bestimmten Fällen obligatorisch sein: z. B. wenn das Schiff einen gewissen Prioritätsfaktor übersteigt.[175] Gewisse Kategorien von Schiffen müssen einer erweiterten Inspektion unterzogen werden und im Überprüfungsbericht muss angegeben werden, welche Teile des Schiffes überprüft wurden.

Mit der Richtlinie 2001/106 EC[176] des europäischen Rates und des Parlaments sind die erwähnten Änderungsvorschläge eingeführt worden. Die Pariser Vereinbarung zur Hafenstaatskontrolle übernahm diese Änderungen. Obwohl die weiteren regionalen Vereinbarungen über Hafenstaatskontrolle dem Pariser Modell folgen, konnten sie seine zahlreichen Änderungen nicht übernehmen.[177]

3. Die Mittelmeer-Vereinbarung über Hafenstaatskontrolle

Am 11. Juli 1997 wurde die Vereinbarung über die Hafenstaatskontrolle in der Mittelmeer-Region durch maritime Behörden von acht Staaten, nämlich Ägypten, Algerien, Israel, Malta, Marokko, Tunesien, der Türkei und Zypern unterzeichnet. Später sind Jordanien, die palästinensische Behörde und Libanon der

---

173 Özcayir, S. 251; Molenaar, The EC Directive on Port State Control in Context, S. 241.

174 Europäisches Parlament, Bericht über den Vorschlag für eine Richtlinie des Europäischen Parlaments und des Rates zur Änderung der Richtlinie 95/21 EG des Rates zur Durchsetzung internationaler Normen für die Schiffssicherheit, die Verhütung von Verschmutzung und die Lebens- und Arbeitsbedingungen an Bord von Schiffen, die Gemeinschaftshäfen anlaufen und in Hoheitsgewässern der Mitgliedstaaten fahren.

175 Der Prioritätsfaktor ergibt sich aus dem Alter, der Flagge, und früheren Festhaltemaßnahmen.

176 Directive 2001/106/EC of the European Parliament and of the Council of 19 December 2001, Amending Council Directive 95/21/EC, in: OJ L 019, 22.1.2002.

177 Schult, S. 261.

Vereinbarung beigetreten.[178] Diese Vereinbarung ist offen für alle Mittelmeeranrainerstaaten, die nicht Partei der Pariser Vereinbarung sind. Wie jede andere Vereinbarung über Hafenstaatskontrolle will die Mittelmeer-Vereinbarung die Einhaltung der internationalen Übereinkommen für die Schifffahrtssicherheit und für den Schutz der Meeresumwelt vor Verschmutzung mit einem harmonisierten System der Hafenstaatskontrolle überprüfen. Die Mittelmeer-Vereinbarung wird durch Institutionen ausgeführt, welche die Koordinierung der einzelstaatlichen Bemühungen im Bereich der Hafenstaatskontrolle sicherstellen sollen.

a. Der Ausschuss

Der Ausschuss der Mittelmeer-Vereinbarung entscheidet über wichtige Änderungen und Entwicklungen der Vereinbarung wie bei den Verfahren des Informationsaustausches zwischen den Behörden oder den Leitlinien über die Durchführung der Inspektionen.[179] Darüber hinaus organisiert der Ausschuss Seminare für die Ausbildung der Inspektoren.[180] Er besteht aus Vertretern der maritimen Behörden von Staaten, welche die Mittelmeer-Vereinbarung unterzeichnet haben. Vertretern der IMO, der ILO, und der Europäischen Kommission ist ein Beobachterstatus eingeräumt worden. Auch andere maritime Behörden und Organisationen dürfen als Beobachter in dem Ausschuss auftreten.[181] Diese Möglichkeit steht in erster Stelle den maritimen Behörden anderer Mittelmeeranrainer offen.[182] So erhielten die nördlichen Mittelmeeranrainerstaaten Italien, Spanien, Frankreich und Griechenland einen Beobachterstatus. In der Einleitung der Mittelmeer-Vereinbarung über Hafenstaatskontrolle wird die Euro-Med Partnerschaft und deren Barcelona Erklärung vom 28. November 1995 erwähnt und auf das in dieser Erklärung verankerte Ziel der Zusammenarbeit in den Bereichen der maritimen Sicherheit und der Verhütung der Meersverschmutzung im Mittelmeer Bezug genommen.[183] Auch der von der EU hierzu geleistete Beitrag wird erwähnt. Der Bezug auf die EU und die Möglichkeit eines Beobachtersta-

---

178 The Memorandum of Understanding on Port State Control in the Mediterranean Region wurde während zwei Treffen vorbereitet: das erste in Tunesien 25.-29.3.1996 und das zweite in Casa Blanca 10.-14.12.1996. Die Vereinbarung wurde während des dritten Treffens in Malta 8.-11.7.1997 verabschiedet, Text der Vereinbarung abrufbar unter http://www.medmou.org/.

179 7.1. Mittelmeer-Vereinbarung.

180 7.3. Mittelmeer-Vereinbarung: Auflistung der Kompetenzen des Ausschusses der Mittelmeer-Vereinbarung.

181 10.7. Mittelmeer-Vereinbarung: Dafür ist eine einstimmige Entscheidung des Ausschusses erforderlich.

182 Die Mittelmeeranrainerstaaten, die keine Vertragsparteien der Mittelmeer-Vereinbarung werden zu diesem Zweck ausdrücklich erwähnt.

183 Siehe Kapitel 1/Einleitung.

tus für deren Mitglieder im Ausschuss deuten auf die Notwendigkeit hin, das Mittelmeer als einheitlichen, gemeinsamen Raum für Staaten beider Ufer zu betrachten. Dadurch können die Ziele einfacher erreicht werden.

b. Die Ziele

Die maritimen Behörden, welche die Mittelmeer-Vereinbarung über Hafenstaatskontrolle unterzeichnet haben, sollen durch den Ausbau eines effektiven Systems hafenstaatlicher Kontrolle sicherstellen, dass Schiffe, die ihre Häfen anlaufen, die Standards der internationalen Übereinkommen einhalten. Dieses kollektive Kontrollsystem soll die Schifffahrtssicherheit und den Schutz der Meeresumwelt stärken und die Sozial- und Arbeitsverhältnisse an Bord verbessern.[184] Die Vereinbarung will hauptsächlich den Betrieb unternormierter Schiffe effektiv verhindern. Außerdem trägt die Vereinbarung zur Ermittlung und Ahndung des illegalen Einleitens schädlicher Stoffe ins Meer bei und beugt Zusammenstößen auf See vor. Eine Schifffahrtsbehörde muss auf Antrag einer anderen Schifffahrtsbehörde gegen ein Schiff ermitteln,[185] wenn dieses unter dem Verdacht des rechtswidrigen Einleitens steht.[186] Gegebenenfalls werden Proben von Schadstoffen entnommen. Diesbezüglich ist die Mittelmeer-Vereinbarung strenger als das SRÜ und als Art. 6 Abs. 5 MARPOL, die die Hafenstaaten zur Durchführung von Inspektionen zwar berechtigen, aber nicht verpflichten.

Die Mittelmeer-Vereinbarung sieht vor, dass drei Jahre nach ihrem Inkrafttreten die Behörden 15 % der ihre Häfen jährlich anlaufenden Schiffe inspizieren müssen. Das *control target* ist niedriger als in der Pariser Vereinbarung, wo es bei 25% liegt. Dies lässt sich vor allem durch die unterschiedlichen wirtschaftlichen und technischen Möglichkeiten der Parteien beider Vereinbarungen erklären. Ferner ist das *control target* von 15% nicht endgültig festgelegt, sondern wird entsprechend den Erfahrungen und dem Fortschritt bei der Durchführung der Vereinbarung geändert.[187]

c. Die relevanten Übereinkommen

In den Häfen der Parteien der Mittelmeer-Vereinbarung werden Schiffe kontrolliert, um zu überprüfen, ob sie die internationalen Übereinkommen zur Schifffahrtssicherheit und zum Meeresumweltschutz beachten. Diese internationalen

---

184 Einleitung, Mittelmeer-Vereinbarung.

185 Section 5 Mittelmeer-Vereinbarung besagt, dass „in case of suspected violations involving discharges of harmful substances, an authority *will*, upon the request of an other authority visit in port the ship suspected of such violation in order to obtain information, and where appropriate, to take a sample of any alleged pollutant". Hervorhebung zugefügt.

186 Section 5 ist betitelt "Operational Violations".

187 Section 1. 1.3. Mittelmeer-Vereinbarung.

Instrumente werden in der Mittelmeer-Vereinbarung als *„relevant instruments“* bezeichnet. Sie werden in der Vereinbarung aufgezählt:[188] - *The International Convention on Load Lines, 1996.*

- The International Convention for the Safety of Life at Sea, 1974 (SOLAS 74).

- The Protocol of 1978 relating to the International Convention for the Safety of Life at Sea, 1974.

- The International Convention for the Prevention of Pollution from Ships, 1973 as modified by the Protocol of 1978 thereto (MARPOL 73/78).

- The International Convention on Standards on Training, Certification and Watch Keeping for Seafarers, 1978 (STCW 78).

- The Convention on the International Regulations Preventing Collisions at Sea, 1972.

- The Merchant Shipping (Minimum Standards) Convention, 1976 (ILO Convention N°147).

Es ist wichtig, dass die Nichtbegünstigungsklausel (*no more favorable treatment*) in der Mittelmeer-Vereinbarung Niederschlag gefunden hat. Gemäß dieser Klausel dürfen die Inspektionen auch auf Schiffen durchgeführt werden, deren Flaggenstaaten nicht Vertragsstaaten der *„relevant instruments“* sind. Die Aufnahme der Nichtbegünstigungsklausel in die IMO-Konventionen hat zu Einwänden gegen deren völkerrechtliche Zulässigkeit geführt, da sie gegen die in Art. 34 des Wiener Übereinkommens über das Recht der Verträge enthaltene *pacta tertiis*-Regel verstöße.[189] Diese Einwände haben an praktischer Relevanz verloren, da die Anzahl der Vertragsparteien der IMO Konvention stetig zunimmt.[190]

d. Das Kontrollverfahren

(1) Die Auswahlkriterien für die Schiffe

Im Prinzip werden Schiffe inspiziert, deren letzte Überprüfung durch eine Behörde der Mittelmeer-Vereinbarung länger als sechs Monate zurückliegt, es sei denn, dass triftige Gründe für eine frühere Inspektion bestehen.[191] Die sechs Monate-Regel betrifft nicht die Kategorien von Schiffen, deren Kontrolle vorrangig ist, wie Schiffe, die den Hafen der betroffenen Behörde zum ersten Mal oder nach einer Abwesenheit von 12 Monaten anlaufen,[192] Schiffe, die gefährliche oder schädliche Stoffe befördern, oder Schiffe, deren Bau- und Ausrüs-

188 Section 2 Mittelmeer-Vereinbarung; Über den Inhalt dieser Übereinkommen siehe Kapitel 3/I/B u. G.

189 Schult, S. 242-243

190 Ebenda.

191 3.4. Mittelmeer-Vereinbarung.

192 3.3. Mittelmeer-Vereinbarung.

tungszertifikate nicht den internationalen Übereinkommen entsprechen. Sie können inspiziert werden *„whenever the Authority deems appropriate*".[193]

(2) Die Kontrollstufen

Bei der Kontrolle der Schiffe wird nach der Gründlichkeit der Inspektion unterschieden. Alle Schiffe werden mindestens einer Erstüberpüfung (*initial inspection*) unterzogen. Wenn triftige Gründe für die Annahme vorliegen, dass die IMO- und ILO-Konventionen nicht eingehalten wurden, wird gründlicher kontrolliert. Die Erstüberprüfung besteht aus einer Besichtigung an Bord (*visit on board*), um zu prüfen, ob das Schiff die erforderlichen Zeugnisse mit sich führt[194] und wie sein allgemeiner Zustand, einschließlich des Maschinenraums, der Unterkunftsräume sowie der hygienischen Verhältnisse, ist.[195] Anlage 3 der Mittelmeer-Vereinbarung enthält eine nicht abschließende Liste der triftigen Gründe, die auf eine Nichterfüllung der internationalen Übereinkommen deuten und deren Vorliegen eine gründlichere Inspektion des Schiffes rechtfertigt. Diese schließt eine Prüfung der Einhaltung der Vorschriften über die Führung und den Betrieb von Schiffen nach COLREG und MARPOL *„on-board operational requirements*" ein.

Die Mittelmeer-Vereinbarung räumt dem Inspektor ein gewisses Ermessen ein und erlaubt ihm, sich bei der Begründung der gründlicheren Inspektion auf sein *„professional judgement"* zu berufen.[196]

Die abgestufte Kontrolle der Mittelmeer-Vereinbarung entspricht den Vorgaben des SRÜ[197] und stimmt mit den IMO-Konventionen überein, obwohl sie weiter geht als diese.[198]

(3) Die Folgen der Kontrolle

Der Inspektor stellt dem Kapitän ein Zeugnis aus, in welchem er die Ergebnisse der Überprüfung, seine daraus resultierende Entscheidung und die zu beseitigenden Mängel, festhält. Die Behörde soll sicherstellen, dass die registrierten Mängel beseitigt werden. Wenn die Mängel eindeutig eine erhebliche Gefahr für die Schifffahrtsicherheit, die Meeresumwelt oder die Gesundheit darstellen, darf die Behörde ein Auslaufverbot für das Schiff verhängen. Anlage 2 der Mittelmeer-Vereinbarung enthält Vorgaben, ob die festgestellten Mängel ein Festhal-

---

193 3.4. Mittelmeer-Vereinbarung.

194 3.1.2. Mittelmeer-Vereinbarung besaft, dass: „The authority shall ensure that the inspector shall *as a minimum*, check the certificates and documents listed in Annex 2". Hervorhebung zugefügt.

195 3.1.1. u. 3.1.2 Mittelmeer-Vereinbarung.

196 3.2.2 Mittelmeer-Vereinbarung.

197 Siehe Kapitel 1/II/A/2/c.

198 Vgl. Schult, S. 255.

ten rechtfertigen. Der Eigner und der Betreiber des Schiffes sind berechtigt, gegen die Entscheidung des Festhaltens, gemäß dem Rechte des Staates, in welchem über das Zurückhalten entschieden worden ist, Beschwerde einzulegen.[199] Die Beschwerde kann jedoch das Festhalten des Schiffs nicht suspendieren. Das Schiff wird erst nach der Behebung des Mangels freigegeben. Wenn der seetüchtige Zustand des Schiffes wieder hergestellt ist, sind die Behörden verpflichtet, dem Schiff unverzüglich die Weiterfahrt zu erlauben. Die Mittelmeer-Vereinbarung bestätigt das Recht des Eigners oder Betreibers auf Entschädigung im Falle eines Festhaltens über Gebühr.[200] Kann ein Mangel nicht in dem Hafen repariert werden, in dem das Schiff festgehalten worden ist, muss dessen Behörde dem Schiff die Weiterfahrt bis zum nächstgelegenen Reparaturhafen gestatten und die dortige Behörde unverzüglich davon benachrichtigen. Diese muss sie wiederum von den getroffenen Maßnahmen und erfolgten Reparaturen unterrichten. Ist das Schiff den Reparaturanforderungen nicht nachgekommen, dann müssen alle Hafenbehörden der Mittelmeer-Vereinbarung dem Schiff den Zugang zu ihren Häfen verweigern, bis der Eigner oder Betreiber und der Flaggenstaat die Behörden von der Behebung der festgestellten Mängel informieren.[201] In diesem Fall werden alle maritimen Behörden der Mittelmeer-Vereinbarung über Hafenstaatskontrolle von der Reparatur des betroffenen Schiffes benachrichtigt.

e. Bilanz

Während des ersten Treffens des Ausschusses der Mittelmeer-Vereinbarung wurde die Errichtung eines Informationszentrums beschlossen, an das die Inspektionsberichte der Behörden geschickt werden sollen. Die Aufgaben des Zentrums wurden zunächst dem in Alexandria ansässigen Sekretariat zugewiesen bis das „*information center*" eingerichtet ist. Jede Behörde muss über die von ihr durchgeführten Besichtigungen und deren Ergebnisse nach dem in Anlage 8 beschriebenen Verfahren berichten.[202] Das Berichtsystem ist von zentraler Bedeutung für die Anwendung der Mittelmeer-Vereinbarung. Das in der Vereinbarung etablierte vereinheitlichte und koordinierte System hafenstaatlicher Kontrolle kann nicht ohne den Informationsaustausch über die Inspektionen in den verschiedenen Behörden funktionieren.

Bisher ist die Errichtung des Informationszentrums auf finanzielle Schwierigkeiten gestoßen, obwohl Marokko sich zu der Aufnahme des zukünftigen

199 3.13. Mittelmeer-Vereinbarung.
200 3.10. Mittelmeer-Vereinbarung.
201 3.8.2. Mittelmeer-Vereinbarung.
202 4.1. Mittelmeer-Vereinbarung.

Zentrums bereit erklärt hat.[203] Bedauerlicherweise haben die meisten Behörden dem Sekretariat von 2001 bis Ende 2003 keine Daten übermittelt.[204] Wegen technischer und struktureller Schwierigkeiten bei den Schifffahrtsbehörden hat die Mittelmeer-Vereinbarung bisher ihre Ziele nicht erreicht. Vom 15. Dezember 1998 bis zum 1. September 1999 haben die Behörden in Libanon, Malta und Zypern keine Inspektion durchgeführt.[205] Darüber hinaus besteht keine ausreichende Transparenz über die durchgeführten Kontrollen. Die Jahresberichte des Sekretariats sind bisher nicht veröffentlicht worden.[206]

4. Zwischenergebnis

Es besteht bisher kein mittelmeerweit einheitliches Hafenstaatskontrollsystem. Während zur Mittelmeer-Vereinbarung nur Parteien am südlichen und östlichen Mittelmeer zählen, sind die südeuropäischen Staaten mit Ausnahme von Malta und Zypern der Pariser Vereinbarung zur Hafenstaatskontrolle unterworfen. Obwohl die Mittelmeer-Vereinbarung nach dem Vorbild der Pariser Vereinbarung ausgearbeitet wurde, gibt es einige Unterschiede. Das *control target* der Mittelmeer-Vereinbarung ist niedriger als in der Pariser Vereinbarung. Das Hafenkontrollsystem der Pariser Vereinbarung ist durch die EU Richtlinie verbindlich geworden.[207] Den Staaten des südlichen Ufers fehlt eine regionale Organisation wie die EU, die über Sanktionsmittel verfügt.[208] Die Kooperation zwischen den Parteien beider Vereinbarungen sollte verstärkt und institutionalisiert werden, wie dies zwischen der Pariser Vereinbarung und der Tokyo-Vereinbarung der Fall ist.[209]

III. Ergebnisse von Kapitel 3

Das Barcelona-System entspricht der Vorgabe des SRÜ, nach welcher die Verhütung und Bekämpfung der Meeresverschmutzung durch Schiffe primär global geregelt werden sollen. So setzen die Vertragsparteien des Barcelona-Systems keine speziellen materiell-rechtlichen Standards für die Meeresverschmutzung durch Schiffe fest. Sie verpflichten sich in den Barcelona-Konventionen I und II, die AAINS, insbesondere die IMO-Konventionen, anzuwenden und ihnen Wirk-

---

203 Das fünfte Treffen des Ausschusses der Mittelmeer-Vereinbarung in Limassol, Zypern, (26.-28. 3.2002).

204 Mehr dazu unter www.medmou.org.

205 Khodjet El Khil, S. 268.

206 Seit der Errichtung der Internetseite des Sekretariats steht „*under construction*" an der Stelle der "*Yearly Reports*".

207 Khoudjet El Khil, La pollution de la mer Méditerranée, S. 269.

208 König, The Enforcement, S. 9.

209 Peters, Innere Gewässer im neuen Seerecht (1999), S. 131; Yang, Jurisdiction of the Coastal State (2006), S. 109; Annual Report of the Tokyo MOU (2000) abrufbar unter http://www.tokyo-mou.org/.

samkeit zu verleihen. Deswegen liegt der Beitrag des UNEP/MAP bei der Bekämpfung der Verschmutzung durch Schiffe in der Durchsetzung der globalen Normen und Standards. Dies wird hauptsächlich durch die Mittelmeer-Vereinbarung über Hafenstaatskontrolle belegt, welche die Zusammenarbeit der Schifffahrtsbehörden der beteiligten Staaten koordiniert und intensiviert. Die Durchführung der Hafenstaatskontrolle ist nach der genannten Vereinbarung im Gegensatz zum SRÜ und zu den IMO-Konventionen verbindlich. Deswegen stellt die Mittelmeer-Vereinbarung ein geeignetes Mittel zur Durchsetzung der globalen Normen und Standards dar.

Die Staaten des nördlichen Mittelmeerufers sind nicht Parteien der Mittelmeer-Vereinbarung, sondern der Pariser-Vereinbarung. Unterschiede zwischen beiden Vereinbarungen bestehen, insbesondere bezüglich der Anzahl der jährlich zu kontrollierenden Schiffe (sog. *control target*). Diese sind den unterschiedlichen wirtschaftlichen und technischen Möglichkeiten der Parteien zuzuschreiben. Darin liegt auch eine Rechtfertigung solcher Vereinbarungen. Das Recht darf die tatsächlichen Möglichkeiten und Verhältnisse der Staaten nicht übersehen.

Das Gefälle zwischen den Vereinbarungen kann ausgenutzt werden, um strengeren Hafenstaatskontrollen auszuweichen, was zu Wettbewerbsverzerrungen führen würde. Deswegen ist es wichtig, die Zusammenarbeit zwischen der Mittelmeer-Vereinbarung und der Pariser Vereinbarung zu stärken. Dabei erfüllt die IMO als eine internationale Organisation mit einem globalen Mandat eine unabdingbare koordinierende Rolle. Sie verbindet die globale und die regionale Ebene und die regionalen Umweltschutzmechanismen. Die IMO unterstützt einerseits die regionalen Vereinbarungen über die Hafenstaatskontrolle und entwickelt andererseits harmonisierte und einheitliche Kontrollverfahren.

Bei der Bekämpfung und Verhütung der unfallbedingten Meeresverschmutzung durch Schiffe wird die Wechselwirkung zwischen der regionalen und der globalen Ebene besonders deutlich. Zunächst wurde diese Verschmutzungsquelle regional geregelt, wie es das UNEP/MAP Notfallprotokoll I belegt. Die Zusammenarbeit bei einem Meeresvorfall lässt sich zwischen benachbarten Staaten einfacher und schneller organisieren und durchführen. Das globale Vorsorge-Übereinkommen hat die wichtigsten Teile der regionalen Abkommen übernommen und sie um weitere und detaillierte Bestimmungen erweitert. Diese Bestimmungen fanden dann Eingang in das UNEP/MAP Notfallprotokoll II. Bei der Bekämpfung und Verhütung der Verschmutzung durch Schiffe ergänzen sich globale und regionale Vorschriften und wirken aufeinander.

Kapitel 4: Der Schutz des Mittelmeeres vor Verschmutzung durch Einbringen

Obwohl die Verschmutzung durch Einbringen von Schadstoffen nur ca. 10 % zur Meeresverschmutzung beiträgt, gefährdet sie die Meeresumwelt sehr. Die Gefahr besteht vor allem in der Versuchung, toxische Stoffe unentdeckt ins Meer zu entsorgen. Die begrenzte Aufnahmekapazität der Ozeane und insbesondere des Mittelmeeres für Schadstoffe, macht die Gefahr einer irreversiblen Verschmutzung groß.[1] Im Jahr 1972 wurde das globale Londoner Übereinkommen über die Verhütung der Meeresverschmutzung durch das Einbringen von Abfällen und anderen Stoffen geschlossen.[2] Obwohl das Mittelmeer hier nicht ausdrücklich erwähnt wird, ist es für das Mittelmeer anwendbar. Bereits das Barcelona-System enthält Instrumente für die Bekämpfung der Meeresverschmutzung durch Einbringen von Schadstoffen.

I. Die globalen Instrumente zum Meeresumweltschutz gegen Einbringen

A. Das Londoner Übereinkommen über die Verhütung der Meeresverschmutzung durch Einbringen von Abfällen und anderen Stoffen

1. Definition des Einbringens

Art. III des Londoner Übereinkommens über die Verhütung der Meeresverschmutzung durch Einbringen von Abfällen und anderen Stoffen (hiernach: LDC)[3] definiert das Einbringen als „jede auf See erfolgende vorsätzliche Beseitigung von Abfällen oder sonstigen Stoffen von Schiffen, Luftfahrzeugen, Plattformen oder sonstigen auf See errichteten Bauwerken aus"; sowie „jede auf See erfolgende vorsätzliche Beseitigung von Schiffen, Luftfahrzeugen, Plattformen und sonstigen auf See errichteten Bauwerken".

Nach dieser Definition stellen betriebsbedingte Einleitungen kein Einbringen dar. An diesem Merkmal ist der Unterschied zu MARPOL festzustellen.[4] Ebenso wenig erfasst diese Definition die Beseitigung von Abfällen aus dem Meeresbodenbergbau und die Lagerung von Gegenständen auf dem Meeresboden, es sei denn, dass sie mit der Absicht der Beseitigung erfolgen. So ist die

1 Baird, Ocean Dumping- an Overview of the International and Domestic Regulatory System, in: 15 Environmental and Planning Law Journal (1998), S. 174-176; Schachter/ Serwer, Marine Pollution Problems and Remedies, in: 84 AJIL (1971), S. 105 ff.

2 Convention on the Prevention of Marine Pollution by Dumping of Wastes and Other Matters vom 29.12.1972, seit dem 30.8.1975 in Kraft, Text in: BGBl. 1977 II, S. 180.

3 Abgekürzt nach dem englischen Titel. Zur Entstehungsgeschichte des LDC siehe bei Letalik, Pollution from Dumping, in: Johnston (Ed.), The Environmental Law of the Sea, S. 219-221.

4 Letalik, S. 222.

Lagerung von Instrumenten für die wissenschaftliche Forschung und die Umweltüberwachung kein Einbringen.[5]

2. Verbot mit Erlaubnisvorbehalt

Die Regelung des Einbringens durch das LDC kann als „Verbot mit Erlaubnisvorbehalt" bezeichnet werden.[6] Das Einbringen ist nicht grundsätzlich verboten, sondern das Einbringen bestimmter Stoffe. Sie sind im ersten Anhang des LDC in einer sogenannten schwarzen Liste aufgeführt. Darunter befinden sich Öl, Plastik und hochgradig radioaktive Abfälle. Das Einbringen der im zweiten Anhang, der sogenannten grauen Liste, vorgesehenen Substanzen bedarf einer Sondererlaubnis (*prior special permit*) durch die innerstaatlichen Behörden.[7] Die übrigen Substanzen sind verklappbar.[8] Die dritte Anlage enthält eine Aufstellung der behördlicherseits für die Erteilung der Erlaubnis zum Einbringen zu berücksichtigenden Faktoren.[9] Nach Art. 6 LDC bezeichnet jede Vertragspartei die Behörden, die für die Erlaubniserteilung, sowie für das Führen von Unterlagen über Art und Menge aller mit Erlaubnis eingebrachten Stoffe und für die ständige Überwachung des Zustandes des Meeres zuständig sind.[10] Diese nationalen Behörden erteilen die Erlaubnis zum Einbringen der Abfälle, die in ihren Hoheitsgebiet verladen werden. Wenn der Ladestaat keine Vertragspartei des LDC ist, erteilt der Flaggenstaat die Erlaubnis, wenn er Vertragspartei des Übereinkommens ist.[11] In Art. 3 LDC heißt es, dass die Vertragsparteien nach der Beendigung der UNCLOS zusammenkommen werden „with the view to defining the nature and extent of the right and the responsibility of a coastal state to apply the convention in a zone adjacent to its coast". Laut Art. 210 Abs. 5 SRÜ bedarf das Einbringen im Küstenmeer und in der ausschließlichen Wirtschaftszone oder auf dem Festlandsockel der ausdrücklichen Erlaubnis des Küstenstaates. Eine Lektüre beider Bestimmungen kann zum Ergebnis führen, dass der Ladestaat nach wie vor die Erlaubnis für das Einbringen in seinem Hoheitsgebiet oder auf Hoher See erteilt.[12] Für das Einbringen im Küstenmeer, in der AWZ oder auf dem Festlandsockel eines anderen Staates ist die Erlaubnis dieses Staates notwendig.[13]

5 Baird, S. 179.
6 Proelß, S. 145.
7 Art. 4 Abs. 1 (b) LDC.
8 Art. 4 Abs. 1 (c) LDC.
9 Art. 4 Abs. 2 LDC; Kritisch dazu Letalik, S. 223.
10 Beyerlin, Umweltvölkerrecht, S. 116.
11 Art. 6 Abs. 2 LDC.
12 Ehlers/Kunig, Abfallbeseitigung auf Hoher See (1978), S. 45 ff; Gündling, Rechtsprobleme der Abfallbeseitigung auf See, in: 4 Natur und Recht (1982), S. 41 ff.
13 Biermann, S. 110-111.

Die Vertragsparteien führen das Abkommen für alle Schiffe und Luftfahrzeuge, die in ihrem Hoheitsgebiet eingetragen sind, ihre Flagge führen oder in ihrem Hoheitsgebiet Stoffe zum Zwecke des Einbringens laden aus, sowie für alle Schiffe, Luftfahrzeuge und Plattformen unter ihrer Hoheitsgewalt, von denen ein Einbringen angenommen wird.[14] Die Vertragsparteien sind verpflichtet, die Verletzung des LDC unter Strafe zu stellen.[15]

Das LDC wurde mehrfach geändert. In die Schwarze Liste (Anhang I) wurden die Verbrennung von Abfällen und anderen Stoffen auf See, das Einbringen von schwach radioaktivem Material und Industrieabfällen ins Meer sowie deren Verbrennung auf See nachträglich aufgenommen.[16] Die bedeutendste Änderung des LDC erfolgte mit dem Protokoll von 1996 zum LDC.

Die Effizienz des durch das LDC eingeführten „Verbotes mit Erlaubnisvorbehalt" hängt von der Staatenpraxis ab, die unterschiedlich war. Dies liegt an dem Grunddissens über die Zielsetzung des LDC. Für einige Staaten soll es das Einbringen lediglich regeln, um einen Schaden für die Meeresumwelt zu verhindern. Andere Staaten meinen jedoch, dass das Ziel des Londoner Übereinkommens die generelle Verhinderung des Einbringens sei. Diese Meinungsverschiedenheit hat eher zu einer Praxis der Einbringensfreiheit als des Einbringensverbots geführt.[17] Um die Unklarheit über das Ziel eines globalen Regimes gegen die Verschmutzung durch Einbringen zu beseitigen, müsste ein neues Instrument verabschiedet werden. Neue Grundsätze des Umweltvölkerrechts wie das Vorsorgeprinzip, und die Empfehlungen der Agenda 21 haben die Vertragsparteien des LDC zur Verabschiedung des Protokolls von 1996 veranlasst.[18]

B. Das Protokoll zum Londoner Übereinkommen über die Verhütung der Meeresverschmutzung durch Einbringen von Abfällen und anderen Stoffen

Das Protokoll zum Londoner Übereinkommen über die Verhütung der Meeresverschmutzung durch das Einbringen von Abfällen und anderen Stoffen (hiernach: LDP) wurde am 7. November 1996 verabschiedet.[19] Es ist am 24. März 2006 in Kraft getreten.[20] Das Protokoll ersetzt das LDC für diejenigen Vertragsparteien, die ihm und dem Protokoll angehören.[21] Das LDP hat den Ansatz des

14 Art. 7 Abs. 1 LDC.
15 Art. 7 Abs. 2 LDC.
16 Beyerlin, Umweltvölkerrecht, S. 117; Letalik, S. 223-224
17 Proelß, Meeresschutz im Völker- und Europarecht, S. 145.
18 La Fayette (de), The London Convention 1972: Preparing for the Future, in: 13 IJMCL (1998), S. 533-534.
19 Text in: ILM 36 (1997), S. 7.
20 Nach Art. 25 LDP tritt dieses Protokoll am 30 Tag nach der Abgabe von 26 Ratifikationen in Kraft.
21 Art. 23 LDP.

LDC grundlegend geändert.[22] Die Vertragsparteien sind nun verpflichtet, das Einbringen von Abfällen und sonstigen Stoffen zu verbieten. Nur die in Anlage I LDP aufgelisteten Abfälle und Stoffe dürfen vorbehaltlich einer Erlaubnis in das Meer eingebracht werden. [23] Das ist der sogenannte *„reverse listing“* [24] -Ansatz. Die genannte Liste enthält nur noch wenige Substanzen.[25] Beispielsweise sind hier Industrieabfälle nicht genannt. Bei der Erlaubniserteilung müssen die Vertragsparteien die Anlage II LDP beachten und umweltverträglichere Möglichkeiten zum Einbringen berücksichtigen. Außerdem treffen die Vertragsparteien administrative und legislative Maßnahmen, um sicherzustellen, dass die Erlaubnis gemäß den erwähnten Vorgaben erteilt wird.[26] Das LDP regelt nicht nur das Einbringen von Abfällen und Stoffen. Seine Vertragsparteien müssen laut Art. 5 LDP auch Abfallverbrennungen auf See vollständig verbieten.[27] Der Wille, das Einbringen möglichst zu beschränken, zeigt sich auch in dem erweiterten materiellen und räumlichen Anwendungsbereichs des LDP. Das Protokoll gilt nämlich nicht nur für die Meeresgewässer, sondern auch für den Meeresboden und den Meeresuntergrund.[28] Dementsprechend wurde die Definition des Einbringens um die Lagerung von Abfällen bzw. Stoffen auf dem Meeresboden und im Meeresuntergrund und um das bloße Aufgeben ausgedienter Ölbohrplattformen, soweit dies einzig zum Zweck der Beseitigung erfolgt, erweitert.[29] Den Vertragsstaaten ist es überlassen, das Protokoll in den inneren Gewässern anzuwenden um das Einbringen und die Verbrennung von Abfällen in den inneren Gewässern zu kontrollieren.[30] Dies fordert einen integrierten Schutz von Meeres- und Küstengebieten.[31] Ferner verbietet das LDP den Export von Abfällen in andere Staaten mit der Absicht, dass sie dort eingebracht oder verbrannt werden.[32] Das LDP trägt auch den durch die Rio-Konferenz bewirkten Einflüssen im Völkerumweltrecht Rechnung. Deswegen sind die Vertragsparteien zur Vorsorge verpflichtet (*precautionary approach*).[33] Sie müssen vorbeugende Maßnahmen

---

22 Akhavi, The 1996 Protocol to the 1972 Convention on the Prevention of Marine Pollution by Dumping of Wastes and Other Matter, in: 1 Asia Pacific Journal of Environmental Law (1997), S. 201 ff.

23 Art. 4 Abs. 1 LDP.

24 Baird, S. 188.

25 Ebenda.

26 Art. 4 Abs. 2 LDP.

27 Art. 8 LDP sieht jedoch Ausnahmen vor, in welchen das Einbringen zulässig wird.

28 Art. 1 Abs. LDP .

29 Art. 1 Abs. 4. LDP; Dazu Kirk, The 1996 Protocol to the London Dumping Convention and the Brent Spar, in: 46 International and Comparative Law Quarterly (1997), S. 957 ff.

30 Art. 7 Abs. 1 u. Abs. 2 LDP.

31 Proelß, S. 146; Graf Vitzthum/Talmon, Alles fließt (1998), S. 128-131.

32 Art. 6 LDP.

33 Art. 3 Abs. 1 LDP.

treffen, wenn Abfälle wahrscheinlich die Meeresumwelt schädigen werden, auch wenn die Kausalität des Einbringens für den Schaden nicht schlüssig bewiesen werden kann. Dieser Vorsorge-Ansatz ist auch in den von den Vertragsparteien erarbeiteten Richtlinien stärker betont worden.[34] Darüber hinaus sind sie angehalten, sich nach dem Verursacherprinzip[35] und dem Ursprungsprinzip[36] zu richten[37] und den Entsorgern die Kosten der Vorsorge- und Überwachungsmaßnahmen aufzuerlegen.[38] Das LDP gewährt den Staaten, die ihm nach dem 31. Dezember 1996 beigetreten sind, fünf Jahre Zeit, um seine Bestimmungen zu erfüllen.[39] Manche Autoren sehen darin eine Variante des Prinzips der gemeinsamen, aber differenzierten Verantwortlichkeit.[40] Diese Meinung ist nahe liegend, da eine solche Bestimmung insbesondere Entwicklungsländer dazu ermutigt, dem LDP beizutreten. Während der fünf Jahre können sie sich die notwendigen wirtschaftlichen und technischen Mittel aneignen. Erst dann sind sie imstande, die Pflichten aus dem Protokoll zu erfüllen. Diese Frist kann für die Mittelmeeranrainerstaaten besonders nützlich sein, da viele Entwicklungsländer unter ihnen sind.

C. Die Mittelmeerberührung der globalen Instrumente

Die meisten Mittelmeeranrainerstaaten haben das LDC ratifiziert,[41] und wenden es im Mittelmeer an. Aufgrund der weltweiten Akzeptanz des LDC gelten seine Regelungen als international anerkannte Normen und Standards im Sinne von Art. 210 Abs. 6 SRÜ,[42] womit die wesentlichen materiellen Bestimmungen des LDC für die Parteien des SRÜ anwendbar sind.[43] Demzufolge findet das LDC auch für die wenigen Mittelmeeranrainer Anwendung, die es nicht ratifiziert haben.[44] Darüber hinaus gilt das LDC im Mittelmeer für die Vertragsparteien, die es für ihren Meeresverkehr benutzen, ohne Anrainer zu sein.[45] Anders als MARPOL enthält das Londoner Übereinkommen keine speziellen Regelungen für

34 IMO Doc.LC/SG 22/13 Annex 5, Guidelines for the Assessment of Wastes or Other Matter that May be Considered for Dumping; Siehe Marr, The Precautionary Principle in the Law of the Sea (2003), S. 121-124.

35 Art. 3 Abs. 2 LDP.

36 Art. 3 Abs. 3 LDP.

37 Sands, Principles of International Environmental Law (2003), S. 422-423.

38 Beyerlin, Umweltvölkerrecht, S. 117.

39 Art. 26 LDP.

40 La Fayette (de), The London Convention 1972, Fn.52, S. 527.

41 Nur Algerien, Syrien, Israel, Libanon und die Türkei haben das LDC nicht ratifiziert. Siehe unter http://www.londonconvention.org/.

42 Wolfrum/Matz, Conflicts in Environmental International Law (2003), S. 49.

43 Krüger, S. 141.

44 Vgl. Treves, L'approche régionale en matière de protection de l'environnement marin, S. 608.

45 Leanza, Le nouveau droit International de la mer méditerranée, S. 621.

einzelne Meeresgebiete. Deswegen gelten im Mittelmeer die einheitlichen Bestimmungen des LDC. Dieses fordert in Art. 8 die Vertragsparteien zum Abschluss regionaler Vereinbarungen auf. Hiernach sollen die Vertragsparteien mit gemeinsamen Interessen zum Schutz der Meeresumwelt regionale Abkommen schließen, welche charakteristische regionale Eigenschaften berücksichtigen.

Die Vielzahl internationaler Abkommen gegen die Meeresverschmutzung durch Einbringen könnte zu Normenkollisionen führen. Um diese zu verhindern, sollen sich die Vertragsparteien des LDC bemühen, die Ziele und Bestimmungen dieser regionalen Abkommen zu beachten, auch wenn sie nicht deren Vertragsparteien sind. Außerdem sind die Vertragsparteien des LDC aufgefordert, mit den Vertragsparteien der regionalen Abkommen zur Entwicklung harmonisierter Verfahren zusammenzuarbeiten.[46]

II. Die UNEP/MAP Protokolle zum Meeresumweltschutz gegen Einbringen

Wie das LDC fordert auch das SRÜ die Staaten auf, regionale Regeln, Normen und empfohlene Gebräuche und Verfahren zur Verhütung, Verringerung und Überwachung der Verschmutzung durch Einbringen festzulegen.[47] Beide globalen Instrumente weisen den regionalen Abkommen gewisse Funktionen zu und setzen ihnen Vorgaben.

Diese sollen charakteristische regionale Eigenschaften berücksichtigen. Sie dürfen „nicht weniger wirkungsvoll" als die globalen Instrumente sein. Diese stellen für die regionalen Regelungen einen Mindeststandard dar. Die Vertragsparteien des SRÜ sind verpflichtet, Gesetze und sonstige Vorschriften zur Verhütung, Verringerung und Überwachung der Verschmutzung der Meeresumwelt durch das Einbringen zu erlassen.[48] Auch diese nationalen Rechtsvorschriften dürfen nicht weniger wirkungsvoll als die globalen sein.[49] Um die Mittelmeerumwelt vor der Verschmutzung durch Einbringen zu schützen, wurde im Barcelona-System bereits 1976 ein Protokoll verabschiedet, das 1995 wesentlich geändert wurde. Da die Neufassung noch nicht von allen Parteien des Barcelona-Systems ratifiziert und noch nicht in Kraft getreten ist, gilt die erste Version des Protokolls über die Verhütung der Mittelmeerverschmutzung durch das Einbringen weiterhin. Durch die Untersuchung dieses Protokolls in seiner alten und

---

46 Art. 8 LDC besagt, dass: „(...) The Contracting Parties to the present Convention shall endeavour to act consistently with the objectives and provisions of such regional agreements, which shall be notified to them by the Organization. Contracting Parties shall seek to co-operate with the Parties to regional agreements in order to develop harmonized procedures to be followed by Contracting Parties to the different conventions concerned".

47 Art. 210 Abs. 4 SRÜ; Siehe Kapitel 1/II/B/2.

48 Art. 210 Abs. 1 SRÜ.

49 Art. 210 Abs. 6 SRÜ.

neuen Fassung wird der Frage nachgegangen, ob diese regionalen Regelungen, die ihnen von den globalen Instrumenten zugewiesenen Funktionen und Vorgaben erfüllen.

A. Das Protokoll über die Verhütung der Mittelmeerverschmutzung durch Einbringen

Das Protokoll über die Verhütung der Mittelmeerverschmutzung durch Einbringen von Schiffen und Flugzeugen aus (hiernach: BDP I)[50] wurde am 16. Juni 1976 verabschiedet. [51] Es ist von allen Vertragsparteien der Barcelona-Konvention I ratifiziert worden.[52]

Das Protokoll findet auf alle Meereszonen des Mittelmeers mit Ausnahme der inneren Gewässer Anwendung. Es beruht auf derselben Definition von Einbringen wie im SRÜ und im LDC. Das BDP I bezieht jedoch, im Unterschied zum LDC, die Beseitigung von Abfällen aus der Erforschung und Ausbeutung des Meeresbodens ein.[53] Das BDP I verfährt nach dem Listenprinzip wie das Londoner Übereinkommen.[54] Die Vertragsparteien sind verpflichtet, das Einbringen aller Abfälle und sonstigen Stoffe, die in Anlage I aufgeführt sind, zu verbieten.[55] Stoffe der Anlage II dürfen nur mit einer speziellen Erlaubnis eingebracht werden.[56] Das Einbringen aller restlichen Abfälle bedarf einer allgemeinen Erlaubnis.[57] Deswegen ähneln sich die Einbringensregime im LDC und im BDP I weitgehend. Es bestehen jedoch auch einige Unterschiede: In die Anlage I des BDP I sind zusätzliche Substanzen, wie Säure- und Alkaliverbindungen, aufgenommen worden.[58] Die Aufnahme dieser Substanzen in die schwarze Liste ist auf einen Streit zwischen Italien und Frankreich um das Einbringen von Totandioxid-Abfällen durch die italienische Chemiefirma *Montedison* vor der Küste Korsikas zurückzuführen.[59] Andere zusätzliche Stoffe sind in die graue Liste der Stoffe, deren Einbringen einer Sondererlaubnis bedarf eingefügt worden.[60] Damit wird deutlich, dass das BDP I in dieser Hinsicht strenger als das

50 Abgekürzt nach dem englischen Titel und nach dem Ort der Vertragsschließung: Barcelona Dumping Protocol.

51 Text abrufbar unter http://www.unepmap.org/Archivio/All_Languages/WebDocs/BC&Protocols/BCP_originals/ProtocolDumping76_eng.pdf.

52 Das BDP I ist seit dem 12.2.1978 in Kraft.

53 Zoller, S. 89.

54 Leanza, Le régime juridique international de la mer méditerranée, S. 392.

55 Art. 4 BDP I.

56 Art. 5 BDP I.

57 Art. 6 BDP I.

58 Vgl. Treves, L'approche régionale en matière de protection de l'environnement marin, S. 598.

59 Zoller, S. 89.

60 Selenium, Antimonium und synthetische organische Chemikalien.

globale LDC ist. Diese geringen Unterschiede heben die Frage einer Kollision zwischen beiden Instrumenten auf. Das BDP I erwähnt in seiner Präambel das Londoner Übereinkommen, welches betont, dass die regionalen Abkommen mit ihm übereinstimmen müssen.[61] Die Liste zusätzlicher Substanzen in den Anlagen bringt das BDP I nicht in Konflikt mit dem Londoner Übereinkommen. Trotz seiner strengeren Regelung bleibt das BDP I dem im LDC festgelegten Ziel treu, nach welchem die Vertragsparteien alle Maßnahmen treffen, um die Verschmutzung durch Einbringen zu verhüten, zu verringern und zu bekämpfen. Das LDC sieht auch vor, dass keine seiner Bestimmungen so ausgelegt werden darf, dass eine Vertragspartei daran gehindert wird, das Einbringen eines Stoffes zu verbieten, der nicht in der schwarzen Liste des LDC eingetragen ist.[62] Die einzige Beschränkung, die das SRÜ den regionalen Abkommen auferlegt, ist dass sie „nicht weniger wirkungsvoll" als die weltweiten Regelungen sein dürfen.[63] Man kann daraus schließen, dass die regionalen Regelungen strenger als die weltweiten sein dürfen. Bei der Aufnahme zusätzlicher Stoffe in das BDP I wurden spezifische Eigenschaften des Mittelmeeres (faktisch: der oben erwähnte Streit zwischen Frankreich und Italien und hydrographisch: die besondere Empfindlichkeit der Gewässer dieses Meeres) berücksichtigt. Deswegen sind LDC und BDP I vereinbar.[64] Das BDP I ist ein rechtlicher Erfolg, da seine schwarzen und grauen Listen strenger als alle sonstigen Abkommen sind.[65] Trotzdem wird die Anwendung dieses Protokolls als mangelhaft bewertet. Beispielsweise haben nicht alle Staaten über ihre Handlungen bezüglich des Einbringens vollständig berichtet.[66] Von 1975 bis 1985 war kein Einbringen von in der schwarzen Liste aufgezählten Substanzen zu verzeichnen. Es wurde keine allgemeine Erlaubnis erteilt und es wurde über keinen Verstoß berichtet.[67] Da das Sekretariat nicht imstande war, sich der Richtigkeit der von den Staaten erstellten Berichte zu vergewissern, gibt es keine Sicherheit über die behaupteten Erfolge des Proto-

---

61 Siehe Kapitel 4/I/A.

62 Art. 4 Abs. 3 LDC.

63 Art. 210 Abs. 4 u. Abs. 6 SRÜ.

64 Zur gegenteiligen Meinung siehe Zoller, S. 90.

65 Kiss, Récents traités régionaux concernant la pollution de la mer, S. 739.

66 Marotta, Le système juridique mis en place dans le cadre du Plan d'Action pour la Méditerranée, in : 62-63 La Méditerranée assassinée-peuples méditerranéens (1993), S. 235-254.

67 Leanza, Le régime juridique international de la mer méditerranée, S. 393 : Er schreibt : «Cependant des doutes sont exprimés sur le caractère exhaustif du cadre fourni par les rapports des Etats contractants, et ces Etats ont été invités à transmettre au Secrétariat des rapports négatifs, lorsque les autorisations pour *dumping* n'ont pas été délivrées, et lorsque aucun *dumping* ne s'est produit. Les Etats contractants qui ne l'auraient pas encore fait ont d'autre part été invités à désigner sans retard les autorités compétentes en la matière.»

kolls.[68] UNEP bezeichnet dieses Protokoll jedoch als einen der größten Erfolge des Barcelona-Systems und sieht ihn insbesondere in den inzwischen in vielen Mittelmeerhäfen errichteten Auffangbecken für Altöl und andere Schiffsabfälle. Griechenland hat Einbringen durch Gesetz verboten und viele Auffangbecken errichtet, um das Verbot wirksam zu machen.[69]

B. Das Protokoll über die Verhütung und Beseitigung der Mittelmeerverschmutzung durch Einbringen oder Verbrennung auf See

Gemäß der Barcelona-Konvention II treffen die Vertragsparteien alle angemessenen Maßnahmen, um die Verschmutzung durch Einbringen und Verbrennung auf See zu vermeiden, zu reduzieren und soweit wie möglich zu beseitigen.[70] Dementsprechend ist das BDP I von 1976 am 10. Juni 1995 weitgehend geändert worden (die geänderte Fassung hiernach: BDP II). Obwohl diese Änderungen entscheidende Innovationen gebracht haben, sind während den Verhandlungen gegen sie keine Einwände vorgebracht worden.[71] Weltweit wurde Konsens erzielt, dass die Aufnahmekapazität der Meere nicht unbegrenzt und deswegen eine drastische Verringerung des Einbringens notwendig sei.[72] Die Änderungen des BDP I spiegeln diesen Konsens wider. Sie sind sogar strenger und umweltfreundlicher als die Änderungen des weltweiten Regimes durch das LDP von 1996. Wie im LDP ist im BDP II das grundsätzliche Verbot des Einbringens die folgenreichste Neuerung.[73] Art. 4 Abs. 2 des BDP II nennt abschließend die Stoffe, die vorbehaltlich einer speziellen Erlaubnis der nationalen Behörden, eingebracht werden dürfen. Es sind weniger Stoffe als nach dem Protokoll zum LDC verklappt werden dürfen. Im Unterschied zu dem Londoner Protokoll sind Abwässer und organischer Abfall im BDP II nämlich nicht aufgelistet.[74] Ferner ist im BDP II für das Verbot der Verbrennung auf See keine Ausnahme vorgesehen,[75] während das LDP sie im Falle höher Gewalt zulässt.[76] Darüber hinaus enthält das BDP II mehr staatliche Verpflichtungen als das LDC und sein Proto-

68 Doussis, Le bilan, S.125 ; Zoller, S. 91-92.

69 Zoller, S. 92 ff.

70 Art. 5 Barcelona-Konvention II.

71 Juste Ruiz, L'évolution des conventions régionales, S. 165.

72 Ebenda.

73 Art. 4 Abs. 1 BDP II.

74 Anlage I. Abs.1 LDP.

75 Art. 8 BDP II lässt nur das Einbringen verbotener Stoffe im Falle höher Gewalt zu. Die Verbrennung auf See ist von dieser Ausnahme nicht betroffen.

76 In Art. 8 Abs. 1 LDP heißt es dass: „The provisions of Articles 4.1 and 5 shall not apply when it is necessary to secure the safety of human life or of vessels, aircraft, platforms or other man-made structures at sea in case of force majeure caused by stress of weather, or in any case which constitutes a danger to human life or real threat to vessels (...) if *dumping or incineration at sea* appears to be the only way of averting the threat...". Hervorhebung zugefügt.

koll. Beispielsweise sind die Vertragsparteien des BDP II verpflichtet, ihren für die Überwachung des Meeres zuständigen Schiffen und Luftfahrzeugen die Meldung von Ereignissen oder Zuständen im Mittelmeer vorzuschreiben, die Grund für die Vermutung geben, dass ein Einbringen in Missachtung des Protokolls erfolgt ist, oder im Begriff ist zu erfolgen.[77]

Aus diesen Gründen schützt das BDP II die marine Umwelt im Mittelmeer stark vor Verschmutzung durch Einbringen. Dieser Unterschied zu dem LDP darf jedoch nicht so verstanden werden, als ob das weltweite und das regionale Instrument unvereinbar wären.[78]

III. Ergebnisse von Kapitel 4

Die Bekämpfung der Verschmutzung durch Einbringen ist sowohl global als auch regional geregelt. Die strengeren Normen im Barcelona-System stimmen mit den globalen Instrumenten über das Einbringen überein und entsprechen den spezifischen Bedürfnissen des Mittelmeeres. Trotzdem können wegen der unterschiedlichen Substanzlisten in den regionalen und globalen Instrumenten Schwierigkeiten entstehen.[79] Das Nebeneinander unterschiedlicher Normen auf regionaler und globaler Ebene kann zu Rechtsunsicherheit führen. Das Londoner Übereinkommen enthält jedoch Anhaltspunkte, die dazu beitragen sollen, die Entstehung solcher Schwierigkeiten zu vermeiden. So fordert das LDC zur Zusammenarbeit mit den Vertragsparteien regionaler Abkommen auf, um harmonisierte Verfahren zur Anwendung der verschiedenen Instrumente zu entwickeln. Der Zusammenarbeit bei der Umweltüberwachung und der wissenschaftlichen Forschung soll eine besondere Bedeutung zukommen.[80]

Ferner könnte man einwenden, dass das Nebeneinander regionaler und globaler Normen gegen die Verschmutzung durch Einbringen für die Vertragsparteien dieser Instrumente Doppelverpflichtungen bewirken könnte. Sie könnten für die Staaten eine bürokratische und finanzielle Doppelbelastung bedeuten, die sie möglicherweise von einer effektiven Anwendung dieser Instrumente abbringen würde. Im LDP lässt sich der Versuch feststellen, solche Doppelbelastungen zu vermeiden. In Art. 9 Abs. 4 LDP können die Vertragsparteien die Berichte über die von ihnen getroffenen Maßnahmen zur Anwendung des Protokolls der IMO entweder direkt, oder durch das Sekretariat des regionalen Abkommens

77 Art. 12 BDP II.

78 Die vorgebrachten Argumente über die Unterschiede zwischen LDC und BDP I sind auf das Verhältnis zwischen LDP und BDP II übertragbar: dazu siehe Kapitel 4/II/A.

79 Treves, L'approche régionale en matière de protection de l'environnement marin, S. 605.

80 Art. 8 LDC.

überreichen.[81] So brauchen Vertragsparteien der UNEP/MAP- Protokolle und des LDP Berichte nicht doppelt zu erstellen.

Die globalen Instrumente erlauben die Schließung einer bedeutenden Lücke in den UNEP/MAP Protokollen über Einbringen. Schiffe unter der Flagge einer Nichtvertragspartei können nicht wegen eines Verstoßes gegen die UNEP/MAP Protokolle auf Hoher See durch eine Vertragspartei dieser Protokolle bestraft werden. Das LDC, das von vielen Staaten ratifiziert wurde, bietet jedoch die Rechtsgrundlage für eine solche Durchsetzungsmaßnahme.[82]

Demgemäß ergänzen sich die globalen und die regionalen UNEP/MAP Instrumente zur Bekämpfung der Meeresverschmutzung durch Einbringen.

---

81 Der IMO wurden die Aufgaben des Sekretariats i. S. von Art. 14 LDC übertragen. Siehe IMO Doc. LEG/MISC/1, Implications of the United Nations Convention on the Law of the Sea, 1982 for the International Maritime Organization (IMO), 10 February 1986, Para. 32.

82 Leanza, Le régime juridique international de la mer méditerranée, S. 393.

Kapitel 5: Der Schutz des Mittelmeeres vor Verschmutzung durch die grenzüberschreitende Verbringung gefährlicher Abfälle

Die grenzüberschreitende Verbringung gefährlicher Abfälle und deren Entsorgung ist ein heikles Thema, weil es politisch belastet ist. Es berührt andere Meeresverschmutzungsursachen, wie die Verschmutzung durch Schiffe und durch Einbringen, wodurch es an Komplexität gewinnt. [1] Das verbindliche Umweltvölkerrecht befasst sich nicht mit innerstaatlicher Abfallwirtschaft.[2] Dagegen wurde die grenzüberschreitende Verbringung gefährlicher Abfälle in zahlreichen internationalen Abkommen global und regional behandelt. Die grenzüberschreitende Verbringung gefährlicher Abfälle und deren Beseitigung ist für die Staaten am Mittelmeer im Rahmen des Barcelona-Systems durch das Izmir-Protokoll über die Verhütung der Verschmutzung des Mittelmeeres durch die grenzüberschreitende Verbringung gefährlicher Abfälle und deren Beseitigung geregelt worden.[3] Auf globaler Ebene behandelt das Baseler Übereinkommen die Kontrolle der grenzüberschreitenden Verbringung gefährlicher Abfälle und ihre Entsorgung.[4] Regional wurde auch im Rahmen der Organisation für Afrikanische Einheit[5] die Bamako-Konvention über das Verbot des Imports gefährlicher Abfälle nach Afrika und über die Kontrolle der grenzüberschreitenden Verbringung und Behandlung gefährlicher Abfälle innerhalb Afrikas unterzeichnet.[6] Sowohl das Basler Übereinkommen als auch die Bamako-Konvention zählen Mittelmeeranrainerstaaten unter ihre Vertragsparteien. Alle Mittelmeeranrainer sind Vertragsparteien des Baseler Übereinkommens und von fünf nordafrikanischen Mittelmeeranrainern haben drei die Bamako-Konvention ratifiziert.[7] Demzufolge sind beide Instrumente im Mittelmeer anwendbar. Obwohl sie beinahe die gleichen Ziele verfolgen, unterscheiden sie sich.

---

1 Wolfrum/Matz, Conflicts in International Environmental Law (2003), S. 101.

2 Beyerlin, Umweltvölkerrecht, S. 211-112: Er erwähnt jedoch einige *soft law* Instrumente, die sich mit der innerstaatlichen Abfallwirtschaft befassen, z.B. die Empfehlung des OECD-Rates vom 28.9.1976 über eine umfassende Abfallwirtschaftspolitik und die Cairo Guidelines and Principles for the Environmentally Sound Management of Hazardous Wastes von 1987.

3 Protocol on the Prevention of Pollution of the Mediterranean Sea by Tranboundary Movements of Hazardous Wastes and their Disposal.

4 The Basel Convention on the Control of Transboundary Movements of Hazardous Wastes and Their Disposal.

5 Bello/Hilf, Organization of African Unity, in: EPIL Vol. III (1997), S. 802 ff.

6 Die Bamako Convention on the Ban of the Import into Africa and the Control of Transboundary Movement and Management of Hazardous Wastes within Africa.

7 Tunesien, Lybien und Ägypten (Stand: Januar 2005) abrufbar unter www.africa-union.org.

I. Das Basler Übereinkommen über die Kontrolle der grenzüberschreitenden Verbringung gefährlicher Abfälle und ihre Entsorgung

Das Basler Übereinkommen über die Kontrolle der grenzüberschreitenden Verbringung gefährlicher Abfälle und ihre Entsorgung[8] will insbesondere die Abfallverbringungen verringern und die illegalen Mülltransporte bekämpfen. Gefährliche Abfälle sind im Sinne des Basler Übereinkommens diejenigen, die in seiner Anlage I enthalten sind und die in seinem Anhang III genannten Gefahrenmerkmale aufweisen. Hierzu gehören auch Abfälle, die nach den innerstaatlichen Rechtsvorschriften der Ausfuhr- Einfuhr- und Durchfuhrvertragsparteien als gefährliche Abfälle bezeichnet werden oder als solche gelten.[9] Das Basler Übereinkommen unterscheidet zwischen „gefährlichen Abfällen“ und „anderen Abfällen“. Die letztgenannten sind in Anlage II enthalten.[10] Diese terminologische Unterscheidung zwischen gefährlichen und anderen Abfällen ist überflüssig, da sich daraus keine unterschiedlichen Regime herleiten lassen.[11]

Das Baseler Übereinkommen schließt radioaktive Abfälle ausdrücklich von seinem Anwendungsbereich aus.[12] Ebenso ausgeschlossen sind betriebsbedingte Einleitungen von Schiffen.[13] Diesbezüglich verweist das Basler Übereinkommen auf die internationalen Instrumente. Durch diesen Ausschluss vermeidet das Basler Übereinkommen die Überschneidung mit den Instrumenten, die sich mit solchen Gegenständen befassen und den sich daraus eventuell ergebenden Normenkonflikt.[14]

Das Basler Übereinkommen gestattet den Vertragsparteien, die Einfuhr gefährlicher und anderer Abfälle zu verbieten. Davon müssen sie die anderen Vertragsparteien unterrichten.[15] Diese sind dann verpflichtet, die Ausfuhr von Abfällen in diese Staaten zu untersagen.[16]

Hat der Einfuhrstaat die Verbringung gefährlicher oder anderer Abfälle zum Zweck ihrer Beseitigung nicht generell verboten, dann beantragt der Ausfuhrstaat von ihm und von den etwaigen Transitstaaten eine schriftliche Erlaubnis zur Verbringung. Wird diese nicht erteilt, dann darf der Exportstaat die Abfall-

---

8 Das Übereinkommen wurde am 22.3.1989 unter der Ägide des UNEP unterzeichnet und am 5.5.1992 in Kraft getreten. Ihm gehören mittlerweile 162 Staaten und die Europäische Union an; Dazu unter http://www.basel.int/ratif/convention.htm.

9 Art. 1 Abs. 1 (a) u. (b) Basler Übereinkommen.

10 Art. 1 Abs. 2 Basler Übereinkommen.

11 Kasten, Europarechtliche und völkerrechtliche Aspekte der grenzüberschreitenden Abfallverbringung (1997), S. 190.

12 Art. 1 Abs. 3 Basler Übereinkommen.

13 Art. 1 Abs. 4 Basler Übereinkommen.

14 Wolfrum/Matz, Conflicts in International Environmental Law (2003), S. 100.

15 Art. 4 Abs. 1 (a) Basler Übereinkommen.

16 Art. 4 Abs. 1 (b) Basler Übereinkommen.

verbringung nicht zulassen.[17] Das Basler Übereinkommen wurde 1995 auf das Betreiben afrikanischer Staaten geändert. Nach dieser noch nicht in Kraft getretenen Änderung ist der Export gefährlicher Abfälle der Anlage I aus OECD-Staaten in Nicht-OECD-Staaten, d.h. insbesondere Entwicklungsländer, verboten.[18]

Das Basler Übereinkommen befasst sich auch mit der Erzeugung gefährlicher Abfälle. Es fordert die Vertragsparteien auf, die Erzeugung gefährlicher und sonstiger Abfälle auf das Minimum zu reduzieren.[19] Darin kann man eine Anwendung des Vorsorgeprinzips sehen.[20] Dadurch wird versucht, die aus der Verbringung und Beseitigung der gefährlichen Abfälle entstehenden Gefahren für die Umwelt an ihrer Quelle zu bekämpfen. Das Basler Übereinkommen hat neben dem präventiven Ansatz auch einen repressiven Ansatz und verpflichtet die Vertragsparteien, jedes illegale Geschäft mit Abfällen unter Strafe zu stellen und nach Art. 9 Abs. 5 entsprechende nationale Strafvorschriften zu erlassen.[21] Illegal ist jeder Verstoß gegen das Basler Übereinkommen.[22] Illegal ist auch jede grenzüberschreitende Verbringung, wenn sie zu einem Einbringen erfolgt, das gegen das Basler Übereinkommen oder andere völkerrechtliche Normen verstößt.[23]

Das Basler Übereinkommen gestattet seinen Vertragsparteien, weitere bilaterale oder multilaterale Abkommen zur grenzüberschreitenden Verbringung gefährlicher und sonstiger Abfälle abzuschließen. Es setzt diesen Abkommen jedoch einige Schranken. Diese müssen die in dem Basler Übereinkommen verankerte Verpflichtung der umweltfreundlichen Bewirtschaftung (*Environmentally Sound Management,* ESM) der Abfälle beachten.[24] Im Sinne des Basler Übereinkommens bedeutet ESM eine Bewirtschaftung, welche die menschliche Gesundheit und die Umwelt vor möglicherweise aus solchen Abfällen entstehenden abträglichen Auswirkungen schützt.[25] Das Basler Übereinkommen erlaubt den Vertragsparteien auch, strengere Bedingungen an die Verbringung gefährlicher Abfälle zu knüpfen. Entscheidend ist, dass diese Bestimmungen dem Ziel des Basler Übereinkommens, nämlich dem Schutz der menschlichen Gesundheit und der Umwelt entsprechen.[26] Auch regionale Abkommen dürfen strengere Be-

---

17 Art. 4 Abs. 1 (c) Basler Übereinkommen.

18 Auf der dritten Vertragsstaatenkonferenz vom 18.- 22.09.1995 in Genf einigten sich die Parteien in der Entscheidung III/1 auf die Aufnahme eines neuen Art. 4 A in das Übereinkommen.

19 Art. 4 Abs. 2 (a) Basler Übereinkommen.

20 Marr, The Precautionary Principle, S. 189.

21 Beyerlin, Umweltvölkerrecht, S. 215.

22 Art. 9 Abs. 1 Basler Übereinkommen.

23 Art. 9 Abs. 1 (e) Basler Übereinkommen.

24 Art. 11 Abs. 1 Basler Übereinkommen.

25 Art. 2 Abs. 8 Basler Übereinkommen.

26 Art. 4 Abs. 11 Basler Übereinkommen.

stimmungen und Standards als das Basler Übereinkommen enthalten. Die afrikanischen Staaten haben durch die Bamako-Konvention von dieser Möglichkeit Gebrauch gemacht.

II. Die Bamako-Konvention über das Importverbot gefährlicher Abfälle nach Afrika, die Kontrolle ihrer grenzüberschreitenden Verbringung und ihrer Bewirtschaftung innerhalb Afrikas

Die Bamako-Konvention über das Importverbot gefährlicher Abfälle nach Afrika, die Kontrolle ihrer grenzüberschreitenden Verbringung und ihrer Bewirtschaftung innerhalb Afrikas wurde am 29. Januar 1991 geschlossen und ist seit April 1998 in Kraft.[27] Das grenzüberschreitende Geschäft mit gefährlichen Abfällen ist lukrativ, weil die Industriestaaten hohe und strikte Umweltschutzvorschriften haben. Deswegen ist die Versuchung groß, diese Abfälle in Länder zu exportieren, die überhaupt keine oder niedrigere Umweltstandards vorsehen. Da dieser Import für die Entwicklungsländer zum Teil erhebliche Gewinne mit sich bringt, lassen sie ihn trotz der damit verbundenen Risiken für ihre Umwelt und die Gesundheit ihrer Bevölkerung zu.[28] Zahlreiche Skandale über den Export gefährlicher Abfälle in afrikanische Staaten[29] haben die Staatengemeinschaft zur Ausarbeitung internationaler Regeln, insbesondere des Baseler Übereinkommens veranlasst. Die afrikanischen Staaten kritisieren an dem Basler Übereinkommen einen Mangel an Klarheit sowie ungenügende Haftungsmechanismen und Durchsetzungsinstrumente.[30] Es wurde deswegen betont: "Although the transboundary movement of hazardous wastes is a *global issue*, Africa must control the problem *in its own context* and have its control respected within the global spectrum."[31] Durch die Bamako-Konvention haben die afrikanischen Staaten versucht, die Lücken des Baseler Übereinkommens zu schließen. Deswegen ist die Bamako- Konvention oft strenger als das Basler Übereinkommen.[32] Ihre Definition der gefährlichen Abfälle ist breiter und genauer als im Basler Übereinkommen. Auch bezieht sie radioaktive Abfälle in ihren materiellen Anwendungsbereich ein.[33] Ferner verpflichtet die Bamako-Konvention die Vertragsparteien, alle angemessenen Maßnahmen zu ergreifen, um den Import

---

27 Text in: ILM 36 (1991), S. 1.

28 Jones, The Evolution of the Bamako Convention: an African Perspective, in 4 Colorado Journal of International Environmental Law and Policy (1993), S. 325-326.

29 Eine Liste dieser Skandale bei Jones, S. 326-329.

30 Chinyere Eguh, The Bamako Convention and the First Meeting of the Parties: a Glance at Implementation Strategies, in: 7 Review of European Community and International Environmental Law (1998), S. 258.

31 Jones, S. 329. Hervorhebung zugefügt.

32 Shearer, Comparative Analysis of the Basle and Bamako Conventions on Hazardous Waste, in: 23 Environmental Law (1993), S. 141 ff.

33 Art. 2 Abs. 2 Bamako-Konvention.

gefährlicher Abfälle aus Nichtvertragsstaaten nach Afrika zu verbieten. Derartige Importe sind als illegal und als Straftaten zu qualifizieren.[34] Das Abfallimportverbot aus nichtafrikanischen Staaten ist der entscheidende Entstehungsgrund der Bamako- Konvention. Den Abfallhandel zwischen afrikanischen Staaten verbietet sie jedoch nicht, sondern regelt ihn nach dem Schema der „Bekanntgabe und Zustimmung“ des Basler Übereinkommens.[35] Im Unterschied zum Basler Übereinkommen verpflichtet die Bamako-Konvention die Vertragsparteien ausdrücklich zur Anwendung des Vorsorgeprinzips.[36] Sie sollen bei der Entwicklung sauberer Produktionsverfahren zusammenarbeiten und nicht warten, bis der wissenschaftliche Beweis für die schädlichen Auswirkungen einiger Stoffe vorliegt.[37]

Die Bamako-Konvention erlaubt ihren Vertragsparteien bilaterale, multilaterale und regionale Abkommen zum grenzüberschreitenden Transport in Afrika erzeugter gefährlicher Abfälle abzuschließen. Diese Verträge dürfen nicht von dem Grundsatz der umweltfreundlichen Abfallbewirtschaftung ESM der Bamako-Konvention abweichen.[38] Die Definition der ESM ist in der Bamako-Konvention ebenso wenig präzise wie im Baseler Übereinkommen.[39] Diese Abkommen dürfen keine weniger umweltgerechten, wohl aber strengere Standards als die Bamako-Konvention enthalten.

III. Das Izmir-Protokoll über die Verhütung der Mittelmeerverschmutzung durch die grenzüberschreitende Verbringung gefährlicher Abfälle und deren Beseitigung

Das Protokoll über die Verhütung der Mittelmeerverschmutzung durch die grenzüberschreitende Verbringung gefährlicher Abfälle und deren Beseitigung wurde während der am 1. Oktober 1996 abgehaltenen Konferenz in Izmir verabschiedet. Das Protokoll wurde von 11 der 21 Vertragsparteien der Barcelona-

---

34 Beyerlin, Umweltvölkerrecht, S. 217.

35 Siehe Kapitel 5/I.

36 Marr, The Precautionary Principle, S. 191.

37 Art. 4 Abs. 3 (f) der Bamako-Konvention besagt, dass: „each party shall strive to adopt and implement the preventive, precautionary approach to pollution problems which entails inter alia, preventing the release into the environment of substances which may cause harm to humans or the environment without waiting for specific proof regarding such harm. The parties shall cooperate with each other in taking the appropriate measures to implement the precautionary principle to pollution prevention through the application of clean production methods, rather than the pursuit of a permissible emissions approach based on assimilative capacity assumptions".

38 Art. 11. Abs. 1 Bamako-Konvention.

39 In Art. 1 Abs. 10 der Bamako-Konvention heißt es, dass: „Environmentally sound management of hazardous wastes means taking all practicable steps to ensure hazardous wastes are managed in a manner which will protect human health and the environment against adverse effects which may result of these wastes".

Konvention unterzeichnet. Es ist bisher noch nicht in Kraft getreten.[40] Ratifiziert wurde es lediglich von den fünf Anrainerstaaten Albanien, Malta, Marokko, Tunesien und der Türkei.[41] Da die Materie des Protokolls überaus komplex ist und diverse wirtschaftliche und sicherheitsbezogene Interessen berührt, ist der angenommene Text das Ergebnis eines schwierigen Kompromisses. Er wirft Auslegungsfragen, insbesondere zum Anwendungsbereich des Protokolls auf. Das Izmir-Protokoll ist das regionale Gegenstück zum Basler Übereinkommen. Es lehnt sich weitgehend an dieses an. In einigen Punkten ist es jedoch innovativer als das Basler-Übereinkommen, insbesondere hinsichtlich des Transits durch das Küstenmeer. Die allgemeinen Verpflichtungen der Vertragsparteien sind im Izmir-Protokoll strenger als im Basler Übereinkommen. Insofern ähnelt das Izmir-Protokoll der Bamako-Konvention. [42]

A. Der Anwendungsbereich

Während der Verhandlungen über das Izmir-Protokoll stellte sich die Frage, ob das Protokoll lediglich auf maritime oder auf sämtliche Gebiete der Vertragsparteien Anwendung finden solle. Die erste Alternative entspricht der ursprünglich rein maritimen Absicht des Barcelona-Systems, während die zweite zu der Erweiterung des Anwendungsbereichs in der Barcelona- Konvention II von 1995 passt.[43] Der erzielte Kompromiss ist nicht klar. Einerseits verweist das Protokoll auf den Anwendungsbereich der Barcelona-Konvention II,[44] andererseits betreffen einige seiner allgemeinen Verpflichtungen die Gesamtheit der Gebiete der Vertragsparteien. Die Barcelona Konvention II ist auf sämtliche Gewässer des Mittelmeeres anwendbar. Sie kann auf die Küstengebiete, wie sie von den Vertragsparteien definiert werden, ausgedehnt werden.[45] Wegen des Ziels des Protokolls kann man zum Ergebnis gelangen, dass das Protokoll auf die grenzüberschreitende Verbringung gefährlicher Abfälle nur insoweit Anwendung findet, als diese eine Meeresverschmutzung verursachen können.[46] Das Protokoll ist auf die ausschließlich terrestrische Verbringung der gefährlichen Abfälle nur dann

---

40 Das Protokoll tritt in Kraft am 30 Tag nach der Abgabe von mindestens 6 Ratifikationsinstrumenten.

41 http://www.unepmap.org/Archivio/All_Languages/WebDocs/WordDocs/StatusOfSignaturesAndRatifications.doc (Stand: 12.11.2006).

42 Juste Ruiz, Un nuevo instrumento del sistema de Barcelona para la protección del Mar Mediterráneo contra la contaminación: el protocolo sobre movimientos transfronterizos de desechos peligrosos y su eliminación, in: 48 Revista Espanola de Derecho Internacional (1996), S. 372.

43 Siehe Kapitel 2/III/D/4.

44 Art. 1 Izmir-Protokoll: "The Protocol area as referred to in this protocol shall mean the areas as defined in Article 1 of the Convention ".

45 Art. 1 Abs. 1 u. 2 Barcelona- Konvention II.

46 Juste Ruiz, Un nuevo instrumento del sistema de Barcelona, S. 377.

anwendbar, wenn diese eine Verschmutzung der maritimen Mittelmeerzonen und der Küstenzonen der Vertragsparteien verursachen können.[47] In materieller Hinsicht ist das Protokoll auf die Verbringung und Beseitigung gefährlicher Abfälle anwendbar. Wie vom Basler Übereinkommen ist die Verbringung von Abfällen vom Izmir-Protokoll ausgeschlossen, wenn Abfälle in einem Staat in ein Schiff, das seine Flagge führt, verladen und anschließend auf Hoher See beseitigt werden, ohne dass die Seezonen eines anderen Staates durchfahren werden.[48] Die Beseitigungsmethoden des Izmir-Protokolls sind in seiner Anlage III aufgeführt: Deponieren, absichtliche Freisetzung in Gewässern außer in Meeren und Ozeanen, Freisetzung in Meeren und Ozeanen einschließlich des Meeresbodens, Wiederverwertung, Verbrennung auf See sowie Verbrennung an Land. Im Izmir-Protokoll werden gefährliche Abfälle breiter als im Basler Übereinkommen definiert. In Anlehnung an die Bamako-Konvention bezieht das Izmir-Protokoll radioaktive Abfälle in seinen Anwendungsbereich ein.[49]

B. Die allgemeinen Verpflichtungen

Die Vertragsparteien des Izmir-Protokolls verpflichten sich, die Meeresverschmutzung durch grenzüberschreitende Verbringung gefährlicher Abfälle im Mittelmeer zu verhüten, zu verringern und zu bekämpfen.[50] Deswegen treffen sie alle angemessenen Maßnahmen, um die Erzeugung der Abfälle auf ein Minimum herabzusetzen und wenn möglich einzustellen.[51] Außerdem verpflichten sie sich, den grenzüberschreitenden Transport gefährlicher Abfälle im Mittelmeer zu verringern und wenn möglich einzustellen.[52] Um diese weit gefassten Verpflichtungen zu konkretisieren, enthält das Izmir-Protokoll eine Reihe von Verboten. Da die Vertragsparteien das Recht haben, einzeln oder gemeinsam, den Import gefährlicher Abfälle zu unterbinden, sind die anderen Vertragsparteien verpflichtet, den Export in diese Länder nicht zu erlauben.[53] Darüber hinaus treffen die Vertragsparteien alle Maßnahmen legislativer, administrativer und anderer Art, um den Export und Transit der gefährlichen Abfälle in und durch Entwicklungsländer zu verbieten. Außerdem müssen die Vertragsparteien, die nicht Mitglieder der EU sind, den Import und Transit der gefährlichen Abfälle verbieten.[54] Daraus folgt, dass der Transport der gefährlichen Abfälle nur un-

47 Juste Ruiz, Un nuevo instrumento, S. 374-375.

48 Ebenda, S. 372.

49 Ausführlich dazu Currie/Van Dyke, The Shipment of Ultrahazardous Nuclear Materials in International Law, in: 8 Review of European Community and International Environmental Law (1999), S. 113 ff.

50 Art. 5 Abs. 1 Izmir-Protokoll.

51 Art. 5 Abs. 2 Izmir-Protokoll.

52 Art. 5 Abs. 3 Izmir-Protokoll.

53 Art. 5 Abs. 3 Izmir-Protokoll.

54 Art. 5 Abs. 4 Izmir-Protokoll.

ter Mittelmeeranrainerstaaten, die Mitglieder der EU (mit Monaco) sind d.h. Richtung Nord-Nord und aus den Entwicklungsländern in die Industriestaaten d.h. Richtung Süd-Nord, stattfinden darf.[55] Der Transport dieser Abfälle unter Mittelmeeranrainerstaaten, die Entwicklungsländer sind, ist verboten. In diesem Punkt ist das Izmir-Protokoll strenger als die Bamako-Konvention, die den Transport gefährlicher Abfälle in Afrika zulässt. Die Vertragsparteien des Izmir-Protokolls haben bereits in der Präambel betont, dass die wirtschaftlichen Unterschiede unter den Mittelmeeranrainerstaaten nicht zu Lasten der Umwelt und des gesellschaftlichen Wohlergehens in den Entwicklungsländern ausgenutzt werden dürfen.[56] Das Verbot der Verbringung gefährlicher Abfälle in Entwicklungsländer hat die Kritik der Balkanstaaten, soweit sie Mittelmeeranrainer sind, und Israels hervorgerufen. Diese Staaten sehen hierin eine wirtschaftliche Diskriminierung, zumal sie sich für fähig halten, die importierten gefährlichen Abfälle umweltfreundlich zu beseitigen.[57] Das Verbot des Exports und des Transits gefährlicher Abfälle in und durch Entwicklungsländer ist im Izmir-Protokoll sehr weit gefasst, da es von Entwicklungsländern im allgemeinen redet. Dieses Verbot geht über die Vertragsparteien des Izmir-Protokolls und des Barcelona-Systems hinaus.

C. Die Bedingungen einer rechtmäßigen Verbringung gefährlicher Abfälle

Ist die grenzüberschreitende Verbringung gefährlicher Abfälle nach dem Izmir-Protokoll nicht verboten, hängt ihre Zulässigkeit von der Erfüllung bestimmter Bedingungen ab. [58] Beispielsweise muss der Importstaat dafür sorgen, dass die gefährlichen Abfälle in zugelassenen Anlagen umweltverträglich beseitigt werden können. Jeder an der grenzüberschreitenden Verbringung beteiligte Staat muss sicherstellen, dass bei dieser die internationalen Sicherheitsstandards beachtet und die finanziellen Sicherheiten, wie insbesondere im Baseler Übereinkommen vorgesehen, geleistet werden. Außerdem darf der grenzüberschreitende Transport erst stattfinden, nachdem der Exportstaat den Transit- und Importstaaten diesen gemäß Anlage IV des Izmir-Protokolls schriftlich mitgeteilt hat und diese Staaten schriftlich zugestimmt haben. Dies gilt nicht in dem speziellen Fall des Transits durch das Küstenmeer.[59]

---

55 Art. 5 Abs. 4 Izmir-Protokoll.

56 Präambel, Izmir-Protokoll: „Recognizing further the differences in levels of economic and legislative development among the various Mediterranean coastal States, and realizing that hazardous waste should not be allowed to be transported in order to take advantage of such economic or legislative disparities to the detriment of the environment and of the social well-being of developing countries".

57 Juste Ruiz, Un nuevo instrumento, S. 375-376.

58 Art. 6 Izmir-Protokoll.

59 Art. 6 Abs. 3 Izmir-Protokoll.

D. Der Transit durch das Küstenmeer

Wie das Izmir-Protokoll bei einer Verbringung gefährlicher Abfälle den Transit durch das Küstenmeer einer Vertragspartei regelt, ist für die vorliegende Arbeit von besonderer Relevanz. Es illustriert anschaulich, wie für eine global offen gebliebene Frage, regional, in diesem Fall für das Mittelmeer, eine Einigung erzielt werden konnte.

Der Exportstaat ist angehalten, den Küstenstaat über den Transit durch das Küstenmeer zu benachrichtigen.[60] Anlage IV des Izmir-Protokolls nennt die Informationen, die hierbei gegeben werden müssen. Der Küstenstaat hat nicht das Recht, einen solchen Transit zu untersagen. Er benachrichtigt den Exportstaat lediglich über die völkerrechtlichen Pflichten betreffend den Transit und über seine innerstaatlichen, in Übereinstimmung mit dem Völkerrecht, erlassenen Rechtsvorschriften, um die Meeresumwelt im Küstenmeer zu schützen. Der Transitstaat darf gegebenenfalls völkerrechtlich angemessene Maßnahmen ergreifen. Obwohl das Protokoll es nicht ausdrücklich erwähnt, dürfen diese Maßnahmen das Festhalten des Schiffes in Übereinstimmung mit Art. 220 Abs. 2 SRÜ umfassen.[61] Die Informationen zwischen dem Export- und dem Transitstaat werden in den im Basler-Übereinkommen vorgesehenen Fristen ausgetauscht.[62] Wie bereits erwähnt, hat das Izmir-Protokoll mit seiner klaren Regelung des Transits durch ein Küstenmeer eine in den sonstigen internationalen Abkommen offen gebliebene Frage eindeutig beantwortet.[63]

Gemäß dem Basler Übereinkommen und der Bamako-Konvention bedarf der Exportstaat für die Durchfahrt der Zustimmung des Transitstaats. Wenn der Transit über See durch das Küstenmeer oder die AWZ oder über den Festlandsockel stattfinden soll, verweisen das Basler Übereinkommen und die Bamako-Konvention auf das Seevölkerrecht.[64] Die völkerrechtlichen Normen über die

---

60 Art. 6 Abs. 4 Izmir-Protokoll besagt, dass : "The transboundary movement of hazardous wastes through the territorial sea of a State of transit only takes place with the prior notification by the State of transit as specified in Annex IV to this protocol. After reception of the notification, the state of transit brings to the attention of the state of export all the obligations relating to passage through its territorial sea in application of international law and the relevant provisions of its domestic legislation adopted in compliance with international law to protect the marine environment. Where necessary, the state of transit may take appropriate measures in accordance with international law..."

61 Juste Ruiz, Un nuevo instrumento, S. 377.

62 Art. 6 Abs. 4 Izmir-Protokoll: "(...) This procedure must be complied with within the delays provided for by the Basel Convention ». Diese Fristen sind im Basler Übereinkommen in Art. 6 Abs. 4 vorgesehen.

63 Juste Ruiz, Un nuevo instrumento, S. 377: Er schreibt: "Por primera vez se establece con claridad el requisito de la notificación (...) *es un notable avance* con respecto de la ambigua regulación establecida en el convenio de Basilea". Hervorhebung zugefügt.

64 In Art. 4 Abs. 2 BÜ heißt es, dass: „nothing in this convention shall in any way affect the sovereignty of states over their territorial sea established *in accordance with inter-*

Fahrt von Schiffen mit gefährlichen Stoffen durch das Küstenmeer sind allerdings unklar [65] und werden unterschiedlich ausgelegt. Hierzu besteht auch keine einheitliche Staatenpraxis. Einige Staaten wie Haiti, die Dominikanische Republik und Venezuela haben die Verbringung gefährlicher und radioaktiver Abfälle durch ihre Küstenmeere verboten.[66] Andere wie Japan, Deutschland, Singapur oder Großbritannien haben betont, dass diese „völkerrechtlichen Normen" auf keinen Fall als Beschränkung des Rechts auf die friedliche Durchfahrt verstanden werden dürfen.[67] Auch für das Mittelmeer ist die Staatenpraxis uneinheitlich; einige Mittelmeeranrainer haben sich widersprechende Stellungnahmen abgegeben. Italien erklärte zum Basler Übereinkommen, dass „the Government of Italy (...) considers (that) the provision of this Convention should not be interpreted as restricting navigational rights recognized by international law. Consequently a state party is not obliged to notify any other state or obtain authorization from it for simple passage through the territorial Sea or the exercise of freedom of navigation in the exclusive economic zone by a vessel showing its flag and carrying a cargo of hazardous wastes".[68] Dennoch hat Italien die Durchfahrt durch die Meerenge von Messina verboten.[69] Ägypten macht die Durchfahrt durch sein Küstenmeer und seine AWZ durch das Gesetz über die Umwelt von seiner Erlaubnis abhängig.[70] Der vom Izmir-Protokoll eingeführten Lösung der Bekanntgabe ohne Zustimmung haben nicht alle Parteien des Barcelona-Systems zugestimmt. Deswegen wurde das Izmir-Protokoll lediglich von 11 der

---

national law, and jurisdiction which states have in their *exclusive economic zone and their continental shelves in accordance with international law,* and the exercise by ships and aircraft of all states of *navigation rights and freedoms as provided for in international law and as reflected in relevant international instruments*" Hervorhebung zugefügt; Art. 4. Abs. 4 (c) Bamako-Konvention hat den gleichen Wortlaut.

65 Es handelt sich insbesondere um die Artikel 17 bis 32 über das Küstenmeer im SRÜ; Dazu Scovazzi, New Ideas as regards the Passage of Ships Carrying Hazardous Wastes: the 1996 Mediterranean Protocol, in: 7 Review of European Community & International Environmental Law (1998), S. 265-266.

66 Marr, S. 197-198.

67 Marr, S. 190.

68 Erklärung vom 30.3.1990 als Reaktion auf die von Kolumbien, Mexico, Uruguay und Venezuela abgegebenen Erklärungen, in welchen sie sich für den Vorrang der küstenstaatlichen Rechte einsetzen.

69 Decrees vom 27.3.1985 und 8.5.1985 of the Minister of Merchant Nave, in: Gazzetta Ufficiale della Repubblica Italiana, Nos 76 und 110 vom 29.3.1985 und 11.5.1985.

70 Art. 32 Law No 4 of 1994 Promulgating the Environment besagt, dass: „It is forbidden to import hazardous waste or to allow its introduction into or its passage through Egyptian territories. It is forbidden without a permit from the competent authority to allow the passage of ships carrying hazardous waste in territorial seas or in the exclusive maritime economic zone of the Arab Republic of Egypt.", Text abrufbar unter http://www.eeaa.og.eg/english/Law4.doc.

17 Teilnehmer der Izmir-Konferenz unterzeichnet.[71] Frankreich und die Europäische Gemeinschaft haben zur Pflicht der vorherigen Bekanntgabe eines Transits durch das Küstenmeer kritische Erklärungen abgegeben.[72]

Die Lösung des Izmir-Protokolls entspricht der vom SRÜ und von sonstigen internationalen Instrumenten angestrebten Balance zwischen Umweltschutz und Schifffahrtsfreiheit.[73] Einerseits darf der Küstenstaat den Transit der gefährlichen Abfälle durch sein Küstenmeer nicht verbieten. Andererseits soll er über die Durchfuhr solcher Stoffe informiert werden. Die Bekanntgabe gibt dem Küstenstaat die Möglichkeit, Maßnahmen zu treffen, um Verschmutzungen in seinem Küstenmeer zu vermeiden, ohne die Durchfahrt zu behindern.[74] Nach Art. 17 des SRÜ hat jedes Schiff das Recht auf friedliche Durchfahrt durch das Küstenmeer. Die Durchfahrt ist gemäß Art. 19 Abs. 1 SRÜ friedlich, solange sie nicht den Frieden, die Ordnung oder die Sicherheit des Küstenstaats beeinträchtigt. Die Verbringung gefährlicher oder radioaktiver Abfälle durch das Küstenmeer stellt offensichtlich eine Gefahr für die Sicherheit dieses Staats dar. Auch verpflichtet Art. 192 SRÜ den Küstenstaat, alle erforderlichen Maßnahmen zu treffen, um die Meeresumwelt zu schützen.[75] Außerdem erlaubt das SRÜ dem Küstenstaat, bei der Regelung der friedlichen Durchfahrt durch sein Küstenmeer Schifffahrtswege und Verkehrstrennungsgebiete festzulegen. Nach Art. 22 Abs. 2 SRÜ kann insbesondere von Tankschiffen, Schiffen mit Kernenergieantrieb und Schiffen, die nukleare oder sonstige ihrer Natur nach gefährliche oder schädliche Stoffe oder Materialien befördern, verlangt werden, bei der Durchfahrt nur diese Schifffahrtswege zu benutzen. Die Einhaltung einer solchen Bestimmung könnte ohne die Bekanntgabe nicht kontrolliert werden. Und wie könnte der Küstenstaat Schiffe, die gefährliche Substanzen befördern, zur ausschließlichen Benutzung von Schifffahrtswegen verpflichten, wenn er nicht von dieser Verbringung wüsste?[76] Schließlich ist die *„notification without consent“*-Lösung für den Umweltschutz angesichts der aus der Verbringung gefährlicher Abfälle resultierenden Gefahren angebracht. Die Untersagung der Durchfahrt eines Schiffes mit gefährlichen Abfällen könnte die Exporteure dazu bringen, durch gefährliche Meereszonen zu fahren, was zu Unfällen führen könnte, deren beeinträchtigende Folgen dann wieder einen Küstenstaat treffen würden.[77] Die

---

71 Scovazzi, New Ideas, S. 265.

72 Ebenda: Scovazzi schreibt, dass „France considers that the provisions of the protocol do not affect the right of innocent passage through the territorial sea as defined in United Nations Convention of the Law of the Sea of 1982“.

73 Vgl. Wolfrum, The Legal Order for the Seas and Oceans, S. 165.

74 Scovazzi, New ideas, S. 265.

75 Kapitel 1/I/B/1.

76 Scovazzi, New Ideas, S. 266.

77 Marin, Oceanic Transportation of Radioactive Materials, in: 13 Florida Journal of International Law (2001), S. 377.

im Izmir-Protokoll gefundene Lösung stimmt mit dem Vorsorgeprinzip überein, das in Art. 8 Abs. 3 des gleichen Protokolls vorgesehen ist.[78] Die *„notification without consent“* betrifft im Izmir-Protokoll nur das Küstenmeer. Der Transit durch die AWZ wird im Izmir-Protokoll nicht geregelt.[79] Zur Zeit der Izmir-Konferenz waren im Mittemeer kaum AWZ errichtet.[80] Deswegen wurde im Schlussakt der Izmir-Konferenz betont, dass „the protocol had been drafted in the light of the present legal situation of the Mediterranean Sea. In the event of developments affecting this situation, the protocol might have to be revised.“[81]

E. Die Folgen des illegalen Abfallgeschäfts

Ein Verstoß gegen das Izmir-Protokoll wird als „illegales Abfallgeschäft“ bezeichnet. Die Definition des illegalen Abfallgeschäfts ist weit gefasst. Nicht nur der Verstoß gegen die Bestimmungen des Izmir-Protokolls, sondern auch gegen andere völkerrechtliche Normen führt zum illegalen Verkehr (*„illegal traffic“*) der gefährlichen Abfälle.[82] Das Basler Übereinkommen ist einbezogen, schon weil sich das Izmir-Protokoll auf die hier vorgesehenen Fristen und Verfahren bezieht. In seiner Präambel knüpft das Izmir-Protokoll sowohl an das Basler Übereinkommen als auch an die Bamako-Konvention an. Die Vertragsparteien sind verpflichtet, alle geeigneten innerstaatlichen Rechtsvorschriften zur Verhütung und zur Ahndung des illegalen Abfallverkehrs zu erlassen. Gegen die Straftäter müssen strafrechtliche Sanktionen vorgesehen werden.[83] Die rechtlichen Folgen des illegalen Abfallverkehrs unterscheiden sich je nach Verursacher. Hat ein Exporteur oder ein Erzeuger der gefährlichen Abfälle den illegalen Abfallverkehr durchgeführt, sorgt der Ausfuhrstaat dafür, dass binnen 30 Tagen, nachdem er über den illegalen Verkehr unterrichtet wurde, die Abfälle von dem Exporteur oder dem Erzeuger oder, falls notwendig von ihm selbst, in den Ausfuhrstaat zurücktransportiert werden. Der Ausfuhrstaat stellt auch sicher, dass gegen den Täter ein gerichtliches Verfahren eingeleitet wird.[84] Wurde der illegale Abfallverkehr von einem Importeur oder Entsorger durchgeführt, sorgt der Importstaat binnen 30 Tagen, nachdem er von dem illegalen Verkehr Kenntnis

---

78 Siehe Marr, S. 191-192.

79 Über die Verbringung gefährlicher und nuklearer Abfälle durch die AWZ siehe Van Dyke, Giving Teeth to the Environmental Obligations in the LOS Convention, in: Oude Elferink/Rothwell (Eds.), Oceans Management (2004), S. 179-181.

80 Ausführlich über die Errichtung von AWZ im Mittelmeer siehe Vukas, State Practice in the Aftermath of the UN Convention on the Law of the Sea: The Exclusive Economic Zone and the Mediterranean Sea, in: Strati/Gavouneli/Skourtos (Eds.), Unresolved Issues (2006), S. 179-181.

81 Final Act of the Conference, UNEP (OCA)/MED IG. 9/4.

82 Art. 9 Abs. 1 Izmir-Protokoll.

83 Art. 9 Abs. 2 Izmir-Protokoll.

84 Art. 9 Abs. 3 Izmir-Protokoll.

erhalten hat, dafür dass diese Abfälle von dem Importeur oder dem Entsorger, oder, falls notwendig, von ihm selbst, umweltgerecht beseitigt werden. Wenn dies nicht möglich ist, sorgt der Ausfuhrstaat auch in diesem Fall dafür, dass die Abfälle vom Exporteur, vom Erzeuger oder von ihm selbst in den Ausfuhrstaat zurückgebracht werden.[85] Nach dem Basler Übereinkommen hat der Exportstaat in diesem Fall keine Rückfuhrpflicht.[86] Das kann dadurch erklärt werden, dass am Barcelona-System zahlreiche Entwicklungsländer beteiligt sind, die oft nicht imstande sind, die illegal verbrachten Abfälle umweltgerecht zu beseitigen.

Falls keine der erwähnten Personen für das illegale Geschäft haftet, arbeiten alle zusammen, damit die Abfälle so bald wie möglich im Ausfuhrstaat, im Einfuhrstaat oder gegebenenfalls anderswo umweltgerecht beseitigt werden.[87]

F. Die Zusammenarbeit und die Hilfe an Entwicklungsländer

Die Vertragsparteien sind zur Zusammenarbeit untereinander und mit internationalen Institutionen verpflichtet, um die Ziele des Protokolls zu erreichen. Der als „regionale Zusammenarbeit" betitelte Artikel 8 des Izmir-Protokolls fordert die Vertragsstaaten in Übereinstimmung mit Art. 13 der Barcelona-Konvention II auf, technologisch und wissenschaftlich zusammenzuarbeiten, um die Verschmutzung durch gefährliche Abfälle zu verhindern.[88] Die Zusammenarbeit bezieht sich insbesondere auf die Entwicklung neuer Methoden zur Verminderung und Abschaffung gefährlicher Abfälle,[89] etwa von sauberen Produktionsverfahren. Sie soll dem Vorsorge-Ansatz (*„precautionary approach"*) dienen.[90]

Ferner verpflichten sich die Vertragsparteien, der „Organisation" jährliche Berichte über die von ihnen erzeugten und verbrachten gefährlichen Abfälle vorzulegen, damit diese einen „Audit" über die gefährlichen Abfälle erstellen kann.[91]

Die Vertragsparteien des Izmir-Protokolls verpflichten sich auch, alleine oder mit der Unterstützung internationaler Organisationen, Hilfsprogramme für Entwicklungsländer zu entwickeln und anzuwenden.[92] Darüber hinaus kooperieren die Vertragsparteien mit den Fachorganisationen der Vereinten Nationen

85 Art. 9 Abs. 4 Izmir-Protokoll.

86 Art. 9 Abs. 3 Basler Übereinkommen.

87 Art. 9 Abs. 5 Izmir-Protokoll.

88 Art. 13 Barcelona-Konvention II ist betitelt: „wissenschaftliche und technologische Zusammenarbeit".

89 Art. 8 Abs. 1 Izmir-Protokoll.

90 Art. 8 Abs. 3 Izmir-Protokoll: In Anlehnung an die Bamako-Konvention und im Gegensatz zum Basler Übereinkommen, das den Vorsorge-Ansatz nicht ausdrücklich vorsieht; Über die Verbindung zwischen dem Vorsorgeprinzip und der Benutzung sauberer Produktionsverfahren siehe Wolfrum, Precautionary Principle, S. 210.

91 Art. 8 Abs. 2 Izmir-Protokoll.

92 Art. 10 Izmir Protokoll; Juste Ruiz, L'évolution des conventions régionales, S. 169.

und weiteren globalen oder regionalen Organisationen, um illegale Abfallgeschäfte zu vermeiden.[93] Dabei weist das Izmir-Protokoll dem Sekretariat des Basler Übereinkommens eine besondere Stellung zu. Die „Organisation“ soll zwischen den Vertragsparteien und dem Sekretariat koordinieren.[94]

G. Die Erfüllungskontrolle

Einige Bestimmungen des Izmir-Protokolls dienen mittelbar oder unmittelbar der Erfüllungskontrolle. Sie nennen Verfahren oder Verpflichtungen, die erkennen lassen, ob eine Vertragspartei ihre Pflichten aus dem Protokoll erfüllt.

1. Die Information der Öffentlichkeit

Die Vertragsparteien informieren die Öffentlichkeit über die erlaubten Verbringungen gefährlicher Abfälle und bieten ihr, wenn möglich und angemessen, die Gelegenheit, ihre Anliegen und Meinungen dazu vorzubringen.[95] Die Information der Öffentlichkeit kann eine präventive Funktion erfüllen und als Mittel betrachtet werden, um zu überprüfen, ob die Vertragsparteien bei der Verbringung gefährlicher Abfälle das Izmir-Protokoll eingehalten haben. Eine Vertragspartei, die sich mit der Öffentlichkeit über Verbringungen gefährlicher Abfälle auseinandersetzen muss, achtet mehr auf die für sie verbindlichen internationalen Normen.[96]

Die Informationspflicht ist weder im Basler Übereinkommen noch in der Bamako- Konvention vorgesehen. Sie ist auf den Einfluss der Rio-Instrumente auf das Barcelona- System zurückzuführen.[97]

2. Das Nachprüfungsverfahren („*Verification*“)

Als Teil der Erfüllungskontrolle sieht das Izmir-Protokoll auch das Nachprüfungsverfahren („*Verification*“) vor. Dieser vom Izmir-Protokoll, vom Basler Übereinkommen und von der Bamako-Konvention benutzte Begriff bedeutet:

---

93 Art. 5 Abs. 5 Izmir-Protokoll.

94 Art. 9 Abs. 8 Izmir-Protokoll. Die Koordination bezieht sich auf Austausch von Informationen über festgestellte oder vermutete illegale Abfallgeschäfte im Mittelmeer, auf die Hilfebereitstellung im Bereich des Kapazitäten-aufbaus oder die Entwicklung innerstaatlicher Gesetzgebung in den Mittelmeeranrainerstaaten usw.

95 Art. 12 Izmir-Protokoll.

96 Vgl. Ekardt, Information, Selbstregulierung, Flexibilisierung: Instrumente eines effektiven Umweltrechts?, in: 27 Natur und Recht (2005), S. 215 ff.

97 Grundsatz 10 der Rio-Erklärung besagt dass: “Environmental issues are best handled with the participation of all concerned citizens, at the relevant level. At the national level, each individual shall have appropriate access to information concerning the environment that is held by public authorities, *including information on hazardous materials and activities* in their communities, and the opportunity to participate in decision-making processes (…). Hervorhebung zugefügt.

„collection of evidence relating to compliance with international instruments or ascertainment of facts which are otherwise important in the relationship between certain states."[98] Das Nachprüfungsverfahren des Izmir-Protokolls verpflichtet eine Vertragspartei, die der Meinung ist, dass eine andere Partei gegen ihre aus dem Protokoll resultierenden Pflichten verstoßen hat, die „Organisation" und die betroffene Partei davon zu informieren. Anschließend berät die „Organisation" mit den Vertragsparteien über diese Beschwerde und legt den Vertragsparteien einen Bericht darüber vor.[99] Das in Art. 19 des Basler Übereinkommens vorgesehene Nachprüfungsverfahren unterscheidet sich von dem des Izmir-Protokolls und dem der Bamako-Konvention. In das Basler Übereinkommen ist dieses Verfahren aufgrund einer Anregung Nigerias aufgenommen worden. Dabei ist der Vorschlag, dass das Sekretariat des Basler Übereinkommens die Informationen über den behaupteten Verstoß prüft und den Vertragsparteien darüber einen Bericht vorlegt, gestrichen worden.[100] Deswegen verleiht die Überprüfung der Behauptungen und die Erstellung eines Berichts durch die „Organisation" dem Nachprüfungsverfahren des Izmir-Protokolls mehr Wirksamkeit als sie das Nachprüfungsverfahren des Basler Übereinkommens besitzt.[101]

IV. Ergebnisse von Kapitel 5

Das Basler Übereinkommen, die Bamako-Konvention und das Izmir-Protokoll überschneiden sich. Alle drei behandeln die grenzüberschreitende Verbringung gefährlicher Abfälle und deren Beseitigung und finden im Mittelmeer Anwendung. Zwischen diesen Abkommen bestehen keine weit gehenden Unterschiede. Einige Unterschiede sind jedoch festgestellt worden. Die regionalen Übereinkommen, das Izmir-Protokoll und die Bamako-Konvention, sind strenger als das globale Basler Übereinkommen. Die Bamako-Konvention verbietet jeglichen Export gefährlicher Abfälle aus den nichtafrikanischen Staaten, insbesondere aus den OECD Staaten, in die afrikanischen Staaten. Das Izmir-Protokoll ist strenger als die Bamako-Konvention und das Basler Übereinkommen, da es die Verbringung gefährlicher Abfälle auch unter Entwicklungsländern verbietet. Dieser Unterschied ist von dem Basler Übereinkommen und von der Bamako-Konvention gestattet, die ihren Vertragsparteien erlauben, in regionale oder bilaterale Abkommen mit strengeren und umweltfreundlicheren Bestimmungen einzutreten.

---

98 Bothe, Verification of Facts, in: EPIL Vol. IV (2000), S. 1264-1277 insb. S. 1267.

99 Art. 13 Izmir-Protokoll; Juste Ruiz, Un nuevo instrumento, S. 377-378.

100 Shibata, Ensuring Compliance with the Basel Convention, in: Beyerlin/Stoll/Wolfrum (Eds.), Ensuring Compliance with Multilateral Environmental Agreements (2006), S. 73.

101 Vgl. Birnie/Boyle, S. 434; Shibata, S. 74.

Das Izmir-Protokoll nennt in seiner Präambel das Basler Übereinkommen und die Bamako-Konvention. In seinem Text selbst bezieht es sich auf die im Basler Übereinkommen genannten Fristen. Ferner weist das Izmir-Protokoll der Zusammenarbeit mit den internationalen Organisationen, insbesondere mit dem Sekretariat des Basler Übereinkommens, eine wichtige Rolle zu.[102] Diese Verbindungen vermeiden die Entstehung von Unstimmigkeiten bei der Anwendung und tragen zu der Festigung eines harmonisierten Netzwerks globaler und regionaler Instrumente über die Verbringung gefährlicher Abfälle und deren Beseitigung bei. Das Izmir-Protokoll, welches sich speziell mit dem Mittelmeerschutz befasst, verfolgt das gleiche Ziel in gleicher Weise wie das globale Basler Übereinkommen. Es beschränkt sich jedoch nicht auf eine Wiederholung der Bestimmungen des Basler Übereinkommens. Einige seiner Vorschriften tragen der Besonderheit der Mittelmeer-Region Rechnung; andere stellen einen Fortschritt im Vergleich zum Basler Übereinkommen dar. Diese letztgenannten Bestimmungen können deswegen als Modell für Änderungen des Basler Übereinkommens dienen. Als bedeutende Beispiele dafür gelten die Pflicht zur Information der Öffentlichkeit über die erlaubten Verbringungen gefährlicher Abfälle und die Regelung des Transits durch das Küstenmeer. Infolgedessen kann man zum Ergebnis gelangen, dass das Izmir-Protokoll, das Basler Übereinkommen und die Bamako-Konvention aufeinander wirken und sich ergänzen.

---

102 Vgl. Wolfrum/Matz, Conflicts in International Environmental Law, S. 109.

Kapitel 6: Der Schutz des Mittelmeeres vor landseitiger Verschmutzung

Die auf dem Lande betriebenen Aktivitäten tragen nicht weniger als 70% zur Meeresverschmutzung bei und stellen demnach für die Meeresumwelt eine der größten Gefahren dar.[1] Im Mittelmeer ist das Problem noch gravierender. Hier rühren 85 % der Meeresverschmutzung vom Lande her.[2] Trotz der großen Gefährdungen der Meeresumwelt durch die landseitige Verschmutzung war es äußerst schwierig, hierzu globale internationale Regeln aufzustellen. Jede Regelung dieser Verschmutzungsquelle greift nämlich unmittelbar in die Wirtschaftsstruktur der Staaten ein.[3]

Im Folgenden werden die einschlägigen globalen Instrumente und dann die im Rahmen des UNEP/MAP verabschiedeten Instrumente untersucht.

I. Die globalen Instrumente

Die Verhütung und die Bekämpfung der landseitigen Meeresverschmutzung wurden im Vergleich zu anderen Verschmutzungsquellen global relativ spät normiert. Die ersten völkerrechtlichen Verträge, die sich mit der Meeresverschmutzung befasst haben, könnten für die Bekämpfung der landseitigen Meeresverschmutzung von Relevanz sein - wie das Londoner Übereinkommen über die Verhütung der Meeresverschmutzung durch das Einbringen von Abfällen und anderen Stoffen.[4] Diese böten allerdings lediglich einen allgemeinen Rahmen für Maßnahmen gegen die landseitige Verschmutzung. Nachdem die landseitige Meeresverschmutzung bereits in regionalen Meeresschutzsystemen geregelt worden war, hat sie das SRÜ als erstes globales Abkommen ausdrücklich erfasst.[5]

Da das SRÜ das Hauptgewicht bei der Bekämpfung der landseitigen Verschmutzung auf die nationale und die regionale Ebene legt,[6] konnten die Staaten ihre Vorbehalte gegen ein verbindliches globales Instrument geltend machen. Deswegen gelang es dem UNEP 1985 lediglich, die nichtverbindlichen[7] Montreal-Leitlinien über den Schutz der Meeresumwelt vor Verschmutzung vom

---

1 Kapitel 17. 19. Agenda 21.

2 Zoller, S. 93.

3 Gavouneli, New Forms of Cooperation, S. 228.

4 Hassan, International Conventions Related to Land-Based Sources of Marine Pollution Control: Applications and Shortcomings, in: 16:657 The Georgetown International Law and Environmental Law Review (2004), S. 660-665; Mehr zu diesem Übereinkommen siehe Kapitel 4/I/A.

5 Biermann, S. 109.

6 Kapitel 1/II/C/1.

7 Birnie/Boyle, S. 418.

Lande aus abzufassen.[8] Diese Leitlinien stellen keinesfalls die in Art. 207 SRÜ erwähnten „internationalen Maßstäbe“ dar.[9] Sie appellieren lediglich an die Staaten, in weiteren Beratungen gemeinsame Standards zu setzen. Bei der Ausarbeitung der gemeinsamen Standards müssen nach diesen Leitlinien genauso wie nach dem SRÜ die regionalen Gegebenheiten, die Wirtschaftskraft der Staaten und die Notwendigkeit ihrer Entwicklung berücksichtigt werden. Die Anlagen dieser Leitlinien behandeln Kontrollstrategien und die Klassifikation schädlicher Substanzen. Die nichtverbindlichen Montreal-Leitlinien wiederholen also die in anderen regionalen Abkommen und im SRÜ vorgesehenen Pflichten.[10]

Die Rio-Konferenz hat diesbezüglich keine großen Änderungen bewirkt. Die Agenda 21 hat die Staaten aufgefordert, bei den eingeleiteten Maßnahmen die Montreal-Leitlinien für den Schutz der Meeresumwelt gegen landseitige Verschmutzung zu berücksichtigen.[11] Darüber hinaus wurde der Verwaltungsrat des UNEP ersucht, so bald wie möglich eine zwischenstaatliche Konferenz zum Schutz der Meeresumwelt vor landseitigen Verschmutzungen einzuberufen.[12] Diese Konferenz sollte die Montreal- Leitlinien aktualisieren und ausweiten. Die UNEP-Konferenz hat die Washington- Erklärung über den Schutz der Meeresumwelt vor landgestützten Aktivitäten und ein Globales Aktionsprogramm (*Global Programme of Action*) verabschiedet.[13] Das Globale Aktionsprogramm soll die regionalen und nationalen Institutionen bei ihren Maßnahmen gegen die landseitige Meeresverschmutzung beraten und die interregionale Kooperation durch verschiedene Dienste unterstützen.[14] Obwohl das Interesse für die globale Bekämpfung der landseitigen Verschmutzung seit der Errichtung des Koordinationsbüros des Globalen Aktionsprogramms im Jahre 1997 in Den Haag gestiegen ist, gibt es nur regionale rechtsverbindliche Instrumente.[15] Wie die Wa-

8 UNEP/WG.120/3.

9 Birnie/Boyle, S. 418.

10 Fischer, Land-Based Pollution of the Marine Environment, in: 12 Environmental and Planning Law Journal (1995), S. 120.

11 Kap. 17. 24. Agenda 21; Mehr über die in Kapitel 17 empfohlenen Maßnahmen siehe Hassan, Protecting the Marine Environment from Land-Based Sources of Pollution (2006), S. 92-95.

12 Kap.17. 26. Agenda 21.

13 Die Washington-Konferenz hat zur Verabschiedung folgender Erklärungen geführt: The Washington Declaration on Protection of the Marine Environment from Land-Based Activities, The Global Programme of Action for the Protection of the Marine Environment from Land-Based Activities: UNEP (OCA)/LBA/IG, 2/7, Texts in: 26 Environmental Policy and Law (1996), S. 38.

14 Basiron, The Global Program of Action for the Protection of the Marine Environment from Land-Based Activities, in: 3 Malaysian Institute of Maritime Affairs Bulletin (1996), S. 3.

15 Treves, L'approche régionale en matière de protection de l'environnement marin, S. 600; Auf globaler Ebene wurde lediglich ein einziges rechtlich verbindliches Instrument, das für die landseitige Meeresverschmutzung relevant sein könnte, verabschiedet,

shington-Erklärung betont die Montreal-Erklärung von 2001[16] die Notwendigkeit regionaler Maßnahmen, um die Durchführung des Globalen Aktionsprogramms zu verbessern und zu beschleunigen. Deswegen fordern beide Erklärungen zur Unterstützung der im Rahmen der regionalen Meeresprogramme verabschiedeten Instrumente auf.[17]

II. Die UNEP/MAP Protokolle

A. Das Protokoll über den Schutz des Mittelmeeres gegen die Verschmutzung vom Lande aus

Die Verabschiedung des Protokolls über den Schutz des Mittelmeeres gegen die Verschmutzung vom Lande aus wurde am 17. Mai 1980 in Athen verabschiedet (hiernach: Athener Protokoll) und war das Ergebnis eines langwierigen Prozesses.[18] Die Verhandlungen zu diesem Protokoll haben drei Jahre gedauert.[19] Dies ist auf den unterschiedlichen wirtschaftlichen Entwicklungsstand der Mittelmeeranrainer zurückzuführen.[20] Die Entwicklungsländer unter ihnen befürchteten, dass ihre Entwicklungsbedürfnisse durch strenge Umweltnormen beeinträchtigt würden. Die industrialisierten Mittelmeeranrainer wollten die regionalen Normen des UNEP/MAP den EG Standards anpassen, an welche sie als EG-Mitglieder ohnehin gebunden waren.[21]

1. Der Anwendungsbereich

Der räumliche Anwendungsbereich des Protokolls erfasst das Mittelmeergebiet, wie es in der Barcelona-Konvention I definiert ist. Hiernach gehören die inneren Gewässer nicht zum Mittelmeergebiet, es sei denn, dass ein Protokoll sie aus-

---

nämlich das Stockholmer Übereinkommen über Persistente Organische Schadstoffe. Das Übereinkommen spricht nicht ausdrücklich die Meersverschmutzung an, sondern setzt sich als Ziel, die menschliche Gesundheit und die Umwelt im allgemein vor persistenten organischen Schadstoffen zu schützen, Text des Übereinkommens auf Deutsch abrufbar unter http://www.bmu.de. Das Übereinkommen wurde in Stockholm am 22.5.2001 verabschiedet und ist in Mai 2004 in Kraft getreten und hat bereits 96 Vertragsparteien. Es zielt auf ein weltweites Verbot von Substanzen, die entscheidende Charakteristika gemein haben. Sie zeichnen sich durch Langlebigkeit, Bioakkumulation, Öko- und Humantoxität, sowie das Potential zum Ferntransport in Wasser, Boden und Luft aus.

16 Mehr dazu abrufbar unter http://gpa.unep.org/igr.

17 Treves, L'approche régionale en matière de protection de l'environnement marin, S. 600.

18 Aufgrund Art. 8 Barcelona-Konvention I.

19 Protocole relatif à la protection de la mer méditerranée contre la pollution d'origine tellurique. Das Protokoll ist seit dem 7.6.1983 in Kraft, Text in: ILM 19 (1980), S. 869.

20 Leanza, Le régime juridique international de la mer méditerranée, S. 396.

21 Zoller, S. 93.

drücklich darin einbezieht. Das ist beim Athener Protokoll der Fall. Es findet auch in den inneren Gewässern der Vertragsparteien Anwendung. Die Schadstoffe aus landseitigen Tätigkeiten gelangen zunächst in die küstennahen Gewässer, bevor sie andere Meereszonen erreichen. Deswegen schien es unumgänglich, die Gewässer landwärts der Basislinie, von welcher die Breite des Küstenmeeres gemessen wird, in den Anwendungsbereich des Athener Protokolls einzubeziehen. Bei Wasserläufen ist das Protokoll bis zur Süßwassergrenze anwendbar. Darüber hinaus schließt es die Salzwassersümpfe, die mit dem Meer verbunden sind, ein.[22]

In materieller Hinsicht findet das Protokoll auf unmittelbare Einträge schädlicher Stoffe durch[23] Einleitungen aus Mündungsrohrleitungen und Einbringen von der Küste aus sowie durch mittelbare Einträge aus Flüssen, Kanälen, unterirdischen Wasserläufen und aus der Atmosphäre, Anwendung.[24] Das Athener Protokoll erfasst auch Einleitungen von Schadstoffen aus Offshore-Anlagen,[25] wenn die Offshore-Anlagen nicht der Ausbeutung und Erforschung der Bodenschätze im Festlandsockel, im Meeresboden, und im Meersbodenuntergrund dienen.[26]

2. Das Listensystem

Wie die übrigen regionalen Instrumente zur Bekämpfung der Verschmutzung der Meeresgebiete vom Lande aus,[27] verfährt das Athener Protokoll nach einem Listensystem. Es ordnet schädliche Substanzen je nach ihrer Gefahr für die Meeresumwelt in zwei Listen. Die Vertragsparteien sind verpflichtet, die durch die Substanzen der Anlage I verursachte Meeresverschmutzung zu beseitigen. Art. 5 des Athener Protokolls sieht in diesem Zusammenhang zwei Maßnahmetypen vor: Die Festlegung von Gewässerqualitätsstandards und die Aufstellung von Emissionswerten. Die Standards und Zeitpläne für die Ausführung dieser Programme werden von der Versammlung der Vertragsparteien verabschiedet und

22 Art. 3 Athener Protokoll.

23 Art. 4 Abs. 1 Athener Protokoll.

24 Die Verschmutzung durch die Luft wird jedoch in einem besonderen Anhang des Protokolls geregelt. Im Gegensatz dazu wird die Verschmutzung aus der Luft und durch die Luft im SRÜ als eine getrennte Verschmutzungsquelle in einem separaten Artikel behandelt (Art. 212); Mehr dazu bei Biermann, S. 109.

25 Art. 4 Abs. 2 Athener Protokoll.

26 Über die Meeresverschmutzung aus den Offshore-Anlagen, die der Ausbeutung und Erforschung der Bodenschätze vom Festlandsockel, vom Meersboden und dessen Untergrund dienen wurde viel später ein Protokoll verabschiedet; Dazu siehe Kapitel 7/II/B.

27 Z. B für die Nordsee: Das Pariser Übereinkommen zur Verhütung der Meeresverschmutzung vom Lande aus vom 21.2.1974; Mehr dazu bei Cron, Das Umweltregime der Nordsee, S. 135 ff.

sollen, falls notwendig, alle zwei Jahre überprüft werden. Die Anlage II des Athener Protokolls nennt schädliche Stoffe, die weniger gefährlich als die der Anlage I sind. Die Verschmutzung des Protokollgebiets mit diesen Substanzen muss nur reduziert und nicht beseitigt werden.[28] Zu diesem Zweck treffen die Vertragsparteien die erforderlichen Maßnahmen und stellen die notwendigen Programme auf. Das Einleiten dieser Substanzen muss von einer Erlaubnis der nationalen Behörden abhängig gemacht werden.[29] Die Anlage III des Protokolls führt die bei der Erlaubniserteilung zu berücksichtigenden Faktoren auf. Dementsprechend kann überprüft werden, ob die nationalen Behörden diese Kriterien in ihre Entscheidung einbezogen haben. Den Vertragsparteien ist jedoch ein großes Ermessen beim Erlass ihrer Vorschriften eingeräumt. Deswegen kann nur bei evident willkürlichen Entscheidungen ein Verstoß gegen das Protokoll festgestellt werden.[30]

3. Die Berücksichtigung der wirtschaftlichen Gegebenheiten

Die Berücksichtigung der wirtschaftlichen Gegebenheiten durchzieht das ganze Athener Protokoll. Bereits in der Präambel weisen die Vertragsparteien auf die Notwendigkeit hin, den unterschiedlichen wirtschaftlichen Entwicklungen der Mittelmeeranrainer Rechnung zu tragen. Dabei wird hervorgehoben, dass die wirtschaftlichen und sozialen Bedürfnisse der Entwicklungsländer berücksichtigt werden sollen. Das Athener Protokoll sieht gemeinsame Maßnahmen zu Regulierung der landseitigen Meeresverschmutzung vor, wie die Erarbeitung von Aktionsprogrammen oder die Erlaubnis zum Einleiten bestimmter Substanzen. Trotzdem erlaubt es den Vertragsparteien, je nach ihrem Entwicklungsstand unterschiedliche maximale Emissionswerte festzulegen.[31] Die Vertragsparteien arbeiten zur Erstellung von Hilfsprogrammen zugunsten der Entwicklungsländer zusammen.[32] Die Hilfe umfasst die Unterstützung bei der Ausbildung von wissenschaftlichem und technischem Personal und beim Erwerb und der Benutzung von Ausrüstungen. In der englischen Fassung des Athener Protokolls wird hierbei die abgeschwächte Verpflichtungsform von *„undertake"* statt *„shall"* benutzt, da die Nordanrainer keine bindenden Verpflichtungen eingehen wollten.[33] Trotzdem wurde den Entwicklungsländern seit den ersten Durchführungsphasen des Protokolls eine beträchtliche technische Hilfe zur Verfügung gestellt, wie die Organisation vieler Trainings- und Austauschprogramme und sowie Materi-

28 Art. 6 Athener Protokoll.

29 Art. 6 Abs. 3 Athener Protokoll.

30 Zoller, S. 97.

31 Leanza, Le régime juridique international de la mer méditerranée, S. 396.

32 Art. 10 Athener Protokoll.

33 Kuwabara, The Legal Regime of the Protection of the Mediterranean against Pollution from Land-based Sources, (1984), S. 64.

al und Ausstattung.[34] Die Hilfspflicht für die Entwicklungsländer wirft die Frage auf, ob es zwischen der Erfüllung dieser Unterstützungspflicht und der Erfüllung der Umweltschutzverpflichtungen seitens der Entwicklungsländer nach dem Protokoll ein Reziprozitätsverhältnis gibt. Die im Vergleich zu anderen umweltvölkerrechtlichen Abkommen allgemeine Formulierung der Unterstützungspflicht im Athener Protokoll macht diese Verknüpfung eher zweifelhaft.[35] Bei der Erfüllungskontrolle soll das Entwicklungsland jedenfalls beweisen, dass es *bona fide* versucht habe, seinen Verpflichtungen nachzukommen, dann aber am eigenen technischen, finanziellen oder personellen Unvermögen gescheitert sei.[36]

B. Das Protokoll über den Schutz des Mittelmeeres vor Verschmutzung aus landseitigen Quellen und Tätigkeiten

Das Protokoll über den Schutz des Mittelmeeres vor Verschmutzung aus landseitigen Quellen und Tätigkeiten ist die am 7. März 1996 geänderte Fassung des Athener Protokolls.[37] Es ist in Syrakus verabschiedet worden (hiernach: Syrakuser Protokoll). Sein Ziel ist ehrgeiziger als das des Athener Protokolls.[38] Die Vertragsparteien verpflichten sich nämlich von nun an, die Verschmutzung vom Lande aus zu verhüten, zu reduzieren, zu bekämpfen und weitestmöglich zu beseitigen.[39] Zuerst soll die Verwendung toxischer, persistenter und bioakkumulierender Stoffe beendet werden.[40] Ferner ist der Anwendungsbereich des Syrakuser Protokolls breiter als der des Athener Protokolls. Es gilt nicht nur für das Mittelmeer, sondern für die gesamten Flussgebiete der Vertragsparteien, deren Wasser in das Mittelmeer abfließt.[41] Ebenso umfasst das Protokoll die Küstensalzgewässer, einschließlich der Feuchtgebiete und Grundgewässer, die ins Mittelmeer abfließen.[42] Im Ergebnis schließt der Anwendungsbereich des Syrakuser Protokolls das gesamte Territorium der Vertragsparteien ein.[43] Wissenschaftli-

34 Kuwabara, S. 64; Zoller, S. 98.

35 Art. 4 Abs.7 Rahmenübereinkommen der Vereinten Nationen über Klimaänderungen; Art. 20 Abs. 4 Übereinkommen über die biologische Vielfalt; Siehe dazu die Ausführungen von Beyerlin/Marauhn, Rechtsetzung und Rechtsdurchsetzung im Umweltvölkerrecht nach der Rio-Konferenz, S. 132.

36 Beyerlin/Marauhn, S. 133.

37 Protocol for the Protection of the Mediterranean Sea against Pollution from Land-Based Sources and Activities. Noch nicht in Kraft, Text unter http://www.unepmap.org/Archivio/All_Languages/WebDocs/BCP_2005/LBS96_Eng.pdf.

38 Bou Franch, New Trends for Eliminating Land-based Pollution in the Mediterranean, in : Cataldi (Ed.), La Méditerranée et le droit de la mer à l'aube du 21 e siècle, S. 294.

39 Art. 1 Syrakuser Protokoll.

40 Juste Ruiz, L'évolution des conventions régionales, S. 168.

41 Art. 3 (b) Syrakuser Protokoll.

42 Art. 3 (d) Syrakuser Protokoll.

43 Gavouneli, New Forms of Cooperation, S. 228.

che Erkenntnisse haben gezeigt, dass die landseitige Meeresverschmutzung sich nicht mit Maßnahmen bewältigen lässt, die punktförmige Verschmutzungsquellen erfassen. Für die landseitige Meeresverschmutzung kommen alle Tätigkeiten auf dem terrestrischen Staatsgebiet in Frage.[44] Der erweiterte Anwendungsbereich des Syrakuser Protokolls dem Rechnung.

Hierzu verpflichten sich die Vertragsparteien, insbesondere die in Anlage I aufgeführten Substanzen schrittweise aus dem Verkehr zu ziehen.[45] Dafür müssen sie einzeln oder gemeinsam Aktionspläne und Programme ausarbeiten. Diese sollen die notwendigen Maßnahmen und Zeitpläne für ihre Durchführung vorsehen.[46] In Anlage I werden verschiedene Leitlinien für die Aktionsprogramme aufgeführt. Diese Anlage ist in drei Sektionen gegliedert: A. Aktivitätsgebiete, B. Charakteristika der Substanzen in der Umwelt, C. Substanzkategorien. In Anlehnung an das Washingtoner Globale Aktionsprogramm gibt das Syrakuser Protokoll den toxischen, persistenten und bioakkumulierenden Schadstoffen, und insbesondere den persistenten organischen Schadstoffen (sog. POP's *„persistent organic pollutants"*) bei der Ausarbeitung der regionalen Aktionsprogramme Vorrang. Die Aktionsprogramme werden als Durchführung des Protokolls betrachtet und dem Verfahren ihrer Verabschiedung und dessen rechtlichen Folgen für die Vertragsparteien wird beträchtliche Aufmerksamkeit gewidmet.[47] Die Vertragsparteienversammlung verabschiedet mit einer Mehrheit von 2/3 die von der „Organisation" ausgearbeiteten kurz- und mittelfristigen regionalen Aktionspläne und Programme. 180 Tage nach ihrer Notifizierung an eine Vertragspartei werden sie für diese verbindlich, wenn sie bis dann nicht widersprochen hat (sog. *opting out*-Verfahren).[48] Die in den Aktionsplänen und Programmen enthaltenen Maßnahmen und Zeitpläne sind zum ersten Mal in der Geschichte des UNEP/MAP verbindlich. Dies ist eine wesentliche Neuerung des Syrakuser Protokolls.[49]

Die „Organisation" ist verpflichtet, innerhalb eines Jahres nach dem Inkrafttreten des Syrakuser Protokolls einen kurz- und mittelfristigen regionalen Aktionsplan zu erarbeiten und ihn gemäß Art. 15 des Protokolls den Vertragsparteien zur Verabschiedung zu unterbreiten. Das Syrakuser Protokoll enthält einige Bedingungen und Leitlinien für die aufzustellenden Programme und Aktionspläne. Wie bereits an seinem Titel zu erkennen ist,[50] misst es bei der Bekämpfung der landseitigen Meeresverschmutzung den „Aktivitäten" große Bedeutung bei. In

---

44 Gavouneli, New Forms of Cooperation, S. 227-228.
45 Art. 5 Abs. 1 Syrakuser Protokoll.
46 Art. 5 Abs. 2 Syrakuser Protokoll.
47 Vgl. Gavouneli, New Forms of Cooperation, S. 228.
48 Art. 15 Abs. 3 Syrakuser Protokoll.
49 Bou Franch, S. 299.
50 Im Gegensatz zum Athener Protokoll enthält der Titel des Syrakuser Protokolls das Wort „Aktivitäten".

Anlage I werden die wichtigsten Gegenstände für die Aktionsprogramme und Maßnahmen genannt.[51] Darunter sind der Tourismus und verschiedene Industriezweige. Naturgemäß gehören auch die Aufbereitung und Bewirtschaftung häuslicher Abwässer dazu. Die Vertragsparteien müssen bei der Aufarbeitung dieser Aktionspläne die besten verfügbaren Technologien (*Best Available Technologies*, BAT) und die besten Umweltpraktiken (*Best Environmental Practices*, BEP) einschließlich der sauberen Technologien beachten. [52] Sie sind in Anlage IV definiert und entsprechen wörtlich dem OSPAR-Übereinkommen.[53]

Da die erwähnten Programme und Aktionspläne für die Durchführung des Syrakuser Protokolls wichtig sind, hat die „Organisation" mit der Vorarbeit hierfür bereits 1996 begonnen[54] und nicht auf das Inkrafttreten des Syrakuser Protokolls gewartet.[55] Bereits 1997 haben die Vertragsparteien das von der „Organisation" erarbeitete Strategische Aktionsprogramm über landseitige Verschmutzung (*Strategic Action Programme to address Pollution from Land-based Activities*) verabschiedet.[56] Hieran sieht man die Entschlossenheit der Vertragsparteien, mit dem Syrakuser Protokoll konkrete Maßnahmen gegen die landseitige Meeresverschmutzung zu ergreifen.[57]

Das Strategische Aktionsprogramm ist die Grundlage für die Durchführung des Syrakuser Protokolls. Es enthält Zeitpläne für konkrete und spezielle Maßnahmen der Staaten zur Kontrolle von Schadstoffen. Kurz nach seiner Verabschiedung wurde es vom Rat der *Global Environmental Facility* (GEF) als ein bedeutendes Programm, das sich unmittelbar mit einigen wesentlichen Angele-

---

51 Art. 5 Abs. 3 Syrakuser Protokoll.

52 Art. 5 Abs. 4 Syrakuser Protokoll.

53 Über die Entstehungsgeschichte dieser Definition in Bezug auf das Syrakuser Protokoll, siehe Bou Franch, S. 298, Fn. 42; Kritisch in einem allgemeinen Zusammenhang zu der Verpflichtung bezüglich der Berücksichtigung der BAT und BEP Wolfrum, Precautionary Principle, S. 210: Er schreibt: „In particular the notion of best available technology requires actions taken for the protection of the environment to make use dynamically of modern protective technology. However the standard of protection is indicated by technical development rather than environmental needs which may be better served by a ban of certain activities the negative effects of which, from the point of view of the environment, cannot sufficiently be mitigated technically".

54 Bou Franch, S. 300 ff.

55 Das Protokoll ist noch nicht in Kraft, siehe http://www.unepmap.org (Stand: November 2006).

56 UNEP (OCA)/ Med IG. 11, UNEP, Strategic Action Programme to Address Pollution from Land-Based Activities (UNEP Athens 1999). Dazu Civili, The Mediterranean Marine Environment: Pressures, State of Pollution and Measures Taken (the Barcelona Convention and The Mediterranean Action Plan), in: Ehlers/Mann-Borgese/Wolfrum (Eds.), Marine Issues (2002), S. 173.

57 Civili, S. 174.

genheiten für die internationalen Gewässer befasst, bezeichnet.[58] Im Jahre 1998 hat die GEF ein dreijähriges Mittelmeer-GEF-Projekt zugesagt, bei dem sie etwa die Vorbereitung der nationalen Aktionspläne des Strategischen Aktionsprogramms fördert.[59] Mit den nationalen Aktionsplänen sollen die Ziele des Strategischen Aktionsprogramms auf nationaler Ebene erreicht werden.[60] In diesem Fall finanziert also eine globale internationale Einrichtung wie die GEF Projekte zur Bekämpfung der landseitigen Meeresverschmutzung in der Mittelmeerregion und trägt zu deren Effektivität bei.[61]

Neben der Ausarbeitung und der Anwendung der erwähnten Aktionsprogramme sind die Vertragsparteien auch verpflichtet, die Einleitung von Abwässern und die Freisetzung von Abfällen von einer Erlaubnis abhängig zu machen. In Anlage II des Syrakuser Protokolls werden die Bedingungen für Erlaubnisse genannt.[62]

Außerdem verstärkt das Syrakuser Protokoll die Verpflichtungen der Vertragsparteien bezüglich der Inspektion.[63] Sie müssen Überwachungssysteme einrichten, um sicherzustellen, dass die Erlaubnisse und die nationalen Rechtsvorschriften eingehalten werden[64] und deren Missachtung bestrafen.[65] Die Vertragsparteien können die „Organisation" um Hilfe bei dem Aufbau dieser Überwachungssysteme ersuchen. Dazu gehört die Ausbildung des nationalen Überwachungspersonals.[66]

Im Ergebnis ist es dem Syrakuser Protokoll gelungen, in der alltäglichen Praxis der nationalen Verwaltungen angewendet zu werden.[67]

III. Ergebnisse von Kapitel 6

In Einklang mit dem SRÜ regeln die Instrumente des speziellen Völkerrechts die Verhütung und Bekämpfung der landseitigen Meeresverschmutzung besonders auf der nationalen und der regionalen Ebene. Die ersten Instrumente, die

58 Die „GEF International Waters Projects" stellen eine Kategorie der von der GEF finanzierten Projekte dar. Mehr dazu bei Duda, Monitoring and Evaluation Indicators for GEF International Water Projects, (November 2002) abrufbar unter http://thegef.org/M_E_WP__10.pdf.: Duda schreibt über das Ziel dieser Projekte: „The goal of the GEF international waters projects is to assist countries to use the full range of technical, economic, financial, regulatory and institutional measures needed to operationalize sustainable development strategies for international waters".

59 Mehr dazu Civili, S. 174.

60 Ebenda.

61 Treves, Regional Approaches to the Protection of the Marine Environment, S. 143.

62 Art. 6 Abs. 1 Syrakuser Protokoll.

63 Juste Ruiz, L'évolution des conventions régionales, S. 168.

64 Art. 6 Abs. 2 Syrakuser Protokoll.

65 Art.6 Abs. 4 Syrakuser Protokoll.

66 Art. 6 Abs. 3 Syrakuser Protokoll.

67 Gavouneli, New Forms of Cooperation, S. 229.

sich mit dieser Verschmutzungsquelle befassten, waren regional. So wurde bereits 1983 das UNEP/MAP Athener Protokoll beschlossen. Die später verabschiedeten globalen Instrumente sind nicht verbindlich. Sie bestätigen den herkömmlichen Trend, diese Verschmutzungsquelle primär regional zu regeln. Deswegen fordern die Washingtoner Erklärung und die Montrealer Erklärung die Staaten zur Ratifizierung und Anwendung der regionalen Abkommen auf. Das von der Washingtoner Erklärung vorgesehene Globale Aktionsprogramm gegen die landseitige Meeresverschmutzung bezweckt insbesondere, den regionalen und nationalen Institutionen zu helfen und sie zu beraten. Die GEF bietet mit dem Mittelmeer-Projekt (*Mediterranean GEF Project For International Waters*) globale finanzielle Unterstützung für regionale Initiativen und Aktionsprogramme an.

Trotz ihrer Unverbindlichkeit haben die globalen Instrumente die regionalen Instrumente beeinflusst. So sind einige Konzepte und Begriffe aus diesen globalen Instrumenten in die regionalen Instrumente übergegangen und hierdurch verbindlich geworden.[68] Beispielsweise wurden die Forderungen zur Benutzung der BAT und BEP und zur integrierten Bewirtschaftung der Küstengebiete in den Montrealer Richtlinien und der Washingtoner Erklärung von dem UNEP/MAP Syrakuser Protokoll übernommen und dadurch für die Vertragsparteien dieses Protokolls verbindlich.[69] Es folgt aus diesen Ausführungen, dass globale und regionale Instrumente auf einander wirken und sich ergänzen.

---

68 Über die Übernahme von *soft law* Begriffen durch verbindliche Instrumente siehe König, Questionnaire: International Law of the Sea, in: Zimmermann (Ed.), Unity and Diversity in International Law (2006), S. 42.

69 Treves, L'approche régionale en matière de protection de l'environnement marin, S. 603.

Kapitel 7: Der Schutz des Mittelmeeres vor der Verschmutzung durch Offshore-Tätigkeiten[1]

I. Die globalen Regelungen

Die meisten meeresumweltbezogenen Konventionen enthalten Bestimmungen über die Verschmutzung durch Offshore-Tätigkeiten.[2] Oft wird die Verschmutzung durch Offshore-Anlagen als eine Form landseitiger Verschmutzung betrachtet.[3] Deswegen befassen sich die Montrealer Leitlinien für den Schutz der Meeresumwelt vor landseitiger Verschmutzung (1985) mit den „sources of marine pollution from activities conducted on offshore fixed or mobile facilities within the limits of national jurisdiction, save to the extent that these sources are governed by appropriate international agreements".[4]

Offshore-Anlagen, Plattformen und sonstige Bauwerke sind in den Anwendungsbereich der globalen Abkommen gegen Meeresverschmutzung durch Einbringen (LDC und LDP) eingeschlossen.[5] Besonderes wichtig ist in diesem Zusammenhang die Frage der Beseitigung ausrangierter Offshore-Anlagen.[6] Die Bestimmung im SRÜ wurde so ausgelegt, dass eine nicht vollständige Beseitigung der Offshore-Anlagen rechtmäßig sein kann.[7] Das SRÜ verweist auf die von der IMO erlassenen Richtlinien.[8] Diese hat die IMO 1989 festgelegt.[9] Die

---

1 Für die Definition der Offshore-Tätigkeiten siehe Kapitel 1/II/D/2.

2 Gavouneli, Pollution from Offshore Installations (1995), S. 50.

3 Kindt, Marine Pollution and the Law of the Sea (1986), S. 743-751.

4 UNEP, Protection of the Marine Environment against Pollution from Land-based Sources (Montreal Guidelines), abgedruckt in: 14 Environmental Policy and Law (1985), S. 77.

5 Art. III des LDC definiert das Einbringen als: „jede auf See erfolgende vorsätzliche Beseitigung von Abfällen oder sonstigen Stoffen von Schiffen, Luftfahrzeugen, Plattformen oder sonstigen auf See errichteten Bauwerken aus; jede auf See erfolgende vorsätzliche Beseitigung von Schiffen, Luftfahrzeugen, Plattformen und sonstigen auf See errichteten Bauwerken"; Dazu siehe Kapitel 4/I/A u. B.

6 Ausführlich Ijlstra, Implementation of the United Nations Law of the Sea Convention; Removal of Offshore Installations, in: Vukas (Ed.), Essays on the New Law of the Sea, 2 (1990), S. 55 ff.

7 Art. 60 Abs. 3 SRÜ lautet: „alle aufgegebenen oder nicht mehr benutzten Anlagen oder Bauwerke sind zu beseitigen, um die Sicherheit der Schifffahrt zu gewährleisten; dabei sind die allgemein anerkannten internationalen Normen zu berücksichtigen, die in dieser Hinsicht von der zuständigen internationalen Organisation festgelegt sind. Bei der Beseitigung ist auf die Fischerei, den Schutz der Meeresumwelt sowie auf die Rechte und Pflichten anderer Staaten gebührend Rücksicht zu nehmen. Tiefe, Lage und Ausdehnung nicht vollständig beseitigter Anlagen und Bauwerke sind in geeigneter Weise bekanntzumachen."

8 Esmaeili, The Legal Regime of Offshore Oil Rigs in International Law (2001), S. 198.

9 IMO Res. A. 672 (16).

Vertragsparteien des LDC haben ein Instrument erlassen, *Guidance For Assessment of Offshore Installations*, das ihnen bei der Anwendung dieses Übereinkommens und seines Protokolls für die Behandlung ausgedienter Anlagen helfen soll.[10] Zu diesem Zweck werden die Bestimmungen des LDC und LDP in der *Guidance* kommentiert und ausgelegt.[11] Diese Instrumente unterwerfen die Offshore-Tätigkeiten dem allgemeinen Regime über Einbringen oder landseitige Verschmutzung, weswegen immer noch ein verbindliches globales Instrument fehlt, das sich speziell mit der Meeresverschmutzung durch Offshore-Tätigkeiten befasst.[12]

II. Die UNEP/MAP Instrumente

Im Rahmen von UNEP/MAP können die Regelungen für die Verhütung und Bekämpfung der Verschmutzung durch Offshore-Tätigkeiten in zwei Kategorien eingeordnet werden. Einerseits enthalten die Instrumente über die Verschmutzung durch Einbringen und über die landseitige Verschmutzung Bestimmungen, die sich auf die Offshore-Quellen der Verschmutzung beziehen, andererseits ist ein Protokoll über die Verschmutzung durch eine spezifische Offshore-Tätigkeit,[13] namentlich die Erforschung und Ausbeutung des Festlandsockels, des Meeresbodens und des Meeresuntergrundes, verabschiedet worden.

A. Offshore-Quellen in den Instrumenten über Verschmutzung durch Einbringen und landseitige Verschmutzung

Das Protokoll über den Schutz des Mittelmeeres gegen die Verschmutzung vom Lande aus findet auch auf die Einleitungen aus Offshore- Anlagen und künstlichen Inseln Anwendung, solange sie nicht für die Erforschung und Ausbeutung mineralischer Ressourcen des Festlandsockels, des Meeresbodens und des Meeresuntergrunds errichtet wurden.[14]

Das Protokoll über die Verhütung der Mittelmeerverschmutzung durch Einbringen von 1976 bezieht Offshore-Anlagen[15] in die Definition von Schiffen ein „floating craft whether self-propelled or not and platforms and other man-made

---

10 Marr, The Precautionary Principle in the Law of the Sea (2003), S. 127-128; La Fayette (de), New Developments in the Disposal of Offshore Installations, in: 14 IJMCL (1999), S. 534; Woodliffe, Decommissioning of Offshore Oil and Gas Installations in European Waters: The End of a Decade of Indecision?, in: 14 IJMCL (1999), S. 101-123.

11 IMO Doc.LC/SG 22/13 Annex 5.

12 Vgl. Gavouneli, Pollution from Offshore Installations, S. 50.

13 Sersic, Protection of the Mediterranean Sea against Pollution Resulting from Exploration and Exploitation of Seabed and Its Subsoil, in: Vukas (Ed.), The Legal Regime of Enclosed and Semi-Enclosed Seas (1988), S. 223 ff.

14 Art. 4 Athener Protokoll; Dazu Hassan, S. 130-131.

15 Esmaeili, The Legal Regime of Offshore Oil Rigs in International Law (2001), S. 209.

structures at sea".[16] Nach den Änderungen dieses Protokolls im Jahre 1995 dürfen Offshore-Anlagen und -Bauwerke mit Erlaubnis der nationalen Behörden beseitigt werden.[17] Dafür muss jedoch sichergestellt werden, dass „material capable of creating floating debris or otherwise contributing to pollution of the marine environment has been removed to the maximum extent."[18] Bezüglich der Beseitigung der Offshore-Anlagen und sonstigen Offshore-Bauwerken gibt das Protokoll über die Verhütung und Beseitigung der Mittelmeerverschmutzung durch Einbringen oder die Verbrennung auf See von 1995 allerdings dem Protokoll zum Schutz des Mittelmeeres gegen die aus der Erkundung und Ausbeutung des Festlandsockels und des Meeresbodens und dessen Untergrundes resultierende Verschmutzung Vorrang.[19]

B. Das Protokoll zum Schutz des Mittelmeeres gegen die aus der Erkundung und Ausbeutung des Festlandsockels, des Meeresbodens und dessen Untergrundes resultierende Verschmutzung

1. Überblick

Es fragt sich, wieweit dieses Protokoll mit dem SRÜ vereinbar ist und ob es einen vollständigen Schutz des Mittelmeeres vor der aus Offshore-Aktivitäten resultierenden Verschmutzung gewährt.

Das Protokoll zum Schutz des Mittelmeeres gegen die aus der Erkundung und Ausbeutung des Festlandsockels und des Meeresbodens und seines Untergrundes resultierende Verschmutzung, das Offshore-Protokoll, wurde im Vergleich zu den anderen Instrumenten des Barcelona-Systems spät verabschiedet.[20] Obwohl das UNEP/MAP bei dem UNEP *Regional Seas* Programm sonst eine Vorreiterrolle gespielt hat, ging ihm bei der Verschmutzung durch Offshore-Tätigkeiten das Kuwait Protokoll über die aus der Erforschung und Ausbeutung des Festlandsockels resultierende Meersverschmutzung, das Kuwait-Offshore-Protokoll, voran.[21] Es wurde im Rahmen des Kuwait-*Regional Seas* Programms

---

16 Art. 3 BDP I; Mehr dazu siehe Kapitel 4/II/A.

17 Siehe Kapitel 4/II/B.

18 Art. 4 Abs. 2 d) BDP II.

19 Siehe Kapitel 4/II/B.

20 Protocol for the Protection of the Mediterranean Sea against Pollution Resulting from Exploration and Exploitation of the Continental Shelf and the Seabed and its Subsoil vom 14.10.1994, noch nicht in Kraft, Text abrufbar unter http://www.unepmap.html/homeeng.asp (Stand: November 2006).

21 The Kuwait Protocol Concerning Marine Pollution Resulting from Exploration and Exploitation of the Continental Shelf. Das Protokoll ist am 17.2.1990 in Kraft getreten, Text in: 19 Environmental Policy and Law (1989), S. 32-35; Dazu Siehe Gavouneli, S. 45; Sadat Akhavi, La convention du Koweit pour la coopération en vue de la protection du milieu marin contre la pollution du 24.4.1978, in: Cataldi (Ed.), La Méditerranée et le droit de la mer, S. 321; Esmaeili, S. 262-264.

im Jahre 1989 verabschiedet. Die späte Verabschiedung des Offshore-Protokolls ist u. a. auf Streitigkeiten unter den Mittelmeeranrainerstaaten über die Abgrenzung des Festlandsockels zurückzuführen.[22] Einige bilaterale Abkommen über die Festlandsockelabgrenzung wie zwischen Italien und Spanien, Italien und Griechenland oder Italien und Albanien haben sich mit der aus Offshore-Tätigkeiten resultierenden Meeresverschmutzung befasst.[23] Da die bilateralen Abkommen nicht das ganze Meeresgebiet abdeckten, bestand weiterhin Bedarf für ein das ganze Mittelmeer erfassendes Regime. Nach langwierigen Verhandlungen wurde ein Protokoll verabschiedet,[24] das alle Aspekte und Etappen der Offshore-Tätigkeiten abdeckt.[25] Diese Tätigkeiten sind in Art. 1 d) des Protokolls definiert. Sie bestehen in der Erforschung der Ressourcen des Meeresbodens und seines Untergrundes,[26] und der Ausbeutung.[27]

In dem Protokoll verpflichten sich die Vertragsparteien, einzeln oder durch bilaterale oder multilaterale Zusammenarbeit, alle Maßnahmen zu treffen, um die Verschmutzung aus Offshore-Tätigkeiten in der Protokollzone zu verhüten, zu reduzieren, zu bekämpfen und zu überwachen. Bevor auf die Einzelheiten des vorgesehenen Regimes eingegangen wird, soll die Bedeutung der Zusammenarbeit in diesem Protokoll und die Breite seines Anwendungsbereichs dargestellt werden.

2. Die Zusammenarbeit

Die Pflicht zur Zusammenarbeit ist im Offshore-Protokoll breit ausgestaltet. Sie bezieht sich auf die besonderen Bedürfnisse der Entwicklungsländer und auf die allgemeinen Beziehungen aller Vertragsparteien untereinander.[28] Das Protokoll berücksichtigt, dass die Vertragsparteien nicht den gleichen Entwicklungsstand

---

22 Drei der wichtigsten IGH-Entscheidungen zur Feststellung und Weiterentwicklung der diesbezüglichen völkerrechtlichen Normen ergingen zu Streitigkeiten zwischen Mittelmeeranrainerstaaten: Tunesien gegen Lybien, Lybien gegen Malta, Türkei gegen Griechenland; Ausführlich dazu Leanza, Le régime juridique international de la mer méditerranée, S. 263 ff.

23 Leanza, Le nouveau droit international de la mer méditerranée, S. 638.

24 Das Offshore-Protokoll besteht aus sechs Abschnitten mit 32 Artikeln, 7 Anlagen und einem Appendix. Die Verfasser wollten den Text des Protokolls nicht mit technischen Details belasten.

25 Gavouneli, Pollution from Offshore Installations, S. 44; Esmaeili, S. 162.

26 Art. 1 d) ii) Offshore-Protokoll: "Exploration activities: - seismological activities - survey of the seabed and its subsoil - sample taking - exploration drilling."

27 Art. 1 d) iii) Offshore-Protokoll: "Exploitation activities: Establishment of an installation for the purpose of recovering resources - and activities connected therewith - Development drilling - Recovery, treatment and storage - Transportation to shore by pipeline and loading of ships - Maintenance, repair and other ancillary operations."

28 Vgl. Morgan, Regional Cooperation: an Overview, in: Mensah (Ed.), Ocean Governance (1996), S. 293 ff.

aufweisen.[29] Deswegen verpflichtet Art. 24 des Offshore-Protokolls die Vertragsparteien, unmittelbar oder durch internationale Organisationen zu kooperieren, um Hilfsprogramme zugunsten der Entwicklungsländer zu entwickeln und sie „soweit wie möglich" durchzuführen. Das „soweit wie möglich" schwächt die Verpflichtung zur Hilfe an die Entwicklungsländer ab. Die Sachgebiete dieser Hilfe sind Wissenschaft, Gesetzgebung, Ausbildung und Technologie. Hinsichtlich der technischen Hilfe ist dem Kapazitätenaufbau (*„capacity building"*) und dem Ausrüstungstransfer eine bedeutende Rolle zugewiesen.[30] Bei der allgemeinen Zusammenarbeit sämtlicher Vertragsparteien ist die Verpflichtung zur Entwicklung wissenschaftlicher Kriterien erwähnenswert. Diese Kriterien stellen die Grundlage für die Erarbeitung internationaler Normen, Standards und empfohlener Gebräuche und Verfahren dar.[31] Sie können regional oder weltweit sein, weil das Protokoll von internationalen Standards[32] und von internationalen Organisationen im allgemeinen spricht, ohne zu präzisieren, ob sie regional oder global sein müssen.[33] Hierbei übernimmt das Offshore-Protokoll die Verpflichtung aus dem SRÜ, internationale Normen und Standards zur Bekämpfung der Meeresverschmutzung aus Offshore-Tätigkeiten zu entwickeln.[34] Die Vertragsparteien des Offshore-Protokolls sollen ihre nationalen Vorschriften möglichst schnell mit diesen Standards harmonisieren.[35] Von großer Bedeutung ist ihre Zusammenarbeit bei der innerstaatlichen Anwendung des Protokolls. Sie sind verpflichtet, unmittelbar oder durch die „Organisation", Informationen über die von ihnen in Anwendung des Protokolls ergriffenen Maßnahmen und über die dabei entstandenen Schwierigkeiten auszutauschen.[36]

Die Pflicht zur Zusammenarbeit ist im Protokoll so breit ausgestaltet, dass sie auch Nichtvertragsparteien erfasst. So sollen die Vertragsparteien mit einer Nichtvertragspartei zusammenarbeiten, wenn die Verschmutzung ihren Ursprung in deren Hoheitsgebiet hat. Diese Zusammenarbeit dient der Anwendung des Protokolls.[37]

---

29 Gavouneli, S. 43; Esmaeili, S. 162.

30 Art. 24 Abs. 2 Offshore-Protokoll besagt dass : "technical assistance shall include, in particular, the training of scientific, legal and technical personnel, as well as the acquisition, utilization and production by those countries of appropriate equipment on advantageous terms to be agreed upon among the parties concerned".

31 Art. 23 Abs.1 Offshore-Protokoll.

32 Diese zu entwickelnden Standards können sich beispielsweise mit den Sicherheitsmaßnahmen in den Offshore-Anlagen befassen; Dazu Anlage VI Offshore-Protokoll.

33 Art. 24 Offshore-Protokoll ist eine Anwendung der allgemeinen Bestimmungen des SRÜ über die Zusammenarbeit im allgemeinen und die Hilfe an die Entwicklungsländer.

34 Art. 208 Abs. 5 SRÜ.

35 Art. 23 Abs. 2 Offshore-Protokoll.

36 Art. 25 Offshore-Protokoll.

37 Art. 26 Abs. 5 Offshore-Protokoll.

3. Der breite Anwendungsbereich

Der Anwendungsbereich des Protokolls ist breit. Dahinter steckt der Wille, die Meeresumwelt verstärkt vor Offshore-Verschmutzungen zu schützen. Der Anwendungsbereich kann geographisch, materiell, und sachlich abgegrenzt werden. Das Offshore-Protokoll findet auf alle Gewässer des Mittelmeeres, den Festlandsockel, den Meeresboden und den Meeresuntergrund Anwendung. Da die Breite des Mittelmeeres nicht über 200 sm hinausgeht, deckt das Protokoll den ganzen Meeresboden des Mittelmeeres ab.[38] Auch die Gewässer, der Meeresboden und dessen Untergrund landwärts der Basislinien, aus welcher die Breite des Küstenmeeres gemessen wird, sind Teil des Anwendungsbereichs des Protokolls. Dies ist darauf zurückzuführen, dass in den inneren Gewässern wichtige Offshore-Tätigkeiten betrieben werden.[39] Außerdem findet das Protokoll auf die Offshore-Anlagen Anwendung. Diese sind im Protokoll breit definiert.[40] Es handelt sich nämlich um jedes Bauwerk, jede Einrichtung oder jedes Schiff oder Teile davon,[41] gleichviel ob schwimmend oder auf dem Meeresboden feststehend, die zum Zweck von Offshore-Tätigkeiten in das Meeresgebiet gebracht worden sind.[42] Die Offshore-Tätigkeiten beziehen sich nach dem Protokoll auf die Erforschung und die Ausbeutung der Ressourcen des Meeresbodens und seines Untergrundes.[43] Das Protokoll findet auf die verschiedenen Phasen der Ausbeutung, von der Errichtung der Anlagen bis zur Beförderung der gewonnenen Ressourcen durch Rohrleitungen oder Schiffe an Land, Anwendung. Durch seinen breiten Anwendungsbereich kann das Offshore-Protokoll die Meeresumwelt im Mittelmeer wirksam vor der Verschmutzung aus Offshore-Tätigkeiten schützen. Es bleibt jedoch die Frage, ob das Regime, das das Protokoll diesen Aktivitäten unterwirft, diesem Schutzzweck tatsächlich dienen kann.

4. Die Erlaubnis

Die von den innerstaatlichen Behörden erteilte Erlaubnis ist ein wichtiges Mittel, um die Ziele des Protokolls zu erreichen. Jede Offshore-Tätigkeit ist von der

---

38 Vukas, State Practice in the Aftermath of the UN Convention on the Law of the Sea : The EEZ and the Mediterranean Sea, S. 251- 258.

39 Scovazzi, Regional Cooperation in the Field of the Environment, in: Scovazzi (Ed.), Marine Specially Protected Areas (1999), S. 88.

40 Art. 1 (f) Offshore-Protokoll.

41 Die Einbeziehung der Schiffe in den sachlichen Anwendungsbereich des Offshore-Protokolls ist auf den Einfluss des französischen Gesetzes (Loi du 30.12.1968 relative à l'exploitation du plateau continental et à l'exploitation de ses ressources naturelles) zurückzuführen; Siehe Gavouneli, Pollution from Offshore Installations, S. 13.

42 Gavouneli, S. 15-18; Fitzpatrick, Künstliche Inseln und Anlagen auf See (1998), S. 71-83; Esmaeili, S. 11-17.

43 Art. 1 (d) Offshore-Protokoll.

Erteilung einer solchen Erlaubnis abhängig.[44] Das Protokoll bestimmt jedoch nicht, in welchem Staat diese Genehmigung beantragt werden muss. Dabei sollen die Vertragsparteien sich an die Kompetenzverteilung im SRÜ halten. Auf das SRÜ nimmt das Protokoll in seiner Präambel Bezug. Nach dem SRÜ erteilt der Küstenstaat die Erlaubnis für die auf seinem Festlandsockel durchgeführten Offshore-Tätigkeiten.[45]

Das Protokoll erlaubt den Vertragsparteien, bei der Erteilung der Erlaubnis für die Meeresforschung unter seinen Anforderungen zu bleiben.[46] Dies entspricht dem SRÜ, nach welchem die Erteilung solcher Erlaubnisse unter „normalen Umständen" ohne Verzögerung erfolgen soll.[47]

Nicht nur die Durchführung der Offshore-Tätigkeiten, sondern auch der Bau und das Absetzen der Offshore-Anlagen und Offshore-Installationen bedürfen einer schriftlichen Erlaubnis. Durch die Prüfung des Antrages soll die nationale Behörde sicherstellen, dass der Bau den internationalen Standards entspricht und dass der Betreiber über die erforderliche technische Qualifikation und über die erforderlichen finanziellen Mittel verfügt. Eine Erlaubnis soll verweigert werden, wenn die Behörde feststellt, dass die geplanten Offshore-Tätigkeiten schädliche Auswirkungen auf die Meeresumwelt haben würden, die selbst durch zusätzliche Maßnahmen nicht vermieden werden könnten.[48] Das Vorsorgeprinzip ist im Protokoll nicht ausdrücklich festgelegt.[49] Art. 4 Abs. 2 des Offshore-Protokolls nähert sich jedoch dem Grundgedanken dieses Prinzips. Nach dieser Bestimmung muss die Erlaubnis schon verweigert werden, wenn wahrscheinlich ist, dass die geplante Tätigkeit die Meeresumwelt beinträchtigen würde.[50]

---

44 Art. 4 Abs. 1 Offshore-Protokoll.

45 Laut Art. 60 SRÜ, auf welchen Art. 80 SRÜ verweist, verfügt der Küstenstaat über das ausschließliche Recht für die Errichtung und Betrieb von Anlagen und Installationen, die der Erforschung und der Ausbeutung des Festlandsockels dienen; Mehr dazu bei Dahm/Delbrück/ Wolfrum, Völkerrecht Bd. I/1 (1989), S. 503 ff.

46 Art. 5 Abs. 2 Offshore-Protokoll.

47 Obwohl laut 246 SRÜ Forschungsarbeiten im Festlandsockel stets der Erlaubnis des Küstenstaates bedürften, unterscheidet dieser Artikel zwischen ausschließlich wissenschaftlicher Forschung über physische und biologische Merkmale des Festlandsockels (Grundlagenforschung) und wirtschaftlich unmittelbar relevanter Forschung. Für erstere wird laut diesem Artikel unter normalen Umständen die Zustimmung von den Küstenstaaten erteilt; Dazu Siehe Dahm/Delbrück/ Wolfrum, Völkerrecht Bd. I/1 (1989), S. 504-505.

48 Art. 4 Abs. 2 Offshore-Protokoll; Über die zusätzlichen Maßnahmen zur Vermeidung des minimalen Schadenrisikos in Art. 6 Abs. 3 Offshore-Protokoll.

49 Über Aufnahme und Umsetzung des Vorsorgeprinzips in verschiedenen völkerrechtlichen Bereichen siehe Erben, Das Vorsorgeprinzip im Völkerrecht (2005); Siehe auch Kapitel 2/III/D/2.

50 Marr, S.64: Er spricht von „*creeping acceptance*" des Vorsorgeprinzips; Gavouneli, S. 44.

Die Ausgestaltung des Erlaubnisverfahrens überlässt das Offshore-Protokoll den nationalen Behörden der Vertragsparteien.[51] Es nennt jedoch selbst Elemente, die in jedem Antrag und jeder Erlaubnis enthalten sein müssen.[52]

Im Gegensatz zum Kuwait-Offshore-Protokoll ist eine Umweltverträglichkeitsprüfung (hiernach: UVP) nach dem Offshore-Protokoll für das Mittelmeer nicht für jede Offshore-Tätigkeit notwendig.[53] Das Offshore-Protokoll überlässt den Vertragsparteien einen Ermessensspielraum, um zu entscheiden, ob eine UVP notwendig ist. Dieser Ermessensspielraum lässt sich durch die Berücksichtigung der wirtschaftlichen Bedürfnissen der Südanrainerstaaten des Mittelmeers erklären. Die UVP sind kostenträchtig. Deswegen könnten sie ein zusätzliches Hindernis für die Entwicklung der Offshore-Tätigkeiten, insbesondere durch junge nationale Unternehmen, darstellen.[54] Trotz dieses Ermessensspielraums zählt das Offshore-Protokoll Faktoren auf, die bei der Entscheidung, ob eine UVP für ein konkretes Offshore-Vorhaben notwendig ist, in Betracht gezogen werden sollen.[55] Ferner bestimmt das Offshore-Protokoll in Anlage IV die Gegenstände einer UVP, die für die Vertragsparteien einen verbindlichen Mindeststandard darstellen.[56]

---

51 Art. 4 Abs. 1 Offshore-Protokoll.

52 Art. 5. Abs. 1 Offshore-Protokoll. Hiernach sind die erforderlichen Angaben im Antrag auf die Genehmigung: a) eine Studie über die Auswirkungen der geplanten Tätigkeiten auf die Meeresumwelt, b) Die genaue Bestimmung der geographischen Zonen, in welchen die Tätigkeiten durchgeführt werden sollen, c) Angaben über die berufliche und technische Qualifikation des Betreibers sowie des Personals auf der Anlage, und Informationen über die Zusammensetzung der Mannschaft, d) Sicherheitsmaßnahmen, e) Der Notfallplan des Betreibers, f) Das Überwachungsverfahren, g) Beseitigungspläne für die ausgedienten Anlagen, h) Schutzmaßnahmen für die Schutzgebiete, i) Versicherung und sonstige finanzielle Sicherheitsleistung; Art. 6 Abs. 1, 2 u. 3 Offshore-Protokoll zählt die Komponenten der erteilten Erlaubnis auf.

53 Art. VII Kuwait-Offshore-Protokoll; Esmaeili, S. 163; Gavouneli, S. 46;

54 Im Kuwait-Offshore-Protokoll sind alle Vertragsparteien wirtschaftlich homogen. Ihre wirtschaftlichen Verhältnisse sind besser als in den Südanrainerstaaten des Mittelmeeres. Deswegen konnte die UVP-Pflicht für alle Offshore-Tätigkeiten gefordert werden; Siehe Esmaeili, S. 164; Iljastra, Pollution from Offshore Installations: the Kuwait Protocol, in: 21 Marine Pollution Bulletin (1990), S. 6 ff.; Amin, Marine Pollution Regulation in the Persian Gulf, in: 5 Marine Policy Reports (1982), S. 1.

55 Art, Reichweite, Dauer der geplanten Operationen, die technischen Methoden und die Eigenschaften der Operationszone.

56 Anlage IV 1) Offshore-Protokoll besagt dass: "Each Party shall require that the environmental impact assessment contains *at least* the following: (.......) e) A description of the forseeable direct and indirect short and long-term effects of the proposed activities on the environment, including fauna, flora and the ecological balance; f) A statement setting out measures proposed for reducing to the minimum the risk of damage to the environment (...), including possible alternatives to such measures; g) An indication of the measures to be taken for the protection of the environment (...); h) A reference to the methodology used for the environmental impact assessment; i) An indication of

Aus der Regelung der UVP im Offshore-Protokoll ergibt sich, dass das Protokoll eine Balance zwischen Umweltschutz und Entwicklung der Offshore-Industrie anstrebt.[57] Damit sichergestellt wird, dass die Vertragsparteien die Erlaubnis in Übereinstimmung mit dem Offshore-Protokoll erteilen oder verlängern, verpflichtet sie dieses, die „Organisation" möglichst schnell über alle erteilten und verlängerten Erlaubnisse zu unterrichten.[58]

Neben der schriftlichen Erlaubnis zur Durchführung der Offshore-Tätigkeiten verlangt das Offshore-Protokoll eine Reihe von Einbringungs- und Einleitungsregelungen, welche die Vertragsparteien den Betreibern vorschreiben sollen.

5. Einleitungs- und einbringungsbezogene Regelungen

Die einleitungs- und einbringungsbezogenen Regelungen unterscheiden sich nach den einzuleitenden bzw. einzubringenden Stoffen oder Gegenständen.

Bei schädlichen Substanzen wie Chemikalien[59] orientieren sich die Vertragsparteien an den Listen in den Anlagen des Protokolls. Die Beseitigung von in Anlage I aufgelisteten Stoffen ist verboten. Für die Beseitigung der Chemikalien in Anlage II ist eine Erlaubnis notwendig. Die Beseitigung der restlichen Substanzen hängt von einer allgemeinen Erlaubnis ab. Für betriebsbedingte Einleitungen von Öl, Ölgemischen, sowie den aus den Bohrarbeiten entstandenen Flüssigkeiten und „*cuttings*" übernimmt das Offshore-Protokoll die MARPOL-Standards.[60] Trotzdem fordert das Offshore-Protokoll die Vertragsparteien zur Entwicklung weiterer gemeinsamer Standards auf. Die MARPOL-Werte stellen nur einen Mindeststandard dar.[61]

Auch für das Einleiten von Abwässern[62] und die Verklappung von Abfällen[63] von Offshore-Anlagen aus werden die MARPOL-Standards übernommen.[64] Das Offshore-Protokoll regelt die Beseitigung ausgedienter Offshore-Plattformen,[65] indem es den Wortlaut von Art. 60 Abs. 3 SRÜ über die Beseiti-

---

whether the environment of any other state is likely to be affected by the proposed activities." Hervorhebung zugefügt.

57 Esmaeili, S. 162.

58 Art. 6 Abs. 4 Offshore-Protokoll.

59 Art. 9 Offshore-Protokoll.

60 Art. 10 Abs. 1 b) Offshore-Protokoll.

61 Brubaker, Marine Pollution and International Law (1993), S. 94-95; Gavouneli, S. 44-45: Während der Verhandlungen zum Offshore-Protokoll war es umstritten, ob die MARPOL-Standards als Mindeststandard gelten sollten.

62 Art. 11 Offshore-Protokoll.

63 Art. 12 Offshore-Protokoll.

64 Nach Art. 13 Offshore-Protokoll stellen die Vertragsparteien sicher, dass Abfälle, Abwässer, gefährliche Substanzen und schädliche Stoffe in den dafür auf dem Lande errichteten Auffanganlagen beseitigt werden.

65 Art. 20 Offshore-Protokoll.

gung ausrangierter Anlagen übernimmt. Wie das SRÜ sieht das Offshore-Protokoll vor, dass eine nicht vollständige Entfernung der ausgedienten Offshore-Anlagen rechtmäßig sein kann. Für die Entscheidung, eine Anlage oder Teile davon nicht vom Meeresboden zu entfernen, verweist das Offshore-Protokoll auf die von der „zuständigen internationalen Organisation" aufgestellten Standards und Richtlinien. Damit ist z.B. die 1989 von der IMO erlassene *Resolution on Guidelines and Standards for the Removal of Offshore Installations and Structures on the Continental Shelf and in the Exclusive Economic Zone* gemeint.[66] Im Ergebnis erfolgt die Entfernung von Offshore-Anlagen nach dem Offshore-Protokoll für das Mittelmeer, wie in den anderen regionalen Meeresschutzsystemen, fallbezogen.[67] Wie im Kuwait-Offshore-Protokoll und OSPAR-Übereinkommen entscheidet die nationale Behörde, ob eine teilweise Beseitigung ausgedienter Offshore-Anlagen möglich ist.[68] Die auf dem Meeresboden belassenen Anlagen dürfen jedoch keine Gefahr für die Meeresumwelt darstellen.[69]

6. Die Folgen eines durch Offshore-Tätigkeiten verursachten Schadens und eines Verstoßes gegen das Offshore-Protokoll

Die Folgen eines Schadens oder eines Verstoßes gegen das Protokoll betreffen nicht die völkerrechtlichen Vertragsparteien, sondern privatrechtliche Personen, die Offshore-Tätigkeiten durchführen.

a. Die Haftungsregelungen

Die Vertragsparteien sind verpflichtet, entsprechend Art. 16 der Barcelona-Konvention I zusammenzuarbeiten, um geeignete Normen und Verfahren zur Bestimmung der Haftung und des Schadenersatzes zu bestimmen. Das Offshore-Protokoll wiederholt diese Verpflichtung für die Haftung aus Offshore-Tätigkeiten.[70] Der Begriff „Schaden" wird nicht definiert und es bleibt unklar,

---

66 Mehr dazu bei Marr, The Precautionary Principle, S. 128.

67 Über das Kuwait-Offshore-Protokoll siehe Esmaeili, S. 203-204 u. S. 209. Über OSPAR siehe Erben, Das Vorsorgeprinzip im Völkerrecht, S. 77-78.

68 OSPAR ist bezüglich der Beseitigung ausgedienter Offshore-Anlagen am strengsten. Nach der Entscheidung 98/3 vom 9.2.1999 ist die Beseitigung grundsätzlich verboten. In einigen Ausnahmefällen ist sie jedoch möglich. Dafür müssen die Betreiber den nationalen Behörden die Umweltverträglichkeitsprüfung darlegen. Mehr bei Proelß, 215-221.

69 Marr, S. 129: Er sieht darin eine abgeschwächte Anwendung des Vorsorgeprinzips.

70 Art. 27 Offshore-Protokoll enthält eine *lege ferenda* Bestimmung; Dazu siehe Kiss, Les Traités-cadres, S. 793. Kiss führt aus, dass die zusätzlichen Protokolle darauf gerichtet sind, die in ihren Rahmenkonventionen enthaltenen Regelungsaufträge zu erfüllen. In Art. 27 enthält das Offshore-Protokoll als zusätzliches Protokoll zur Barcelona-Konvention I selbst einen weiteren Regelungsauftrag an seine Vertragsparteien.

ob ein Vermögensschaden vorliegen muss, oder ob die Meeresverschmutzung für sich Anspruch auf Schadensersatz gibt. Die haftungsbezogenen Fragen waren während der Verhandlungen zum Offshore-Protokoll sehr umstritten.[71] Zwölf Jahre nach der Verabschiedung des Offshore-Protokolls gibt es immer noch keine regionalen Normen und Verfahren für Haftung und Schadenersatz.[72]

Es ist schwierig, eine internationale Regelung über Haftung und Schadenersatz zu entwickeln und zu verabschieden. Dass im Offshore-Protokoll die Haftung für Schäden aus Offshore-Verschmutzung nicht geregelt ist, stellt in den UNEP/MAP *Regional Seas* Programmen keine Ausnahme dar. Auch im Kuwait-Offshore-Protokoll fehlt eine Haftungsbestimmung.[73] Dies beruht auf der Befürchtung der Staaten, für private Personen haften und hohe Entschädigungssummen zahlen zu müssen. Deswegen ist es die Tendenz, sich auf die zivilrechtliche Haftung für Umweltschäden zu beschränken.[74]

Bis zum Beschluss gemeinsamer regionaler Haftungsregelungen fordert das Offshore-Protokoll alle Vertragsparteien auf, die notwendigen Maßnahmen zu treffen, damit die Betreiber für den aus ihren Offshore-Tätigkeiten verursachten Schaden haften und einen schnellen und adäquaten Schadenersatz leisten.[75] Darüber hinaus verpflichtet das Offshore-Protokoll alle Vertragsparteien dem Betreiber vorzuschreiben, sich zu versichern und für andere finanzielle Sicherheiten zu sorgen.[76] Art und Bedingungen der finanziellen Sicherheiten werden von jeder Vertragspartei bestimmt, so dass ein schneller und adäquater Schadensersatz möglich wird.

Das Fehlen gemeinsamer Haftungsregelungen für Verschmutzung aus Offshore-Tätigkeiten im Mittelmeer kann den Zielen des Offshore-Protokolls entgegenwirken. Unterschiede in den nationalen Rechtsordnungen können zu Wettbewerbsverzerrungen bei den Offshore-Tätigkeiten führen. Ein Küstenstaat mit großzügigen Haftungsregelungen kann für die Betreiber besonders anziehend

---

71 Sersic, Draft Protocol for the Protection of the Mediterranean Sea against Pollution Resulting from Offshore Activities, in: 1 Marine Policy Reports (1989), S. 161-165; Gavouneli, S. 115: Sie vertritt die Meinung, dass die Langwierigkeit der Verhandlungen zum Offshore-Protokoll auf die Uneinigkeit der Delegationen über die aufzustellenden Haftungsbestimmungen zurückzuführen ist.

72 Die „Organisation" hat ein Projekt über die Haftung für aus Meeresverschmutzung entstandene Schäden angefertigt und einem Expertenausschuss unterbreitet. Das Projekt ist « procédures appropriées concernant la détermination des responsabilités et la réparation des dommages résultant de la pollution du milieu marin dans la région de la Méditerranée" betitelt, Text in: UNEP (OCA) /-Med/WG. 117/ vom 1.7.1997. Mehr über den Inhalt des Projekts bei Khodjet El Khil, S. 414.

73 Ijlstra, Pollution from Offshore Installations: the Kuwait Protocol, in: 21 Marine Pollution Bulletin (1990), S. 8.

74 Kiss, Droit international de l'environnement (2004), S. 117.

75 Art. 27 Abs. 2 a) Offshore-Protokoll.

76 Gavouneli, S.113.

sein. Das gilt auch für die Unterschiede bei Sanktionen im Falle eines Verstoßes gegen das Offshore-Protokoll.

b. Die Sanktionen

Das Offshore-Protokoll verpflichtet jede Vertragspartei, Sanktionen für Verstöße gegen das Protokoll zu erlassen.[77] Diese Verstöße können unmittelbar oder mittelbar sein. Bestraft wird die Missachtung des Protokolls oder der in dessen Anwendung erlassenen innerstaatlichen Rechtsvorschriften. Dasselbe gilt bei Nichterfüllung der Bedingungen in den Erlaubnissen für die Offshore-Tätigkeiten. Das Offshore-Protokoll überlässt es dem Einzelstaat, die Sanktionen zu bestimmen und räumt ihm dabei ein großes Ermessen ein, da es deren Natur und Umfang nicht vorgibt. Dies ist verständlich, wenn man bedenkt, dass die Staaten die Durchsetzung eines Umweltschutzregimes nur ungern internationalisieren lassen.[78] Diese Regelung wird jedoch zu dem Erlass unterschiedlicher Sanktionen in den verschiedenen Vertragsstaaten führen. Die Betreiber werden deswegen von Staaten mit schwächeren Sanktionen angezogen. Das kann den Zielen des Protokolls entgegenwirken.[79]

III. Ergebnisse von Kapitel 7

Die Verhandlung und Verabschiedung des Protokolls zum Schutz des Mittelmeeres gegen die aus der Erkundung und Ausbeutung des Festlandsockels, des Meeresbodens und dessen Untergrundes resultierende Verschmutzung entsprechen der Pflicht der Staaten aus dem SRÜ, ihre diesbezügliche Politik auf geeigneter regionaler Ebene aufeinander abzustimmen. Global befasst sich immer noch kein verbindliches Instrument speziell mit der Verschmutzung durch Offshore-Tätigkeiten. In Übereinstimmung mit dem SRÜ verpflichtet das Offshore-Protokoll die Vertragsparteien, bei der Entwicklung technischer Standards zusammenzuarbeiten. Die nationalen Rechtsvorschriften dürfen nach dem SRÜ nicht weniger wirkungsvoll als die internationalen Standards sein. Diese Verpflichtung ist allerdings im Protokoll schwächer formuliert als im SRÜ. Im Offshore-Protokoll „bemühen sich“ die Vertragsparteien, ihre nationalen Rechtsvorschriften mit den internationalen Standards zu harmonisieren. In ähnlicher Weise „bemühen sich“ die Vertragsparteien des Protokolls, ihre nationalen Vorschriften mit diesen internationalen Standards zu harmonisieren.

Die im Protokoll festzustellende Lücke betrifft die Durchsetzung. Den Vertragsparteien ist bei der Regelung der Haftung ein großes Ermessen gegeben. Noch bedenklicher ist das Ermessen für Sanktionen wegen Verstoßes gegen das Protokoll. Wenn einzelnen Staaten der politische Wille fehlt, abschreckende

77 Art. 7 Offshore-Protokoll.
78 Siehe Kapitel 1/IV.
79 Gavouneli, S. 45.

Strafen vorzusehen, können die Betreiber die unterschiedlichen Strafen in den verschiedenen Vertragsstaaten des Offshore-Protokolls ausnutzen, um mit der geringsten Strafdrohung gegen das Protokoll zu verstoßen.

Dritter Teil: Der marine Umweltschutz gegen Verschmutzung im Mittelmeer nach tunesischem Recht

Um nationale Maßnahmen zum Schutz der Meeresumwelt im Mittelmeer zu untersuchen, wurde Tunesien als Beispiel gewählt. Dieses Beispiel ist unter dem Gesichtspunkt der nachhaltigen Entwicklung besonders geeignet. Tunesien ist nämlich ein Südanrainerstaat des Mittelmeeres, der zu den Entwicklungsländern zählt. Trotzdem ist Tunesien im Vergleich zu seinen Nachbarstaaten wirtschaftlich erfolgreich. Es wird mit einem Bruttosozialprodukt von 6363 $ pro Kopf in Afrika für ein wohlhabendes Land gehalten.[1] Das seit 10 Jahren andauernde Wirtschaftswachstum hat die intensive Nutzung und zunehmende Verschmutzung der natürlichen Ressourcen in Tunesien zur Folge.[2] Da die Küsten sich über 1600 Km im Norden und Osten des Landes erstrecken, stellen die durch demographisches und wirtschaftliches Wachstum bewirkten Änderungen eine große Herausforderung, insbesondere für die Meeresumwelt im Mittelmeer dar.[3]

Die größten Ballungsräume Tunesiens wie der Großraum Tunis, Sousse, der Großraum Gabès und Bizerta befinden sich an der Küste. In den Küstengebieten (*Littoral*) leben 63,5% der gesamten Bevölkerung Tunesiens.[4] Wegen der starken Bevölkerungsdichte und der Stadterweiterungen, entwickeln sich in den Küstengebieten die Infrastrukturen und die Wirtschaft und insbesondere die Industrie, der Energieverbrauch, der Tourismus und die Landwirtschaft besonders stark. Die Küstengebiete haben ein dichtes Straßennetz. Hier befinden sich fünf von den sieben Flughäfen des ganzen Landes und sieben Handelshäfen, die 95% des tunesischen Außenhandels abwickeln. Außerdem gibt es in den Küstengebieten noch sieben Jachthäfen und 40 Fischereihäfen.[5]

In den Küstengebieten gibt es 37 Industriezonen, die 80% der Fläche aller Industriezonen bedecken. Hier befinden sich die Hauptelektrizitätskraftwerke. Außerdem befinden sich an der Küste die wichtigsten Öl-Offshore-Tätigkeiten Tunesiens, insbesondere in den Golfen von Hammamet und Gabès. Ferner konzentrieren sich 95% des Tourismus in diesem Küstenstreifen. Wegen dieser Be-

---

1 Khalatbari, Tunesien/Länderstudie, S. 4 abrufbar unter www.dias-online.org.

2 GTZ/Umweltschutz/Tunesien abrufbar unter http://www.gtz.de/de/weltweit/maghreb-naher-osten.

3 GTZ-Tunisie, La protection de l'environnement en Tunisie, in: pour un développement durable, la coopération technique allemande en Tunisie (Novembre 2005).

4 Vgl. UNDP, Human Development Report: Deepening Democracy in a Fragmented World (2000), S. 45.

5 République Tunisienne/Ministère de l'Agriculture, de l'Environnement et des Ressources Hydrauliques, Rapport National : L'état de l'environnement (2003), S. 68 abrufbar unter http://www.anpe.nat.tn.

lastung hat das tunesische Küstenland sein ökologisches Gleichgewicht verloren. Dadurch wurde auch die marine Erosion verschlimmert.[6]

Nach dem Nationalen Bericht über den Umweltzustand stellt der Seefrachtverkehr die Hauptquelle der Meeresverschmutzung in Tunesien dar. Dies sei auf die Zuwiderhandlungen von Schiffen zurückzuführen, die ihre Festabfälle und Abwässer ins Meer verklappen.[7]

Um die von Tunesien getroffenen Maßnahmen zur Verhütung, Verringerung und Bekämpfung der Meeresverschmutzung zu untersuchen, werden die tunesischen Gesetze und Verwaltungsakte sowie ihre Ausführung betrachtet. Dabei wird auch der Frage nachgegangen, wie weit Tunesien hierbei seine völkerrechtlichen Verpflichtungen, insbesondere im Bereich des Meeresumweltschutzes, erfüllt hat.

Kapitel 8: Die Rahmenvorschriften zum marinen Umweltschutz im Mittelmeer nach tunesischem Recht

Die Bekämpfung der Meeresverschmutzung ist ein integraler Teil des größeren Ziels, die Verschmutzung jeder Art zu beseitigen. Deswegen gelten die Rahmenrechtsvorschriften zum Umweltschutz im allgemeinen auch für den Meeresumweltschutz. Bei der folgenden Untersuchung der allgemeinen Vorschriften werden die meeresschutzspezifischen Komponenten hervorgehoben.

I. Der Status des Völkerrechts in der tunesischen Rechtsordnung

Das Völkerrecht fordert, dass seine Regeln auch in den innerstaatlichen Rechtsordnungen Beachtung finden. Die Nichtbeachtung völkerrechtlicher Verpflichtungen im innerstaatlichen Recht führt zur Verantwortlichkeit des Staates gegenüber den anderen Staaten. Es ist jedoch jedem Staat überlassen, mit welchen Mitteln er das Völkerrecht in seinem innerstaatlichen Recht zur Geltung bringt.[8] Dies gilt auch für die im zweiten Teil der vorliegenden Arbeit dargestellten umweltbezogenen völkerrechtlichen Normen. Deswegen werden im Folgenden die Bedingungen zur Aufnahme der völkerrechtlichen Normen in die tunesische Rechtsordnung und ihr Rang untersucht.

A. Das allgemeine Völkerrecht

Das allgemeine Völkerrecht bezeichnet die geschriebenen und gewohnheitsrechtlichen Normen, die auf die gesamte Staatengemeinschaft anwendbar sind. Jedenfalls bezieht sich das allgemeine Völkerrecht insbesondere auf das Völker-

6 Ebenda.
7 Rapport National : L'état de l'environnement (2003), S. 68.
8 Doehring, Völkerrecht (1999), S. 17.

gewohnheitsrecht. Dieses wird durch das Verhalten der Staaten erzeugt, wenn es der Rechtsüberzeugung der Staatengemeinschaft von der Rechtmäßigkeit des Handelns oder Unterlassens entspricht.[9] Das allgemeine Völkerrecht kann für die umweltrelevanten internationalen Beziehungen Tunesiens von Relevanz sein. Es kann nämlich auf Völkergewohnheitsrecht zurückgegriffen werden, wenn zwischen Tunesien und einem Staat oder mehreren Staaten ein Streit im Bereich des marinen Umweltschutzes entsteht, ohne dass zwischen den Streitparteien hierüber ein völkerrechtlicher Vertrag besteht. Deswegen soll der Status des allgemeinen Völkerrechts in der tunesischen Verfassung bestimmt werden.[10] Anders als in der überwiegenden Zahl anderer Verfassungen bezieht sich keine Bestimmung der tunesischen Verfassung ausdrücklich oder stillschweigend auf das allgemeine Völkerrecht. Die Präambel gibt jedoch einige Anhaltspunkte über die Stellung des allgemeinen Völkerrechts in der tunesischen Verfassung. Die Präambel ist ein integraler Bestandteil der Verfassung und hat deswegen dieselbe Bindungswirkung wie diese.[11] In der Präambel bekräftigen die Verfassungsgeber die Absicht des tunesischen Volkes, den menschlichen Werten, die das gemeinsame Erbe der Menschheit ausmachen, treu zu bleiben, nämlich der menschlichen Würde, der Gerechtigkeit und der Freiheit.[12] Insoweit stimmt die Präambel der tunesischen Verfassung mit der Präambel der UN-Charta überein. Neben der Präambel betonen andere Instrumente, wie die Erklärung der Verfassungsgebenden Versammlung (*Assemblée Nationale Constituante*), aus Anlass des Beitritts Tunesiens zu den Vereinten Nationen, dass Tunesien sich den Prinzipien der UN-Charta unterwerfe.[13] Dass einige der in der UN-Charta formulierten Prinzipien zu Prinzipien des allgemeinen Völkerrechts erstarkt sind, wird nicht mehr bezweifelt.[14] Deswegen kann man zu dem Ergebnis kommen, dass die tunesische Verfassung einige Grundsätze des allgemeinen Völkerrechts als vom Gesetzgeber zu berücksichtigende Werte anerkannt hat.[15] In diesem Zusammenhang stellt sich die Frage nach dem Status des umweltrelevanten Völkergewohnheitsrechts in der tunesischen Rechtsordnung, wie dem Verbot grenzüberschreitender Umweltbeeinträchtigungen.[16] Die Verpflichtung Tune-

---

9 Dahm/Delbrück/Wolfrum, Völkerrecht Bd. I/1 (1989), S. 56-61.

10 Die Verfassung der tunesischen Republik vom 1.6.1959 (hiernach : T.Verf.).

11 Gherairi/Jaibi, La constitution tunisienne et le droit international, in: Ben Achour/Belaid (Eds.), Droit international et droits internes, développements récents (1999), S. 111.

12 Gherairi/Jaibi, S. 112-113.

13 Journal des débats de l'Assemblée Nationale Constituante du 14.1.1957, S. 166 : « L'Assemblée Nationale Constituante appuie le gouvernement tunisien dans sa politique étrangère qui vise à renforcer l'organisation des Nations Unies, à éradiquer les causes de tension dans le monde et au règlement des différends dans les Etats (...) par les moyens pacifiques sous l'égide des Nations Unies ».

14 Doehring, S. 185.

15 Gherairi/ Jaibi, S. 114.

16 Beyerlin, Umweltvölkerrecht, S. 54.

siens, zur Stärkung der Vereinten Nationen und zur Beseitigung der Ursachen von Spannungen in den zwischenstaatlichen Beziehungen beizutragen, begründet die Vermutung, dass Tunesien sich auch dem umweltrelevanten Völkergewohnheitsrecht, insbesondere dem Verbot grenzüberschreitender Verschmutzung, unterworfen hat. Da die Einschränkung staatlicher Souveränität die Ausnahme ist und deswegen nur eng ausgelegt werden darf, wäre es klarer gewesen, wenn die tunesische Verfassung ausdrücklich bestimmt hätte, durch das allgemeine Völkerrecht in seiner Gesamtheit gebunden zu sein. Diese Kritik wird durch die geringe praktische Bedeutung des umweltrelevanten Völkergewohnheitsrechts abgeschwächt. Die geringe Bedeutung ist auf zwei Gründe zurückzuführen. Zum einen hat die Verdichtung des vertraglichen völkerrechtlichen Netzes die Auffangfunktion des allgemeinen Völkerrechts weniger notwendig gemacht[17] und zum anderen ist die gewohnheitsrechtliche Geltung zahlreicher umweltrelevanter Begriffe sehr umstritten.[18] Wie im zweiten Teil der vorliegenden Arbeit gezeigt wurde, stellen die völkerrechtlichen Verträge die wichtigste Quelle völkerrechtlicher Verpflichtungen im Bereich des Meeresumweltschutzes dar. Deswegen ist es angebracht, die Aufmerksamkeit auf den Status dieser Instrumente in der tunesischen Rechtsordnung zu lenken.

B. Die völkerrechtlichen Verträge

1. Die Einordnung

Hierbei wird der Frage nachgegangen, unter welchen Bedingungen ein von Tunesien abgeschlossener völkerrechtlicher Vertrag in das tunesische innerstaatliche Recht übernommen wird. Gemäß Art. 32 der tunesischen Verfassung entfalten völkerrechtliche Verträge ihre Bindungswirkung im innerstaatlichen Recht erst mit der Ratifizierung und Verkündung.[19] In den Art. 33 und Art. 48 der Verfassung heißt es, dass die Ratifikation durch Gesetz erfolgt und dass der Präsident der Republik die völkerrechtlichen Verträge ausfertigt.[20] Darüber hinaus kann die Ratifikation durch Referendum erfolgen. Die Zustimmung zu den bei der Bildung des *Grand Maghreb* abgeschlossenen Verträgen, die zur Änderung der Verfassung führen können, erfolgt gemäß Art. 2 Abs. 2 der tunesischen Verfassung ausschließlich durch Referendum. Die Verfassung erlaubt dem Präsidenten der Republik auch, Gesetzentwürfe unmittelbar einem Referendum zu unterwerfen, wenn sie nach seiner Meinung von nationaler Bedeutung sind, oder

---

17 Beyerlin, Umweltvölkerrecht, S. 50; Morrison, The Relationship of International, Regional and National Environmental Law, in: Morrison/Wolfrum (Eds.), International, Regional and National Environmental Law (2000), S. 119.

18 Z. B. gemeinsames Erbe der Menschheit oder nachhaltige Entwicklung; Dazu siehe Beyerlin, Umweltvölkerrecht, S. 59-60.

19 Art. 32 T. Verf. : « les traités n'ont force de loi qu'après leur ratification ».

20 Art. 48 T. Verf. : «(...) et le Président de la République promulgue les traités ».

wenn sie höchste Interessen des Landes berühren.[21] Obwohl die umweltrelevanten völkerrechtlichen Verträge für die Vertragsparteien wichtige wirtschaftliche und finanzielle Folgen zeitigen können, sind sie nicht so bedeutend, dass für ihre Ratifikation ein Referendum abgehalten werden darf oder muss. Infolgedessen wird die Aufmerksamkeit auf das normale Verfahren gerichtet, nämlich auf die Ratifikation durch ein vom Präsidenten der Republik ausgefertigtes Gesetz. Die tunesische Lehre hat sich in diesem Zusammenhang mit der Frage beschäftigt, welches Organ für die Ratifikation völkerrechtlicher Verträge zuständig ist. Diese Frage entstand aus der Diskrepanz zwischen der arabischen und der französischen Fassung der Artikel 33 und 48 der Verfassung.[22]

Zur Zeit ist sich die Lehre aufgrund der Praxis seit 1959 einig, dass der Präsident der Republik, nach einer eventuellen Genehmigung des Parlaments, die völkerrechtlichen Verträge ratifiziert.[23] Es wird angenommen, dass in Tunesien die Zuständigkeit zur Ratifikation zwischen dem Präsidenten der Republik und dem Parlament geteilt ist. Das entspricht dem in der tunesischen Verfassung etablierten präsidialen Regime. Nach der Verfassungsänderung von 2002 wurde in Art. 32 zwischen völkerrechtlichen Abkommen unterschieden, die lediglich der Ratifikation des Präsidenten und solchen, die zusätzlich der Zustimmung des Parlaments bedürfen. Im Ergebnis unterwirft die tunesische Verfassung alle von Tunesien abgeschlossenen völkerrechtlichen Verträge dem Verfahren der Ratifikation, damit sie im innerstaatlichen Recht Bindungswirkung entfalten können. Die tunesische Verfassung weicht insofern von einer verbreiteten verfassungsrechtlichen Regelung anderer Staaten ab, als sie zwischen völkerrechtlichen Verträgen in Bezug auf ihre Aufnahme in das tunesische Recht nicht unter-

---

21 Art. 47 T. Verf.

22 In dem Büchlein des Informationsstaatssekretärs von 1976 (*Opuscule publié par le secrétariat d'Etat à l'information, avril 1976*) wurde das arabische Wort *yakhtem* in Art. 48 mit „ratifiziert" übersetzt, während das in Art. 33 benutzte Wort *Musadaka* mit „Zustimmung" übersetzt wurde. Später hat eine von der Nationalversammlung (*Assemblée Nationale*) angefertigte Ausgabe der Verfassung in französischer Sprache eine andere Übersetzung der einschlägigen Begriffe enthalten. Der in Art. 32 stehende Begriff *Musadaka* wurde als „Ratifikation" übersetzt. Infolgedessen heißt es in Art. 32: „die völkerrechtlichen Verträge entfalten ihre Bindungswirkung erst nach deren Ratifikation." Derselbe von Art. 33 benutzte Begriff wurde als „ratifiziert" übersetzt d.h. die völkerrechtlichen Verträge werden durch Gesetze ratifiziert. In demselben Artikel und in Art. 48 ist das Wort *jakhtem* als „ausfertigen" übersetzt. Dementsprechend besagen diese Artikel: „der Präsident der Republik fertigt die völkerrechtlichen Verträge aus". Wegen dieser unklaren und widersprüchlichen Fassungen in der Ausgabe des Parlaments und in dem bereits erwähnten Büchlein war es nicht klar, welches Staatsorgan für die Ratifikation, d.h. für die endgültige Bindung Tunesiens durch den völkerrechtlichen Vertrag, zuständig ist.

23 Verges, La constitution tunisienne du 1 juin 1959 et les traités, in : Revue tunisienne de Droit (1975), S. 87; Bouony, La conclusion des traités dans la constitution tunisienne (1979), S. 27-28.

scheidet. In der Tat haben sich in der Völkerrechtspraxis zwei Vertragsschlussverfahren herausgebildet.[24] Man unterscheidet zwischen dem zusammengesetzten Verfahren und dem einfachen Verfahren.[25] Im einfachen Verfahren legt die Unterzeichnung durch das jeweilige abschlussbefugte Organ den Vertragstext als amtlich fest und führt zugleich die völkerrechtliche Bindungswirkung des Vertrages herbei.[26] Im zusammengesetzten Verfahren entfaltet ein abgeschlossener völkerrechtlicher Vertrag seine Bindungswirkung für den unterzeichnenden Staat erst nach dem innerstaatlichen Zustimmungsverfahren, das auch als innerstaatliche Ratifikation bezeichnet wird und der Ratifikation, d.h. der Abgabe der Erklärung des Staatsoberhaupts gegenüber dem Vertragspartner oder dem Verwahrer, dass der Vertrag völkerrechtlich bindend sei. Dieses letztgenannte Verfahren wird auch als völkerrechtliche Ratifikation bezeichnet.[27] In der Praxis der tunesischen Regierung werden im Widerspruch zur Verfassung nicht alle völkerrechtlichen Verträge dem oben beschriebenen Zustimmungsverfahren unterworfen. Einige sind bereits mit der Unterzeichnung in Kraft getreten, wie Verträge über Luftverkehr oder über technische Zusammenarbeit.[28] Diese Praxis ist durch ein ministerielles Rundschreiben über die Gesetzentwürfe zur Ratifikation völkerrechtlicher Verträge und die Dekretentwürfe zu deren Verkündung bestätigt worden.[29] Es unterscheidet zwischen völkerrechtlichen Verträgen (*traités*), die der innerstaatlichen Ratifikation bedürfen, um den tunesischen Staat völkerrechtlich zu binden, und Abkommen technischer Natur, die bereits mit der Unterzeichnung in Kraft treten. Nach dem Rundschreiben werden als technische Abkommen diejenigen Abkommen bezeichnet, die weder die Souveränität des Staates noch die öffentlichen Finanzen berühren und die den Bereich der Gesetzgebung nicht betreffen.[30] Das ministerielle Rundschreiben verstößt gegen

---

24 Z. B. enthält Art. 55 der französischen Verfassung eine Liste völkerrechtlicher Verträge, die für Frankreich nach dem zusammengesetzten Verfahren bindend werden (wie etwa Friedensverträge), ebenso Art. 80 der italienischen Verfassung (wie etwa politische Verträge).

25 Ipsen, Völkerrecht (2004), S. 127 ff.

26 Es handelt sich vor allem um Verwaltungsabkommen und weniger bedeutsame Abkommen.

27 Ipsen, Völkerrecht (2004), S. 127 ff.

28 Wie das Abkommen über Luftverkehr zwischen der Regierung der tunesischen Republik und der Regierung des Großherzogtums Luxemburg, unterzeichnet in Luxemburg am 30.6.1960, JORT 1962, S. 1077; Das Abkommen über Luftverkehr zwischen der Regierung der tunesischen Republik und dem Königreich Norwegen, unterzeichnet in Tunis am 18.3.1959, JORT 1963, S. 463.

29 Circulaire du premier Ministre n°86 du 4.11.1988 relative à la procédure de présentation des projets de ratification des traités et conventions et des projets de décrets relatifs à leur publication, Text in: Ben Achour/Belaid (Eds.), S. 129-130.

30 Art. 34 der tunesischen Verfassung enthält eine abschließende Liste der Materien, die ausschließlich durch Gesetze geregelt werden können; Mehr dazu Favoreu (Ed.), Le domaine de la loi et du règlement (1981); Ben Aissa, Les catégories d'entreprises publi-

das Wiener Übereinkommen über das Recht der Verträge, welches Tunesien ratifiziert hat, weil es Abkommen technischer Natur nicht für völkerrechtliche Verträge hält.[31] Darüber hinaus ist die Definition der technischen Abkommen realitätsfern. Fast jedes Abkommen führt zu einer Einschränkung der Souveränität und berührt, wenn auch nur mittelbar, die öffentlichen Finanzen.[32] Abgesehen von diesen formellen Problemen ist die Benutzung des einfachen Verfahrens praktisch. Besonders vorteilhaft ist sie im Bereich des Umweltschutzes. Als Entwicklungsland und Partei des Barcelona-Systems soll Tunesien Verträge über technische Hilfe oder Zusammenarbeit abschließen. Der Umweltschutz bedarf wegen der damit zusammenhängenden Probleme eines schnellen Handelns. Der Abschluss völkerrechtlicher Verträge nach dem einfachen Verfahren ist besonders geeignet, um diesen ohne unnütze Verzögerung Bindungswirkung zu verleihen. Dieses rasche Tätigwerden ist bei der Bekämpfung der unfallbedingten Verschmutzung durch Schiffe besonders wichtig. In diesen Fällen sind insbesondere Entwicklungsländer auf den schnellen Abschluss von Hilfeverträgen angewiesen.[33]

Die tunesische Verfassung erfordert für die Aufnahme der ratifizierten und verkündeten völkerrechtlichen Verträge in das innerstaatliche Recht keine Transformation und ist insoweit völkerrechtsfreundlich.[34] Die Verträge entfalten ihre Bindungswirkung im tunesischen innerstaatlichen Recht automatisch, ohne dass ihr Inhalt in tunesisches Recht transformiert werden muss. Wenn sie keiner materiell-rechtlichen Ergänzung bedürfen, sind sie unmittelbar anwendbar und die nationalen Rechtssubjekte können die in ihnen zugesagten Rechte vor den nationalen Gerichten und Behörden geltend machen.[35] Für den Meeresumweltschutz ist dies angebracht, weil die relevanten völkerrechtlichen Verträge die nationalen Behörden, die mit ihrer Anwendung beauftragt sind, schnell binden. Neben der Ratifikation bedürfen die völkerrechtlichen Verträge der Verkündung durch ein Dekret im Amtsblatt der tunesischen Republik. Das Gesetz n°64 vom 25. Juli 1993 bestimmt, dass Gesetze erst vier Tage nach ihrer Verkündung im

---

ques prévues à l'alinéa 2 de l'article 34 de la constitution tunisienne, in: Mélanges offerts au Doyen Sadok Belaid (2004), S. 191-192.

31 Ghrairi/Jaibi, S. 119.

32 Ebenda.

33 Siehe Kapitel 3/I/E/2/d.

34 Bezüglich der Verhältnisse zwischen Völkerrecht und innerstaatlichem Recht haben sich zwei Thesen herausgebildet: Monismus und Dualismus. Über die zweite bei Triepel: Les rapports entre le droit interne et le droit international, in: 1 RCADI (1923), S. 77-121; Anzilotti, Cours de droit international (1929), S. 49-65; über die erste These siehe bei Kelsen, Les rapports de système entre le droit international et le droit interne, in: 14 RCADI (1926), S. 231-329.

35 Henckaerts, Self-executing Treaties and the Impact of International Law on National Legal Systems, in: 26 International Journal of Legal Information (1998), S. 56 ff.

Amtsblatt in Kraft treten. Ohne Veröffentlichung sind sie weder vom Bürger einklagbar noch vom Richter anwendbar.

2. Der Rang und die Gegenseitigkeitsbedingung

Nach einer 1997 verabschiedeten Verfassungsänderung heißt es in Art. 32 der tunesischen Verfassung,[36] dass völkerrechtliche Verträge ihre Bindungswirkung erst nach ihrer Ratifikation entfalten. Ratifizierte Verträge haben in der Normenhierarchie Vorrang vor Gesetzen, vorausgesetzt, dass sie von den anderen Vertragsparteien angewendet werden. Demzufolge ist die Gegenseitigkeit eine Bedingung für die Anwendung völkerrechtlicher Verträge in der tunesischen Rechtsordnung.[37]

Bei Nichterfüllung der Reziprozitätsbedingung verliert der völkerrechtliche Vertrag seine Bindungswirkung im tunesischen Recht. Art. 32 der tunesischen Verfassung lässt jedoch viele Fragen offen. Es ist beispielsweise nicht klar, welches innerstaatliche Organ die gegenseitige Anwendung prüfen muss. Die französische *Cour de Cassation* sah bei der Anwendung des gleichlautenden Art. 55 der französischen Verfassung davon ab, die Gegenseitigkeit bei der Anwendung eines völkerrechtlichen Vertrags zu überprüfen, wenn die Regierung keine Initiative ergriffen hat, den völkerrechtlichen Vertrag zu beenden oder dessen Anwendung zu suspendieren.[38] Die französischen Verwaltungsgerichte verweigern die Überprüfung der Reziprozität. Wenn sie hieran ernsthafte Zweifel haben, dann schalten sie das Außenministerium ein.[39] Die entsprechende Praxis in Tunesien muss abgewartet werden. Die Bestimmung in der tunesischen Verfassung über die Reziprozität scheint in Widerspruch zum Wiener Übereinkommen über das Recht der Verträge zu stehen. Nach diesem führt nicht jeder Vertragsbruch zur Beendigung oder Suspendierung des Vertrages. Nur eine erhebliche Vertragsverletzung berechtigt dazu, die Beendigung oder Suspendierung eines Vertrages geltend zu machen. Eine erhebliche Verletzung ist nach Art. 60 Abs. 3 des Wiener Übereinkommens bei einer unzulässigen Ablehnung des Vertrages oder einer Verletzung einer für die Erreichung des Vertragsziels oder Vertragszwecks wesentlichen Bestimmung gegeben. Anders als in der tunesischen Verfassung führt nach dem Wiener Übereinkommen über das Recht der Verträge eine Vertragsverletzung nicht ipso facto zur Suspendierung der Vertragsbindung, sondern berechtigt die vertragstreue Partei lediglich, das in Art. 65 des

---

36 Loi constitutionnelle n° 97-65 du 27.10.1997 modifiant et complétant certains articles de la constitution, JORT n°87 du 31 octobre 1997.

37 Blouza, «Le mieux est l'ennemi du bien»: A propos de l'insertion de la condition de réciprocité dans la constitution tunisienne, in : Revue Tunisienne de Droit (2001), S. 97-200.

38 Cass. Civ., 1 ère, 6 mars 1984, Text in: RGDIP (1985), S. 358.

39 Blumann, Les arrêts du Conseil d'Etat du 29 mai 1981 Rékhou et Ministre du budget c. Mme Bellil, in: RGDIP (1982), S. 407-435.

gleichen Übereinkommens hierfür vorgesehene Verfahren einzuleiten. Anders als die tunesische Verfassung unterscheidet Art. 60 des Wiener Übereinkommens in diesem Zusammenhang zwischen multilateralen und bilateralen Verträgen, um die Rechte der anderen Vertragsparteien zu berücksichtigen.[40] Den Widerspruch des Art. 32 der tunesischen Verfassung zum Wiener Übereinkommen über das Recht der Verträge könnte man durch einen Verweis auf die völkerrechtlichen Normen vermeiden. Das Erfordernis der Reziprozität widerspricht auch den Anforderungen der Kooperation, die zunehmend die internationalen Verhältnisse Tunesiens prägt.[41] Für umweltrelevante Verträge ist die Reziprozität sogar schädlich. Die Mehrzahl der Verträge zum Meeresumweltschutz ist multilateral. Dies trifft auch für das regionale Schutzsystem des Mittelmeeres zu, das auf dem gemeinsamen Interesse der Mittelmeeranrainer am Meeresschutz beruht. Die Bedingung der Gegenseitigkeit in der tunesischen Verfassung widerspricht der Verpflichtung Tunesiens als Partei des Barcelona-Systems, gemeinsam mit den anderen Parteien alle Maßnahmen zu treffen, um die Meeresumwelt im Mittelmeer zu schützen. Diese Verpflichtung wird nicht eingehalten, wenn die Verträge des Barcelona-Systems aufgrund von Art. 32 der tunesischen Verfassung im tunesischen Recht ihre Bindungswirkung verlieren, nur weil eine andere Partei diese Verträge verletzt hat.

3. Die Ratifizierungs- und Verkündungspraxis Tunesiens für meeresumweltrelevante völkerrechtliche Verträge.

Verschmutzungsquelle/ Regelungsebene	**Völkerrechtlicher Vertrag**	**Ratifizierung bzw. Beitritt**	**Verkündung**
Allgemein /Global	Das Seerechtsübereinkommen der Vereinten Nationen vom 10. Dezember 1982	Gesetz n°85- 6 vom 22. Februar 1985/ JORT vom 1. März 1985	
Allgemein/Regional	Die Barcelona-Konvention über den Schutz des Mittelmee-	Gesetz n°77-29 v. 23 Mai 1977/ JORT	Dekret n° 79-935 vom 16. November

40 Ipsen, Völkerrecht, S. 200.

41 Gherairi/ Jaibi, S. 126 ; Vgl. Djedidi, L'article 32 de la constitution du 1 er Juin 1959, in : Revue Tunisienne du Droit (2002), S. 176 ; Frikha, Le partenariat euro-méditerranéen, un partenariat en quête de stratégie, in: Mélanges offerts au Doyen Sadok Belaid (2004), S. 345.

	res vor Verschmutzung (Barcelona- Konvention I) vom 16. Februar 1976	vom 27. Mai 1977	1979/ JORT vom 27. November 1979
Allgemein/Regional	Die Barcelona-Konvention über den Schutz der Meeresumwelt und der Küstengebiete im Mittelmeer (Barcelona-Konvention II) vom 10. Juni 1995	Gesetz n°98-15 vom 23. Februar 1998/ JORT vom 27. Februar 1998	
Durch Schiffe/betriebsbedingt/ Global	Das Internationale Übereinkommen zur Verhütung der Meeresverschmutzung durch Schiffe (MARPOL) :1973/1978	Gesetz n° 80-56 vom 1. August 1980 / JORT vom 12. August 1980	
Durch Schiffe/unfallbedingt/ Global	Das Internationale Übereinkommen über Maßnahmen auf Hoher See bei Ölverschmutzungen vom 29. November 1969	Gesetz n°76-14 vom 21. Januar 1976/ JORT vom 23. Januar 1976	
Durch Schiffe/unfallbedingt/ Global	Das Protokoll zum Internationalen Übereinkommen über Maßnahmen auf Hoher See bei Ölverschmutzungen vom 2. November 1973	Gesetz n°76-14 v. 21 Januar 1976/ JORT vom 23. Januar 1976	
Durch Schiffe/unfallbedingt/ Global	Das Internationale Übereinkommen über Vorsorge, Bekämpfung und Zusammenarbeit	Gesetz n°95-51 vom 19. Juni 1995/ JORT vom 27.	

	auf dem Gebiet der Ölverschmutzung vom 30. November 1990	Juni 1995	
Durch Schiffe/unfallbedingt/ Regional	Das Protokoll über die Zusammenarbeit bei der Bekämpfung der Verschmutzung des Mittelmeeres durch Öl und andere Stoffe in Notfällen vom 16. Februar 1976	Gesetz n°77-29 vom 23 Mai 1977/ JORT vom 27. Mai 1977	Dekret n° 79-935 vom 16. November 1979/ JORT vom 27. November 1979
Durch Einbringen/Global	Das Londoner Übereinkommen über die Verhütung der Meeresverschmutzung durch das Einbringen von Abfällen und anderen Stoffen vom 29. Dezember 1972	Gesetz n°76-17 vom 21 Januar 1976 /JORT vom 23. Januar 1976	Dekret n°79-1001 vom 7. Dezember 1979/ JORT vom 25. Dezember 1979
Durch Einbringen/Regional	Das Protokoll über die Verhütung der Mittelmeeresverschmutzung durch Einbringen vom 16. Februar 1976	Gesetz n°77-29 vom 23 Mai 1977/ JORT vom 27. Mai 1977	Dekret n° 79-935 vom 16. November 1979/ JORT vom 27. November 1979
Durch Einbringen/Regional	Das Protokoll über die Verhütung und Beseitigung der Verschmutzung des Mittelmeeres durch Einbringen oder Verbrennung auf See vom 10. Juni 1995	Gesetz n°98-15 vom 23. Februar 1998/ JORT vom 27. Februar 1998	

Durch Verbringung gefährlicher Abfälle/Global	Das Basler Übereinkommen über die Kontrolle der grenzüberschreitenden Verbringung gefährlicher Abfälle und ihre Entsorgung vom 22. März 1989	Gesetz n° 95-63 vom 10. Juli 1995/JORT vom 14. Juli 1995	Dekret n° 95-2680 vom 25. Dezember 1995/JORT vom 12. Januar 1996
Durch Verbringung gefährlicher Abfälle/Regional 1	Die Bamako-Konvention über das Importverbot gefährlicher Abfälle nach Afrika, die Kontrolle ihrer grenzüberschreitenden Verbringung und ihre Bewirtschaftung innerhalb Afrikas vom 29. Januar 1991	Gesetz n° 92-11 vom 3. Februar 1992/ JORT vom 7. Febraur 1992	Dekret n° 92-1445 vom 27. Juli 1992/ JORT vom 4. September 1992
Durch Verbringung gefährlicher Abfälle/Regional 2	Das Izmir-Protokoll über die Verhütung der Mittelmeerverschmutzung durch die grenzüberschreitende Verbringung gefährlicher Abfälle und deren Beseitigung vom 1. Oktober 1996	Gesetz n° 98-15 vom 23. Febraur 1998/ JORT vom 27. Februar 1998	
Landseitige Verschmutzung/ Regional	Das Protokoll über den Schutz des Mittelmeeres gegen die Verschmutzung vom Lande aus vom 17. Mai 1980	Gesetz n°83-44 vom 24. April 1983/JORT vom 26. April 1983	Dekret n°89-109 vom 21. November 1983/JORT vom 25. November 1983

Landseitige Verschmutzung/ Regional	Das Protokoll über den Schutz des Mittelmeeres vor Verschmutzung aus landseitigen Quellen und Tätigkeiten vom 7. März 1996	Gesetz n° 98-15 vom 23. Februar 1998/ JORT vom 27. Februar 1998	
Durch Offshore-Tätigkeiten/ Regional	Das Protokoll zum Schutz des Mittelmeeres gegen die aus der Erkundung und Ausbeutung des Festlandsockels, des Meeresbodens und dessen Untergrundes resultierende Verschmutzung vom 14. Oktober 1994	Gesetz n° 98-15 vom 23. Februar 1998/ JORT vom 27. Februar 1998	

Tunesien hat zahlreiche regionale und globale völkerrechtliche Verträge zum Schutz der Meeresumwelt ratifiziert. Dies lässt sich in der Tabelle ablesen. Besonders auf regionaler Ebene sind die Verpflichtungen Tunesiens zum Schutz des Mittelmeers bemerkenswert. Es hat sämtliche Konventionen und Protokolle des Barcelona-Systems ratifiziert, jedoch nicht alle verkündet. Der Premierminister hat in seinem bereits erwähnten Rundschreiben festgestellt, dass eine sehr große Zahl ratifizierter Verträge nicht verkündet worden sei. Er forderte die zuständigen Ministerien auf, dem abzuhelfen, da die Verkündung eines Vertrages eine Voraussetzung seiner Anwendbarkeit im tunesischen Recht ist. Aus der obigen Tabelle ergibt sich, dass sich die Verkündungspraxis nach dem ministeriellen Rundschreiben im Jahre 1988 verbessert hat. Die Verkündung erfolgt aber immer noch nicht automatisch.

4. Die gerichtliche Praxis bezüglich der von Tunesien ratifizierten völkerrechtlichen Verträge

Die Haltung tunesischer Richter zu völkerrechtlichen Verträgen ist differenziert. Zu unterscheiden ist zwischen Zivil- und Verwaltungsgerichten und nach den Gegenständen der Verträge. Zur Konformität eines Gesetzes mit einem ratifizierten Vertrag ist die berühmte Entscheidung, „Tunesische Liga für Menschenrechte“ vom 21. Mai 1996 zu erwähnen. Das Verwaltungsgericht führt aus, dass angesichts des Vorranges völkerrechtlicher Verträge vor nationalen Gesetzen (einfachen und organischen), der Internationale Pakt über Politische und Bürgerliche Rechte das organische Gesetz (*Loi organique*) vom 2. April 1992 verdränge.[42]

Die Zivilgerichte haben zum Status ratifizierter Konventionen im nationalen Recht eine differenziertere Haltung. Sie richtet sich nach dem Konventionsgegenstand. In familienrechtlichen Fällen haben die Gerichte Konventionen über Rechtshilfe unbeachtet gelassen. Für das internationalen Handelsrecht, das Seehandelsrecht oder das bürgerliche Recht[43] haben sie ratifizierte und verkündete Konventionen ohne weiteres angewendet.[44] Nach Elloumi, Präsident der *Cour d'appel de Tunis*, sind die ratifizierten und verkündeten Verträge Teil des innerstaatlichen Rechts.[45] Der Meeresumweltschutz gehört nicht zu den Bereichen, in welchen tunesische Gerichte die völkerrechtlichen Verträge wegen Widerspruchs zum nationalen *ordre public* unangewendet lassen.[46] Deswegen ist davon auszugehen, dass die tunesischen Gerichte keine grundsätzlichen Vorbehalte gegen die Anwendung der ratifizierten, verkündeten und unmittelbar anwendbaren meeresumweltrelevanten völkerrechtlichen Verträge haben. Nach der bisherigen Praxis ergehen umweltschutzrelevante gerichtliche Entscheidungen aufgrund von innerstaatlichem Recht und nicht aufgrund von Völkerrecht.

II. Die Abgrenzung der tunesischen Meereszonen

Die staatlichen Kompetenzen ändern sich nach den jeweiligen Meereszonen, die unterschiedlichen Regimen unterworfen sind. Dies betrifft auch die Regelungs- und die Durchsetzungskompetenzen zum Schutz und zur Erhaltung der Meeresumwelt. Tunesien hat sich in allgemeinen oder speziellen Verträgen verpflichtet, alle notwendigen Maßnahmen zu treffen, um dieses Ziel zu erreichen.[47] Die Meereszonen stellen den Raum dar, in welchem die von Tunesien eingegangenen völkerrechtlichen Verpflichtungen durchgeführt werden müssen.

---

42 Blouza, S. 179: Er erwähnt die Entscheidung des Verwaltungsgerichts: Tribunal Administratif, affaire n° 4146 du 26.6.1996.

43 Elloumi, La justice et les conventions internationales, in : Ben Achour/Belaid (Eds.), S. 287.

44 Ebenda, S. 288- 289.

45 Ebenda, S. 288.

46 Siehe Ben Jémia, Ordre Public, Constitution et Exequatur, in: Mélanges offerts à Habib Ayadi (2000), S. 271.

47 Als Vertragspartei des SRÜ und der im Rahmen des UNEP/MAP abgeschlossenen Verträge zum Meeresumweltschutz im Mittelmeer; Siehe dazu Kapitel 8/I/B/4.

A. Die inneren Gewässer

1. Überblick

Grundsätzlich verfügt der Küstenstaat in seinen inneren Gewässern über eine uneingeschränkte Souveränität.[48] Diese Gewässer waren früher von dem Anwendungsbereich der Umweltschutzabkommen ausgeschlossen.[49] Die Erkenntnis, dass diese Gewässer nicht isoliert liegen und dass ihre Verschmutzung erhebliche Konsequenzen auf das ökologische Gesamtsystem der Weltmeere hat, führte zu ihrer Einbeziehung in einige Umweltabkommen.[50] Für die inneren Gewässer Tunesiens geschah dies zuerst durch das Protokoll über den Schutz des Mittelmeeres gegen die Verschmutzung vom Lande aus.[51]

Da die Breite der inneren Gewässer von den Basislinien abhängt, soll zunächst das tunesische Regime der Basislinien erörtert werden.

Mit dem Dekret n°73-527 vom 3. November 1973 hat die tunesische Regierung die Basislinien bestimmt, von welcher aus die Breite des Küstenmeeres gemessen wird. Die Basislinien wurden kombiniert mit der Methode der normalen Basislinien und der Methode der geraden Basislinien gezogen. Beide Methoden sind nach Art. 14 SRÜ anwendbar. [52]

2. Die Niedrigwasserlinien

Für die Ziehung der Basislinien, aus welcher die Breite des tunesischen Küstenmeeres gemessen wird, wurde überwiegend die Niedrigwasserlinienmethode angewendet.[53] Die Niedrigwasserlinien entsprechen der Linie des durchschnittlichen Ebbestandes.[54] Demzufolge wurden als normale Basislinien festgelegt:

- Die Niedrigwasserlinie der Riffe Sorelles, Galiton, und Galite und der Inseln Fratelli, Cani und Pilau;
- Die Niedrigwasserlinie der tunesisch- algerischen Grenze in Cap Sidi Ali Mekki;
- Die Niedrigwasserlinie von Cap Bon bis Ras Kapoudia:
- Die Niedrigwasserlinie der Insel Kuriates;
- Die Niedrigwasserlinie von Ras Turgueness;

48 Siehe Kapitel 1/II/A/b/(1).
49 Graf Vitzthum, Maritimes Aquitorium und Anschlusszone, in: ders. (Hg.), Handbuch des Seerechts (2006), S.104.
50 Ebenda.
51 Siehe Kapitel 6/II/A.
52 Nach dieser Bestimmung darf der Küstenstaat, um besonderen Gegebenheiten seiner Küste zu entsprechen, die beiden für die Ziehung von Basislinien zulässigen Verfahren, nämlich Niedrigwasserlinien und gerade Basislinien, kombinieren.
53 Moussa, La Tunisie et le droit de la mer (1981), S. 41.
54 Art. 5 SRÜ.

- Die Niedrigwasserlinie von Ras Marmor an der tunesisch-libyschen Grenze;

- Die Niedrigwasserlinie der trockenfallenden Erhebungen von El Bibane;

Diese Basislinien entsprechen dem SRÜ.[55] Bei der Festlegung der Basislinien in den trockenfallenden Erhebungen von El Bibane hat Tunesien seine Rechte sogar nicht in Anspruch genommen. Das Küstenmeer-Übereinkommen[56] (Art. 4 Abs.3) und das SRÜ (Art. 7 Abs.4) erlauben nämlich die Ziehung gerader Basislinien zu und von trockenfallenden Erhebungen, wenn auf diesen ständig über den Wasserspiegel hinausragende Anlagen errichtet sind.[57] Diese Bedingung erfüllen die Erhebungen von El Bibane, da dort seit langer Zeit ein Leuchtturm steht. Hätte Tunesien in diesem Fall sein Recht in Anspruch genommen, hätte eine gerade Basislinie von Ras Marmor bis Ras Dzira und von Ras Dzira bis zur Grenze gezogen werden können.[58]

3. Die geraden Basislinien

Es sind zwei Gruppen von geraden Basislinien gezogen worden. Zunächst die Linien, die den Golf von Tunis und den Golf von Gabès umschließen. Dann die geraden Basislinien, die die Schwammfischerei von Chebba und der Insel Kerkennah in die inneren Gewässer einschließen sowie die gerade Basislinie, welche die Spitze von Sidi Garous mit Ras Marmor verbindet.

Für die Ziehung der geraden Basislinien vor dem Golf von Tunis und vor dem Golf von Gabès gibt es verschiedene Gründe. Der Golf von Tunis ist bereits im Dekret des Beys von 1951 als inneres Gewässer bezeichnet worden.[59] Diese Qualifizierung wurde in Art. 2 des Gesetzes n°73-49 vom 2. August 1973 über die Abgrenzung des Küstenmeeres in Übereinstimmung mit Art. 10 SRÜ bestätigt. Diese Bestimmung des SRÜ enthält die Definition einer „Bucht".[60] Wenn die Entfernung zwischen den Niedrigwassermarken der natürlichen Öffnungspunkte einer Bucht nicht größer als 24 sm ist, dann darf nach Art. 10 SRÜ eine Abschlusslinie zwischen diesen beiden Niedrigwassermarken gezogen werden und die so eingeschlossenen Gewässer gelten als innere Gewässer. Der Golf von

55 Moussa, La Tunisie et le droit de la mer, S. 30.

56 Convention on Territorial Sea and the contiguous Zone vom 29.4.1958, Text in: 52 AJIL (1958), S. 834.

57 Ipsen, S. 827.

58 Moussa, S. 42.

59 Als Tunesien noch ein vom Bey regiertes Königreich war.

60 Art. 10 Abs. 2 SRÜ: „Eine Bucht im Sinne dieses Übereinkommens ist ein deutlich erkennbarer Einschnitt, dessen Länge in einem solchen Verhältnis zur Breite seiner Öffnung steht, dass er von Land umschlossene Gewässer enthält und mehr als eine bloße Krümmung der Küste bildet. Ein Einschnitt gilt jedoch nur dann als Bucht, wenn seine Fläche so groß oder größer ist als die eines Halbkreises, dessen Durchmesser eine quer über die Öffnung dieses Einschnitts gezogene Linie ist".

Tunis darf nach dem SRÜ als Bucht bezeichnet werden. Er bildet nicht lediglich eine Krümmung der Küste, sondern eine Fläche, die größer als die eines Halbkreises ist, dessen Durchmesser die quer durch die Öffnung des Einschnitts gezogene Linie ist. Außerdem darf der Golf von Tunis den inneren Gewässern zugeordnet werden, da die Entfernung zwischen den Niedrigwassermarken der natürlichen Öffnungspunkte weniger als die vom SRÜ fest gesetzte Maximalbreite von 24 sm beträgt.[61] Dem Golf von Hammamet, der die vom Völkerrecht erforderten Kriterien nicht erfüllt, wird im tunesischen Recht weder der Status einer Bucht zugewiesen, noch wird bei ihm die Methode der geraden Basislinien angewendet.[62]

Der Golf von Gabès wird im Küstenmeer-Gesetz als historische Bucht bezeichnet.[63] Demzufolge stellt er einen Teil der inneren Gewässer dar.[64] Das SRÜ enthält keine Definition der historischen Buchten. Es lässt sich jedoch aus der Rechtsprechung des IGH ablesen, dass dieser Begriff eine Bucht bezeichnet, die aus historischen Gründen vom Küstenstaat als Teil seines Hoheitsgebietes beansprucht wird.[65] Dies ist der Fall wenn der Küstenstaat sie über einen genügend langen Zeitraum als inneres Gewässer beansprucht und seine Hoheitsgewalt effektiv ausgeübt hat, und andere Staaten dieser Praxis nicht widersprochen haben.[66] Die Öffnungsbreite des Golfes von Gabès erreicht sogar 50 sm. Er wurde als historische Bucht qualifiziert, weil in seinen Gewässern seit unerdenklicher Zeit die Fischerei von Schwämmen betrieben wird.[67] Libyen hat die geraden Basislinien vor dem Golf von Gabès als rechtswidrig betrachtet.[68] Der Einwand

61 Die Öffnungsbreite des Golfs von Tunis entspricht 23 sm, wie dies im französischen Bericht über die historischen Buchten dokumentiert wurde: Genfer Konferenz 1958 Doc. A/Conf. 13/1. (zitiert von Moussa, S. 43).

62 Kritisch dazu Moussa, S. 43.

63 Zu den historischen Buchten siehe Pharand, Canada's Arctic Waters in International Law (1988), S. 91 ff.

64 Loi n°73-49 du 2 août 1973, portant délimitation des eaux territoriales.

65 Anglo-Norwegian Fisheries Case, ICJ Reports 1951, S. 130 : « by historic waters are usually meant waters which are treated as internal waters but which would not have that character were it not for the existence of an historic title ».

66 Zimmermann, The Doctrine of Historic Bays, in: 23 San Diego Law Review (1986), S. 1986; Bernhardt, Rechtsfragen historischer Buchten, In: Festschrift für Berber (1973), S. 47 ff.

67 Marsit, L'Afrique et le nouveau droit de la mer à la lumière de l'expérience tunisienne (2004), S. 33.

68 Lybien hat seinen Widerstand dagegen in den Streit mit Tunesien vor dem IGH über die Abgrenzung des Festlandsockels eingeführt: Continental Shelf (Tunisia v. Libyan Arab Jamahiriya), Urteil vom 24.2.1982, ICJ Reports 1982, S. 4 ff. Dazu siehe Oellers-Frahm, Die Entscheidung des IGH zur Abgrenzung des Festlandsockels zwischen Tunesien und Libyen: Eine Abkehr von der bisherigen Rechtssprechung, in: 42 ZaöRV (1982), S. 804-814.

eines einzigen Staates ist aber kein Hindernis, um eine Bucht als historisch zu bezeichnen.[69]

Die zweite Gruppe der gezogenen geraden Basislinien ist, in Übereinstimmung mit dem SRÜ, durch geographische und wirtschaftliche Gründe gerechtfertigt.[70] Art. 7 Abs.1 SRÜ erlaubt eine gerade Basislinie, wenn eine Inselkette unmittelbarer vor der Küste liegt. Dies trifft für die Inselkette von Kerkennah zu, die weniger als 12 sm vor der Küste liegt. Nach Art. 7 SRÜ dürfen bei der Festlegung bestimmter Basislinien die dem betreffenden Gebiet eigenen wirtschaftlichen Interessen, deren Vorhandensein und Bedeutung durch lange Übung eindeutig erwiesen sind, berücksichtigt werden". Im Falle der Insel Kerkennah beziehen sich die im SRÜ erwähnten „wirtschaftlichen Gründe" auf die Schwammfischerei in der Nähe dieser Insel. Seit unvordenklicher Zeit leben die Einwohner der Insel von der Schwammfischerei auf den nächstgelegenen trockenfallenden Erhebungen. Während des französischen Protektorats wurden diese Erhebungen zum Bestandteil des maritimen öffentlichen Eigentums erklärt. Im Jahre 1929 wurde den Einwohnern von Kerkennah durch Gesetz erlaubt, die Schwammkulturen auf den trockenfallenden Erhebungen 60 Jahre lang unentgeltlich auszubeuten. Diese Erlaubnis wurde mit dem Dekret n°89-392 vom 18. März 1989 verlängert.[71] Demzufolge sind gerade Basislinien vor der Insel Kerkennah völkerrechtlich gerechtfertigt. Die dadurch bewirkte Ausdehnung der inneren Gewässer stellt auch kein Hindernis für die internationale Schifffahrt dar, da das Meer hier für die Schifffahrt nicht tief genug und ungeeignet ist.[72]

B. Das Küstenmeer

In Einklang mit der damals verbreiteten Praxis hat Tunesien im Jahre 1973 sein Küstenmeer auf 12 sm ausgedehnt.[73] Italien hat dem widersprochen. Es hat behauptet, dass hierdurch die Fischereizone, die Gegenstand bilateraler Abkommen zwischen beiden Ländern war, beeinträchtigt würde.[74] Da das SRÜ aus-

---

69 Ipsen, S. 828.

70 Gerade Basislinien vor der Insel Kerkennah.

71 Decrêt n° 89-392 du 18.3.1989 portant organisation de l'exploitation des chrafis des Iles Kerkennah, JORT du 31.3.1989.

72 Marsit, L'Afrique, S. 34.

73 Loi n°73-49 du 2 août 1973, portant délimitation des eaux territoriales (Küstenmeer-Gesetz).

74 Tunesien hat mit Gesetz n°62-35 vom 16.10.1962, JORT n°53 12-16.10.1962 eine ausschließliche Fischereizone errichtet. Sie erreicht an einigen Stellen die Entfernung von 75 sm von der tunesischen Küste und 15 sm von der italienischen Insel Lampedusa. Sie schließt die Zone von „Mamellone", die sehr reich an Fischereiressourcen ist, ein. Der Anspruch Tunesiens, die Ressourcen dieser Zone alleine auszubeuten, stößt auf den Widerstand Italiens, das diese Zone für Hohe See hält. Dies hat zu einem langen, immer noch offenen Streit zwischen beiden Ländern geführt. Nach der Beendigung der bilateralen Verträge zwischen beiden Ländern über die Bewirtschaftung der „Mamellone"

drücklich eine Maximalbreite des Küstenmeeres von 12 sm zulässt, ist der Widerspruch Italiens nicht gerechtfertigt.[75] Das tunesische Küstenmeer-Gesetz sagt ausdrücklich, dass sich die tunesische Souveränität auch auf den Luftraum über dem Küstenmeer und auf den Meeresboden und Meeresuntergrund darunter erstreckt.[76] Außerdem wird in demselben Gesetz betont, dass die 1962 errichtete tunesische Fischereizone vom Küstenmeer-Gesetz unberührt bleibt.[77]

Obwohl das Recht auf friedliche Durchfahrt im Küstenmeer völkergewohnheitsrechtlich und völkervertragsrechtlich unumstritten ist, bestimmt das tunesische Küstenmeer-Gesetz, dass Schiffen das Recht der friedlichen Durchfahrt im Galite Kanal eingeräumt wird.[78] Die Insel Galite liegt etwa 22 sm vor der nördlichen Küste Tunesiens. Ihr Kanal wird von zahlreichen Schiffen durchfahren. Die Gewässer zwischen der Insel und der Küste gehören zum Küstenmeer. Während der Verhandlungen zum SRÜ wurde diskutiert, ob der internationalen Schifffahrt die Durchfahrt eines solchen Kanals verweigert werden sollte. Das tunesische Gesetz beseitigt in dieser Hinsicht jedes Missverständnis.[79] Gelegentlich wird der Kanal wegen militärischer Manöver vorübergehend geschlossen. Die Schifffahrt wird dann rechtzeitig informiert.[80]

C. Die Anschlusszone

Die Anschlusszone bezeichnet die seewärts an das Küstenmeer angrenzenden Meeresgebiete.[81] Das SRÜ legt eine höchstzulässige Breite der Anschlusszone von 24 sm von den Basislinien aus fest.[82] Die Kompetenzen des Küstenstaates in dieser Zone werden abschließend aufgezählt.[83] Der Küstenstaat verfügt hier über Kontrollrechte, um Verstöße gegen die Finanz-, Einreise-, oder Gesundheitsvorschriften in seinem Hoheitsgebiet einschließlich seines Küstenmeers zu verhindern oder zu ahnden. In der Anschlusszone hat der Küstenstaat auch das Recht der Nacheile.[84] Gemäß einer Sonderregelung von Art. 303 SRÜ darf der Küsten-

---

Zone ist der Streit noch intensiver geworden. Dies führt nicht selten zu Gewalt zwischen beiden Parteien in oder in der Nähe der betroffenen Zone. Mehr bei Andreone, The Legal Regime of Fisheries in the Mediterranean, in: 11 Italian Yearbook of International Law (2001), S. 231-261.

75 Moussa, S. 30.

76 Art. 4 Küstenmeer-Gesetz.

77 Art. 5 Küstenmeer-Gesetz.

78 Art. 1 Küstenmeer-Gesetz.

79 Marsit, L'Afrique, S. 92.

80 Ebenda, S. 93.

81 Ipsen, S. 846.

82 Art. 33 Abs. 2 SRÜ.

83 Ipsen, S. 847; Pazarci, Le concept de zone contigue dans la convention sur le droit de la mer de 1982, in: 18 Revue Belge de Droit International (1984), S. 249 ff.

84 Art. 33 Abs. 1 SRÜ.

staat das Verbot der Entfernung archäologischer und historischer Gegenstände vom Meeresboden auf die Anschlusszone erstrecken.[85]

Tunesien hat eine Anschlusszone und deren Ausdehnung nicht in einem besonderen Rechtsinstrument proklamiert. Trotzdem nimmt es in einigen Gesetzen auf sie Bezug. Sein Fischerei-Gesetz qualifiziert die Anschlusszone als Gewässer unter tunesischer Souveränität.[86] Ebenso wird die Anschlusszone im Gesetz über Seewracks genannt,[87] das die Entfernung aller dort gefundenen Wracks regelt.[88] Unter diesen versteht man archäologische und historische, aber auch andere vom Gesetz aufgezählte Gegenstände.[89] Da Art. 303 SRÜ nur archäologische und historische Gegenstände nennt, hat das tunesische Gesetz die Rechte des Küstenstaates in dieser Zone überschritten.

D. Der Festlandsockel

Der Festlandsockel bezeichnet „den jenseits seines Küstenmeeres gelegenen Meeresboden und Meeresuntergrund der Unterwassergebiete, die sich über die gesamte natürliche Verlängerung seines Landgebietes bis zur äußeren Kante des Festlandrandes erstrecken oder bis zu einer Entfernung von 200 Seemeilen, von welchen aus die Breite des Küstenmeeres gemessen wird, wo die äußere Kante des Festlandrandes in einer geringen Entfernung verläuft."[90]

Diese Zone ist für den Meeresumweltschutz von großer Relevanz, weil in ihr Aktivitäten betrieben werden, die der Meeresumwelt schaden können.[91] Der Festlandsockel wird nicht als Hoheitsgebiet des Küstenstaates betrachtet. Der Küstenstaat verfügt auf seinem Festlandsockel lediglich über einzelne souveräne Rechte.[92] Demzufolge darf niemand ohne Zustimmung des Küstenstaates den Festlandsockel erforschen oder seine natürlichen Ressourcen ausbeuten.[93] Durch diese Vorrechte kann der Küstenstaat einen wichtigen Beitrag zum Meeresum-

---

85 Leanza, Le patrimoine culturel sous-marin de la Méditerranée, in : Cataldi (Ed.), La Méditerranée et le droit de la mer à l'aube du 21 è siècle (2002), S. 145-146 ; Von Schorlemer, Internationaler Kulturgüterschutz (1992), S. 217 ff.

86 Art. 2 Abs. 5 Loi n° 94-13 du 31 Janvier 1994 relative à l'exercice de la pêche, JORT n°11 du 8 février 1994, (hiernach : Fischerei-Gesetz).

87 Art. 1 Abs.1 Loi n°89-21 du 22 février 1989 relative aux épaves maritimes, JORT n°16 du 3 mars 1989, (hiernach : Seewracks-Gesetz)

88 Nach Art. 2 Abs. 1 Seewracks-Gesetz ist der Finder verpflichtet, diese Wracks den zuständigen tunesischen Behörden zu melden.

89 Art. 1 Abs. 1 Seewracks-Gesetz.

90 Art. 76 SRÜ.

91 Insbesondere durch die auf dem Festlandsockel betriebene Offshore-Industrie. Dazu Lagoni/Proelß, Festlandsockel und ausschließliche Wirtschaftszone, in: Graf Vitzthum (Hg.), Handbuch des Seerechts (2006), S. 173-174.

92 Lagoni/Proelß, S. 185.

93 Art. 77 Abs. 2 SRÜ.

weltschutz leisten.[94] Durch die Erlaubniserteilung kann er nämlich sicherstellen, dass die Aktivitäten auf dem Festlandsockel die Meeresumwelt nicht beeinträchtigen. Der tunesische Gesetzgeber hat von diesem Recht Gebrauch gemacht. Er bezieht sich in verschiedenen umweltrelevanten Gesetzen ausdrücklich auf den tunesischen Festlandsockel. Im Fischerei-Gesetz wird der Festlandsockel als Teil der tunesischen Gewässer betrachtet.[95] Insbesondere wird der Festlandsockel ausdrücklich in den Gesetzen und Vorschriften erwähnt, die sich mit der Erforschung und Ausbeutung der Ressourcen in den unter tunesischer Hoheitsgewalt liegenden Zonen befassen. Beispielsweise ist dies im Dekret über wissenschaftliche Forschung und Ausbeutung von Ressourcen durch Schiffe in den tunesischen Gewässern und auf dem Festlandsockel der Fall. [96]

Die Abgrenzung des tunesischen Festlandsockels erfolgte durch zwei mit den Nachbarstaaten Italien und Libyen geschlossenen Abkommen. Am 20. August 1971 wurde das Abkommen zwischen Tunesien und Italien zur Abgrenzung des Festlandsockels unterzeichnet.[97] In ihm dient die Mittellinie als Grenzlinie.[98] Sie wird durch Punkte festgelegt, die gleich weit von den Basislinien beider Staaten entfernt sind.[99] Dieses Abkommen enthält Bestimmungen über die Ausbeutung von Ressourcen auf dem abgegrenzten Festlandsockel. Tunesien hat gleich nach der Unterzeichnung Konzessionen zur Erforschung und Ausbeutung der Ressourcen auf dem ihm zugeteilten Festlandsockel an Ölunternehmen erteilt.[100] Die Abgrenzung des Festlandsockels zwischen Tunesien und Libyen ist in ähnlicher Weise durch ein Abkommen festgelegt worden.[101] Dieses Abkommen hat ein Urteil des IGH umgesetzt.[102]

---

94 Ipsen, S. 866.

95 Art. 2 Fischerei-Gesetz.

96 Art. 1 Décret n°97-1836 du 15.9.1997 relatif à l'exercice des activités de recherche scientifique, d'exploration, de levée et de forage par des navires dans les eaux et le plateau continental tunisiens, JORT n°77 du 26.9.1997.

97 Accord entre le Gouvernment de la République italienne et le Gouvernement de la République tunisienne relatif à la délimitation du plateau continental entre les deux pays, Text in : Beer-Gabel (Ed.), Recueil des traités relatifs à la Méditerranée (1997), S. 116-122. Das Abkommen ist von beiden Staaten ratifiziert worden und am 6.12.1978 in Kraft getreten.

98 Moussa, La Tunisie et le droit de la mer, S. 54; Leanza, Le nouveau droit international de la mer méditerranée (1994), S. 372-373.

99 Ipsen, S. 868.

100 Moussa, La Tunisie et le droit de la mer, S. 56.

101 Agreement between the Libyan Arab Socialist People's Jamahirya and the Republic of Tunisia to Implement the Judgement of the International Court of Justice in the Tunisia-Libya Continental Shelf Case, 8 August 1988, Text in: Beer-Gabel, Recueil des traités relatifs à la Méditerranée, S. 145-146.

102 Continental Shelf (Tunisia v. Libyan Arab Jamahirya), Urteil vom 24.2.1982, ICJ Reports 1982, S. 4; Siehe Oellers-Frahm, Continental Shelf Case (Tunisia/Libyan Arab Jamahiriya), in: EPIL Vol. I (1992), S. 798 ff.

E. Die ausschließliche Wirtschaftszone

Tunesien hat bereits bei seiner Unterzeichnung des SRÜ eine Erklärung abgegeben, in der es die Errichtung ausschließlicher Wirtschaftszonen (AWZ) gemäß diesem Abkommen besonders unterstützt.[103] Zusammen mit anderen nordafrikanischen Staaten hat Tunesien in den internationalen Foren immer wieder sein Recht auf die Errichtung einer AWZ betont.[104] Trotzdem hat es sich, wie die anderen Mittelmeeranrainer, bei der Errichtung einer AWZ zurückgehalten.[105] Dies hat seine Ursache darin, dass es sich beim Mittelmeer um ein halbumschlossenes Meer handelt. Die geringe Fläche dieses Meeres macht es schwierig, die im SRÜ anerkannten Zonen in Anspruch zu nehmen, ohne mit den Rechten und Interessen der Nachbarstaaten in Konflikt zu geraten.[106]

Die Erklärung einer tunesischen AWZ wäre auf den Widerstand Italiens gestoßen, das seit der Beendigung der Fischereiabkommen mit Tunesien im Jahre 1979 die tunesische ausschließliche Fischereizone nicht anerkennt und ständig dagegen protestiert.[107]

Der Status der AWZ hat im tunesischen Recht eine deutliche und bedeutungsvolle Entwicklung erfahren, die umso mehr Aufmerksamkeit verdient, als sie den Willen des Gesetzgebers widerspiegelt, die Gesetze mit den ratifizierten völkerrechtlichen Verträgen, insbesondere dem SRÜ, in Einklang zu bringen. In der ersten Phase haben mehrere tunesische Gesetze Bezug auf die AWZ genommen, ohne sich an die internationalen Vorgaben zu halten. Zunächst erfolgte der Bezug auf die AWZ ohne eine ausdrückliche Erklärung über die Errichtung dieser Zone. Im Gegensatz zu den Rechten des Küstenstaates über dem Festlandsockel bedarf die Inanspruchnahme solcher Rechte in der AWZ einer ausdrücklichen Erklärung der Errichtung einer AWZ.[108] Auf die AWZ wurde beispielsweise im Fischerei-Gesetz, im Seewracks-Gesetz und im Gesetz über das öffentliche maritime Eigentum Bezug genommen.[109] Der Gesetzgeber hat die

---

103 Moussa, S. 21.

104 Vgl. Vukas, State Practice in the Aftermath of the UN Convention on the Law of the Sea: The Exclusive Economic Zone and the Mediterranean Sea, in: Strati/Gavouneli/Skourtos (Eds.), Unresolved Issues, S. 253.

105 Scovazzi, The Legal Condition of Mediterranean Waters, in: ders. (Ed.), Marine Specially Protected Areas (1999), S. 53.

106 Gutierrez-Castillo, L'Espagne et les problèmes de délimitation en Méditerranée, in: Cataldi (Ed.), S. 97; Scovazzi, The Legal Condition of Mediterranean Waters, S. 53.

107 Andreone, Les conflits de pêche en Méditerranée, S. 200; Über die ablehnende Reaktion Italiens auf die Errichtung einer AWZ durch seine Nachbarstaaten siehe Vukas, State Practice, S. 254-255.

108 Ipsen, S. 854.

109 Der Begriff « *domaine public* » wurde vom französischen öffentlichen Recht übernommen. Er bezeichnet diejenigen Sachen, die einer privaten Aneignung nicht zugänglich

tunesische AWZ in den Anwendungsbereich dieser Gesetze mit einbezogen. Besonders im Gesetz über das öffentliche maritime Eigentum *(domaine public maritime)* widersprach das den Vorgaben des SRÜ. Beim Erlass dieses Gesetzes im Jahre 1995 wurde die AWZ als Teil des öffentlichen maritimen Eigentums betrachtet.[110] Art. 56 Abs. 2 SRÜ besagt jedoch, dass der Küstenstaat in der AWZ die Rechte anderer Staaten, wie die freie Schifffahrt, die freie Luftfahrt, das Recht zur Legung von Kabeln und Rohrleitungen sowie das Recht zu anderen friedlichen Nutzungen des Meeres berücksichtigen muss. Die Regelung über das öffentliche maritime Eigentum war im alten Gesetz vor seiner Änderung im Jahre 2005 mit diesen Freiheiten nicht vereinbar. Es sah insbesondere die Verlegung von Kabeln und Rohrleitungen als Besetzung („*occupation*") des öffentlichen maritimen Eigentums an, für die man einer kostenpflichtigen Erlaubnis bedurfte.[111] Darüber hinaus verstieß die im alten Gesetz über das öffentliche maritime Eigentum vorgesehene Freiheitsstrafe für rechtswidrige Handlungen in der AWZ gegen das SRÜ und war damit völkerrechtswidrig.[112] Art. 230 SRÜ sieht bei Verstößen fremder Schiffe außerhalb des Küstenmeeres gegen Gesetze und internationale Regeln und Normen zur Verhütung, Verringerung und Überwachung der Verschmutzung der Meeresumwelt in der Regel Geldstrafen vor. Nur bei vorsätzlichen schweren Verschmutzungshandlungen im Küstenmeer werden Freiheitsstrafen verhängt.[113]

In einer zweiten Phase versuchte der tunesische Gesetzgeber durch mehrere Gesetzesänderungen, den Status der AWZ im tunesischen Recht mit dem SRÜ in Einklang zu bringen. Am 27. Juni 2005 wurde das Gesetz über die AWZ vor der tunesischen Küste (hiernach: AWZ-Gesetz) erlassen. Hierdurch wurde eine tunesische AWZ errichtet.[114] In seinem Art. 2 heißt es, dass Tunesien bei der Erforschung, Ausbeutung, Erhaltung, Bewirtschaftung und dem Schutz der lebenden und nicht lebenden Ressourcen der Gewässer auf dem Meeresboden und im Meeresuntergrund seine souveränen Rechte und alle sonstigen Kompetenzen des SRÜ ausübe, ohne gegen die Schifffahrtsfreiheit oder die vom SRÜ den Drittstaaten zugebilligten Rechte zu verstoßen.[115] Dieses Gesetz hat die Frei-

---

sind und zum Gebrauch aller bestimmt sind. Mehr dazu bei Constantinesco/Hübner, Einführung in das französische Recht (2001), insb. S. 102 ; Siehe auch Kapitel 10/III.

110 Art. 2 (f) Loi n°95-73 du 24.7.1995 relative au domaine public maritime, JORT n°61 du 1.8.1995.

111 Art. 22 u. Art. 25 Loi relative au domaine public maritime.

112 Art. 28 Loi relative au domaine public maritime.

113 Art. 230 Abs. 2 SRÜ.

114 Art. 1 Loi n°2005-50 du 27.6.2005 relative à la zone économique exclusive au large des côtes tunisiennes, JORT n°51 du 28.6.2005, S. 1427-1428 (AWZ-Gesetz).

115 Art. 5 AWZ-Gesetz.

heitsstrafen in der AWZ abgeschafft.[116] Bereits vor dem Erlass des AWZ-Gesetzes hatte der Gesetzgeber die AWZ aus dem Anwendungsbereich des Gesetzes über das öffentliche maritime Eigentum von 1995 ausgenommen und die AWZ nicht mehr als Teil des öffentlichen maritimen Eigentums betrachtet.[117] Dadurch war die erwähnte Völkerrechtswidrigkeit des Gesetzes von 1995 beseitigt worden.

Das AWZ-Gesetz hat die Breite der tunesischen AWZ nicht festgelegt, sondern lediglich erwähnt, dass sie die völkerrechtlich erlaubte Breite erreichen kann und ihre Grenzen durch Verträge mit den Nachbarstaaten bestimmt werden können.[118] Dies ist für das Mittelmeer wichtig, da Streitigkeiten über Meeresgrenzen zu Spannungen führen und eine hohe Hürde für die Zusammenarbeit in der Region darstellen.[119] Die Errichtung einer tunesischen AWZ entspricht einer allgemeinen Tendenz bei den Mittelmeeranrainerstaaten in den letzten zehn Jahren. Grund dafür ist die Erkenntnis dass mit einer AWZ die Meeresumwelt im Mittelmeer wirksam vor Verschmutzung, insbesondere durch Drittstaaten, geschützt werden kann.[120]

III. Der institutionelle und verfahrensrechtliche Rahmen für den Umweltschutz

A. Die Nationale Strategie für die nachhaltige Entwicklung

Die Agenda 21 hat die Staaten aufgefordert, nationale Strategien zur nachhaltigen Entwicklung zu verabschieden.[121] Diese sollen von den landesspezifischen Gegebenheiten ausgehen und den nationalen Bedürfnissen entsprechen. Tunesien hatte bereits einige Jahre vor dem Weltgipfel in Rio de Janeiro Maßnahmen für eine integrierte Entwicklung ergriffen.[122] Dies liegt vermutlich daran, dass das UNEP/MAP hierfür bereits vor dem Weltgipfel einige nicht verbindliche Instrumente vereinbart hatte.[123] Nach den Erfolgen der Konferenz-MED 21,[124]

116 Dafür war ein Gutachten des *Conseil Constitutionnel* notwendig. Der *Conseil* hat diese Änderung bejaht : Avis du Conseil Constitutionnel concernant le projet de la loi relative à la zone économique au large des côtes tunisiennes, JORT n°51 du 28.6.2005.

117 Art. 2 Loi n°2005-33 du 4 avril 2005 portant modification de la loi n°95-73 du 24 juillet 1995 relative au domaine public maritime, JORT n° 27 du 5.4. 2005.

118 Art. 3 AWZ-Gesetz.

119 Scovazzi, The Legal Condition of Mediterranean Waters, S. 53-54.

120 Vukas, State Practice, S. 257-258.

121 Kap. 8. 7. Agenda 21.

122 République tunisienne, Ministère de l'Environnement et de l'Aménagement du Territoire, Sommet Mondial du Développement durable (Rio+10) Johannesburg (Afrique du Sud), 2002. Rapport national d'évaluation des réalisations de la Tunisie dans le domaine du développement durable et de la mise en œuvre de l'Agenda 21, Synthèse, Août 2001, S.1

123 Siehe Kapitel 2/III/A.

welche die Agenda-MED 21 für das UNEP/MAP *Regional Seas* Programm verabschiedet hat, hat Tunesien seine nationale Strategie für nachhaltige Entwicklung offiziell verkündet. Dass die Konferenz-MED 21 in Tunis vorbreitet wurde, hat Tunesien gewiss angespornt, sich national stärker für die nachhaltige Entwicklung und für die damit verbundene Zusammenarbeit der Mittelmeeranrainer einzusetzen.[125] Die tunesische Nationale Kommission für Nachhaltige Entwicklung hat 1995 das „nationale Aktionsprogramm für Umwelt und nachhaltige Entwicklung im XXI. Jahrhundert", die Nationale Agenda 21, verabschiedet. Sie dient als Richtlinie für die verschiedenen Pläne zur sozialen und wirtschaftlichen Entwicklung und zur Orientierung für die zum Handeln berufenen Akteure. [126]

1. Die wichtigsten Teile der Nationalen Agenda 21

Nachhaltige Entwicklung in Tunesien soll eine sozialverträgliche und wirtschaftliche Entwicklung bei gleichzeitiger Schonung der Ressourcen und der Umwelt zur Nutzung durch künftige Generationen ermöglichen.[127] Damit dieses Ziel erreicht wird, sieht die Nationale Agenda 21 zahlreiche Handlungsbereiche und Programme vor. Sie nennt auch die Nachhaltigkeit als Bedingung. Die unmittelbar umweltbezogenen Pläne beziehen sich auf die Bewirtschaftung der natürlichen Ressourcen und auf den Umweltschutz.

Die nationalen Strategien für die Bewirtschaftung der natürlichen Ressourcen sind entwickelt worden, da die Ressourcen lange nicht umweltgerecht ausgebeutet worden sind. Die meisten Ressourcen, wie Gewässer, Böden, Wälder, das Meer, und die Küstengebiete sind empfindlich und durch Raubbau besonders gefährdet.[128] Die Maßnahmen zur nachhaltigen Ressourcenbewirtschaftung lassen sich in drei Gruppen zusammenfassen, nämlich: 1) den Programmen und Projekten für eine nachhaltige Gewässerausbeutung, 2) der Strategie und dem Aktionsplan für die biologische Vielfalt, sowie 3) dem Nationalen Aktionsplan für die Wüstenbekämpfung.

Viele nationale Strategien für den Umweltschutz sind mittelbar oder unmittelbar in die Ressourcenbewirtschaftung einbezogen. Das lässt sich insbesondere bei der Gewässerbewirtschaftung und bei der Energiekontrolle feststellen. Es gibt jedoch auch einige Strategien, die sich speziell mit dem Schutz vor Ver-

---

124 Siehe Kapitel 2/III/B.

125 Mediterranean Countries Profiles : Tunisia, Environment and Sustainable Development : Issues and Policies, Plan Bleu, Centre d'activités régionales, Sophia Antipolis (2001), S. 49.

126 Ebenda, S. 58.

127 Ebenda.

128 Rapport national d'évaluation des réalisations de la Tunisie dans le domaine du développement durable et de la mise en œuvre de l'Agenda 21, Synthèse, Août 2001, S. 1.

schmutzung befassen, vor allem der Bewirtschaftung der festen und gefährlichen Abfälle sowie der Abwasserreinigung.[129]

Neben unmittelbar umweltbezogenen Maßnahmen, welche die nachhaltige Entwicklung gewährleisten sollen, sind in der nationalen Strategie für die nachhaltige Entwicklung wirtschaftliche und soziale Maßnahmen vorgesehen, die der Nachhaltigkeit dienen sollen, wie die Verbesserung der sozialen Verhältnisse und der Gesundheit, der Kapazitätenaufbau, die Armutsbekämpfung, die demographische Kontrolle, die Verbesserung der Produktionsweisen oder die Veränderung der Konsumgewohnheiten.

Die tunesische Nationale Strategie für nachhaltige Entwicklung ist für den Meeresumweltschutz im Mittelmeer sehr wichtig. Obwohl sich keines ihrer Programme unmittelbar und ausschließlich mit Meersumweltschutz befasst, wirken sich alle ihre Aktionspläne darauf aus.

2. Durchführungsschwierigkeiten der Nationalen Agenda 21

Während des Weltgipfels in Johannesburg hat die tunesische Regierung eine Bilanz ihrer Umsetzung der Agenda 21 vorgestellt. Ohne auf alle Einzelheiten dieses Berichts einzugehen, sollen hier die Durchführungsschwierigkeiten genannt werden, welche die Nationale Strategie für nachhaltige Entwicklung insgesamt behindern und auch dem Meeresumweltschutz entgegenstehen würden. Es handelt sich vor allem um die mangelhafte Koordination zwischen nationalen und lokalen Behörden sowie die fehlende Ausbildung der lokalen Mitarbeiter. Die tunesische Regierung hat auch die internationale Hilfe zur nachhaltigen Entwicklung kritisiert.

a. Unzureichende lokale Agenda 21

Die tunesische Nationale Agenda 21 fordert die regionalen und kommunalen Behörden auf, lokale Agenden zur nachhaltigen Entwicklung auszuarbeiten,[130] mit welchen die nationale Strategie an die Gegebenheiten und Bedürfnisse der Regionen und Kommunen angepasst werden sollen. Bisher haben nur wenige Städte eine lokale Agenda erstellt, weil ihnen hierzu qualifiziertes Personal fehlt. Lokale Nichtregierungsorganisationen, die stattdessen tätig geworden sind, haben durch ihr unkoordiniertes Handeln die erwünschten Ergebnisse nicht erreicht.[131]

---

129 Ebenda, S. 4.

130 Über die regionalen und lokalen Verwaltungsinstitutionen in Tunesien (*Administration régionale et locale)* siehe Ben Achour, Droit Administratif (2000), S. 103 ff.

131 Vgl. Chikhaoui, La protection de l'environnement en Tunisie: Enjeu international et stratégie interne, in: Revue Tunisienne de Droit (1993), S. 363 ff.

b. Hindernisse für eine umweltgerechte Raumordung

Die Raumordnung hat in Tunesien große Bedeutung für den Meeresumweltschutz. Die langen Küsten des Landes sind stark besiedelt und industrialisiert. Die nationalen Raumordnungspläne (*schémas directeurs d'aménagement*) enthalten jedoch lediglich Richtlinien und Prinzipien. Die praktisch relevanten Pläne sollen erst auf lokaler Ebene erstellt werden. Das unqualifizierte Personal hat die nationalen Raumordnungspläne fehlerhaft umgesetzt. Es fällt ihm schwer, die Übereinstimmung eines Planes mit dem nationalen Raumordungsplan herzustellen. Die nationalen Pläne sind allgemein und weniger formal als die Rechtsnormen, an deren Anwendung die lokalen Behörden gewöhnt sind. [132]

Darüber hinaus hat sich herausgestellt, dass sich nationale Ziele nicht immer mit den lokalen Zielen vereinbaren lassen. Dies behindert natürlich eine effiziente Durchführung der nationalen Strategie auf der lokalen Ebene. Die Belastung der Küstengebiete konnte nicht effizient bekämpft werden, weil die lokalen Raumordungspläne vieler Kommunen dem wirtschaftlichen Wachstum der Region dienen und nicht umweltgerecht sind.[133] Der Widerspruch zwischen nationalen Leitlinien und lokalen Beschlüssen lässt sich auch durch fehlenden persönlichen Einsatz der Bevölkerung für Umweltschutz und nachhaltige Entwicklung erklären.[134]

c. Unzureichende internationale Hilfe

Die tunesische Regierung hat in ihrem Bericht während des Weltgipfels von Johannesburg auf Lücken der internationalen Hilfe, die sie für nachhaltige Entwicklung erhält, hingewiesen. Die internationalen Projektvorschläge zur Bekämpfung grenzüberschreitender Verschmutzung seien unzureichend begründet,[135] und die internationale Hilfe hierzu sei nicht von den notwendigen Geldzahlungen und Technologietransfers begleitet.[136] Auch seien die empfohlenen

---

132 Rapport national d'évaluation des réalisations de la Tunisie dans le domaine du développement durable, S.15.

133 Ebenda, S. 6-7.

134 La Presse du 6.1.1992, S. 6: Diese tunesische Tageszeitung berichtet über die Errichtung mehrerer industrieller Zonen in der Region von Bizerta. Es wird jedoch im Bericht zugefügt, dass diese Zonen nicht über die notwendige Ausrüstung verfügen, um die industriellen Abwässer und Emissionen umweltgerecht zu behandeln.

135 Rapport national d'évaluation des réalisations de la Tunisie dans le domaine du développement durable, S.14.

136 Chikhaoui, La protection de l'environnement en Tunisie, S. 346 : Sie schreibt: "Le fait est que la réglementation ne peut en aucun cas être une panacée en la matière et qu'elle doit être accompagnée au niveau international par un transfert réel des moyens financiers et techniques du Nord vers le Sud (...)".

Methoden und Techniken nicht auf die tunesischen Gegebenheiten und Bedürfnisse zugeschnitten.[137]

B. Der institutionelle Rahmen

Die Institutionen für den Umweltschutz wurden in Tunesien schrittweise errichtet.[138] Bereits 1978 wurde eine nationale Kommission für die Umwelt (*commission nationale de l'environnement*) gegründet.[139] Ihr wurden wichtige Aufgaben, wie die Ausarbeitung einer umfassenden nationalen Umweltschutzpolitik zugewiesen. Sie sollte auch die Gesetzgebung fördern und regionale und internationale Konventionen vor ihrer Ratifikation prüfen und danach für ihre Einhaltung sorgen. Da diese Kommission aber lediglich eine Abteilung im Ersten Ministerium war, konnte sie die Umweltbelange nicht wirksam vertreten.[140] Deshalb wurde zehn Jahre später die Nationale Agentur zum Umweltschutz gegründet. Sie ist die zentrale tunesische Behörde für Umweltangelegenheiten. Im Zuge des wachsenden internationalen Bewusstseins für die Notwendigkeit eines systematischen Umweltschutzes wurde 1991 in Tunesien ein Ministerium für die Umwelt geschaffen. Mit der Verabschiedung der nationalen Strategie für nachhaltige Entwicklung wurden weitere Einrichtungen für den Umweltschutz, wie die Agentur für den Schutz und die Raumordnung der Küstengebiete oder das Internationale Umwelttechnologiezentrum gegründet. Unter ihnen ist die Nationale Kommission für Nachhaltige Entwicklung von besonderer Bedeutung. Die Nationale Kommission für Seerecht hat lediglich beratende Funktion und dennoch - wenngleich nur mittelbar - für den Meeresschutz einen bedeutenden Beitrag geleistet, wie die jüngsten Gesetzesänderungen zeigen. Es gibt so viele Institutionen in Tunesien, die sich mit umweltbezogenen Angelegenheiten befassen, dass dies zu Koordinationsproblemen führen kann.

1. Das Ministerium für Umwelt und Nachhaltige Entwicklung

Ein Ministerium nur für den Umweltschutz wurde erst 1991 geschaffen.[141] Seitdem hat es seinen Namen mehrfach geändert: Ministerium für Umwelt und Raumordnung, Ministerium für Landwirtschaft, Umwelt und Wasserressourcen

137 Rapport national d'évaluation des réalisations de la Tunisie dans le domaine du développement durable, S.14.

138 Chaker, Les instruments juridiques de la politique tunisienne de l'environnement, in: 23-24 Servir (1978), S. 23 ff.

139 Décrêt n°78-373 du 12.4.1978 portant création d'une commission nationale de l'environnement, JORT n°29 du 14.4.1978.

140 Chikhaoui, La protection de l'environnement en Tunisie, S. 360.

141 Décret n°91-1466 du 11.10.1991, JORT du 18.10.1991.

und seit 2004 Ministerium für Umwelt und Nachhaltige Entwicklung[142] (*Ministère de l'environnement et du développement durable*). Nunmehr ist die nachhaltige Entwicklung eine wichtige Aufgabe des Ministeriums. Es soll auf die Einbeziehung von Umweltbelangen bei wirtschafts-, und sozialpolitischen Entscheidungen hinwirken.[143] Seine Aufgabe ist auch, in Zusammenarbeit mit anderen Ministerien die allgemeine tunesische Umweltschutzpolitik und die tunesische nationale Strategie für nachhaltige Entwicklung auszuarbeiten. Der Schutz der marinen Umwelt ist ausdrücklich als Aufgabe des Ministeriums genannt. Nicht weniger als drei der sechs Regionaldirektionen (*directions régionales*)[144] des Ministeriums befassen sich mit dem Schutz der Küstengebiete.[145] Das Ministerium beaufsichtigt darüber hinaus bedeutende öffentlich-rechtliche Einrichtungen, deren Aufgabe der Schutz der marinen Umwelt ist, insbesondere die Nationale Agentur für Umweltschutz, die Agentur für Schutz und Raumordnung der Küstengebiete, das Nationale Abwässeraufbereitungsamt und das Internationale Umwelttechnologiezentrum.[146]

Der Bezeichnung, den Aufgaben und der Struktur des Ministeriums für Umwelt und Nachhaltige Entwicklung ist zu entnehmen, dass Tunesien jedenfalls auf der institutionellen Ebene versucht, die Empfehlungen der Agenda 21 und der Agenda-MED 21 zu berücksichtigen. Die beiden Agenden betonen die Notwendigkeit „des Ausbaus institutioneller Strukturen, um auf allen Entscheidungsebenen die volle Integration von Umwelt- und Entwicklungsfragen zu ermöglichen".[147]

2. Die Nationale Agentur für Umweltschutz

a. Die Errichtung

Die Nationale Agentur für Umweltschutz (*agence nationale de protection de l'environnement, ANPE*) ist mit Gesetz vom 2. August 1988 ins Leben gerufen

142 Décret n°2004-2643 du 10.11.2004 portant nomination des membres du gouvernement, JORT n°94 du 23.11. 2004, S. 3284.

143 Das Dekret, das die Aufgaben des Ministeriums festlegen soll ist noch nicht veröffentlicht worden. Diese Aufgaben sind jedoch bereits auf der Internet Seite der tunesischen Regierung dargestellt worden, abrufbar unter http://www.ministeres.tn.

144 Über die Struktur der Ministerien im tunesischen Verwaltungsrecht, insbesondere über die Funktion der *directions régionales* innerhalb der Ministerien siehe Ben Achour, Droit administratif (2000), S. 83-86.

145 *Direction* (hiernach: DR) für das Küstengebiet Nord in Tunis, DR für das Küstengebiet in Sousse und DR für das Küstengebiet Süd in Sfax.

146 Mehr über die Strukturen und Aufgaben des Ministeriums im Bereich des marinen Umweltschutzes siehe unter http://www.ministeres.tn/html/indexinstit.html.

147 Kap. 8. 3. Agenda 21.

worden (hiernach: ANPE-Gesetz).[148] Die ANPE hat in dem tunesischen normativen und institutionellen System zum Umweltschutz große Bedeutung.[149] Zum einen ist sie die erste neu gegründete tunesische Einrichtung, die sich mit dem Umweltschutz befasst und zu diesem Zweck über weitgehende Kompetenzen verfügt; ihre Gründung geht sogar der des Umweltministeriums voraus. Zum anderen ist das Gründungsgesetz der Nationalen Agentur für Umweltschutz gleichzeitig eine Art Rahmengesetz für den Umweltschutz in Tunesien.[150]

Auf Empfehlung der Weltbank ist die ANPE als „Agentur" organisiert worden.[151] Die Berater der Weltbank haben vorgeschlagen, eine Agentur und kein Ministerium oder Staatssekretariat für Umweltschutz ins Leben zu rufen.[152] Sie solle dem amerikanischen Vorbild folgen und dadurch zu flexiblem und raschem Handeln fähig sein. Nach Art.1 ANPE-Gesetz besitzt die Agentur deshalb die Rechtsnatur einer öffentlichrechtlichen Wirtschaftseinrichtung (*établissement public à caractère industriel et commercial).* [153] Sie steht unter der Aufsicht des Umweltministeriums.[154] Die aus dem französischen öffentlichen Recht übernommene Rechtsform der öffentlichrechtlichen Wirtschaftseinrichtung hat eine hybride Natur.[155] Einerseits zeigt sie Merkmale des öffentlichen Rechts und steht unter Aufsicht der entsprechenden Ministerien,[156] andererseits unterliegt sie grundsätzlich dem Privat- bzw. Handelsrecht, damit sie sich den Erfordernissen der Wirtschaft anpassen kann. Dementsprechend ist die Agentur mit Rechtsfähigkeit und Finanzautonomie versehen.[157] Man darf davon ausgehen, dass diese rechtlichen Eigenschaften es der Agentur erlauben, sich effektiv für den Umweltschutz einzusetzen. Als öffentlichrechtliche Einrichtung stimmt die

---

148 Loi n°88-91 du 2.8.1988 portant création d'une agence nationale de protection de l'environnement, JORT n°52 du 4.8.1988. Dieses Gesetz wurde 1992 geändert : Loi n°92-115 du 30.11.1992 modifiant la loi n°89- 91 du 2.8.1988 portant création d'une agence nationale de protection de l'environnement, JORT n°81 du 4.12.1992 (im folgenden : ANPE-Gesetz).

149 Bouraoui, L'ANPE : missions et rôles, in: Revue Tunisienne de Droit (1996), S. 57: Die Autorin qualifiziert die ANPE als *„pièce maîtresse de l'arsenal législatif tunisien*".

150 Chikhaoui, La protection de l'environnement en Tunisie, Fn. 87, S. 356.

151 Bouraoui, L'ANPE, S. 60.

152 Die ANPE ist nicht die erste errichtete Agentur im tunesischen Recht. Ihr geht die Arbeitsagentur voran *(Agence de l'emploi).*

153 Tahar, Les catégories d'établissements et d'entreprises publics en Droit tunisien, in: Revue Tunisienne de Droit (2001), S. 483-514.

154 Vor der Änderung des ANPE-Gesetzes in 1992 stand die ANPE unter Aufsicht des Ersten Ministeriums.

155 Knemeyer, Die Etablissements publics im französischen Verwaltungsrecht (1996), S. 120 ff.

156 Zu den Aufsichtskompetenzen der Ministerien über die öffentlichrechtlichen Wirtschaftseinrichtungen siehe Ben Achour, Droit administratif (2000), S. 236-237; El Ayadi, Les entreprises publiques et les offices en Tunisie (1968), S. 20 ff.

157 Art. 1 ANPE-Gesetz.

Agentur der Bereitstellung von Subventionen und Darlehen an Industrielle zu, die ihre Betriebe umweltgerecht führen wollen. Ebenso kann sie ihre Kontrollfunktion ausüben. Die hybride rechtliche Natur der Agentur zeigt sich auch bei ihren Einnahmen. Die Agentur wird durch Zuweisungen aus dem Staatshaushalt, durch fiskalische und parafiskalische Steuern, die zur Verschmutzungsbekämpfung erhoben und der Agentur durch Dekret übertragen werden, durch Geldstrafen für Umweltverschmutzung, sowie durch die Entgelte für von ihr gemäß Art. 11 ANPE- Gesetz abgeschlossene Vereinbarungen[158] *(transactions)* finanziert.[159] Die Agentur erhält auch Einnahmen aus ihren Dienstleistungen und aus der Bewirtschaftung ihrer Güter und darf Subventionen und Schenkungen von jeder natürlichen oder juristischen, tunesischen oder ausländischen Person annehmen. Dies schließt den Wert der Dienstleistungen und Güter ein, die ausländische oder nationale Hilfseinrichtungen der ANPE erbringen oder überlassen. Diese Einnahmequellen ermöglichen es der ANPE, ohne langwierige Entscheidungen der staatlichen Bürokratie internationale Hilfe unmittelbar zu beantragen und zu erhalten. Allein das Vorhandensein einer Institution mit einer spezifischen Aufgabe, der die Annahme ausländischer Hilfe ausdrücklich gestattet ist, bildet in einem Entwicklungsland einen Anreiz für die Gewährung solcher Hilfe.

Die zahlreichen und diversen Einnahmen der Agentur sind auch auf die Bedeutung der ihr zugewiesenen Aufgaben zurückzuführen.

b. Die Funktionen

Die Aufgaben der Nationalen Agentur für den Umweltschutz lassen sich in präventive und Kontrollaufgaben unterscheiden.

(1) Die präventiven Aufgaben

Im Rahmen ihrer präventiven Aufgaben ist die tunesische Nationale Agentur für Umweltschutz zunächst verpflichtet, das Bewusstsein der Öffentlichkeit für den Umweltschutz zu stärken und die Öffentlichkeit über den Umweltschutz zu informieren. Obwohl die Sensibilisierung der Öffentlichkeit hauptsächlich dem Umweltministerium obliegt, ist der Beitrag der Nationalen Agentur in diesem Bereich bedeutend. Beispielsweise erarbeitet sie Werbemaßnahmen oder organisiert Sensibilisierungskampagnen und Wettbewerbe zum Thema Umweltschutz.[160] Diese Aufgabe ist wichtig, weil der Sensibilisierung in der tunesischen Umweltpolitik große Bedeutung zukommt.[161] Ferner folgt die Nationale Agentur für Umweltschutz, in Zusammenarbeit mit anderen Ministerien und Einrichtun-

158 Siehe Kapitel 8/III/E/5.

159 Art. 14 ANPE-Gesetz.

160 Bouraoui, L'ANPE S. 64.

161 Rapport national d'évaluation des réalisations de la Tunisie dans le domaine du développement durable et de la mise en œuvre de l'Agenda 21, Août 2001, S. 17.

gen, der Entwicklung der wissenschaftlichen, technischen und wirtschaftlichen Forschungsarbeiten, die für die Umwelt von Belang sind. Die Agentur fördert Ausbildung und Forschungsarbeiten für die Bekämpfung der Verschmutzung und für den Umweltschutz und organisiert Seminare für die Fortbildung ihrer Bediensteten und der Angehörigen anderer Ministerien. Diese Aufgabe erfordert von der Agentur, mit den entsprechenden internationalen Netzwerken in Kontakt zu treten, was ihr ermöglichen kann, vom Technologietransfer zu profitieren. Die wichtigste präventive Aufgabe der Agentur ist jedoch die Anfertigung von Umweltverträglichkeitsstudien. Nach Art. 5 ANPE-Gesetz muss jeder industrielle, landwirtschaftliche oder kommerzielle Betrieb eine Umweltverträglichkeitsstudie der Nationalen Agentur für Umweltschutz vorlegen, wenn seine geplanten Aktivitäten ein Risiko der Umweltverschmutzung oder Umweltbeeinträchtigung enthalten. Dabei darf die Agentur mit den Unternehmen die Reduzierung von Schadstoffeinleitungen vereinbaren.[162] Der finanziellen Hilfe aus dem Fonds zur Verschmutzungsbekämpfung (*fond de dépollution)* muss die Agentur zustimmen.[163] Die von der Agentur genehmigten Umweltschutzinvestitionen genießen zahlreiche finanzielle Vergünstigungen, wie Steuerermäßigungen oder günstige Darlehen.[164] Mit der finanziellen Unterstützung von Investoren und Unternehmen, die bereit sind, umweltgerecht zu wirtschaften, erfüllt die Agentur auch ihre präventive Aufgabe.

(2) Die Kontrollaufgaben

Die Bedeutung der Kontrollaufgaben der Nationalen Agentur für Umweltschutz kann man bereits aus dem Aufbau des ANPE-Gesetzes ablesen. „Kontrolle und Sanktionen" heißt nämlich einer von den drei Gesetzesabschnitten.[165] Die Agentur übt diese Aufgabe durch ihre Experten-Kontrolleure aus.[166] Grundlage für deren Tätigkeit ist Art. 8 ANPE-Gesetz. Danach sind natürliche und juristische Personen, insbesondere industrielle, landwirtschaftliche und kommerzielle Betriebe, welche die Umwelt beeinträchtigen oder durch das Einleiten fester, flüssiger, gasförmiger oder anderer Schadstoffe die Umwelt verschmutzen, zur Beseitigung, Reduzierung oder Rückgewinnung der eingeleiteten Materialien und zum Ersatz der dadurch entstandenen Schäden verpflichtet.[167] Die Agentur prüft

162 Art. 6 ANPE- Gesetz.

163 Siehe Kapitel 8/III/C/1/a.

164 Art. 7 ANPE- Gesetz.

165 Die drei Abschnitte des ANPE-Gesetzes sind: (I) Art und Aufgaben der Agentur (II) Kontrolle und Sanktionen und (III) diverse Bestimmungen.

166 Art. 10 ANPE- Gesetz.

167 Art. 8 ANPE-Gesetz: «Les personnes physiques et morales et notamment les établissements industriels, agricoles ou commerciaux qui endommagent l'environnement ou dont l'activité cause une pollution de l'environnement par des rejets solides, liquides ou

durch ihre Experten das Funktionieren, die Wirksamkeit und die Leistung der Anlagen zur Behandlung und Beseitigung der in Art. 8 erwähnten Schadstoffe.[168] Um diese Kontrollaufgabe zu erfüllen, ist die Agentur berechtigt, nicht nur auf dem nationalen Territorium, sondern auch in den der tunesischen Hoheitsgewalt unterworfenen Meereszonen tätig zu werden.[169]

Obwohl das ANPE-Gesetz und das Dekret über den Status der Experten-Kontrolleure der Agentur sich mit dem Umweltschutz und der Bekämpfung der Verschmutzung im allgemeinen befassen, enthalten sie auch einige Bestimmungen speziell zur Meeresverschmutzung. Auf diese wird später eingegangen werden.[170]

Zur Erfüllung ihrer Kontrollaufgaben darf die Agentur vor Gericht klagen und die kollektiven Interessen, für deren Schutz sie zuständig ist, vertreten.[171] Die Zuweisung des Klagerechtes an die Nationale Agentur schließt eine Lücke. Der Öffentlichkeit ist die Notwendigkeit des Umweltschutzes unzureichend bewusst und Vereine nehmen ihr Klagerecht, wegen der Schwierigkeit, Umweltschäden zu beweisen, nicht in Anspruch. Deswegen verfügt die Agentur in der Praxis vor den Zivil-, Verwaltungs- und Strafgerichten über ein Klagemonopol für Umweltschäden.[172]

3. Die Agentur für Schutz und Raumordnung der Küstengebiete

a. Die Errichtung

Die Agentur für Schutz und Raumordnung der Küstengebiete (*l'Agence de protection et d'aménagement du littoral,* APAL) wurde mit dem Gesetz vom 24. Juli 1995 errichtet.[173] Die Schaffung dieser Institution ist auf eine Empfehlung der Agenda-Med 21 zurückzuführen. Danach sollten die Mittelmeeranrainerstaaten Einrichtungen schaffen, die sich speziell mit der Erhaltung und der Bewirtschaftung der Küstengebiete befassen.[174] Deswegen hat die Agentur diese Aufgabe. Die Küstengebiete (*littoral*) sind im Gesetz zu Errichtung der APAL als die Kontaktzone definiert, in welcher sich die ökologischen, natürlichen und

---

gazeux, ou autres, sont tenus à l'élimination, à la réduction et éventuellement à la récupération des matières rejetées ainsi qu'à la réparation des dommages qui en résultent ».

168 Art. 10 ANPE-Gesetz.

169 Art. 4 ANPE-Gesetz.

170 Siehe insb. Kapitel 8/III/E/3.

171 Art. 13 ANPE- Gesetz.

172 Bouraoui, L'ANPE, S. 65.

173 Loi n°95-72 du 24.7.1995 portant création d'une agence de protection et d'Aménagement du Littoral, JORT n°61 du 1.8.1995 (hiernach: APAL-Gesetz).

174 Kapitel XVII, Empfehlung n°11 Agenda MED 21 abrufbar unter http://www.unepmap.gr/home.asp.

biologischen Beziehungen zwischen Land und Meer und deren unmittelbare Wechselwirkung konkretisieren.[175]

Die Agentur für Schutz und Raumordnung der Küstengebiete hat die Rechtsform einer öffentlichrechtlichen Wirtschaftseinrichtung und ist mit Rechtsfähigkeit und Finanzautonomie versehen.[176] Sie arbeitet unter der Aufsicht des Umweltministeriums.

b. Die Funktionen

Die Agentur für Schutz und Raumordnung der Küstengebiete soll die Politik des tunesischen Staates zum Schutz der Küstengebiete im allgemeinen und des öffentlichen maritimen Eigentums (*domaine public maritime)*[177] im besonderen durchführen.[178] Sie bewirtschaftet die Küstengebiete und überwacht die Rechtsmäßigkeit der Raumordnungsplanung für diese Gebiete. Die APAL erarbeitet Studien für den Schutz der Küstengebiete und die Erschließung der Naturzonen und erstellt die hierzu notwendigen Forschungsarbeiten und Gutachten. Schließlich beobachtet die APAL durch die Errichtung und Auswertung fachbezogener Dateien die Entwicklung der Küstenökosysteme.

Die Agentur für Schutz und Raumordnung der Küstengebiete hat zahlreiche Zuständigkeiten. So bedürfen etwa alle neuen Ansiedlungen bzw. Raumordnungsprojekte ihrer Erlaubnis.[179] Das APAL-Gesetz sieht die Möglichkeit vor, der APAL Teile des öffentlichen maritimen Eigentums zuzuordnen oder ihrer Verwaltung zu unterstellen.[180] Die Agentur für Schutz und Raumordnung der Küstengebiete darf anderen Institutionen die Ausbeutung dieser Teile des maritimen öffentlichen Eigentums übertragen, jedoch unter Beachtung eines Pflichtenheftes, damit die Schutzziele der Agentur beachtet werden.[181] Die Agentur hat den Auftrag, besonders empfindliche Zonen zu schützen und darf hierfür Grundstücke durch Verhandlungen oder durch Enteignung im öffentlichen Interesse erwerben,[182] oder nach Zustimmung der Aufsichtsbehörde, gemeinsam mit dem Eigentümer, verwalten.[183]

---

175 Art. 1 APAL-Gesetz.
176 Art. 2 Abs. 1 APAL-Gesetz.
177 Siehe Kapitel 10/III.
178 Art. 3 APAL-Gesetz.
179 Art. 4 APAL- Gesetz.
180 Art. 6 APAL- Gesetz.
181 Art. 7 APAL-Gesetz.
182 Art. 8 APAL-Gesetz.
183 Art. 9 APAL-Gesetz.

4. Das Internationale Umwelttechnologiezentrum

Das Internationale Umwelttechnologiezentrum (*Centre international des technologies de l'environnement*, CITET) wurde mit Gesetz vom 21. März 1996 [184] in der Rechtsform einer öffentlichrechtlichen Wirtschaftseinrichtung errichtet. Es steht unter der Aufsicht des Ministeriums für Umwelt und Nachhaltige Entwicklung.[185]

Das CITET hat vielfältige Aufgaben, wie die Entwicklung umweltgerechter Techniken oder die Weiterbildung von Experten im Bereich der Umwelttechnologie.[186] Es bietet seine Dienstleistungen nicht nur in Tunesien, sondern in der gesamten arabisch-afrikanischen Region an.[187] Im Rahmen des regionalen Programms METAP (III) (*Mediterranean Environmental Technical Assistance Programme)* hat die Weltbank dem CITET die Leitung des Pilotprojekts (zweite Phase) zur Umweltverträglichkeitsprüfung in der Mittelmeerregion übertragen.[188]

Das Internationale Umwelttechnologiezentrum bietet Weiterbildungsveranstaltungen für private Unternehmen an.[189] Sie sind in Tunesien durch die Rückerstattung der Berufsbildungssteuer besonders attraktiv gemacht worden. Darüber hinaus berät das CITET tunesische Unternehmen bei der Behandlung von Abwässern, von Abfällen und Schadstoffemissionen, um bestehende Kläranlagen zu sanieren und neue zu errichten. Um die technischen Normen und Standards einzuhalten, können die Unternehmen die kontinuierliche Betreuung und Kontrolle der Anlagen durch tunesische und internationale Experten in Anspruch nehmen.[190] Das Internationale Umwelttechnologiezentrum ist gesetzlich verpflichtet, die internationale Zusammenarbeit und den Erfahrungsaustausch in seinem Zuständigkeitsbereich zu fördern.[191] Die deutsche Gesellschaft für technische Zusammenarbeit (GTZ) unterstützt das CITET. In diesem Rahmen wird

---

184 Loi n°96-25 du 21.3.1996 portant création du Centre international des technologies de l'environnement, JORT n°25 du 26.3.1996 (hiernach : CITET-Gesetz).

185 Art. 1 CITET-Gesetz.

186 Art. 2 CITET-Gesetz.

187 Balny/Fersi, Die deutsch-tunesische Zusammenarbeit im Bereich der Umwelt, in: 2 *AHK Tunesien-Partenaire et Développement* (2002), S. 30.

188 Regional Program for Environmental Impact Assessment in the METAP Countries. Mehr zu diesem Projekt siehe http://www.citet.nat.tn; Über die Umweltverträglichkeitsprüfung im tunesischen Recht siehe Kapitel 8/III/D; Chikhaoui, L'étude d'impact sur l'environnement, in: 5 Actualités Juridiques Tunisiennes (1992), S. 51 ff.

189 In sechs Jahren haben 8000 Personen an den vom CITET organisierten Seminaren teilgenommen. Mehr über die Errungenschaften des CITET siehe bei GTZ-Tunisie: Programme pour l'Environnement: Coopération Technologique, in: Pour un développement durable (novembre 2005).

190 Balny/Fersi, S. 31.

191 Art. 2 Abs. 2 (6) CITET-Gesetz.

das Programm „profitables Umweltmanagement“ durchgeführt. Es soll kleinen und mittleren Unternehmen die wirtschaftlichen Vorteile umweltgerechten Handelns zeigen. In Zusammenarbeit mit der GTZ hilft das CITET zehn kleinen und mittleren Unternehmen über eine Dauer von sechs Monaten, ihre Energie-, Abfall- und Abwasserkosten zu senken und dadurch die Umweltbelastung zu verringern. Das CITET unterstützt auch den Technologietransfer. Da es Teil eines Netzwerks ist, zu dem europäische Technologie- und Umweltzentren gehören, kann es die Nachfrage tunesischer Unternehmen nach sauberen Technologien an europäische Anbieter weiterreichen.[192] Das Internationale Umwelttechnologiezentrum baut auch Partnerschaften mit industriellen und wissenschaftlichen Einrichtungen auf, damit deren Wissen der Industrie zugute kommen kann, wobei die nationalen Bedürfnisse berücksichtigt werden sollen.[193]

5. Die Nationale Kommission für Nachhaltige Entwicklung

Die Nationale Kommission für Nachhaltige Entwicklung (*Commission nationale pour le développement durable*, CNDD) wurde 1993 errichtet.[194] Ebenso wie die Kommission der Vereinten Nationen für Nachhaltige Entwicklung ist die tunesische Nationale Kommission für Nachhaltige Entwicklung zunächst als eine Koordinationsinstanz für die verschiedenen nationalen Akteure im Bereich der Entwicklung gedacht.[195] Sie soll die wirtschaftliche und soziale Entwicklung mit der Erhaltung der natürlichen Ressourcen vereinbaren.[196] Ihre Hauptaufgabe besteht darin, „im Rahmen der neuen Weltpartnerschaft für nachhaltige Entwicklung“,[197] eine nationale Strategie und einen Aktionsplan für die nachhaltige Entwicklung zu verabschieden und durchzuführen.[198] Der Verweis auf die Weltpartnerschaft („*le partenariat mondial*“) verdeutlicht den Willen der tunesischen Regierung, eine nationale nachhaltige Entwicklung, die den internationalen Vereinbarungen entspricht, zu fördern. Dieses Ziel lässt sich im gesamten Dekret über die Nationale Kommission für nachhaltige Entwicklung feststellen.

---

192 Balny/ Fersi, S. 31-32.

193 Art. 2 Abs. 2 (4) CITET-Gesetz.

194 Décret n°93-2061 du 1110.1993 portant création d'une Commission nationale pour le développement durable, JORT n°79 du 19.10.1993 (hiernach : CNDD-Dekret).

195 Mediterranean Countries Profiles : Tunisia, Environment and Sustainable Development : Issues and Policies, Plan Bleu, Centre d'activités régionales, Sophia Antipolis (2001), S. 56.

196 Rapport national d'évaluation des réalisations de la Tunisie dans le domaine du développement durable, S. 11.

197 Art. 1 CNDD-Dekret.

198 Vgl. Chikhaoui, La protection de l'environnement en Tunisie, S. 350.

a. Die Zusammensetzung

Obwohl die Nationale Kommission innerhalb des Ersten Ministeriums errichtet ist, gehören ihr Vertreter verschiedener staatlicher und nichtstaatlicher Institutionen an.[199] Den Vorsitz hat der Premierminister inne; der Umweltminister ist Vize-Vorsitzender. Darüber hinaus besteht die Kommission aus zwölf Regierungsmitgliedern, aus Parlamentsabgeordneten und Vertretern der Gewerkschaften, der Berufsorganisationen, der Frauenorganisation und der Umweltschutzvereine.[200] Der Generaldirektor der Nationalen Agentur für Umweltschutz ist Berichterstatter der Nationalen Kommission für Nachhaltige Entwicklung. Der Premierminister darf jede Person in die Kommission berufen, deren Meinung er als wichtig für ihre Arbeiten erachtet.[201] Bislang hat er Wissenschaftler aus Universitäten und Experten aus Umweltschutzvereinen ausgewählt.[202]

Mit der Zusammensetzung der Nationalen Kommission für Nachhaltige Entwicklung wird entsprechend der Agenda 21 versucht, alle am Entwicklungsprozess beteiligten Interessengruppen zusammenzubringen.[203]

b. Die Unterstrukturen

Innerhalb der Kommission ist ein technisches Gremium geschaffen worden. Es setzt sich aus dem Umweltminister als Präsidenten sowie den Umweltbeauftragten der Ministerien und öffentlichrechtlichen Einrichtungen zusammen.[204] Die Nationale Kommission für Nachhaltige Entwicklung darf Unterausschüsse für spezielle oder sektorale Fragen errichten.[205] Bisher sind zwei derartige Ausschüsse errichtet worden: der Ausschuss für die Bekämpfung der Wüstenbildung und der Ausschuss für die Unterstützung der biologischen Vielfalt.[206]

Die Arbeitsergebnisse der Unterausschüsse werden von dem technischen Gremium geprüft, dem die Mitglieder der Nationalen Kommission in der Funktion von Experten angehören. Die Vorschläge des technischen Gremiums werden der Nationalen Kommission zur Diskussion und Verabschiedung vorgelegt.[207]

---

199 Art. 1 CNDD-Dekret.

200 Über die Bedeutung der Vereine in Tunesien im allgemein siehe Said, Société civile et Etats du Maghreb, in: Mélanges en l'honneur du Doyen Sadok Belaid (2004), S. 669 ff.

201 Art. 4 CNDD-Dekret.

202 Über die Rolle der Vereine in Tunesien bei den Bemühungen zum Umweltschutz siehe Chikhaoui, La protection de l'environnement en Tunisie, S. 366.

203 Kap. 8.7. Agenda 21.

204 Art. 5 CNDD-Dekret.

205 Art. 6 CNDD- Dekret.

206 Rapport national d'évaluation des réalisations de la Tunisie dans le domaine du développement durable, S.11.

207 Rapport national d'évaluation des réalisations de la Tunisie dans le domaine du développement durable, S.12.

c. *Die Funktionen*

Die Nationale Kommission für Nachhaltige Entwicklung soll hauptsächlich eine nationale Strategie und einen Aktionsplan für die nachhaltige Entwicklung erarbeiten und durchführen. Hierzu sind ihre verschiedenen Aufgaben übertragen worden, wie die Förderung sauberer Produktionsverfahren und umweltgerechter Benutzung der natürlichen Ressourcen, insbesondere der Wasserressourcen. Die Nationale Kommission ist verpflichtet, das Verursacherprinzip anzuwenden und soll Rechtsvorschriften vorschlagen, welche die Verschmutzung verringern können.[208] Ferner soll die Kommission Anreizmaßnahmen empfehlen, um neue Märkte in den Bereichen der Verschmutzungsbekämpfung, der Ökotechnologie, und der umweltgerechten Ressourcenbewirtschaftung zu schaffen. Sie soll auch die Durchführung der verschiedenen nationalen Aktionsprogramme zum Umweltschutz überprüfen und die technische Zusammenarbeit und Partnerschaft mit den internationalen Organisationen hinsichtlich der nachhaltigen Entwicklung ausgestalten und koordinieren.[209]

Die Nationale Kommission für Nachhaltige Entwicklung verabschiedete 1995 die nationale Strategie für die nachhaltige Entwicklung (auch als Ntionale Agenda 21 genannt).[210] Diese diente als Leitlinie für die Ausarbeitung des IX. Plans für wirtschaftliche und soziale Entwicklung.[211]

Die Errichtung der Nationalen Kommission für Nachhaltige Entwicklung entspricht den Empfehlungen der Agenda 21 und der Agenda-MED 21. Dennoch erfüllt die Nationale Kommission nicht alle Empfehlungen der Agenda 21. Dies gilt insbesondere für ihre zentralistische Organisation. In der Agenda 21 ist es von großer Bedeutung, dass alle betroffenen Personen und Gruppen an der Ausarbeitung und Durchführung der nationalen Strategien für die nachhaltige Entwicklung teilnehmen können. Deswegen muss die Nationale Kommission dezentralisiert werden.[212] Dies könnte durch parallele regionale und kommunale Einrichtungen geschehen, damit in ihnen die Interessen und Stellungnahmen aller mit den Entwicklungsbelangen betroffenen Personen und Institutionen vertreten werden können.

---

208 Art. 2 CNDD-Dekret.

209 Art. 3 CNDD-Dekret.

210 Siehe Kapitel 8/III/A.

211 Rapport national d'évaluation des réalisations de la Tunisie dans le domaine du développement durable, S.11.

212 Plan bleu centre d'activités régionales, profil des Pays Méditerranéens : Tunisie : Enjeux et politiques d'environnement et de développement durable (2000), S. 58 abrufbar unter http://www.planbleu.org/publications/prf-tun.pdf.

6. Die Nationale Seerechtskommission

Die Nationale Seerechtskommission (*commission nationale du droit de la mer*, CNDM) ist ein beratendes Gremium im Verteidigungsministerium. Dennoch kann sie, wenn auch mittelbar, zum marinen Umweltschutz in Tunesien und im Mittelmeer beitragen. Der im Jahre 2000 durch Dekret errichteten[213] Kommission gehören Vertreter einiger Ministerien, einschließlich des Umweltministeriums, Vertreter des Staatssekretariats für wissenschaftliche Forschung und Technologie,[214] so wie technische und juristische Experten an.[215]

Die Nationale Seerechtskommission soll die Regierung in Seerechtsfragen beraten.[216] Obwohl sie sich hauptsächlich mit der Meereszonenabgrenzung beschäftigen soll, wie aus ihrem Gründungsdekret hervorgeht, darf sie auch den Meeresumweltschutz erörtern. Der Meeresumweltschutz bildet einen Teil des facettenreichen Seevölkerrechts. In der Literatur wird oft ausgeführt, dass die Streitigkeiten über die Abgrenzung der Meereszonen eine große Hürde für die staatliche Zusammenarbeit in Mittelmeer darstellen. Sie hindern die umweltgerechte Benutzung dieses Meeres.[217] Da der Umweltschutz im Mittelmeer die Zusammenarbeit der Anrainerstaaten voraussetzt, ebnet jede Klärung dieser Abgrenzungsfragen den Weg zu einem effektiven Meeresschutz in der Mittelmeerregion.

Es ist nicht auszuschließen, dass die jüngsten Gesetzesänderungen, in denen Tunesien seine Gesetze bezüglich der AWZ den internationalen Normen angepasst hat, auf Vorschläge dieser Kommission zurückzuführen sind.[218]

7. Die Bewertung des institutionellen Rahmens zum Umweltschutz in Tunesien

Der Ausbau der Institutionen für den Umweltschutz in Tunesien entspricht den internationalen Vorgaben, insbesondere der Agenda 21 und der Agenda-MED 21. Die schrittweise Errichtung der verschiedenen Umweltschutzinstitutionen kann jedoch zu Koordinierungsproblemen führen. Dies liegt daran, dass die Gesetze den neuen Institutionen nicht angepasst worden sind. Das Verhältnis zwischen Umweltministerium und Nationaler Agentur für Umweltschutz verdeutlicht diese Schwierigkeit. Das Ministerium wurde ohne die notwendigen Änderungen des ANPE-Gesetzes geschaffen. Daher haben die Nationale Agentur für

---

213 Décret n°2000-1687 du 17.7.2000 portant création d'une Commission nationale du droit de la mer, JORT n° 58 du 21.7.2000 (Hiernach: CNDM-Dekret).

214 Art. 2 CNDM-Dekret.

215 Art. 3 CNDM-Dekret.

216 Art. 1 CNDM-Dekret.

217 Z. B. Scovazzi, The Legal Condition of Mediterranean Waters, S. 54.

218 Insbesondere die Änderung des Gesetzes über das öffentliche maritime Eigentum; Dazu siehe Kapitel 8/II/E.

Umweltschutz und das Umweltministerium in einigen Bereichen dieselben Zuständigkeiten. Nach dem ANPE-Gesetz und dem Dekret über die Umweltverträglichkeitsstudie ist es die Nationale Agentur, die der Umweltverträglichkeitsstudie zustimmt. Laut Art. 11 des Raumordnungsgesetzbuches sind jedoch alle Umweltverträglichkeitsstudien der Zulassung des Umweltministeriums unterworfen.[219] Die Kompetenzen beider Einrichtungen überschneiden sich in diesem Bereich. Auch die Sensibilisierung der Öffentlichkeit wurde verschiedenen Institutionen zugewiesen. Dies kann zu Doppelarbeit und Unstimmigkeiten führen.[220] Deswegen sollten die Gesetze die Kompetenzen im Bereich des Umweltschutzes klarer definieren.

Die tunesischen Behörden sind sich dieses Problems bewusst. In dem Bericht über die Durchführung der Nationalen Strategie der nachhaltigen Entwicklung haben sie die mangelhafte Koordination zwischen den Institutionen hervorgehoben.[221] Dieses Problem betrifft nicht nur Tunesien. In Marokko ist dieselbe Schwierigkeit festgestellt worden.[222] Die Lösung liegt nicht unbedingt in der Reduzierung der Zahl der Institutionen, die mit dem Umweltschutz betraut wurden. Es ist vielmehr wichtig, durch den Austausch von Informationen und Transparenz koordinierter handeln zu können.[223]

C. Wirtschaftliche und finanzielle Anreize zum Umweltschutz

Instrumente zur indirekten Verhaltenssteuerung werden vom Gesetzgeber benutzt, um Bürger zu umweltgerechtem Verhalten anzuspornen.[224] Derartige Anreize lassen sich in die nachhaltige Entwicklung integrieren. Sie sind ein wichtiger Beleg dafür, dass sich wirtschaftliche Entwicklung und Umweltschutz vereinbaren lassen.

Das tunesische Recht sieht Steuervergünstigungen und Subventionen als solche ökonomischen Anreizmittel vor. Ferner werden Gebühren für die Finanzierung umweltbezogener Handlungen erhoben.

219 Loi n°94-122 du 28.11.1994 portant promulgation du code de l'aménagement du territoire et de l'urbanisme, JORT n°96 du 6.12.1994.

220 Chaker, Les instruments juridiques de la politique tunisienne de l'environnement, in : Il Servir (1978), S. 66; Ben Aissa, Le cadre institutionnel de l'environnement en Tunisie, in: La protection juridique de l'environnment en Tunisie (1989), S. 131-143.

221 Rapport national d'évaluation des réalisations de la Tunisie dans le domaine du développement durable et de la mise en œuvre de l'Agenda 21, Synthèse, 2001, S. 6-18.

222 Mekouar, Droit de l'environnement et environnement du droit au Maroc, in: Recueil d'Etudes en Droit Ecologique (1988), S. 38-41.

223 Chikhaoui, La protection de l'environnement en Tunisie, S. 367-368.

224 Bender/Sparwasser/Engel, Umweltrecht, Grundzüge des öffentlichen Umweltschutzes (2000), S. 50; Chikhaoui, Vers une réforme „écologique" de la fiscalité? In: Mélanges en l'honneur de Habib Ayadi (2000), S. 431.

1. Die Subventionen

a. *Der Fonds zur Verschmutzungsbekämpfung*

Der Fonds zur Verschmutzungsbekämpfung (*fonds de dépollution,* FODEP) soll die Unternehmen zur Verringerung oder Beseitigung der durch ihre industriellen Aktivitäten verursachten Verschmutzung anspornen, indem er sie dabei finanziell unterstützt.[225] Die Errichtung dieses Fonds[226] dient der Stärkung der präventiven Maßnahmen zum Umweltschutz.[227] Der Fonds gewährt Subventionen an Unternehmen, die bei ihrer normalen Tätigkeit für den Umweltschutz oder für die Bekämpfung der Verschmutzung, d.h. für ein sogenanntes Umweltprojekt, investieren.[228] Der Subventionsbetrag richtet sich nach den Kosten des Umweltprojekts, ohne 20% der Gesamtkosten zu überschreiten.[229]

Die Subvention bestimmt sich nach dem Inhalt des Umweltprojekts und dem dafür festgelegten Verwaltungsverfahren. Beispielsweise können Projekte zur Bekämpfung von bereits eingetretenen Verschmutzungen, zur Einführung sauberer Technologien in die Produktionsverfahren, zur Errichtung von Unternehmen für die Sammlung, Verwertung, Wiederverwertung und Behandlung von Abfällen und öffentliche Initiativen zur Sammlung und zur Verwertung von Kunststoffabfällen[230] aus dem Fonds zur Verschmutzungsbekämpfung subventioniert werden. [231]

Für solche Umweltprojekte muss die Subvention aus dem Fonds bei der Nationalen Agentur für Umweltschutz beantragt werden. Der Antrag muss eine von der Agentur genehmigte technische Studie über das geplante Umweltprojekt,[232] in der die Verschmutzung festgestellt wird, sowie einen mit der Agentur abgeschlossenen Programmvertrag mit einem Zeitplan, den erwarteten Ergebnissen

---

225 Art. 1 (nouveau) décret n°2005-2636 du 24.9.2005 modifiant et complétant le décret n°2120 du 25.10.1993 fixant les conditions et les modalités d'intervention du fonds de dépollution, JORT n°79 du 4.10.2005.

226 Errichtet durch die Artikel: 35-36-37 der Loi n°92-122 du 29.12.1992, JORT n°88 du 31.12.1992.

227 Plan bleu centre d'activités régionales, Profil des Pays Méditerranéens : Tunisie : Enjeux et politiques d'environnement et de développement durable (2000), S. 42.

228 Art. 1 (nouveau) décret n°2005-2636 besagt: «Le fonds de dépollution (FODEP) (...), vise à encourager les entreprises à realiser les actions de dépollution à travers la participation au financement».

229 Art. 5 décret n°93-2120 du 25.10.993 fixant les conditions et les modalités d'intervention du fonds de dépollution, JORT n°83 du 2.11.1993.

230 Das Jahr 2005 ist das Nationale Jahr für die Bekämpfung der Verschmutzung durch die Kunststoffabfälle (*2005 l'année nationale de la lutte contre la pollution par les déchets plastiques*). Mehr dazu abrufbar unter http//www.environnement.nat.tn/dossier.htm.

231 Art. 1 (nouveau) décret n°2005-2636 du 24.9.2005.

232 Art. 8 (nouveau) décret n°2005-2636 du 24.9.2005 modifiant et complétant le décret n° 2120 du 25.10.1993 fixant les conditions et les modalités d'intervention du fonds de dépollution, JORT n°79 du 4.10.2005.

und dem Kontrollverfahren, enthalten.[233] Über die Gewährung der Subvention entscheidet der Umweltminister.[234]

Zu den Finanzierungsquellen des Fonds zur Verschmutzungsbekämpfung gehören:[235]

- Internationale Beihilfen und Darlehen an den tunesischen Staat, die Verschmutzungsbekämpfung und dem Umweltschutz dienen;
- Beiträge von Verschmutzung verursachenden Unternehmen sowie fiskalische Beiträge, die zugunsten des Fonds erhoben werden, wie die Umweltabgabe (*taxe pour l'environnement*);[236]
- Beiträge aus dem Staatshaushalt;
- Sonstige Finanzmittel, die dem Fonds gemäß Gesetz zugewiesen werden.

Dass bei der Finanzierung des Fonds die internationale Finanzhilfe an erster Stelle genannt wird zeigt, dass Tunesien internationale Hilfe (an Tunesien) und Zusammenarbeit als ein wichtiges Mittel zum Umweltschutz betrachtet.[237] Der Umweltminister gibt seine Entscheidung über Subventionen aus dem Fonds zur Verschmutzungsbekämpfung dem Minister für internationale Zusammenarbeit zur Kenntnis.[238]

b. Der Fonds zum Schutz der touristischen Zonen

Dieser Fonds wurde im Jahr 1993 errichtet.[239] Er wird zu 50% von Abgaben von Hotels (*taxes hôtelières*) finanziert, die von den touristischen Einrichtungen zugunsten der Kommunen und der Bezirke (gouvernorats) erhoben werden. Sie entsprechen seit 1975 unverändert einem Prozent der Einnahmen der Hotels.[240] Der Fonds kann gemäß Gesetz auch andere Finanzmittel erhalten. Er soll Kommunen in touristischen Zonen bei der Sauberhaltung des Wassers und bei der

---

233 Art. 6 (nouveau) décret n°2005-2636 du 24.9.2005.

234 Art. 3 u. Art. 9 (nouveaux) décret n°2005-2636 du 24.9.2005. Nach diesen Bestimmungen sind die Anträge zunächst einer beratenden Kommission innerhalb des Umweltministeriums zu unterbreiten. Die Kommission erstellt ein Gutachten, das dem Minister ausgehändigt wird.

235 Art. 3 décret n°2005-2636 du 24 septembre 2005.

236 Art. 58 bis Art. 60 Loi n°2002-101 du 17.12.2002 portant loi de finances pour l'année 2003.

237 Vgl. Chikhaoui, La protection de l'environnement en Tunisie, S. 344.

238 Art. 14 (nouveau) décret n°2005-2636 du 24.9.2005.

239 Art. 38 Loi n°92-122 du 29.12.1992 portant loi de finances pour la gestion 1993 (institution d'un fonds spécial du trésor pour la protection des zones touristiques), JORT n°88 du 31.12.1992.

240 Art. 4 Loi n°75-34 du 14.5.1975 portant institution d'une taxe hôtelière au profit des communes et des Conseils de gouvernorats, JORT du 20.5.1975.

Aufbereitung der Abwässer finanziell unterstützen.[241] Die Errichtung und die Finanzierung dieses Fonds sind eine deutliche Anwendung des Verursacherprinzips.[242] Der Tourismus in Tunesien ist äußerst wichtig. Die durch ihn verursachte Belastung der Umwelt und der Küstengebiete im Besonderen rechtfertigt die Errichtung des Fonds, der zum großen Teil von den Akteuren in diesem Bereich finanziert wird. Die Hotelabgabe, die seit 1975 mit einem Prozent der Hotelseinnahmen unverändert geblieben ist, reicht jedoch nicht für Kosten der Wasserreinhaltung. Der Gesetzgeber wollte offenbar einen wichtigen Wirtschaftsbereich nicht zu stark fiskalisch belasten.

Der Fonds zum Schutz touristischer Zonen hat seit seiner Errichtung im Jahr 1993 zur Finanzierung zahlreicher Projekte beigetragen, etwa von Studien über die Bewirtschaftung der Abwassereinleitungen aus den touristischen Unternehmen.[243] Um die touristischen Unternehmen zu weiteren Zahlungen an den Fonds anzuspornen, betont die tunesische Regierung, dass die aus diesem Fonds finanzierten Umweltschutzprojekte dem Tourismus selbst weitere Gewinne brächten.[244]

c. *Sonstige Beihilfen zum Umweltschutz*

Wenn Unternehmen aus der Industrie, der Landwirtschaft oder der Fischerei in die Entwicklungsforschung investieren, werden sie vom Gesetzgeber finanziell unterstützt,[245] beispielsweise bei dem Erwerb von Laborausrüstungen für die wissenschaftliche Forschung. Für die Energiekontrolle wird eine besondere Investitionshilfe gewährt.[246]

---

241 Art. 40 Loi n°92-122 du 29.12.1992 portant loi de finances pour la gestion 1993 (institution d'un fonds spécial du trésor pour la protection des zones touristiques), JORT n°88 du 31.12.1992.

242 Vgl. Chikhaoui, Vers une réforme "écologique" de la fiscalité, S. 434.

243 Rapport national, l' état de l'Environnement 2002, S. 127.

244 Ebenda.

245 Décret n° 94-536 du 10.3.1994 fixant le montant et les modalités d'octroi de la prime accordée au titre des investissements réalisés dans les activités de recherche sur le développement par les entreprises opérant dans les secteurs de l'industrie et de l'agriculture et de la pêche, JORT n° 21 du 18.3.1994.

246 Décret n° 94-537 du 10.3.1994 fixant les montants et les conditions d'octroi de la prime spécifique inhérente aux investissements dans le domaine de la maîtrise de l'énergie, JORT n° 21 du 18.3.1994.

2. Steuerliche Vergünstigungen

Im Investitionsförderungsgesetz (*code des incitations aux investissements*) wird der ganze Titel VI der Bekämpfung der Verschmutzung und dem Umweltschutz gewidmet. Nach Art. 37 dieses Gesetzes erhalten Unternehmen, die für den Umweltschutz investieren, Steuervergünstigungen oder die Befreiung von Zöllen. Unternehmen der Abfalleinsammlung und Abfallbehandlung erhalten ähnliche Vorteile.[247]

3. Umweltgebühren

Im Allgemeinen sind Gebühren „öffentlichrechtliche Geldleistungen, die als Entgelt für eine besondere öffentliche Leistung der Verwaltung von denjenigen erhoben werden, in deren individuellem Interesse" die Leistung tatsächlich erfolgt. „Sie sind grundsätzlich dazu bestimmt, die Kosten einer öffentlichen Leistung ganz oder teilweise abzudecken."[248] Demzufolge sind Umweltgebühren finanzielle Gegenleistungen für Leistungen, deren Ziel die Verschmutzungsbekämpfung ist. Da in Tunesien die Abwässer die Umwelt einschließlich der Meeresumwelt sehr bedrohen,[249] sind die zugunsten des Nationalen Abwässeraufbereitungsamts (*office national de l'assainissement,* ONAS)[250] erhobenen Gebühren die wichtigsten Umweltgebühren.[251] Sie unterteilen sich in Gebühren für Hausabwässer,[252] für Abwässer aus touristischen Unternehmen (Hotels und Anlagen)[253] und für Wasserverschmutzung.[254] Die Gebühren werden hauptsächlich für die Wartung der Abwässeraufbereitungsanlagen verwendet. Sie werden gemäß dem Verursacherprinzip nach den Volumen des verbrauchten Wassers er-

247 Art. 38 Loi n°93-120 du 27.12.1993 portant promulgation du code d'incitations aux investissements, JORT n°99 du 28.12.1993.

248 Bender/Sparwasser/ Engel, Umweltrecht, S. 56.

249 Siehe Kapitel 8/Einleitung.

250 Es handelt sich um eine öffentlichrechtliche Wirtschaftseinrichtung unter Aufsicht des Umweltministeriums. Sie ist mit einer präzisen Aufgabe betraut, nämlich der Aufbereitung der Abwässer. Die Tätigkeiten der ONAS sind in den folgenden Texten geregelt: Loi n°93-41 du 19.4.1993, JORT n°30 du 23.4.1993; Décret n°95-1139 du 28.6.1995, JORT n°54 du 7.7.1995. Dazu siehe Chikhaoui, Le cadre légal des pollutions marines, in: Revue Tunisienne de Droit (1997), S. 131.

251 Art. 1 Décret n°2001-2001 du 27.8.2001 relatif aux redevances d'assainissement que l'office national de l'assainissement est autorisé à percevoir dans ses circonscriptions d'intervention, JORT n°70 du 31.8.2001.

252 Art. 2 décret n°2001-2001 du 27.8.2001 relatif aux redevances d'assainissement.

253 Art. 4 décret n°2001-2001 du 27.8.2001 relatif aux redevances d'assainissement.

254 Art. 5 décret n°2001-2001 du 27.8.2001 relatif aux redevances d'assainissement.

rechnet.[255] Bei den Gebühren für Wasserverschmutzung wird auch der Verschmutzungsgrad des Wassers berücksichtigt.[256]

D. Die Umweltverträglichkeitsstudie

Einige Vorhaben bedürfen im tunesischen Verwaltungsrecht einer Erlaubnis durch die zuständige Behörde.[257] Wenn sich ein Vorhaben auf die Umwelt auswirken kann, ist die Zustimmung einer Umweltverträglichkeitsstudie (*étude d'impact sur l'environnement,* UVS) durch die Nationale Agentur für Umweltschutz eine unabdingbare Voraussetzung für eine endgültige Erlaubnis durch die zuständigen Behörden. Die UVS wurde im tunesischen Recht mit dem Gesetz über die Errichtung der Nationalen Agentur für den Umweltschutz eingeführt. Später wurde sie mehrfach zur Vereinfachung des Verfahrens geändert.[258]

1. Die Definition

Die Umweltverträglichkeitsstudie umfasst die frühzeitige Ermittlung, Beschreibung und Bewertung der Auswirkungen eines Vorhabens auf die Gesamtheit aller Umweltgüter im Rahmen bestehender verwaltungsbehördlicher Zulassungsverfahren.[259] Sie ermöglicht die Ermittlung der Umweltauswirkungen eines Vorhabens. In ihr werden die direkten und indirekten, vorübergehenden und dauerhaften Auswirkungen des Projekts auf die Umwelt dargestellt.[260]

---

255 Vgl. Chikhaoui, Vers une réforme "écologique" de la fiscalité, S. 434: Sie schreibt: "En Tunisie des "écotaxes" sont ainsi appliquées dans divers domaines- notamment taxe annuelle de contrôle sur les établissements classés, redevances d'assainissement- conformément au principe pollueur-payeur, permettant une internalisation partielle des coûts liés à la protection de l'environnement assumés par les pouvoirs publics".

256 Art. 5 décret n°2001-2001 du 27.8.2001 relatif aux redevances d'assainissement.

257 Das Institut der Erlaubnis stellt im tunesischen Verwaltungsrecht eines der Instrumente der *police administrative* dar. Dazu Ben Achour, Droit Administratif (2000), S. 251: Er definiert die *police administrative* als die sämtlichen Verwaltungsbefugnisse der Regulierung, Kontrolle und Prävention, damit die Handlungen der privatrechtlichen Personen in Übereinstimmung mit dem *Ordre Public* erfolgen.

258 Art. 5 ANPE-Gesetz und das décret n°91-362 du 13.3.1991 relatif aux études d'impact sur l'environnement wurden durch la loi n°2001-14 du 30.1.2001 i.S. der Vereinfachung des Verfahrens geändert. Das décret von 1991 wurde durch Art. 13 décret n°2005-1991 außer Kraft gesetzt.

259 Kolter, Umweltverträglichkeitsprüfung in der Praxis (1997), S. 21.

260 Art. 1 décret n°2005-1991 du 11.7. 2005 relatif à l'étude d'impact sur l'environnement et fixant les catégories d'unités soumises á l'étude d'impact sur l'environnement et les catégories d'unités soumises aux cahiers des charges, JORT du 19 juillet 2005.

2. Der Anwendungsbereich

Die UVS-Pflichtigkeit ist nach tunesischem Recht projektbezogen. Sie wird für jedes industrielle, landwirtschaftliche oder kommerzielle Projekt verlangt, das die Verschmutzung oder die Beeinträchtigung der Umwelt verursachen „kann".[261] Die UVS-Pflichtigkeit im tunesischen Recht stellt eine Anwendung des Vorsorgeprinzips dar.[262] Nach Art. 5 ANPE-Gesetz bedürfen industrielle, landwirtschaftliche und kommerzielle Vorhaben entweder der vorherigen Zustimmung der Nationalen Agentur für Umweltschutz zu der Umweltverträglichkeitsstudie oder der Verpflichtung des Projektbetreibers, ein vom Umweltminister anerkanntes Pflichtenheft zu beachten.[263] Der Umweltminister soll Pflichtenhefte über die Durchführung der verschiedenen Arten von Vorhaben einschließlich ihrer umweltgerechten Durchführung erarbeiten. Die Anwendungsbedingungen von Art. 5 ANPE-Gesetz werden durch ein Durchführungsdekret, das erst 2005 erlassen wurde, näher bestimmt.[264]

Die in Anlage 1 dieses Dekrets aufgezählten Projekte sind einer Umweltverträglichkeitsstudie unterworfen, während für die Erlaubnis der in Anlage 2 aufgezählten Vorhaben die Unterzeichnung des einschlägigen Pflichtenhefts durch den Projektbetreiber genügt. Viele UVS-pflichtige Projekte etwa die Offshore-Ausbeutung und Erforschung von Öl- und Erdgasressourcen sind für den Meeresumweltschutz unmittelbar relevant.[265] Auch die Projekte der Handels-, Fischerei- und Jachthäfen sind UVS-Pflichtig, ebenso wie die Tourismusprojekte, die meistens in den Küstengebieten vorgesehen sind. Anhand der Projekte in Anlage 1 kann man feststellen, dass die UVS-pflichtigkeit im tunesischen Umweltrecht einen breiten Anwendungsbereich hat. Dies gilt umso mehr als auch bereits laufende Projekte, im Falle ihrer Erweiterung, oder Änderung einer Umweltverträglichkeitsstudie bedürfen.[266]

---

261 Art. 1 décret n°2005-1991.

262 Siehe Kapitel 2/III/D/2.

263 Nach der Änderung dieser Bestimmung durch die Loi n°2001-14 du 30.1.2001 portant simplification des procédures administratives relatives aux autorisations délivrées par le ministère de l'environnement et de l'aménagement du territoire dans les domaines de sa compétence, JORT n°10 du 2.2.2001.

264 Décret n°2005-1991 du 11.7.2005, relatif à l'étude d'impact sur l'environnement et fixant les catégories d'unités soumises á l'étude d'impact sur l'environnement et les catégories d'unités soumises aux cahiers des charges.

265 Diese Vorhaben sind auch nach Art. 59 Abs. 2 Loi n°99-93 du 17.8.1999 portant promulgation du Code des hydrocarbures, JORT n°67 du 20.8.1999 UVS-pflichtig.

266 Art. 12 décret n°2005-1991.

3. Der Inhalt

Da die Umweltverträglichkeitsstudie die Umweltauswirkungen eines Vorhabens erfassen soll, behandelt sie die folgenden Punkte:[267] Ausführliche Beschreibung des Vorhabens; Analyse des Ursprungszustandes des Unternehmens und von dessen Umgebung, insbesondere der natürlichen Ressourcen, die von dem Vorhaben beeinträchtigt werden können; Analyse der direkten und indirekten Auswirkungen des Vorhabens auf die Umwelt, insbesondere auf die geschützten Spezies der Fauna. Dazu gehören vor allem die Wälder, die Naturlandschaften, die empfindlichen Zonen, die geschützten Räume und die nationalen und lokalen Parks; Maßnahmen des Projektträgers, um schädliche Umweltauswirkungen zu mindern oder auszugleichen, sowie eine Schätzung der daraus resultierenden Kosten; Bereitstellung eines detaillierten Umweltbewirtschaftungsplans des Unternehmens nach einem von der Nationalen Agentur für Umweltschutz erarbeiteten Formular.

Die Beachtung dieser Punkte ist wichtig, da in der Praxis 20% der Umweltverträglichkeitsstudien von der Nationalen Agentur für Umweltschutz mangels ausreichender Informationen zurückgewiesen werden.[268]

4. Das Verfahren

Die UVS-pflichtigen Vorhaben in Anhang 1 des Durchführungsdekrets sind in zwei Abschnitte, die zwei Verfahrensarten entsprechen, unterteilt. Bei den Projekten in Abschnitt A hat die Nationale Agentur für Umweltschutz eine Frist von 21 Tagen, bei den Projekten von Abschnitt B von drei Monaten zur Stellungnahme. Dies lässt sich dadurch erklären, dass die mit Projekten nach Abschnitt B verbundenen Risiken für die Umwelt besonders hoch sind.

Anfangs hatte die Nationale Agentur für Umweltschutz für sämtliche Umweltverträglichkeitsstudien eine Frist von drei Monaten zur Stellungnahme. Erst mit dem Durchführungsdekret wurde die Frist je nach Projektkategorie differenziert.[269] Damit sollen Verfahren vereinfacht und die wirtschaftliche Tätigkeit nicht unnötig verzögert werden. Wenn die Agentur während der Frist keine Stellungnahme abgibt, gilt dies als stillschweigende Zustimmung zur Umweltverträglichkeitsstudie. In der Praxis stimmt die Agentur den Umweltverträglichkeitsstudien häufig nur mit zahlreichen Vorbehalten zu.[270]

Wenn das geplante Vorhaben rechtlich geschützte Zonen, etwa Wälder, natürliche Zonen und Landschaften, empfindliche Zonen, geschützte Räume oder Nationalparks beeinträchtigen kann, darf die Nationale Agentur für Umwelt-

---

267 Art. 6 décret n°2005-1991.

268 Karaouli, La pollution de la mer par les hydrocarbures en droit tunisien (2001-2002), S. 21.

269 Art. 9 décret n°2005-1991.

270 Karaouli, S. 19.

schutz ihre Frist zur Stellungnahme von 21 Tagen auf 3 Monate verlängern. Außerdem muss sie von dem Verwalter der geschützten Räume ein Gutachten über die Durchführung des Vorhabens anfordern, das dieser in 15 Tagen erstellen muss.[271] Liefert der Verwalter kein fristgemäßes Gutachten ab, wird seine Zustimmung vermutet. Es bleibt jedoch unklar, wieweit die Agentur dem Gutachten eines Verwalters folgen muss. Jedenfalls hat die Nationale Agentur für Umweltschutz insoweit ein breites Ermessen.

Die Stellungnahme der Agentur bindet die zuständige Behörde bei der endgültigen Entscheidung über die Erlaubnis. Die Behörde darf das Vorhaben nicht erlauben, wenn die Agentur die Umweltverträglichkeitsstudie abgelehnt hat.

Trotz zahlreicher Gemeinsamkeiten zwischen den Umweltverträglichkeitsstudien nach französischem[272] und tunesischem Recht gibt es einen wesentlichen Unterschied, welcher gewiss auf einen Mangel des tunesischen Rechts hinweist. Im französischen Recht besteht die Pflicht, die Öffentlichkeit an dem Umweltverträglichkeitsverfahren zu beteiligen.[273] Die tunesischen Rechtsvorschriften über die UVS schweigen hierzu. In der Praxis sind die Umweltverträglichkeitsstudien in Tunesien vertraulich. Das gilt besonders bei Investitionen, die mit technischen Geheimnissen verbunden sind. Die tunesische Verwaltung betrachtet sich nicht als berechtigt, solche Geheimnisse offen zu legen.[274] Die Aufklärung und Beteiligung der Öffentlichkeit wurde von der Agenda 21,[275] der Agenda-MED 21 und von anderen UNEP/MAP-bezogenen Instrumenten gefordert.[276] Ihr Fehlen verstößt auch gegen Art. 14 des Übereinkommens über die biologische Vielfalt, das von Tunesien ratifiziert worden ist.[277]

5. Die Folgen der Missachtung des UVS-bezogenen Regelwerks

Eine verwaltungsrechtliche Erlaubnis ohne Umweltverträglichkeitsstudie, der die Agentur zugestimmt hat, ist rechtswidrig. Die verwaltungsrechtliche Erlaubnis muss aussprechen, dass das Vorhaben die Bedingungen der Umweltverträglichkeitsstudie erfüllt. Wird das Vorhaben nicht gemäß diesen Bedingungen durchgeführt, so wird die Erlaubnis sofort widerrufen.[278]

Das Durchführungsdekret über die Umweltverträglichkeitsstudie enthält keine Bestimmungen über die Durchführungskontrolle. Hierfür sind die allge-

271 Art. 9 Abs. 2 u. Art. 10 décret n°2005-1991.

272 Kolter, Umweltverträglichkeit, S. 123

273 Ebenda.

274 Karaouli, La pollution de la mer par les hydrocarbures en droit tunisien, S. 22.

275 Kap. 8.4. e) u. F) Agenda 21.

276 Siehe Kapitel 5/III/G/1.

277 Moussa, De l'étude d'impact sur l'environnement à l'évaluation stratégique environnementale : formes et réformes tunisiennes, in : Mélanges offerts à Claude Hélin, Perspectives du droit public (2004), S. 471.

278 Art. 11 décret n°2005-1991.

meinen Vorschriften der Nationalen Agentur für Umweltschutz über die Kontrolle der Vorhaben anzuwenden.

E. Die Kontrolle des Umweltschutzes und ihre Rechtsfolgen

1. Überblick

Die Rechtsfolgen einer Umweltverschmutzung sind grundsätzlich repressiv. Wirklich nützlich sind aber Vorschriften zum Umweltschutz nur, solange sie präventiv und abschreckend wirken. Die Bestrafung eines Täters nutzt der Umwelt lediglich mittelbar.[279]

Im tunesischen Strafgesetzbuch sind nur wenige umweltbezogene Verbote enthalten, wie die vorsätzliche oder fahrlässige Einführung von Schadstoffen in Trinkwasser, für die eine Freiheitsstrafe von zwei Monaten bis zu einem Jahr vorgesehen ist.[280] Wird hierdurch die Gesundheit von Menschen geschädigt, sind schärfere Freiheits- und Geldstrafen bestimmt.[281]

Die meisten umweltbezogenen strafrechtlichen Vorschriften sind in den verschiedenen Bestimmungen zum Umweltrecht zu finden. Einige schützen bestimmte Umweltgüter. Das Gewässergesetzbuch (*Code des eaux*) enthält zum Beispiel eine Reihe von Verboten, welche die Verschmutzung von Gewässern verhindern und die gute Qualität der Gewässer aufrechterhalten sollen und die mit Strafen bewehrt sind.[282] Einige Umweltgesetze, wie das Gewässergesetzbuch oder das Gesetz über das öffentliche maritime Eigentum,[283] nennen die Behörden, die befugt sind, die Einhaltung der Rechtsvorschriften zu kontrollieren und deren Befugnisse.[284] Problematisch ist jedoch die Tatsache, dass verschiedene Behörden zuständig gemacht werden. So weist das Gesetz über das öffentliche maritime Eigentum die Feststellung von Verstößen mindestens sechs Behörden zu.[285] Beim gegenwärtigen Rechtszustand kann nur eine regelmäßige Absprache zwischen den verschiedenen Behörden Doppelarbeit und gegenseitige Blockade vermeiden.

Hinter diesen mehrfachen Zuständigkeiten steht vielleicht der Wille, die Kontrolldichte zu erhöhen und möglichst viele Verstöße gegen die Umweltvor-

---

279 Schulte, Umweltrecht (1999), S. 19; Chikhaoui, Le cadre légal des pollutions marines, in: Revue Tunisienne de Droit (1997), S. 134.

280 Aouij-Mrad, Le Droit de l'eau potable en Tunisie, in : Revue Tunisienne de Droit (2001), S. 31 ff.

281 Chikhaoui, Droit pénal de l'environnement et de l'urbanisme, S. 53.

282 Siehe Kapitel 10/I/3.

283 Siehe Kapitel 10/III/C.

284 Chikhaoui, Droit pénal de l'environnement et de l'urbanisme, S. 26-31.

285 Mehr bei Mzabi-Bougarras, L'adaptation de la repression pénale à la protection de l'environnement (1998/1999), S. 37.

schriften zu entdecken und zu ahnden.[286] Die Überlappung unvollständiger und unkoordinierter Kontrollmaßnahmen kann jedoch die Wirksamkeit der Kontrolle auch schwächen.[287] In der Praxis werden die meisten Verstöße gegen Umweltvorschriften durch die Experten-Kontrolleure der Nationalen Agentur für Umweltschutz festgestellt. Dabei kommt dem Gesetz über die Errichtung der Agentur eine zentrale Rolle zu. Auf ihm beruhen auch die meisten umweltbezogenen strafrechtlichen Verfahren, auch bezüglich der Meeresumweltverschmutzung.[288] Deswegen beschränken sich die folgenden Ausführungen hierauf.

2. Das allgemeine Umweltverschmutzungsverbot

Art. 8 ANPE-Gesetz enthält ein allgemeines Verbot der Umweltverschmutzung und Umweltbeeinträchtigung. Bevor auf den genauen Inhalt dieses Verbotes eingegangen wird, sollen die Begriffe „Umwelt" und „Umweltverschmutzung" geklärt werden. Im letzten Jahrzehnt hat der tunesische Gesetzgeber dazu tendiert, die wichtigsten Begriffe im Gesetz zu definieren. Diese Legaldefinitionen können Interpretationsschwierigkeiten vermeiden.[289]

Im ANPE-Gesetz ist die Umwelt als "das physische Umfeld, einschließlich des Bodens, der Luft, des Meeres, der Grundgewässer, der Oberflächengewässer (wie Wasserläufe, Seen, u. ä.), sowie die natürlichen Spezies, Landschaften, (...), Pflanzenarten und das nationale Erbe im Allgemeinen" definiert.[290] Diese sehr breite Definition der Umwelt, umfasst nicht nur die physische und natürliche Welt, sondern bezieht auch das archäologische und architektonische Erbe ein. Die Umweltverschmutzung ist in diesem Gesetz als mittelbares oder unmittelbares Einbringen bzw. Einleiten biologischer, chemischer oder physischer Schadstoffe in die Umwelt definiert.[291]

Die Begriffe „Umwelt" und „Umweltverschmutzung" sind im ANPE-Gesetz weit definiert. Die breite Definition dieser zentralen Begriffe kommt dem Umweltschutz zugute. Sie räumt den Richtern und der Verwaltung ein beträchtliches Ermessen bei der Anwendung dieses Gesetzes ein. Wenn der politische Wille und das Umweltbewusstsein der zuständigen Behörden und Amtsträger

286 Vgl. Bresson, Inflations des lois pénales et législations ou réglementations techniques, in: Revue canadienne de droit public comparé (1985), S. 243.

287 Ferchichi, L'administration de la nature (1994), S. 40.

288 Gespräch mit der Vorsitzenden der juristischen Abteilung der ANPE, Frau Labidi (Tunis, November 2005); Chikhaoui, Le cadre légal des pollutions marines, S. 136.

289 Chikhaoui, Droit pénal de l'environnement et de l'urbanisme, S. 33.

290 Art. 2 Abs. 2 ANPE-Gesetz besagt: „on entend par environnement, au sens de la présente loi, le mode physique y compris le sol, l'air, la mer, les eaux souterraines et de surface (cours d'eau, lac, lacune et sebkhat et assimilé…) ainsi que les espaces naturels, les paysages, les sites et les espèces mammaires et végétales et d'une manière générale tout le patrimoine national).

291 Art. 1 ANPE-Gesetz.

vorhanden sind, gibt ihnen diese breite Definition die Möglichkeit, sich für einen starken Umweltschutz einzusetzen.

Nach Art. 8 ANPE-Gesetz sind natürliche und juristische Personen, insbesondere industrielle, landwirtschaftliche und kommerzielle Einrichtungen, die die Umwelt beeinträchtigen oder eine Umweltverschmutzung verursachen, dazu verpflichtet, die festen oder flüssigen oder gasförmigen Einleitungen einzustellen, zu verringern oder möglicherweise die eingeleiteten Stoffe zurück zu holen und die dadurch verursachten Schäden zu beseitigen. Es handelt sich hierbei um eine allgemeine Pflicht zur Bekämpfung der Verschmutzung. Ein Durchführungsdekret sollte die Anwendung von Art. 8 ANPE-Gesetz näher bestimmen. Die Gerichte haben Art. 8 ANPE-Gesetz als Grundlage für die Ahndung verschiedener Arten der Umweltverschmutzung benutzt, ohne auf die Veröffentlichung des Durchführungsdekrets zu warten. Sie argumentierten, dass Art. 8 deutlich genug und für ihn kein Durchführungsdekret nötig sei. Die *Cour de Cassation* hat die Verurteilung eines Schiffskapitäns aufgrund Art. 8 ANPE-Gesetz zur Zahlung einer Geldstrafe wegen Abfalleinbringung ins Meer bestätigt.[292] Tatsächlich ist der Wortlaut des Art. 8 ANPE-Gesetz klar genug. Er erlaubt eine breite Auslegung, die alle Verschmutzungsquellen erfasst.[293]

3. Die Kontrolle

Die Nationale Agentur für Umweltschutz erfüllt ihre Kontrollaufgaben durch ihre Experten-Kontrolleure, deren Status in einem Durchführungsdekret festgelegt ist.[294] Im Folgenden werden die Kontrollbereiche und Befugnisse der ANPE Experten- Kontrolleure erörtert.

a. Die Kontrollbereiche der Experten-Kontrolleure

Die Experten-Kontrolleure der Nationalen Agentur für Umweltschutz prüfen zahlreiche und unterschiedliche Tätigkeiten. Alle sind für die Meeresverschmutzung von Relevanz. Nach dem ANPE- Gesetz kontrollieren die Experten-Kontrolleure die Beachtung des in Art. 8 enthaltenen allgemeinen Verschmutzungsverbots. Zu diesem Zweck überprüfen sie die Wirksamkeit und Leistung der Anlagen zur Behandlung eingeleiteter Schadstoffe.[295] Darüber hinaus kontrollieren die Experten potentielle Verschmutzungsquellen in allen Meereszo-

---

292 Cour de Cassation, Affaire n°29591 du 5.2.1991, Capitaine Tchaban Dabrowsky contre l'Etat tunisien.

293 Chikhaoui, Droit pénal de l'environnement et de l'urbanisme, S. 57.

294 Art. 10 Abs. 2 ANPE-Gesetz.

295 Art. 10 Abs. 1 ANPE-Gesetz; Art. 3 décret n° 90-2273 du 25.12.1990 portant statut des experts contrôleurs de l'Agence Nationale de Protection de l'Environnement, JORT n°4 du 15.1.1991.

nen, die der tunesischen Souveränität unterliegen.[296] Schließlich prüfen sie die Einhaltung der Erlaubnisse für Einleitungen in „die empfangenden Gewässer“.[297] Sie sollen dabei feststellen, ob die kontrollierten Handlungen mit „der Umweltschutzgesetzgebung, insbesondere mit den tunesischen Normen bezüglich der Verschmutzung“, übereinstimmen.[298] Auf die von Tunesien ratifizierten völkerrechtlichen Verträge wird nicht ausdrücklich Bezug genommen. Dies bedeutet aber nicht deren Ausschluss aus den zu beachtenden Normen, da ratifizierte und verkündete völkerrechtliche Verträge nach der tunesischen Verfassung ein Teil der tunesischen Rechtsordnung sind.[299]

b. Die Befugnisse der Experten-Kontrolleure

Die Befugnisse der Experten-Kontrolleure der Nationalen Agentur für Umweltschutz entsprechen denen der Kriminalpolizei,[300] damit sie Anlagen verschiedener Arten ausführlich kontrollieren können. Da sie auch die bakterielle, chemische und mikrobiologische Qualität von in die Umwelt eingeleiteten Stoffen prüfen, sind sie berechtigt, alle notwendigen Proben zu entnehmen. Ferner haben sie Zugang zu allen öffentlichen und privaten Einrichtungen.[301] Nach der Kontrolle erstellen sie ein Protokoll,[302] in welchem sie die strafbaren Verstöße feststellen.[303] Sie sind zur Vertraulichkeit verpflichtet.[304] Sie haben aber keine Befugnis zur Beschlagnahme von Beweisstücken. Im Falle einer Meeresverschmutzung darf allein die Staatsanwaltschaft das Aufbringen und das Zurückhalten eines Schiffes wegen Verstoßes gegen die Umweltrechtsvorschriften anordnen.[305] Zurückgehalten werden kann das Schiff nur, wenn die durchgeführten Untersuchungen zur Feststellung des Verstoßes geführt haben. Der Verdacht allein reicht hierfür nicht. Dies entspricht dem SRÜ.[306] Ebenso wie nach dem

---

296 Art. 3 Abs. 2 décret n°90-2273.

297 Siehe Kapitel 10/II.

298 Art. 9 décret n°90-2273 besagt dass: «L'expert contrôleur rédige et signe un procès-verbal à l'occasion du constat de toute infraction à la législation relative à la protection de l'environnement et particulièrement aux normes tunisiennes concernant la pollution, ainsi que toute violation des dispositions de la loi précitée n° 88-91 du 2 août 1988 ».

299 Siehe Kapitel 8/I/B/1.

300 Art. 1 décret n°90-2273.

301 Art. 8 décret n°90-2273.

302 Mzabi- Bougarras, S. 33 ff.

303 Art. 9 décret n°90-2273.

304 Art. 6 décret n°90-2273.

305 Art. 12 Abs. 3 ANPE- Gesetz.

306 Art. 226 Abs. 1 (b) SRÜ; Ausführlich dazu siehe Kapitel 1/II/A/2/c. Zum Vergleich ist der australische *Protection of the Sea Act* 1983 zu erwähnen. Section 27 A (1) (b) dieses Gesetzes erlaubt das Zurückhalten eines Schiffes nur wenn "there are clear grounds for believing that a pollution breach has occurred". Mehr dazu McGrath/Julian, Protection of the Marine Environment from Shipping Operations: Australian and International Re-

SRÜ darf das Schiff nach dem ANPE-Gesetz nicht über Gebühr festgehalten werden.[307] Art. 12 ANPE-Gesetz beschränkt das von der Staatsanwaltschaft angeordnete Zurückhalten des Schiffes bis zur Klageerhebung vor dem zuständigen Gericht oder bis einer Vereinbarung mit der Nationalen Agentur für Umweltschutz und höchstens auf zehn Tage ab Feststellung der Zuwiderhandlung.[308]

4. Das gerichtliche Verfahren

a. Die Anklage

Stellen die Experten-Kontrolleure der Nationalen Agentur für Umweltschutz einen Verstoß gegen die Umweltgesetze und insbesondere gegen das allgemeine Verschmutzungsverbot fest, so reichen sie das Protokoll bei der Staatsanwaltschaft ein, damit sie Anklage vor dem zuständigen Strafgericht erhebt. Die Agentur darf sich nach Art. 13 ANPE-Gesetz als *partie civile* einer von der Staatsanwaltschaft eingeleiteten Strafverfolgung anschließen und zivilrechtliche Schadenersatzansprüche, die ihren Ursprung in der Straftat haben, geltend machen.[309] Auch die Umweltschutzvereine dürfen grundsätzlich als *partie civile* im Strafverfahren Schadenersatzansprüche erheben. Die Praxis zeigt jedoch dass, dies in Tunesien kaum geschieht, weil die Vereine finanziell zu schwach sind. Deswegen verfügt die Nationale Agentur für Umweltschutz in der Praxis bei der Geltendmachung von Schadenersatz über ein Monopol.[310]

---

sponses, in: Rothwell/Bateman (Eds.), Navigational rights and Freedoms and the New Law of the Sea (2000), S. 195; Zur Staatenpraxis bezüglich des Festhaltens von Schiffen siehe Molenaar, Coastal State Jurisdiction over Vessel-Source Pollution (1998), S. 257; Yang, Jurisdiction of the Coastal State over Foreign Merchant Ships in Internal Waters and the Territorial Sea, S. 232-233.

307 Heitmüller, Durchsetzung von Umweltrecht im Rahmen des Seerechtsübereinkommens von 1982 durch den Internationalen Seegerichtshof in Hamburg (2001), S, 132 ff; Wolfrum, Billigflaggen-Schadenersatz-Nacheile, in: 3 Zeitschrift für Europäische Studien (2000), S. 1-12; Gallala, La notion de caution raisonnable dans la jurisprudence du tribunal international du droit de la mer, in 105 RGDIP (2001), S. 931-968; Lindemann, Untersuchung, Festhalten und sofortige Freigabe ausländischer Seehandelsschiffe (1997); Lagoni, Freigabeklage und vorläufige Maßnahmen vor dem internationalen Seegerichtshof, in: Götz (Hg.), Liber Amicorum Günther Jaenicke (1998), S. 543-571; Siehe auch Kapitel 1/II/A/2/c.

308 Art. 12 ANPE-Gesetz.

309 Art. 13 Abs. 2 ANPE-Gesetz besagt dass: "(...) l'agence est habilitée à intenter, devant les tribunaux, toute action visant à obtenir la réparation des atteintes *aux intérêts collectifs qu'elle a pour mission de défendre*". Hervorhebung zugefügt.

310 Mzabi-Bougarras, S. 50; Chikhaoui, Droit pénal de l'environnement et de l'urbanisme, S. 85 ff.

Die Nationale Agentur für Umweltschutz darf auch zivilrechtliche Ansprüche geltend machen, ohne dass die Staatsanwaltschaft Anklage erhoben hat. Die zivilrechtliche Klage führt auch gegen den Willen der Staatsanwaltschaft zur Anklage. Dies ermöglicht es der Agentur auch gegen den Willen der Staatsanwaltschaft die strafrechtliche Verfolgung durchzuführen.[311] Im Unterschied zum deutschen und in Anlehnung an das französische Prozessrecht gilt für die Staatsanwaltschaft nicht das Legalitätsprinzip, sondern in erster Linie das Opportunitätsprinzip.[312]

b. Die Sanktionen

Die Sanktionen lassen sich in Freiheitsstrafen und Geldstrafen einteilen. Freiheitsstrafen sind im Vergleich zu den Geldstrafen selten vorgesehen, bewegen sich meistens unter zwei Jahren,[313] und werden nur selten verhängt. Ihnen wird eher eine abschreckende Funktion zugedacht.[314] Die Geldstrafen sind in den Umweltgesetzen nach der Höhe gestaffelt. Einige bleiben niedrig, obwohl die Straftat die Umwelt beeinträchtigen kann. Dies ist der Fall bei Verstößen gegen das Gewässergesetzbuch[315] oder gegen die Gesetze und sonstigen Rechtsvorschriften über die Abwässeraufbereitung.[316] Die geringen Geldstrafen sind auf fehlendes Wissen des Gesetzgebers über die Reichweite der durch die Straftaten gegen die Umwelt verursachten Schäden zurückzuführen.[317] Andere Geldstrafen fallen dagegen relativ hoch aus. Sie betreffen insbesondere den Verstoß gegen das allgemeine Verschmutzungsverbot.[318] Der Verschmutzer kann in diesem Zusammenhang zur Zahlung von zwischen 100 und 50 000 Dinaren verurteilt werden.[319] Die Usurpation von Teilen des maritimen öffentlichen Eigentums oder die Beeinträchtigung von dessen ökologischem Gleichgewicht wird mit einer Geldstrafe zwischen 100 und 50 000 Dinaren geahndet. Bei Rückfällen wird die Strafe verdoppelt.[320] Die Geldstrafen befreien nicht von der Pflicht zur Beseitigung der Schäden.[321]

---

311 Mzabi-Bougarras, S. 52.

312 Bergmann, Der Schutz der Umwelt im französischen Recht (1996), S. 81.

313 Mit der Ausnahme von Art. 48 des Gesetzes über die Abfälle, die Kontrolle ihrer Bewirtschaftung und ihrer Beseitigung: Loi n°96-41 du 10.6.1996 relative aux déchets et au contrôle de leur gestion et leur élimination, JORT n°49 du 18.6.1996. Nach dieser Bestimmung kann eine Haftstrafe von einem Monat bis zu fünf Jahren verhängt werden.

314 Chikhaoui, Droit pénal de l'environnement et de l'urbanisme, S. 93-96.

315 Siehe Kapitel 10/I/B/3.

316 Chikhaoui, Droit pénal de l'environnement et de l'urbanisme, S. 97.

317 Ebenda.

318 Siehe Kapitel 8/III/E/2.

319 Art. 11 ANPE-Gesetz.

320 Art. 28 Loi n° 95-73 du 24.7.1995 relative au domaine public maritime, JORT n° 61 du 1.8.1995.

321 Art. 8 ANPE-Gesetz.

In einigen Fällen erlaubt der Gesetzgeber der Verwaltung Strafen zu verhängen.[322] Diese können im Widerruf der Erlaubnis zu Tätigkeiten, die die Umweltschäden verursacht haben, bestehen. Die Verwaltung spricht meistens Geldstrafen aus. Diese fließen grundsätzlich in den Staatshaushalt, während die Geldstrafen der Nationalen Agentur für Umweltschutz dem Haushalt der Agentur zu gute kommen.[323] In einigen Fällen kann die Verwaltung verlangen, dass der Zuwiderhandelnde den Umweltschaden beseitigt, oder die Wiederherstellungskosten übernimmt, wie bei Beeinträchtigung des öffentlichen maritimen Eigentums.[324] Dabei handelt es sich um eine Anwendung des Verursacherprinzips.[325]

Die der Verwaltung im tunesischen Recht gegebene Möglichkeit, Sanktionen wegen Verstoßes gegen Umweltrechtsvorschriften zu verhängen, kommt den Bedürfnissen des Umweltschutzes entgegen. Sie erlaubt eine rasche und wirksame Ahndung der Zuwiderhandlungen, die primär auf die schnelle Beseitigung des Umweltschadens gerichtet ist, ohne dass sie durch langwierige und kostenträchtige Gerichtsverfahren verzögert wird.[326] Dieselbe Überlegung steht hinter der Einführung der „Transaktion" in das tunesische Umweltrecht.

5. Die Transaktion

Die Transaktion ist eine Vereinbarung zwischen der Verwaltungsbehörde und dem Straftäter, durch die sich dieser zu einer bestimmten Leistung verpflichtet. Im Gegenzug zieht die Verwaltung die Strafanzeige zurück.[327] Die Transaktion wird in der Literatur als eine Art gütliche Streitbeilegung betrachtet.[328]

Die Transaktion ist im tunesischen Umweltrecht häufig vorgesehen. Sie ist bei Waldfrevel Straftaten in Wälder, bei der Abwässeraufbereitung, im Bergbau, bei der Beeinträchtigung des öffentlichen maritimen Eigentums, bei der Erhaltung der Gewässer und des Bodens und bei der Fischerei erlaubt.[329] Die Nationale Agentur für Umweltschutz benutzt die Transaktion häufig.[330] Den meisten

322 Ben Achour, Droit Administratif (2000), S. 258 ff.; Frydman/Bonichot/Le Chatelier/Schwartz/Fratacci, Administration et repression, in: 3 Revue Française de Droit Administratif (1994) , S. 414-492.

323 Siehe Kapitel 8/III/B/2.

324 Art. 30 Loi n° 95-73 du 24.7.1995 relative au domaine public maritime.

325 Chikhaoui, Droit pénal de l'environnement et de l'urbanisme, S. 104.

326 Chikhaoui, Le cadre légal des pollutions marines, S. 140.

327 Leblois-Happe, De la transaction pénale à la composition pénale, in : 74 Semaine Juridique (2000), S. 65.

328 Chavrier, Réflexions sur la transaction administrative, in : 16 Revue Française de droit administratif (2000), S. 554.

329 Ebenda.

330 Laut dem Tätigkeitsbericht der ANPE (1991) (nicht veröffentlicht) werden von 410 festgestellten Zuwiderhandlungen gegen Umweltvorschriften 187 durch Transaktionen zwischen der ANPE und dem Zuwiderhandelnden geregelt.

Verstößen, die die Meeresumwelt gefährden oder verschmutzen, folgt eine Transaktion.[331]

Die Transaktion kann vor Einschaltung der Staatsanwaltschaft, während des Strafverfahrens und sogar nach einer richterlichen Entscheidung geschlossen werden. Sie bedarf einer gesetzlichen Grundlage.[332] Die Nationale Agentur für Umweltschutz ist durch ihr Errichtungsgesetz zur Vereinbarung von Transaktionen befugt.[333] Sie benötigt hierzu die Erlaubnis der Aufsichtsbehörde, nämlich des Umweltministers.[334] Die Transaktion kann zur Bezahlung einer Geldsumme verpflichten, die höher oder geringer als eine eventuelle Geldstrafe ist. Sie kann den Verdächtigen oder den Straftäter zur Beseitigung oder Verringerung der Verschmutzung verpflichten. Wird die Transaktion während des Strafverfahrens vereinbart, wird dieses eingestellt. Wird sie nach dem Urteil vereinbart, wird die Strafe ganz oder teilweise aufgehoben.[335]

Die Transaktion soll die Unternehmen von der Umweltverschmutzung abbringen, ohne ihren Beitrag zur wirtschaftlichen Entwicklung zu beeinträchtigen. Dass die Zahlungen aus den Transaktionen und die Geldstrafen in den Haushalt der Nationalen Agentur für Umweltschutz fließen,[336] stellt einen Anreiz für die Agentur dar, die Kontrolle akribisch durchzuführen und Umweltsünder streng zu behandeln. Dieses Verfahren entzieht sich jedoch jeder Öffentlichkeitskontrolle.

IV. Ergebnisse von Kapitel 8

Tunesien hat das SRÜ und zahlreiche weitere regionale und globale Konventionen zum Meeresumweltschutz ratifiziert. Die von Tunesien ratifizierten und veröffentlichten Völkerrechtsverträge haben einen höheren Rang als die Gesetze. Sie gelten unmittelbar in Tunesien und bedürfen keiner Transformation in tunesisches Recht. Diese völkerrechtsfreundliche Einstellung der tunesischen Verfassung wird durch die nicht regelmäßige Veröffentlichung der ratifizierten Verträge abgeschwächt.

Aus diesen Vereinbarungen entsteht die allgemeine Pflicht, alle Maßnahmen zu treffen, um die Meeresverschmutzung zu verhüten, zu verringern und zu bekämpfen. In Übereinstimmung mit den völkerrechtlichen Verträgen zum Umweltschutz und mit den Empfehlungen der Agenda 21, hat Tunesien das Prinzip der nachhaltigen Entwicklung, das Vorsorgeprinzip und das Verursacherprinzip

---

331 Gespräch mit der Vorsitzenden der juristischen Abteilung der ANPE, Frau Labidi (Tunis, November 2005).

332 Cissé, Essai sur la transaction pénale administrative (1993); ders., Etude sur le règlement transactionnel des infractions économiques et d'affaires (1989).

333 Art. 11 Abs. 3 ANPE-Gesetz.

334 Art. 11 Abs. 3 ANPE-Gesetz.

335 Chikhaoui, Droit pénal de l'environnement et de l'urbanisme, S. 88.

336 Art. 14 ANPE-Gesetz.

in seine Rechtsordnung übernommen. Tunesien hat auch eine nationale Strategie der nachhaltigen Entwicklung verabschiedet. In Anwendung des Vorsorgeprinzips ist die Umweltverträglichkeitsstudie im tunesischen Recht eingeführt worden. Das Verfahren der UVS ist vertraulich. Die Personen, die von der Durchführung des Vorhabens betroffen sein können, dürfen nicht daran teilnehmen. Dahinter steht das Ziel, die Unternehmen zu schützen und die Befürchtung, die wirtschaftliche Initiative durch transparente Verfahren zu hemmen. In Anwendung des Verursacherprinzips zahlen die touristischen Unternehmen Hotelabgaben, die einen Fonds für den Schutz der touristischen Zonen speisen. Dieser Fonds trägt dazu bei, die Belastungen für die Umwelt aus dem Tourismus zu verringern. Die Beschränkung auf das 1 % der Einnahmen des touristischen Unternehmens zeigt den Willen des Gesetzgebers, die wirtschaftliche Initiative in einem für Tunesien so wichtigen Bereich wie dem Tourismus nicht zu bremsen. Die Anwendung der völkerrechtlichen Prinzipien zum Umweltschutz ist in Tunesien durch die Sorge geprägt, den Entwicklungsschwung der letzten 15 Jahre nicht zu hemmen.

Tunesien hat seine Institutionen ausgebaut, damit sie Umwelt- und Entwicklungsprobleme gemeinsam behandeln. So hat es etwa die Nationale Kommission für die Nachhaltige Entwicklung errichtet. Allerdings sind die Aufgaben der verschiedenen Institutionen so breit ausgestaltet, dass sie unweigerlich zu Kompetenzüberschneidung führen.

Die Agentur für Schutz und Raumordnung der Küstengebiete ist die einzige Institution, die sich speziell mit Meeresumweltschutz befasst. Die Nationale Agentur für Umweltschutz hat eine führende Rolle. Ihr Errichtungsgesetz stellt im tunesischen Umweltrecht eine Art von Rahmengesetz dar. Die meisten Zuwiderhandlungen gegen Umweltschutzgesetze werden von ihren Experten-Kontrolleuren festgestellt. Die meisten Ahndungen wegen Verschmutzung oder Beeinträchtigung der Umwelt beruhen auf dem ANPE-Gesetz und seinem Verschmutzungsverbot. Dies gilt auch für die Zuwiderhandlungen, die zu einer Beeinträchtigung der Meeresumwelt geführt haben.

Das Errichtungsgesetz der Nationalen Agentur für Umweltschutz und das Dekret über ihre Experten-Kontrolleure enthalten allgemeine Bestimmungen, die auf jede Verschmutzungsart und jede Verschmutzungsquelle anwendbar sind. Die einzige Bestimmung über Meeresverschmutzung behandelt die Voraussetzungen für das Aufbringen und Zurückhalten von Schiffen wegen Zuwiderhandlungen gegen die Umweltgesetze. Die Experten-Kontrolleure der Agentur sind auch zu Kontrollen auf See berechtigt. Das Dekret über Experten-Kontrolleure enthält Bestimmungen über Untersuchungen von Schiffen und verstößt insofern gegen das SRÜ, welches die stufenweise Kontrolle der Schiffe fordert.[337]

---

337 Siehe Kapitel 1/II/A/2/c.

Die Untersuchung von Institutionen, Prinzipien und Verfahren zum Meeresumweltschutz in Tunesien führt zu einem ambivalenten Ergebnis. Tunesien verfügt zwar über ein institutionelles System zum Schutz der Umwelt und führt auch Verfahren zur Kontrolle und Ahndung von Zuwiderhandlungen gegen die Umweltgesetze durch. Die Tätigkeiten dieser Institutionen und ihre Verfahren erfassen auch die Bekämpfung der Meeresverschmutzung. Es fehlen jedoch besondere Einrichtungen für die Bekämpfung der Meeresverschmutzung. Es wird im Folgenden untersucht, ob das auch für die materiell-rechtlichen Vorschriften gilt.

Kapitel 9: Die innerstaatlichen Vorschriften gegen die meerseitige Meeresverschmutzung

„Meerseitige Meeresverschmutzung" hat ihren Ursprung. Die tunesischen Normen erfassen die meerseitige Meeresverschmutzung von Schiffen aus, von Seewracks aus und durch die offshore stattfindende Erforschung und Ausbeutung von Kohlenwasserressourcen.

I. Das Regelwerk gegen die schiffseitige Meeresverschmutzung

A. Die Pflichten Tunesiens als Flaggenstaat

Die Flaggenstaaten sind verpflichtet, die notwendigen Rechtsvorschriften zu erlassen, um Verschmutzung durch Schiffe zu verhüten, zu verringern und zu bekämpfen. Das Völkerrecht gibt ihnen umfangreiche Befugnisse zur Durchsetzung der internationalen Normen.[1] Der tunesische Staat als Flaggenstaat hat zahlreiche Rechtsvorschriften erlassen, um seine völkerrechtlichen Rechte auszuüben und seine völkerrechtlichen Pflichten zu erfüllen.

1. Die Flaggenverleihung

Um die tunesische Flagge zu führen, benötigen tunesische Schiffe eine Urkunde der Nationalitätsverleihung und einen *congé*.[2]

a. Die Nationalitätsverleihung an Schiffe

Der tunesische Gesetzgeber übt das ihm völkerrechtlich zuerkannte Recht aus, die Bedingungen zur Erlangung der tunesischen Staatszugehörigkeit für Schiffe zu bestimmen. Entsprechend dem SRÜ legt er auf eine enge Verbindung zwischen Schiff und tunesischem Staat Wert.[3] Dies hilft auch bei der Eindämmerung der Registrierung der Schiffe in Staaten mit Billigflaggen, deren mangelhafte Kontrolle der Schiffe die Meeresumwelt gefährden könnte.

Als tunesisch werden Schiffe jeder Tonnage betrachtet, wenn sie in Tunesien gebaut oder wenn sie vom tunesischen Staat wegen Verstoßes gegen tunesische Rechtsvorschriften beschlagnahmt worden sind. Ferner gelten Schiffe als tunesisch, die nach einem Schiffbruch in Tunesien repariert worden sind, wenn die Reparaturkosten das Doppelte ihres Zeitwerts betragen und sie in Tunesien beheimatet sind.[4] Außerhalb Tunesiens gebaute Schiffe können die tunesische Flagge erhalten, wenn sie mindestens zu 51% tunesischen juristischen oder na-

---

1 Siehe Kapitel 1/II/A/2.
2 Art. 19 Code de la police administrative de la navigation maritime, JORT du 15.6.1976.
3 Siehe Kapitel 1/II/A/1/c/(1).
4 Art. 1 Code de la police administrative de la navigation maritime.

türlichen Personen gehören, wenn die Zollgebühren bezahlt und sie in Tunesien beheimatet sind.[5] Für Ausflugsschiffe sind spezielle Bedingungen vorgesehen.[6]

Tunesische Schiffe werden in ein Register eingetragen.[7] Für die Verleihung der tunesischen Staatsangehörigkeit muss nur bei Ausflugsschiffen bewiesen werden, dass die Schiffe aus einem anderen Schiffsregister gelöscht worden sind.

b. Die Urkunde der Nationalitätsverleihung und der Congé

Die Urkunde der Nationalitätsverleihung bestätigt dem Schiff das Recht zur Führung der tunesischen Flagge.[8] Sie enthält Informationen über das Schiff, einschließlich der Umstände seiner Naturalisierung. Der *congé* ist eine jährlich zu erneuernde Urkunde, die beweist, dass das Schiff berechtigt ist, unter tunesischer Flagge zu fahren. Er bestätigt, dass das Schiff für welches er ausgestellt wurde, mit dem, für das die Nationalitätsverleihung erfolgte, identisch ist.[9]

Die jährliche Prüfung, ob das Schiff berechtigt ist, die tunesische Flagge zu führen, die vor der Zustellung des *Congé* erfolgt, entspricht der allgemeinen völkerrechtlichen Pflicht von Flaggenstaaten, die Jurisdiktion und Kontrolle über ihre Schiffe effektiv auszuüben.[10]

Aus der Flaggenverleihung entstehen dem Flaggenstaat zahlreiche Pflichten zur Wahrung von Sicherheits- und Sozialstandards an Bord[11] und zur Verhütung, Verringerung und Bekämpfung der Meeresverschmutzung durch Schiffe.[12]

2. Die Ausstellung der Sicherheitszeugnisse

Tunesien hat sowohl MARPOL als auch das SRÜ ratifiziert.[13] Dementsprechend hat Tunesien als Flaggenstaat seine nationalen Behörden angewiesen, den seine Flagge führenden Schiffen bestimmte Sicherheitszeugnisse auszustellen. Die Kapitäne sind verpflichtet, diese Zeugnisse an Bord mit zu führen.[14]

Die Sicherheitszeugnisse nach dem *Code de la police administrative de la navigation maritime* unterscheiden sich je nach Schiffstyp. Jedenfalls soll jedes tunesische Schiff einen Zulassungsschein (*permis de navigation)* besitzen. Jedes tunesische Passagierschiff muss eine Sicherheitsurkunde für Passagierschifffahrt

5 Art. 2 Code de la police administrative de la navigation maritime.

6 Art. 5 Code de la police administrative de la navigation maritime.

7 Art. 22 Code de la police administrative de la navigation maritime.

8 Art. 7 Abs. 1 Loi n° 62-13 du 24.4.1962 portant promulgation du Code de commerce maritime.

9 Art. 7 Abs. 2 Code de commerce maritime.

10 Art. 91 SRÜ.

11 Art. 94 SRÜ; Nunez-Müller, S. 276.

12 Art. 211 Abs. 2 u. Art. 217 SRÜ; Siehe auch Kapitel 1/II/A/1/c/(2).

13 Siehe Kapitel 8/I/B/3.

14 Arts. 26-27-28 Code de la police administrative de la navigation maritime.

(*certificat de sécurité*) mit sich führen. Jedes tunesische Schiff, dessen Fahrten einen fremden Hafen als Ziel haben,[15] muss die in den von Tunesien ratifizierten internationalen Verträgen vorgesehenen Sicherheitszeugnisse und Ausnahmebewilligungen mit sich führen.[16] Für die Gültigkeitsdauer dieser Zeugnisse verweist der tunesische Gesetzgeber auf die internationalen Verträge.[17] Dass die internationalen Konventionen von Tunesien ratifiziert sein müssen, entspricht nicht der Forderung des SRÜ, dass die von dem Flaggenstaat für die Schiffssicherheit und den Meeresumweltschutz erlassenen Vorschriften nicht weniger wirksam sein sollen, als die allgemein anerkannten Normen und Standards. Durch den Begriff der allgemein anerkannten Normen ist der Flaggenstaat auch ohne Ratifikation gebunden.[18]

Diese Zeugnisse werden nach der Besichtigung vor der Inbetriebnahme der Schiffe von dem Direktor der Handelsflotte und von den zugelassenen Klassifikationsgesellschaften erteilt.[19]

3. Die Schiffsbesichtigungen

Entsprechend Art. 217 SRÜ sieht die tunesische Gesetzgebung regelmäßige Besichtigungen der unter tunesischer Flagge fahrenden Schiffe vor.[20] Die Besichtigungen dienen der Schiffssicherheit. Sie beziehen sich auf den Bau, die elektrischen Anlagen, die Rettungsboote und andere Gegenstände.[21]

Jedes Schiff wird vor jeder Inbetriebnahme gründlich besichtigt (*visite de mise en service*).[22] Die periodischen Besichtigungen (*visites périodiques*) erfolgen vor jeder Erneuerung der Sicherheitszeugnisse, damit das Schiff den Sicherheitsvorschriften immer noch entspricht.[23] Der Direktor der Handelsflotte kann zu jeder Zeit eine außerordentliche Besichtigung (*visite exceptionnelle*) anordnen.[24] Art. 33 *Code de la police de la navigation administrative de la navigation maritime* bestimmt, dass der Direktor der Handelsflotte die Schifffahrtssicherheit der tunesischen Schiffe zu jeder Zeit kontrollieren darf. Er darf jedes Schiff vor dem Auslaufen überprüfen, ob es seetüchtig ist und die Bestimmungen des

---

15 Art. 25 Abs. 6 Code de la police administrative de la navigation maritime.

16 Art. 26 Abs. 4 Code de la police administrative de la navigation maritime besagt dass: "Tout navire tunisien effectuant des voyages internationaux doit posséder les titres de sécurité ou les certificats d'exemption prévus par les *conventions internationales ratifiées par la Tunisie* ». Hervorhebung zugefügt.

17 Art. 29 Code de la police administrative de la navigation maritime.

18 Nunez-Müller, S. 290; Siehe auch Kapitel 1/II/A/1/a.

19 Art. 27 Code de la police administrative de la navigation maritime.

20 Siehe Kapitel 1/II/A/1/c.

21 Art. 32 Code de la police administrative de la navigation maritime.

22 Art. 34 Abs. 1 Code de la police administrative de la navigation maritime.

23 Art. 34 Abs. 2 Code de la police administrative de la navigation maritime.

24 Art. 34 Abs. 3 Code de la police administrative de la navigation maritime.

code de la police administrative de la navigation maritime und weitere Sicherheitsvorschriften einhält (*visite de partance*).[25] Der Direktor der Handelsflotte, der im Code auch als maritime Behörde bezeichnet wird, darf das Auslaufen verbieten oder verschieben, wenn der Zustand des Schiffes eine Gefahr für Mannschaft oder Passagiere darstellt.[26] Diese Maßnahme wird laut Art. 217 (2) SRÜ von den Flaggenstaaten getroffen, um ihre unternormierten Schiffe am Auslaufen zu hindern.

4. Die Ahndung der Verstöße

Die Flaggenhoheit nach dem SRÜ gibt dem Flaggenstaat ein weltweites Durchsetzungsrecht gegen Schiffe und Handlungen auf Schiffen seiner Flagge.[27] Das tunesische maritime Disziplinar- und Strafgesetzbuch (*Code disciplinaire et pénal maritime)* folgt diesem Prinzip. Es sieht Strafen gegen Zuwiderhandlungen vor, die an Bord eines tunesischen Schiffes ungeachtet seines Standorts begangen werden.[28] Die Zuständigkeit für die Ahndung dieser Zuwiderhandlungen wird den tunesischen Gerichten unabhängig vom Tatort zugewiesen.[29]

Viele dieser Zuwiderhandlungen sind mittelbar für den Meeresumweltschutz von Relevanz. Die Besatzungsmitglieder, die an Bord eines tunesischen Schiffes gegen die Schifffahrtssicherheitsnormen verstoßen, werden bestraft. Beispielsweise erhält nach diesem Gesetzbuch jede Person, die ohne die Genehmigung des Direktors der Handelsflotte an Bord eines tunesischen Schiffs tätig ist, eine Geldstrafe oder eine Freiheitsstrafe.[30] Nicht ausgebildete Personen können Handlungen begehen, die der Meeresumwelt schaden können. Für Kapitäne tunesischer Schiffe, die Nationalitätsurkunden mehrerer Staaten an Bord führen, sieht das Gesetzbuch schwere Strafen vor.[31] Dieses Verhalten ist auch nach dem SRÜ verboten.[32] Doppelstaatszugehörigkeit von Schiffen beeinträchtigt die Funktion der Flagge für die Beachtung der völkerrechtlichen Vorschriften durch Schiffe.

Die tunesische Gesetzgebung setzt viele dem Flaggenstaat vom Völkerrecht auferlegte Pflichten um. Diese Implementierung erfasst hauptsächlich die Schifffahrtssicherheit. Sie ist deshalb unvollständig. Es fehlen Bestimmungen für das Einleiten oder Einbringen durch Schiffe. Das maritime Disziplinar- und

25 Art. 36 Code de la police administrative de la navigation maritime.

26 Art. 36 Code de la police administrative de la navigation maritime.

27 Nunez-Müller, S. 295 .

28 Art. 1 Loi n° 24 du 12.4.1977 portant promulgation du Code disciplinaire et pénal maritime, JORT n°23 du 13.4.1977, et n°25 du 15.4.1977.

29 Art. 15 Code disciplinaire et pénal maritime.

30 Art. 61 Code disciplinaire et pénal maritime.

31 Art. 92 Code disciplinaire et pénal maritime.

32 Art. 92 SRÜ.

Strafgesetzbuch enthält auch keine Umsetzung der Verbotsbestimmungen von MARPOL.[33]

B. Die Pflichten Tunesiens als Hafenstaat

Seehäfen sind für die wirtschaftliche Entwicklung eines Staates wichtig.[34] Der tunesische Gesetzgeber hat sich seit 1896 mit Seehäfen befasst.[35] Zurzeit werden die hafenstaatlichen Zuständigkeiten insbesondere durch das Gesetzbuch für Seehandelshäfen (*Code des ports maritimes de commerce*) von 1995[36] und den *Code de la police administrative de la navigation maritime* von 1976 geregelt.

Die Häfen werden als Teil des maritimen öffentlichen Eigentums betrachtet.[37] Dies verleiht ihnen nach tunesischem Recht einen besonderen Schutz.[38] Im Gesetzbuch für Seehandelshäfen wird der Seehandelshafen als ein dafür hergerichteter Anlaufplatz, um Schiffe zu beladen, zu löschen oder Passagiere ein- oder auszuschiffen, definiert.[39] In ihm können Schiffe auch Zuflucht finden oder Reparaturen vornehmen lassen.[40] Das Gesetzbuch will die allgemeinen Normen für die Sicherheit, den Schutz und die Erhaltung der Seehandelshäfen und ihre Bewirtschaftung festlegen.[41]

Für die Anwendung der Sicherheitsvorschriften sowie für den Schutz, die Erhaltung und die Sauberkeit der Häfen sind die Hafenoffiziere verantwortlich.[42] Sie bilden mit dem Hafendirektor die Hafenbehörde (*autorité portuaire*).[43] Die umweltrelevanten Bestimmungen im Gesetzbuch für Seehandelshäfen lassen sich in Vorschriften zum Einlaufen und Auslaufen und in Verhaltensvorschriften für Schiffe im Hafen einteilen.

---

33 Khoudjet El Khil, S. 383; Siehe auch Kapitel 3/I/B/2.

34 Behrendt, Der Begriff und die Funktion des „Seehafens“, in: Lagoni (Hg.), Beiträge zum deutschen und europäischen Seehafenrecht (2001), S. 112.

35 Vgl. Ben Amar, Les nouvelles règles d'exploitation portuaire en Droit algérien, in: Revue Tunisienne de Droit (2001), S. 51 ff.; Rémond-Guilloud, Droit maritime (1993), S. 98.

36 Loi n° 99-25 du 18.3.1999 portant promulgation du Code des ports maritimes de commerce, JORT n° 24 du 23.3.1999.

37 Art. 1 und Arts. 53-67 Code des ports maritimes de commerce.

38 Siehe Kapitel 10/III.

39 Art. 3 Code des ports maritimes de commerce.

40 Art. 3 Code des ports maritimes de commerce.

41 Art. 1 Code des ports maritimes de commerce.

42 Art. 7 Code des ports maritimes de commerce.

43 Art. 3 Code des ports maritimes de commerce.

1. Das Einlaufen und Auslaufen

Ein Schiff darf nicht ohne die Erlaubnis eines Hafenoffiziers in einen tunesischen Hafen einlaufen oder aus ihm auslaufen. Die Erlaubnis wird gegebenenfalls nach der Besichtigung des Schiffes durch einen Experten erteilt. Die Hafenbehörde darf dem Schiff das Einlaufen verbieten, wenn es die Sicherheit oder die ordentliche Bewirtschaftung des Hafens gefährden kann.[44] Die Erlaubnis für das Anlaufen eines tunesischen Hafens und das breite Ermessen der Hafenoffiziere für ihre Erteilung entsprechen dem SRÜ, das dem Hafenstaat gestattet, die Verhütung, Verringerung und Bekämpfung der Meeresverschmutzung durch Schiffe zu regeln.[45] Bedauerlicherweise wird lediglich die Hafensicherheit und nicht der Meeresumweltschutz als Grund für die Verweigerung des Einlaufens genannt. Bei großzügiger Auslegung kann man zur Hafensicherheit auch den Umweltschutz rechnen.

Der Reeder muss 48 Stunden vor dem Einlaufen bei der Hafenbehörde eine Kaizuteilung beantragen.[46] Hierbei sollen die beförderten Waren genannt,[47] und „die Sicherheitsinformationen des Schiffs gemäß Regel 9, Kapitel XI-2 der Anlage zu SOLAS von 1974“ [48] gegeben werden.

Ebenso wie tunesische dürfen ausländische Schiffe vor dem Auslaufen einer Abfahrtbesichtigung (*visite de partance*) unterworfen werden. Sie erfolgt wie für tunesische Schiffe.[49] Die Rechtsfolgen sind jedoch verschieden. Wenn das tunesische Schiff nicht seetüchtig ist, darf der Direktor der Handelsflotte ihm nach dem *code de la police administrative de la navigation maritime* ihm das Auslaufen verweigern oder das Auslaufen verschieben.[50] Fremde seeuntüchtige Schiffe müssen jedoch am Auslaufen gehindert werden.[51] Fremde Schiffe werden also diskriminiert, was vom SRÜ verboten ist.[52] Das tunesische Gesetz sieht auch die Möglichkeit vor, dem seeuntüchtigen fremden Schiff das Anlaufen der nächstgelegenen Reparaturwerft zu erlauben, was dem SRÜ entspricht.[53] Gemäß dem

---

44 Art. 8 Code des ports maritimes de commerce.

45 Art. 211 Abs. 3 SRÜ; Siehe Kapitel 1/II/1/d.

46 Art. 10 Code des ports maritimes de commerce.

47 Art. 10 Code des ports maritimes de commerce.

48 Der Verweis auf SOLAS erfolgte mit der Änderung des Code des ports maritimes de commerce durch die Loi n° 2005-9 du 19.1.2005, JORT n° 6 du 21.1.2005.

49 Art. 53 Code de la police administrative de la navigation maritime besagt dass: „Les navires étrangers sont assujettis aux visites de partance dans les mêmes conditions que les navires tunisiens”.

50 Art. 36 Code de la police administrative de la navigation maritime; Siehe Kapitel 1/II/A/2/b/(2).

51 Art. 52 Code de la police administrative de la navigation maritime.

52 Art. 227 SRÜ.

53 Art. 219 SRÜ; Siehe Kapitel 1/II/A/2/b/(2).

SRÜ[54] wird die maritime Behörde im tunesischen *Code de la police administrative de la navigation maritime* verpflichtet, den Flaggenstaat von dem Auslaufverbot und seinen Gründen zu benachrichtigen.[55]

2. Das Verhalten der Schiffe in den Häfen

Das Gesetzbuch über Seehandelshäfen regelt die Hafensicherheit. Die Entgasung ist nur in den dafür bestimmten Kaigebieten und auf Anweisung der Hafenbehörde erlaubt.[56] Bau- Reparatur- oder Abwrackarbeiten sind nur in den dafür bestimmten Kaigebieten und mit Erlaubnis der Hafenbehörde zulässig.[57]

Es gibt ein allgemeines Verbot, eine Arbeit durchzuführen, die die Hafengewässer, ihre Tiefe oder ihre Qualität beeinträchtigen kann. Insbesondere ist es untersagt, verschmutztes Wasser mit Ölrückständen, gefährliche Güter, oder Güter, die die Gesundheit oder die Umweltsicherheit beeinträchtigen können, in die Hafengewässer einzuleiten.[58] Bei Verstößen gegen diese Verbote müssen die Zuwiderhandelnden die Hafenbehörde umgehend benachrichtigen und den vorherigen Zustand der Gewässer wiederherstellen.[59] Der Kapitän ist verpflichtet, die Hafenbehörde vor jeder Abgabe von Ölrückständen in die Gewässer oder in die Nebenanlagen des Hafens zu unterrichten.[60] Es ist verboten, außerhalb der dafür bestimmten Bereiche Ölrückstände, Chemikalien, radioaktive Substanzen oder flüssige oder feste Abfälle zu beseitigen.[61] Die Hafenbehörde darf jedes Schiff vor dem Auslaufen verpflichten, Abwässer und öl- und fetthaltige Abfälle jeder Art, die sich an Bord befinden, in die dafür bestimmten Auffanganlagen einzuleiten. Die Hafenbehörde darf das Auslaufen verweigern, bis die Einleitung durchgeführt wurde.[62] Die letztgenannten Kompetenzen der Hafenbehörde dienen der Bekämpfung betriebsbedingter Einleitungen ins Meer und sind für das Mittelmeer besonders wichtig. MARPOL betrachtet das Mittelmeer als Sonderzone.[63] Nach dem tunesischen Gesetz ist die Hafenbehörde zum Handeln allerdings nur ermächtigt, nicht verpflichtet. Die Umwandlung dieser Ermächtigung in eine Pflicht würde zu finanziellen Belastungen führen, die die tunesischen Behörden sich nicht leisten können. Besonders problematisch ist in Tunesien die Bereitstellung ausreichender und funktionsfähiger Auffanganlagen.[64]

54 Art. 226 Abs. 1 (c) SRÜ.
55 Art. 52 Code de la police administrative de la navigation maritime.
56 Art. 24 Code des ports maritimes de commerce.
57 Art. 25 Code des ports maritimes de commerce.
58 Art. 32 Code des ports maritimes de commerce.
59 Art. 33 Code des ports maritimes de commerce.
60 Art. 34 Code des ports maritimes de commerce.
61 Art. 36 Code des ports maritimes de commerce.
62 Art. 36 Code des ports maritimes de commerce.
63 Siehe Kapitel 3/I/B/2.
64 Siehe Kapitel 3/I/C.

Neben diesen allgemeinen Verhaltensnormen in den Häfen gibt es spezielle Bestimmungen für Schiffe, die gefährliche Güter befördern, umschlagen, ausladen oder verladen. Die Kapitäne solcher Schiffe sind beispielsweise verpflichtet, der Hafenbehörde Angaben über die Natur, und Klassifikation der Güter gemäß dem internationalen Code für die Beförderung gefährlicher Güter mit Seeschiffen zu machen.[65] Für die Verladung, Löschung und den Umschlag dieser Güter ist die Erlaubnis der Hafenbehörde erforderlich.[66]

In der Praxis handelt es sich bei Verstößen gegen die Verhaltensvorschriften im Gesetz für Seehandelshäfen und gegen das allgemeine Verschmutzungsverbot im ANPE-Gesetz meistens um Einleiten von Asphalt[67] oder von ölhaltigen Abwässern.[68]

3. Zwischenergebnis

Die tunesischen Vorschriften für Häfen betreffen insbesondere das Einlaufen und Auslaufen von Schiffen und bezwecken den Schutz und die Erhaltung der Häfen. Sie verweisen oft auf die internationalen Vereinbarungen. Diese beziehen sich jedoch auf die Schifffahrtssicherheit. Bedauerlicherweise gibt es keine tunesischen Vorschriften zur Durchsetzung der in Art. 218 SRÜ vorgesehenen hafenstaatlichen Kompetenzen.[69] Der Gesetzgeber verpflichtet die tunesische Hafenbehörde nicht, außerhalb der Häfen begangene Zuwiderhandlungen zu ermitteln. Außerdem räumt er ihr ein breites Ermessen bei der Kontrolle fremder Schiffe ein. Dies widerspricht den Regeln und dem Ziel der von Tunesien unterzeichneten Mittelmeer-Vereinbarung zur Hafenstaatskontrolle, nach welcher jährlich in den Mittelmeerhäfen eine bestimmte Zahl von Schiffen zu inspizieren ist.[70] Erstaunlicherweise verweist das Gesetz für Seehandelshäfen nicht auf diese Mittelmeer-Vereinbarung, obwohl sie von Tunesien zwei Jahre vor dem Erlass des Gesetzbuches unterzeichnet wurde.

C. Die Vorsorge und Bekämpfung der unfallbedingten Meeresverschmutzung

Tunesien hat das Protokoll über die Zusammenarbeit bei der Bekämpfung der Verschmutzung des Mittelmeeres durch Öl und andere Schadstoffe in Notfällen

65 Art. 15 Abs. 2 Code des ports maritimes de commerce.

66 Arts. 48-52 Code des ports maritimes de commerce.

67 Verstoß durch das spanische Schiff *Mar Victoria* in den Hafengewässern von Radès am 24.9.2004. ANPE, Protokoll 1/2004.

68 Verstoß durch das Schiff *Nesvetay* unter der Flagge von Honduras in den Hafengewässern von Sfax am 25.1.2005. ANPE, Protokoll 20/2000.

69 Siehe Kapitel 1/II/A/2/b/(2).

70 Siehe Kapitel 3/II/B/3.

(Notfallprotokoll I)[71] und das Internationale Übereinkommen über Vorsorge, Bekämpfung und Zusammenarbeit auf dem Gebiet der Ölverschmutzung (Vorsorge-Übereinkommen) ratifiziert.[72] Um sie umzusetzen, hat der tunesische Gesetzgeber Vorschriften erlassen, um die unfallbedingte Meeresverschmutzung durch Öl und andere schädliche und gefährliche Stoffe zu verhüten und zu bekämpfen. Die zentrale Rechtsvorschrift ist das Gesetz über den Nationalen Notfallplan.

1. Der Nationale Notfallplan zur Bekämpfung der Meeresverschmutzung

a. Geringe und massive Verschmutzung

Das Gesetz über den Nationalen Notfallplan zur Bekämpfung der Meeresverschmutzungsereignisse unterscheidet zwischen geringer und massiver Verschmutzung. Aus dieser Unterscheidung lassen sich erhebliche Rechtsfolgen ableiten. Die Verschmutzung geringen Ausmaßes (*pollution de faible ampleur*) wird im Gesetz als geographisch begrenzt definiert.[73] Deswegen erfordert sie keinen Einsatz außerordentlicher Mittel und kann ohne die Anwendung des Nationalen Notfallplans bekämpft werden. Gegen sie gehen die verantwortlichen Personen im Rahmen ihrer Zuständigkeiten und mit den ihnen zur Verfügung stehenden eigenen Mitteln vor. Andere lokale Verwaltungen können sie unterstützen.[74] Als massiv wird eine Verschmutzung oder eine drohende Verschmutzung bezeichnet, wenn sie so schwer und komplex ist, dass sie nicht mit normalen Mitteln bekämpft werden kann und den Gebrauch des Nationalen Notfallplans erfordert. Dann dürfen alle nationalen Mittel eingesetzt und darf um internationale Hilfe ersucht werden.[75]

Die Unterscheidung des Gesetzes zwischen zwei Verschmutzungsarten steht in Einklang mit dem Vorsorge-Übereinkommen, das die Pflicht zu internationaler Hilfe von der Schwere des Ereignisses abhängig macht.[76]

Die beiden Verschmutzungsarten sind als Meeresverschmutzungsereignis qualifiziert, dessen gesetzliche Definition den Vorsorgegedanken widerspiegelt. Bei einem Meeresverschmutzungsereignis müssen nicht tatsächlich Öl und Schadstoffe ins Meer eingeleitet und die Meeresumwelt und die Küstengebiete geschädigt werden. Es reicht, wenn das Meeresverschmutzungsereignis zu diesem Ereignis führen kann.[77] Es ist zu begrüßen, dass das tunesische Gesetz nicht

---

71 Siehe Kapitel 3/I/F/1.

72 Siehe Kapitel 3/I/E/2.

73 Art. 1 Loi n° 96-29 du 3.4.1996 instituant un plan national d'intervention urgente pour lutter contre les évènements de pollution marine, JORT n° 29 du 9.4.1996.

74 Art. 1 Loi n° 96-29 du 3.4.1996.

75 Art. 1 Loi n°96-29.

76 Art. 7 Abs. 1 Vorsorge-Übereinkommen; Siehe auch Kapitel 3/I/E/2/d.

77 Art. 1 Loi n° 96-29.

nur die unfallbedingte Meeresverschmutzung durch Öl, wie es das Vorsorge-Übereinkommen verlangt, sondern auch, in Anwendung des Notfallprotokolls I, andere schädliche Stoffe einbezieht.

b. Die Komponenten und der Anwendungsbereich des Nationalen Notfallplanes

(1) Der Anwendungsbereich

Der Nationale Notfallplan gilt bei einer massiven Verschmutzung für die Meeresgewässer unter tunesischer Souveränität und für jede Zone der Hohen See, wenn aus ihr eine Gefahr für die tunesische Meeresumwelt oder die tunesischen Küstengebiete droht.[78]

(2) Die Komponenten

Das Gesetz über den Nationalen Notfallplan regelt die Bewertung der Risiken des Verschmutzungsereignisses für die öffentliche Gesundheit und die Umwelt, die Beteiligung der Einsatzkräfte einschließlich der Behörden an den Vorsorge- und Bekämpfungsaktionen und deren konkreten Einsatz.[79]

Der Inhalt des Nationalen Notfallplans entspricht den Vorgaben des Vorsorge-Übereinkommens und des UNEP/MAP Notfallprotokolls I. Die Berücksichtigung der internationalen Konventionen in dem Gesetz über den Nationalen Notfallplan zeigt den Willen des tunesischen Gesetzgebers, die Vorsorge- und Bekämpfungsoperationen völkerrechtsgemäß auszugestalten und durchzuführen.

c. Die Nationale Kommission für die Verhütung und Bekämpfung der Meeresverschmutzung

Das Gesetz über den Nationalen Notfallplan hat die Nationale Kommission für die Verhütung und Bekämpfung der Meeresverschmutzung (*Commission Nationale pour la Prévention et la Lutte contre les Evènements de Pollution Marine*) geschaffen. Sie hat bei der Erstellung und Durchführung des Nationalen Notfallplans die zentrale Aufgabe.

(1) Die Zusammensetzung

Die Kommission besteht aus Vertretern verschiedener Verwaltungen und Ministerien unter dem Vorsitz des Umweltministers.[80] Nationale Unternehmen, die zur Durchführung des Nationalen Notfallplans beitragen, können auf Einladung

78 Art. 3 Loi n° 96-29.
79 Art. 2 Loi n° 96-29.
80 Art. 5 Abs. 4 Loi n° 96-29.

des Vorsitzenden in die Kommission eintreten.[81] Die Kommission tagt zweimal jährlich, um den Vorbereitungsstand der verschiedenen Einsatzkräfte zu prüfen und die Planung zu aktualisieren.[82] Bei einer tatsächlichen oder wahrscheinlichen massiven Verschmutzung kommen die Kommissionsmitglieder zu einer außerordentlichen Sitzung zusammen. Die Nationale Agentur für Umweltschutz übernimmt die Sekretariatsaufgaben.

(2) Die Aufgaben

Die Kommission entscheidet über die Methoden und die Maßnahmen zur Bekämpfung der Meeresverschmutzung durch Öl und andere Stoffe. Sie sorgt für die Verfügbarkeit der Bekämpfungsmittel und für Übungsprogramme der Einsatzkräfte.[83] Bei der Anwendung des Nationalen Notfallplans im Falle einer massiven Verschmutzung übernimmt der Umweltminister als Vorsitzender der Nationalen Kommission für die Verhütung und Bekämpfung der Meeresverschmutzung die Rolle des nationalen Koordinators.[84] Er ist befugt, den Nationalen Notfallplan in Kraft zu setzen. Er koordiniert die Einsätze, benachrichtigt die Reeder und Schiffsversicherer und beendet die Aktion. Er zeigt auch die Personen, die das Meeresverschmutzungsereignis verursacht haben, an. Die Zusammenarbeit der Behörden, die das Gesetz über den Nationalen Notfallplan fordert, entspricht dem Vorsorge-Übereinkommen.[85] Nach der Inkraftsetzung des Nationalen Notfallplans werden ein Kommandoposten zu See und einer zu Lande, eingerichtet. Der nationale Koordinator ernennt die Kommandanten.[86]

Auf der Ebene der Bezirke wird ein Durchführungsausschuss für den Nationalen Notfallplan eingerichtet. [87] Sollte die Verschmutzung die Küstengebiete (*littoral*) gefährden, übernimmt der *Gouverneur* als Vorsitzender dieses Ausschusses die Rolle eines regionalen Koordinators.[88]

(3) Das Alarmsystem

Nach dem Gesetz über den Nationalen Notfallplan wird ein Alarmsystem geschaffen. Es verbindet die Behörden auf See, die von einem Meeresverschmutzungsereignis erfahren können. Jede Behörde übermittelt eine solche Nachricht unverzüglich dem Vorsitzenden der Nationalen Kommission für die Verhütung

---

81 Art. 4 Loi n° 96-29.
82 Art. 5 Loi n° 96-29.
83 Art. 6 Loi n° 96-29.
84 Art. 7 Loi n° 96-29.
85 Art. 6 Abs. 2 Vorsorge-Übereinkommen; Siehe Kapitel 3/I/E/2/d.
86 Art. 14 Loi n° 96-29.
87 Art. 8 Loi n° 96-29.
88 Art. 9 Loi n° 96-29.

und Bekämpfung der Meeresverschmutzung.[89] Dieses Alarmsystem entspricht nur teilweise der in dem Vorsorge-Übereinkommen enthaltenen Meldepflicht.[90] Im Unterschied zur Meldepflicht nach dem Vorsorge-Übereinkommen verpflichtet das tunesische Alarmsystem weder die Kapitäne der Schiffe unter tunesischer Flagge, noch die Verantwortlichen für Seehäfen und Offshore-Anlagen. Der Nationale Notfallplan nennt auch nicht die sog. „zuständigen Stellen auf See". Der Rechtssicherheit wegen sollte dieser Begriff im Gesetz definiert werden.

Das Gesetz über den Nationalen Notfallplan bestimmt eine Meldepflicht, wenn der Unfall die Küstenzone eines Nachbarstaates bedroht. Anders als im Vorsorge-Übereinkommen,[91] müssen die Behörden auf See nicht unmittelbar den Nachbarstaat informieren, sondern den Vorsitzenden der Nationalen Kommission für die Verhütung und Bekämpfung der Meeresverschmutzung, der den betroffenen Staat benachrichtigt.[92]

Obwohl die Verantwortlichen für Seehäfen und für Offshore-Anlagen nicht an das Alarmsystem angeschlossen sind, sind sie selbst bei Verschmutzungsereignissen meldepflichtig. Die Hafenbehörde muss der Nationalen Kommission als zuständiger Stelle für die Auslösung des Nationalen Notfallplans eine massive Verschmutzung im Hafen anzeigen.[93]

Die Betreiber der Offshore-Anlagen haben eine umfangreiche Meldepflicht. Sie müssen den Umweltminister und die Nationale Kommission für die Verhütung und Bekämpfung der Meeresverschmutzung von jeder Verschmutzung aus Offshore-Anlagen unterrichten.[94]

(4) Die internationale Hilfe

Dem Vorsorge-Übereinkommen entsprechend macht das Gesetz über den Nationalen Notfallplan internationale Hilfe zur Bekämpfung der unfallbedingten Meeresverschmutzung von der Schwere des Vorkommnisses abhängig. Bei der Gefahr einer massiven Verschmutzung muss die Nationale Kommission für die Verhütung und Bekämpfung der Meeresverschmutzung die erforderlichen Maßnahmen treffen, um die Hilfsoperationen der Vertragsparteien der internationalen und regionalen Konventionen zu erleichtern.[95]

---

89 Art. 11 Loi n° 96-29.

90 Art. 4 Abs. 1 (d) Vorsorge-Übereinkommen; Siehe auch Kapitel 3/I/E/2/b.

91 Art 4 Abs. 1 Vorsorge-Übereinkommen.

92 Art. 11 Loi n° 96-29.

93 Art. 38 Code des ports maritimes de commerce.

94 Art. 59 Abs. 4 Loi n° 99-93 du 17.8.1999 portant promulgation du Code des hydrocarbures.

95 Art. 23 Loi n° 96-29.

2. Sonstige Anweisungen

Die Betreiber von See- und Fischereihäfen und von Offshore-Anlagen zur Ölförderung und Ölausbeutung unter tunesischer Hoheitsgewalt sind nach dem Gesetz über den Nationalen Notfallplan verpflichtet, Notfalleinsatzpläne zu erstellen, die sie im Falle einer Verschmutzung geringen Ausmaßes durchführen sollen. Diese Notfalleinsatzpläne enthalten Ausbildungsprogramme für das Personal, damit es sich mit den Verschmutzungsbekämpfungstechniken vertraut machen kann, sowie Inventare der zur Verfügung zu stellenden Bekämpfungsmittel und eine Beschreibung der Verfahren zur Vorbereitung und Einleitung der Entschädigungsdossiers. Diese Notfalleinsatzpläne müssen von dem zuständigen Fachministerium und dem Umweltministerium genehmigt werden.[96] In anderen tunesischen Gesetzen wird die Pflicht, solche Pläne zu erstellen, bestätigt und näher geregelt. Nach dem Gesetzbuch über Seehandelshäfen setzt die Hafenbehörde bei einer Verschmutzung geringen Ausmaßes im Hafen den Notfalleinsatzplan in Kraft und führt die Bekämpfung durch.[97] Nach dem Gesetzbuch über Kohlenwasserstoffe sind die Inhaber von Konzessionen zur Erforschung und Ausbeutung von Erdöl und Erdgas in Offshore-Anlagen zur Erstellung solcher Pläne verpflichtet.[98]

Die Vorschriften über die Erstellung von Notfallplänen entsprechen der Verpflichtung der Vertragsparteien im Vorsorge-Übereinkommen, den Verantwortlichen für Seehäfen und Offshore-Anlagen die Erstellung spezieller Notfallpläne, vorzuschreiben.[99]

3. Zwischenergebnis

Der tunesische Gesetzgeber hat insbesondere durch das Gesetz über den Nationalen Notfallplan alle wesentlichen Verpflichtungen aus dem Vorsorge-Übereinkommen und aus dem Notfallprotokoll I umgesetzt.[100] Die nationalen Stellen für die Vorsorge und die Bekämpfung von Verschmutzungsereignissen durch Öl und andere schädliche Stoffe werden benannt und ihre Aufgaben werden beschrieben. Die notwendigen Anordnungen sind erlassen worden. Es ist allerdings zu bedauern, dass im Gegensatz zum Notfallprotokoll I und zum Vorsorge-Übereinkommen die Kapitäne der Schiffe unter tunesischer Flagge durch keine innerstaatliche Vorschrift zur Verhütung und Bekämpfung der unfallbedingten Meeresverschmutzung durch Schiffe verpflichtet werden. Tunesische Schiffe auf internationaler Fahrt müssen zwar die in den ratifizierten Konventionen geforderten Zeugnisse mitführen und das von Tunesien ratifizierte MAR-

---

96 Art. 22 Loi n° 96-29.

97 Art. 37 Code des ports maritimes de commerce.

98 Art. 59 Abs. 3 b) Code des hydrocarbures.

99 Art. 3 Abs. 2 u. 3 Vorsorge-Übereinkommen.

100 Chikhaoui, Le cadre légal des pollutions marines, S. 117-118.

POL fordert die Mitführung der Notfallpläne und regelt die Meldepflicht bei einem Meeresverschmutzungsereignis.[101] Es wäre trotzdem angebracht, die Kapitäne aller Schiffe unter tunesischer Flagge durch eine innerstaatliche Rechtsvorschrift ausdrücklich zu verpflichten, Notfallpläne an Bord mitzuführen und Verschmutzungsereignisse zu melden. Dies wäre für die Rechtssicherheit und für die Wirksamkeit der von Tunesien international eingegangenen Verpflichtungen in der tunesischen Rechtsordnung von großem Nutzen.

Obwohl das Gesetz über den Nationalen Notfallplan den einschlägigen internationalen Konventionen in hohem Maße entspricht, genügt dies nicht, um das Ziel des Umweltschutzes zu erreichen. Der Nationale Notfallplan wurde nur bei Simulationsübungen (*opérations blanches*) exakt angewendet.[102] Bei tatsächlichen Unfällen war seine Ausführung sehr oft lückenhaft. Dies wurde durch den Rima-S Unfall belegt, bei dem ein syrisches und ein panamesisches Schiff in der Nähe der Küste vor Kélibia zusammengestoßen sind. Der Unfall führte zum Auslaufen einer beträchtlichen Ölmenge, die einen Ölteppich von ca. 1 Kilometer Umfang bildete. Der Nationale Notfallplan wurde erst zwei Tage später in Kraft gesetzt. Seine Durchführung beschränkte sich auf einen Briefwechsel mit den regionalen Behörden, in welchem zur Begrenzung der verursachten Schäden aufgefordert wurde.[103]

II. Die tunesischen Vorschriften gegen die Verschmutzung durch Seewracks

Ende der achtziger Jahre hat die große Zahl der in tunesischen Gewässern beseitigten Schiffwracks die innerstaatlichen Behörden alarmiert, weil sie eine große Verschmutzungsgefahr für die Meeresumwelt darstellten.[104]Als Gegenmaßnahme ist das Gesetz über Seewracks erlassen worden.[105]

A. Definition der Seewracks

Das Gesetz über Seewracks (*épaves maritimes*) enthält eine breite Definition der Seewracks.[106] Sie werden als Gegenstände bezeichnet, die sich ohne Kontrolle

101 Siehe Kapitel 3/I/B/2.

102 Auf nationaler Ebene die Übung von 2000 und auf lokaler Ebene die Übung von Bizerta; Mehr zu diesen Übungen siehe unter http://www.anpe.nat.tn

103 Karaouili, La pollution de la mer par les hydrocarbures en droit tunisien, S. 56.

104 Marsit, L'Afrique et le nouveau droit de la mer à la lumière de l'expérience tunisienne (2004), S. 190.

105 Loi n° 89-21 du 22.2.1989 relative aux épaves maritimes, JORT n° 16 du 3.3.1989.

106 Über den Begriff der Seewracks im Völkerrecht siehe bei Caflisch, La condition des épaves maritimes en Droit international public, in : Mélanges en l'honneur de Nicolas Valticos (1999), S. 68-70; Über diesen Begriff im französischen Recht und in weiteren nationalen Gesetzgebungen siehe Sinquin, Nouveau code des épaves maritimes (1980), S. 20 ff.

oder Aufsicht in den unter tunesischer Hoheitsgewalt stehenden Gewässern oder auf dem Meeresboden befinden. Es kann sich auch um archäologische oder historische Gegenstände handeln.[107] Als Seewracks im Sinne dieses Gesetzes gelten Schiffe, Bohrplattformen und Luftfahrzeuge, die von den Mannschaften ohne Beaufsichtigung beseitigt worden sind, sowie deren Ladung, Schiffs- und Luftfahrzeugschrott und treibende Wracks.[108]

All diese Gegenstände können eine Gefahr für die Meeresumwelt darstellen.[109] Deswegen ist das Gesetz über Seewracks für den Schutz der Meeresumwelt wichtig. Es bezweckt eine staatliche Kontrolle über die in den tunesischen Gewässern befindlichen Seewracks.[110] Durch diese Kontrolle können die Behörden Maßnahmen ergreifen, um Gefahren der Seewracks für die Meeresumwelt zu vermeiden oder zu beseitigen.

B. Die Pflichten der Entdecker

Jede Person, die ein Seewrack entdeckt, ist nach dem Gesetz verpflichtet, es im Rahmen ihrer Möglichkeiten in Sicherheit zu bringen und es insbesondere aus dem Meer zu bergen. Außerdem muss sie das entdeckte Seewrack innerhalb von 48 Stunden den Behörden der Handelsflotte melden.[111] Die beiden Pflichten können die Gefahren, die von dem Seewrack für die Meeresumwelt ausgehen, verhindern oder verringern. Die Erfüllung dieser Meldepflicht erlaubt es den Behörden, Vorkehrungen zu treffen und zu prüfen, welche schädlichen Auswirkungen das gemeldete Seewrack auf die Meeresumwelt in den tunesischen Gewässern haben kann.

C. Die Pflichten der Eigentümer

Für die Beseitigung der von dem Seewrack ausgehenden Gefahren sind primär die Eigentümer verantwortlich.[112] Sie sind verpflichtet, die Bergungs- Beseitigungs- oder Zerstörungsarbeiten durchzuführen. Die Zerstörung der Seewracks

---

107 Über den völkerrechtlichen Status der archäologischen und historischen Gegenstände siehe Strati, Protection of the Underwater Cultural Heritage: From the Shortcomings of the UN Convention on the Law of the Sea to the Compromises of the UNESCO Convention, in: Strati/Gavouneli/Skourtos (Eds.), Unresolved Issues (2006), S. 21 ff.; Graf Vitzthum, Maritimes Aquitorium und Anschlusszone, in: ders. (Hg.), Handbuch des Seerechts (2006), S. 95-97.

108 Art. 1 Loi n°89-21 relative aux épaves maritimes.

109 Der Vorfall der *Mont-Louis* belegt diese Gefahr, siehe dazu Van der Mensbrugghe, L'affaire du Mont-Louis, une cargaison dangereuse, une épave gênante, in : 30 AFDI (1984), S. 853-863.

110 Marsit, L'Afrique, S. 189.

111 Art. 2 Loi n° 89-21 relative aux épaves maritimes.

112 Art. 6 Abs. 1 Loi n° 89-21 relative aux épaves maritimes.

muss von der Behörde der Handelsflotte erlaubt werden.[113] Die Eigentümer sind auch für die bei diesen Arbeiten entstandenen Schäden verantwortlich. Stellt das Seewrack eine große, möglicherweise direkt bevorstehende Gefahr dar, müssen die Eigentümer die Arbeiten unverzüglich ausführen. Wenn sie ihrer Pflicht nicht nachkommen, werden die Arbeiten auf ihre Kosten von den Behörden der Handelsflotte durchgeführt. Dabei handelt es sich um eine Anwendung des Verursacherprinzips.

D. Das Verbot des Schiffseinbringens

Die im Meer beseitigten Schiffe sind dem in dem Gesetz über Seewracks vorgesehenen Regime unterworfen. Sie sind Gegenstand spezieller Bestimmungen. Dies entspricht der Absicht, die Meeresumwelt vor der Verschmutzung durch Schiffwracks besonders zu schützen.[114] Art. 16 des Gesetzes über Seewracks verbietet jede vorsätzliche Beseitigung von Schiffwracks in den Gebieten unter tunesischer Hoheitsgewalt. Weigert sich der Eigentümer oder Kapitän des Wracks dieses, rechtzeitig aus dem Meer zu entfernen, ist er zu einer Freiheitsstrafe von bis zu 6 Monaten und zu einer Geldstrafe zwischen 1.000 und 10.000 Dinar zu verurteilen. Die von der Verwaltung verauslagten Beseitigungskosten werden von dem Eigentümer des Wracks eingefordert.[115] Diese schwere Strafe hat gewiss eine abschreckende Wirkung auf Kapitäne und Eigentümer, die derartige Wracks in tunesischen Gewässern bisher aus Kostengründen nicht selbst entfernt haben.[116]

E. Die Berührung mit internationalen Konventionen über Einbringen.

Tunesien hat die wichtigsten regionalen und globalen Übereinkommen über das Einbringen ratifiziert, nämlich das Londoner Übereinkommen über die Verhütung der Meeresverschmutzung durch Einbringen von Abfällen und anderen Stoffen (LDC), das Protokoll über die Verhütung der Mittelmeerverschmutzung durch das Einbringen (BDP I) und das Protokoll über die Verhütung und Beseitigung der Mittelmeerverschmutzung durch Einbringen und Verbrennung auf See (BDP II).[117] Die Definitionen des Einbringens in diesen Konventionen und die Definition der Seewracks im tunesischen Gesetz überschneiden sich. Dies betrifft insbesondere Schiffe, Luftfahrzeuge, Plattformen und sonstige auf See errichtete Bauwerke, deren vorsätzliche Beseitigung in den erwähnten Konventionen als Einbringen definiert ist. Dieselben Gegenstände sind im tunesischen Gesetz als Seewracks bezeichnet. Das LDC, das BDP I und das BDP II ver-

---

113 Art. 6 Abs. 2 Loi n° 89-21 relative aux épaves maritimes.

114 Marsit, L'Afrique, S. 190.

115 Art. 16 Loi n° 89-21 relative aux épaves maritimes.

116 Marsit, L'Afrique, S. 190.

117 Siehe Kapitel 4/I u. II; Kapitel 8/I/B/3.

pflichten die Vertragsparteien, alle Maßnahmen zu treffen, um die Meeresverschmutzung durch Einbringen zu verhüten und zu beseitigen.[118] Das tunesische Gesetz über Seewracks kann als eine solche Maßnahme betrachtet werden.

Nach dem BDP II war die Beseitigung von Schiffen nur bis Ende 2000 zulässig.[119] Trotzdem ist das Verbot Tunesiens, Schiffe einzubringen bereits seit 1989 völkerrechtsmäßig, da gemäß dem SRÜ die innerstaatlichen Normen gegen die Meeresverschmutzung durch Einbringen strenger als die internationalen Normen sein dürfen.[120] Das tunesische Gesetz über Seewracks enthält jedoch keine Regelung zur vorsätzlichen Beseitigung von Offshore-Anlagen und von anderen auf See errichteten Bauwerken. Solche Regelungen finden sich in den Vorschriften gegen die Meeresverschmutzung durch Forschungs- und Ausbeutungstätigkeiten der Kohlenwasserstoffressourcen.

III. Die tunesischen Vorschriften gegen die Meeresverschmutzung durch wissenschaftliche Meeresforschung und die Ausbeutung der Kohlenwasserstoffressourcen

A. Die Meeresverschmutzung durch wissenschaftliche Meeresforschung

Die wissenschaftliche Meeresforschung bezeichnet jene im Meer vorgenommenen Tätigkeiten, welche die Erweiterung menschlichen Wissens von der Meeresumwelt und ihren Prozessen zum Ziel haben.[121] Diese Tätigkeiten können eine Gefahr für die Meeresumwelt darstellen.[122] Dabei werden Geräte und Fahrzeuge benutzt, die die Meeresumwelt gefährden können. Der tunesische Gesetzgeber hat die Meeresforschung in den tunesischen Gewässern und auf dem tunesischen Festlandsockel geregelt, um die tunesischen Interessen gegenüber ausländischen Unternehmen, welche die Forschungsarbeiten in tunesischen Gewässern durchführen, zu schützen. Der Umweltschutz gehört zu diesen Interessen, wie dies ausdrücklich aus der innerstaatlichen Gesetzgebung hervorgeht.

Die Meeresforschung wird im tunesischen Recht hauptsächlich durch das Dekret über die Durchführung der Tätigkeiten der wissenschaftlichen Meeresforschung, der Exploration und der Bohrung durch Schiffe in den tunesischen Gewässern und auf dem tunesischen Festlandsockel (hiernach: Dekret über wissenschaftliche Meeresforschung) geregelt. [123]

---

118 Siehe Kapitel 4/II/A u. B.

119 Art. 4 Abs. 2 c) BDP II.

120 Siehe Kapitel 1/II/B/2.

121 Hafner, Meeresumwelt, Meeresforschung und Technologietransfer, in: Graf Vitzthum (Hg.), Handbuch des Seerechts, S. 426.

122 Ebenda.

123 Art. 3 Décret n° 97-1836 du 15.9.1997 relatif à l'exercice des activités de recherches scientifiques, d'exploration, de levé et de forage par les navires dans les eaux et le plateau continental tunisiens, JORT n°77 du 26.9.1997.

1. Die Erlaubnis

Die wissenschaftliche Meeresforschung, die Exploration, die Bohrung und die Benutzung von Schiffen und anderen Meeresgeräten in tunesischen Gewässern oder auf dem Festlandsockel zu diesem Zweck bedürfen der Erlaubnis des Ministers. Sie wird den in diesen Bereichen tätigen Gesellschaften oder Institutionen erteilt. Die Erlaubnis ist sowohl für eine Konzession zur Ausbeutung von Ressourcen als auch für eine Konzession für wissenschaftliche Forschung ohne Ausbeutung von Ressourcen erforderlich.[124] Das Erfordernis einer tunesischen Erlaubnis für die genannten Tätigkeiten entspricht dem SRÜ. Dieses macht wissenschaftliche Meeresforschung im Küstenmeer, in der AWZ und auf dem Festlandsockel von der Zustimmung des Küstenstaates abhängig.[125]

Das Dekret über die wissenschaftliche Meeresforschung regelt auch das Verfahren für die Erteilung der Erlaubnis. Die Anträge müssen sechs Monate vor Beginn der Tätigkeiten bei dem zuständigen Minister eingereicht werden.[126] Dieser kann andere Ministerien einschalten und um Rat bitten. Innerhalb von 4 Monaten nach Eingang des Antrages muss er eine ausdrückliche Entscheidung treffen. Es bleibt jedoch unklar, welche Rechtsfolgen das Ausbleiben einer ausdrücklichen Ministerentscheidung hat. Das Erfordernis einer ausdrücklichen Entscheidung im tunesischen Dekret über wissenschaftliche Meeresforschung entspricht nicht dem SRÜ. Dieses erfordert eine ausdrückliche Entscheidung nur für Forschungsarbeiten im Küstenmeer.[127] Für die AWZ und den Festlandsockel kann die Erlaubnis stillschweigend erfolgen.[128]

2. Der Inhalt des Antrages

Der schriftliche Antrag auf eine Erlaubnis enthält Informationen über Schiff, technische Eigenschaften der benutzten Geräte, insbesondere über Ausrüstungen, welche die Verhütung und Verringerung einer Meeresverschmutzung bezwecken.[129]

Außerdem enthält der Antrag die Verpflichtung des Antragstellers, tunesisches Personal an Bord zu nehmen, welches die tunesischen Behörden vertritt.[130] Diese Verpflichtung entspricht Art. 249 Abs. 1 (a) SRÜ, wonach der Küstenstaat das Recht hat, bei dem Forschungsvorhaben vertreten zu sein.[131] Bei Änderung

---

124 Art. 3 décret n° 97-1836 relatif à l'exercice des activités de recherches scientifiques.

125 Art. 245, Art. 246 SRÜ; Hafner, S. 436 ; Plesman/Röben, Marine Scientific Resarch, in : Wolfrum (Ed.), Law of the Sea at the Crossroads (1990), S. 373 ff.

126 Art. 9 décret n° 97-1836 relatif à l'exercice des activités de recherches scientifiques.

127 Art. 245 SRÜ.

128 Art. 252 SRÜ.

129 Art. 2 décret n° 97-1836 relatif à l'exercice des activités de recherches scientifiques.

130 Art. 2 décret n° 97-1836 relatif à l'exercice des activités de recherches scientifiques.

131 Hafner, S. 433-434.

der im Antrag enthaltenen Angaben entfällt die Erlaubnis. Bei Bedarf muss ein neuer Antrag gestellt werden.[132] Die Auskünfte im Antrag entsprechen der im SRÜ vorgesehenen Informationspflicht gegenüber dem Küstenstaat und der Pflicht zur Erfüllung bestimmter Auflagen.[133] Sie informieren den Küstenstaat über das Vorhaben und er kann dadurch eine eventuelle Meeresverschmutzung besser verhüten und bekämpfen.

3. Sonstige Verpflichtungen des Antragstellers

Der Antragsteller ist verpflichtet, dem zuständigen Ministerium vorläufig zu berichten und ihm die endgültigen Ergebnisse und Schlussfolgerungen nach Abschluss der Forschungsarbeiten mitzuteilen. Diese Pflicht entspricht Art. 249 Abs. 1 b) SRÜ.[134] Das SRÜ legt besonderen Wert auf die Weitergabe der Erkenntnisse aus der wissenschaftlichen Meeresforschung an Entwicklungsländer.[135] Informationen, die von unmittelbarer Bedeutung für die Erforschung und Ausbeutung von Ressourcen sind, dürfen jedoch nur mit Einverständnis des Küstenstaates weiter gegeben werden.[136] Das tunesische Dekret über wissenschaftliche Meeresforschung fordert für die Veröffentlichung und Verbreitung aller Forschungsergebnisse eine Ministererlaubnis.[137] Damit überschreitet Tunesien seine vom SRÜ anerkannten Rechte im Bereich der Meeresforschung.

Der Antragssteller verpflichtet sich, die Anlagen für die Forschungsarbeiten nach deren Beendigung zu entfernen, wenn mit dem zuständigen Minister nichts anderes vereinbart wurde.[138] Diese Bestimmung überlässt dem Minister ein breites Ermessen, das ihm zu für die Meeresumwelt gefährlichen Entscheidungen verleiten kann. Teil XIII über die wissenschaftliche Meeresforschung des SRÜ enthält im Unterschied zu Art. 60 dieses Übereinkommens keine Pflicht zur Entfernung dieser Anlagen und Ausrüstungen. Tunesien ist aber durch das Londoner Übereinkommen über die Verhütung der Meeresverschmutzung durch Einbringen von Abfällen und anderen Stoffen gebunden,[139] nach dem eine Pflicht

132 Art. 4 décret n° 97-1836 relatif à l'exercice des activités de recherches scientifiques.

133 Art. 248 SRÜ.

134 Art. 249 Abs. 1 (b) besagt: die Staaten und die zuständigen Organisationen „(...) stellen dem Küstenstaat auf dessen Ersuchen so bald wie möglich vorläufige Berichte und nach Abschluss der Forschungsarbeiten die endgültigen Ergebnisse und Schlussfolgerungen zur Verfügung".

135 Art. 244 Abs. 2 SRÜ.

136 Art. 249 Abs. 2 SRÜ.

137 Art. 3 décret n° 97-1836 relatif à l'exercice des activités de recherches scientifiques.

138 Art. 3 Abs. 3 décret n°97-1836 relatif à l'exercice des activités de recherches scientifiques.

139 Siehe Kapitel 4/I/A.

zum Abbau u. a. von den Wirkungen solcher Anlagen auf die Meeresumwelt abhängt.[140]

In den tunesischen Gewässern und auf dem tunesischen Festlandsockel müssen die tunesischen Umweltgesetze eingehalten werden. Dabei kann das allgemeine Verschmutzungsverbot im tunesischen Recht[141] den Minister davon abhalten, sein Ermessen in einer für die Meeresumwelt schädlichen Art auszuüben.

4. Rechtsfolgen des Verstoßes gegen das Dekret über wissenschaftliche Meeresforschung

Wenn die Erlaubnis nicht beachtet wird, dann wird sie unverzüglich und endgültig entzogen. Die für die Forschung benutzten Schiffe werden zurückgehalten und die Forschungsdaten werden beschlagnahmt.[142] Jedes Schiff, das bei wissenschaftlicher Meeresforschung in tunesischen Gewässern oder auf dem tunesischen Festlandsockel das Dekret über wissenschaftliche Meeresforschung missachtet, wird zum nächsten tunesischen Hafen aufgebracht und sein Kapitän wird gerichtlich verfolgt.[143] Die vom Dekret vorgesehene Sanktion des endgültigen Widerrufs der Erlaubnis entspricht nicht dem SRÜ. Nach dem SRÜ soll die Erlaubnis wieder erteilt werden, wenn die Gründe ihres Widerrufs weggefallen sind.[144]

B. Die Meeresverschmutzung durch Ausbeutung der Kohlenwasserstoffressourcen

Ausbeutung und Erforschung von Kohlenwasserstoffen sind im Gesetzbuch über Kohlenwasserstoffe (*Code des hydrocarbures*) geregelt.[145] Diese Tätigkeiten bedürfen der Erlaubnisse (*titres des hydrocarbures*) des zuständigen Ministers. Die verschiedenen Erlaubnisse haben verschiedene Voraussetzungen und verschiedene Rechtsfolgen. Trotzdem gibt es für die Inhaber dieser Erlaubnisse einige gemeinsame Pflichten. Viele davon sind umweltrelevant und sollen beeinträchtigende Wirkungen auf die Umwelt verhindern.

Die Inhaber der verschiedenen Erlaubnisse müssen bei ihren Tätigkeiten die Gesetze im Bereich der Technik, der Sicherheit, des Umweltschutzes, des Schutzes der Wälder und der Gewässer,[146] und das allgemeine Verbot der Umweltverschmutzung gemäß dem Gesetz über die Nationale Agentur für Umwelt-

---

140 Hafner, S. 448.

141 Siehe Kapitel 8/III/E/2.

142 Art. 7 décret n° 97-1836 relatif à l'exercice des activités de recherches scientifiques.

143 Art. 18 décret n° 97-1836 relatif à l'exercice des activités de recherches scientifiques.

144 Art. 253 Abs. 5 SRÜ.

145 Loi n° 99-93 du 17.8.1999 portant promulgation du Code des hydrocarbures, JORT n° 67 du 20.8.1999.

146 Art. 59 Abs. 1 Code des hydrocarbures.

schutz beachten.[147] Außerdem müssen die Inhaber dieser Erlaubnisse eine Umweltverträglichkeitsstudie vorbereiten.[148] Dieser soll vor jedem Abschnitt der Erforschung oder der Ausbeutung von der Behörde zugestimmt werden.[149] Der Gesetzgeber betont, dass die Inhaber der Erlaubnisse alle Maßnahmen ergreifen müssen, um die Umwelt zu schützen.[150] Obwohl diese Pflicht ziemlich breit gefasst ist, ist ihre Umweltfreundlichkeit nicht zu verleugnen. Die Inhaber der Erlaubnisse müssen auch eine zivilrechtliche Versicherung abschließen. Sie deckt die Schäden an Gütern anderer und an Dritten, einschließlich der Risiken der Umweltbeeinträchtigungen.[151] Um einen erfolgreichen Eingriff bei Notfällen zu sichern, müssen die Träger der Erlaubnisse Notfallpläne aufstellen und das notwendige Gerät für die Bekämpfung der Verschmutzung und der Brände vor Ort bereitstellen.[152] Nach der Beendigung der Forschungs- und Ausbeutungstätigkeiten sind die Träger der jeweiligen Erlaubnisse verpflichtet, den ursprünglichen Zustand der Tätigkeitsgebiete wiederherzustellen, ohne dass ein Schaden für die Sicherheit Dritter oder für die Umwelt oder für die natürlichen Ressourcen entsteht oder zurückbleibt.[153] Offshore-Anlagen werden gemäß den tunesischen Gesetzen und den von Tunesien ratifizierten Konventionen entfernt oder abgebaut.[154] Dabei ist das Protokoll zum Schutz des Mittelmeeres gegen die aus der Erkundung und Ausbeutung des Festlandsockels, des Meeresbodens und dessen Untergrundes resultierende Verschmutzung anwendbar. Bei der Entscheidung, ob eine Anlage komplett oder teilweise zu entfernen ist, sind u. a. die Auswirkungen auf die Meeresumwelt zu berücksichtigen.[155] Die Träger der Erlaubnisse müssen hierbei einen Plan über die Wiederherstellung der Offshore-Tätigkeitsgebiete aufstellen und den Behörden vorlegen.[156]

Neben der Erfüllung dieser gemeinsamen umweltrelevanten Pflichten, gibt es auch andere Voraussetzungen für die Erteilung einer bestimmten Erlaubnis. Beispielsweise erfordert der Antrag auf eine Ausbeutungskonzession[157] einen Entwicklungsplan (*plan de développement*),[158] der eine Studie über die Sicherheitsmaßnahmen enthält, um das Personal, die Anlagen, die Bevölkerung und

147 Siehe Kapitel 8/III/E/2.
148 Siehe Kapitel 8/III/D.
149 Art. 59 Abs. 2 a) Code des hydrocarbures.
150 Art 59 Abs. 2 b) Code des hydrocarbures.
151 Art. 59 Abs. 2 c) Code des hydrocarbures; Mehr dazu bei Labidi, Responsabilité et indemnisation du dommage en cas de pollution maritime (2000), S. 4 ff.
152 Art. 59 Abs. 3 Code des hydraucarbures.
153 Art. 60 Abs. 1 Code des hydrocarbures.
154 Art. 60 Abs. 2 Code des hydrocarbures
155 Siehe Kapitel 7/II/B/5.
156 Art. 60 Abs. 3 Code des hydrocarbures.
157 Art. 39 Code des hydrocarbures.
158 Karaouli, S. 19.

die Umwelt gegen Explosionen und Brände zu schützen.[159] Darüber hinaus prüft die zuständige Behörde bei der Erneuerung der Forschungserlaubnis, ob der Betreiber einen Verstoß begangen ist, der zu ernsthaften Umweltschädigungen geführt hat.[160]

C. Zwischenergebnis

Die tunesische Gesetzgebung über Offshore-Tätigkeiten sowohl zur wissenschaftlichen Meeresforschung als auch zur Erforschung und Ausbeutung der Kohlenwasserressourcen entspricht bezüglich des Meeresumweltschutzes den internationalen Vorgaben. Für Tunesien ist das Protokoll zum Schutz des Mittelmeeres gegen die aus der Erkundung und Ausbeutung des Festlandsockels, des Meeresbodens und dessen Untergrundes resultierende Verschmutzung relevant. Die tunesische Gesetzgebung erfüllt die daraus resultierenden Pflichten. Dies wird besonders durch die Erforderlichkeit einer Erlaubnis für Offshore-Tätigkeiten, den Inhalt des dafür notwendigen Antrags, und die Erforderlichkeit des Abschlusses einer ausreichenden Versicherung deutlich.

159 Art. 47 g) Code des hydrocarbures.
160 Art. 23 e) Code des hydrocarbures.

Kapitel 10: Gemeinsame Vorschriften gegen die landseitige und die meerseitige Meeresverschmutzung

Die in diesem Kapitel erörterten tunesischen Vorschriften befassen sich sowohl mit der im Meer als auch mit der vom Lande aus verursachten Meeresverschmutzung. Es handelt sich um das Gewässergesetzbuch und dessen Anwendungsinstrumente, insbesondere das Dekret über die empfangenden Gewässer, sowie das Gesetz über das öffentliche maritime Eigentum.

I. Das Gewässergesetzbuch

Das Gewässergesetzbuch[1] (*Code des eaux*) enthält eine Reihe breit abgefasster Verbote zur Aufrechterhaltung der Wasserqualität und der Verhütung und Bekämpfung der Gewässerverschmutzung.

A. Der Anwendungsbereich und das Ziel

Das Gewässergesetzbuch findet hauptsächlich bei der Benutzung der Wassergemeingutes (*domaine public hydrique*) Anwendung.[2] Zum Wassergemeingut i. S. des Gewässergesetzbuches gehören Wasserläufe, Quellen, das Grundwasser, Seen, Salzwassersümpfe, sowie Schifffahrts- und Bewässerungskanäle.[3] Die Qualifizierung dieser Gewässer als öffentliches Eigentum (*domaine public*), das im tunesischen öffentlichen Recht streng geschützt wird, verleiht ihnen einen verstärkten Schutz.[4] In Anwendung dieser Qualifizierung bestimmt Art. 3 des Gewässergesetzbuches, dass das Wassergemeingut unveräußerlich und unverjährbar ist.

Der Abschnitt über die Gewässerverschmutzung des Gewässergesetzbuches findet auf alle mittelbaren oder unmittelbaren Einleitungen und Einbringungen schädlicher Substanzen und Stoffe jeder Art Anwendung. Er bezieht sich auf jeden Vorfall, der die Gewässer beeinträchtigt und erfasst unterirdische Gewässer, Oberflächengewässer und die Meeresgewässer bis zur seewärtigen Grenze des Küstenmeeres.[5] Die AWZ ist jedoch nicht eingeschlossen. Als das Gewässergesetzbuch 1975 erlassen wurde, war das SRÜ noch nicht verabschiedet und die Einrichtung einer AWZ noch nicht verbreitet. Deswegen sollte der tunesi-

1 Loi n° 75-16 du 31.3.1975 portant promulgation du Code des eaux, JORT n° 22 du 1.4.1975.

2 Khodjet El Khil, S. 382. Für einen ausführlichen Kommentar zum Gewässergesetzbuch siehe Dali, Le Régime juridique de l'eau (1986).

3 Art. 1 Code des eaux.

4 Vgl. Woydt, Das öffentliche Eigentum (1970), S. 35.

5 Art. 107 Abs. 2 Code des eaux.

sche Gesetzgeber nun die von Tunesien proklamierte AWZ in den Schutzbereich des Wassergesetzbuches aufnehmen.[6]

In Anbetracht seines breiten Anwendungsbereiches ist klar, dass das Gewässergesetzbuch für die Bekämpfung und Verhütung der Mittelmeerverschmutzung, insbesondere vom Lande aus, von Relevanz ist. Dies gilt sowohl für die unmittelbare Verschmutzung durch Mündungsrohrleitungen direkt ins Meer, als auch für die mittelbare Verschmutzung durch Wasserläufe oder Seen, die mit dem Meer verbunden sind. An dieser Stelle der Arbeit muss noch fraglich bleiben, ob das Gewässergesetzbuch auch die Meeresverschmutzung, die ihren Ursprung im Meer hat, erfasst.

B. Die Verbote und die Sanktionen

1. Die Einleitungs- und Einbringungsverbote in das Wassergemeingut im allgemein

Einleitungen oder Verklappungen von Abfällen, Abwässern oder anderen Substanzen in das Wassergemeingut, welche die öffentliche Gesundheit und die Nutzungen dieser Gewässer beeinträchtigen können, sind verboten.[7] Ferner ist es verboten, Materialien auf dem Erdboden zu lagern, welche die unterirdischen Gewässer durch Einsickern oder die Oberflächengewässer durch Abschwemmen verschmutzen können.[8]

Der Schutz der unterirdischen Gewässer entspricht dem Protokoll über den Schutz des Mittelmeeres vor Verschmutzung aus landseitigen Quellen und Tätigkeiten von 1996, das auch auf die unterirdischen Gewässer Anwendung findet.[9]

2. Die Einleitungs- und Einbringungsverbote in das Meer

Das Gewässergesetzbuch verbietet das Einleiten oder das Einbringen jeder Substanz in die Meeresgewässer, welche die öffentliche Gesundheit, die marine Flora und Fauna oder die wirtschaftliche und touristische Entwicklung der Küstengebiete beeinträchtigen kann. Das Gesetz nimmt insbesondere auf Haushaltsabfälle und auf Industrieabfälle Bezug.[10] Die breit abgefasste Bestimmung lässt

---

6 Siehe Kapitel 8/II/E.

7 Art. 109 Code des eaux.

8 Art. 110 Code des eaux.

9 Siehe Kapitel 6/II/B.

10 Art. 108 Code des eaux : «Il est interdit le déversement ou l'immersion dans les *eaux de la mer* des matières de toutes natures en particulier des déchets domestiques ou industriels susceptibles de porter atteinte à la santé publique ainsi qu'à la faune et à la flore marines et de mettre en cause le dèveloppment économique et touristique des régions côtières». Hervorhebung zugefügt.

vermuten, dass sie sowohl die vom Lande aus als auch die durch Schiffe bewirkten Einleitungen und Einbringungen betrifft.[11]

3. Die Sanktionen

Verstöße gegen die dargestellten Bestimmungen des Gewässergesetzbuches werden hauptsächlich mit Geldstrafen geahndet.[12] Darüber hinaus werden die Verursacher der Verschmutzung oder der Beeinträchtigung der Gewässer zur Wiederherstellung des ursprünglichen Zustandes der Gewässer verpflichtet. Die Frist zur Wiederherstellung dieses ursprünglichen Zustandes wird gerichtlich fortgesetzt.[13] Bei Nichteinhaltung der Frist erhält der Verursacher eine zusätzliche Geldstrafe.[14] Die Beseitigung der Verschmutzung obliegt den Benutzern der Gewässer, bei denen es sich um einzelne Personen, Unternehmen, oder Kommunen handeln kann.[15] Diese Regelung kann man als Vorwegnahme des mehrere Jahre später global proklamierten Verursacherprinzips verstehen.

II. Das Dekret über die empfangenden Gewässer

A. Der Anwendungsbereich

Eine der wichtigsten Durchführungsbestimmungen des Gewässergesetzbuches legt die Bedingungen für Einleitungen und Einbringungen in die empfangenden Gewässer (*milieu récepteur*) fest.[16] In diesem Dekret werden das Meer, Seen, Salzwassersümpfe, Bewässerungskanäle, Flüsse, Wasserläufe und das Grundwasser als Gewässer aufgeführt, in die eingeleitet wird.[17] Das Dekret hat aufgrund seiner breiten Definition, wie das Gewässergesetzbuch, einen weiten Anwendungsbereich. Deswegen bezieht es sich auch auf die Bekämpfung der landseitigen und der schiffseitigen Meeresverschmutzung.

---

11 Chikhaoui, Le cadre légal des pollutions marines, S. 131; Khodjet El Khil, S. 383

12 Chikhaoui, Le cadre légal des pollutions marines, S. 134.

13 Foudhaili, Le régime juridique de la responsabilité en cas de pollution marine d'origine tellurique en droit tunisien (2000-2001), S. 84-86; Littmann-Martin, Les infractions relatives à l'environnement et la remise en état des lieux ordonnée par le juge pénal, in : Prieur (Ed.), Les Hommes et l'environnement, études en hommage à Alexandre Kiss (1998), S. 443

14 Art. 139 Code des eaux.

15 Art. 126 Code des eaux.

16 Art. 1 décret n° 85-56 du 2.1.1985 relatif à la réglementation des rejets dans le milieu récepteur, JORT n° 6 du 22.1.1985.

17 Art. 2 Abs. 2 décret n° 85-56 relatif à la réglementation des rejets dans le milieu récepteur.

B. Die allgemeinen Einleitungsbedingungen

Bei der Unterscheidung rechtmäßiger und unrechtmäßiger Einleitungen ist deren Wirkung auf die empfangenden Gewässer entscheidend.[18] Einleitungen und Einbringungen dürfen die Wasserqualität nicht ändern,[19] wie dies festgelegt ist.[20] Die Einleitungs- oder Einbringungseffekte, die ein Verbot rechtfertigen, werden im Dekret aufgeführt. [21]

Abwässer, die den erforderlichen Wasserqualitätsnormen nicht entsprechen, müssen in die öffentliche Kanalisation eingeleitet werden.[22] Abwässer aus städtischen Kanalisationen, oder aus industriellen, oder landwirtschaftlichen Unternehmen oder aus Schiffen dürfen nur in die empfangenden Gewässer eingeleitet werden, wenn sie vorher vorschriftgemäß behandelt wurden. Das gilt auch für das Einbringen jeder Art.[23]

Durch die Einbeziehung des Meeres in die Definition der empfangenden Gewässer und durch die ausdrückliche Erwähnung der Einleitung von Schiffsabwässern wird klar, dass die Verschmutzung aus Schiffen von diesem Dekret gedeckt ist. Es bleibt jedoch unklar, ob nur das Einleiten von Abwässern i. S. von MARPOL Anlage IV oder jedes Einbringen aus Schiffen verboten ist.[24]

C. Die gefährlichen Substanzen

In Anlehnung an das Athener Protokoll über den Schutz des Mittelmeeres gegen die Verschmutzung vom Lande aus,[25] unterscheidet das Dekret über die empfangenden Gewässer nach den Eigenschaften der einzuleitenden oder einzubringenden Substanzen. Das Dekret enthält eine Liste von Substanzen, die es als gefährlich bezeichnet und die der Liste in Anlage I des Athener Protokolls entspricht. Wie das Athener Protokoll bezweckt das tunesische Dekret die Beseitigung der Verschmutzung, die durch Einleitung dieser Substanzen verursacht wurde.[26]

---

18 Chikhaoui, Le cadre légal des pollutions marines, S. 130.

19 Art. 3 décret n° 85-56 relatif à la réglementation des rejets dans le milieu récepteur.

20 Loi n° 82-66 du 6.8.1989 relative à la normalisation et à la qualité, JORT n° 54 des 10-13.8.1982; Arrêté du ministre de l'économie nationale du 20.7.1989 portant homologation de la norme tunisienne relative au rejet d'effluents dans le milieu hydrique, JORT n° 59 du 1.9.1989.

21 Art. 5 décret n°85-56 relatif à la réglementation des rejets dans le milieu récepteur.

22 Loi n° 93-41 du 19.4.1993 relative à l'Office National de l'Assainissement, JORT n° 30 du 23.4.1993.

23 Art. 6 décret n°85-56 relatif à la réglementation des rejets dans le milieu récepteur.

24 Khodjet El Khil, La pollution de la mer méditerranée du fait du transport maritime de marchandises, S. 383.

25 Siehe Kapitel 6/II/A/2. G

26 Art. 5 Athener Protokoll.

D. Die Einleitungserlaubnis

Das Einleiten oder Einbringen einer nicht gefährlichen Substanz in die empfangenden Gewässer bedarf einer Erlaubnis.[27] Insoweit entspricht das tunesische Dekret über die empfangenden Gewässer dem Art. 6 und der Anlage II des Athener Protokolls. Das Dekret bestimmt die Behörden[28] und das Verfahren zur Erteilung der Erlaubnis.[29] Bei neuen industriellen, landwirtschaftlichen oder sonstigen wirtschaftlichen Vorhaben, wird die Einleitungserlaubnis vor der Erlaubnis für das ganze Projekt erteilt.[30] Das Dekret über die empfangenden Gewässer übernimmt die in Anlage III des Athener Protokolls enthaltenen Vorschriften über die geforderten Eigenschaften und die Zusammensetzung der Abfälle und der empfangenden Gewässer.[31]

III. Das Gesetz über das öffentliche maritime Eigentum

A. Der Inhalt des öffentlichen maritimen Eigentums

Das öffentliche maritime Eigentum bezieht sich auf natürliche und künstliche Sachen.[32] Natürliche Sachen sind insbesondere die Küstengebiete (*littoral*), die je nach Niedrig- oder Hochwasser bedeckt oder nicht bedeckt sind, das Vorland, die Stranddünen, Seen, Teiche und Salzwassersümpfe (*Sebkhas*), sowie der Meeresboden und Meeresuntergrund der inneren Gewässer und des Küstenmeeres.[33]

Künstliche Sachen des öffentlichen maritimen Eigentums sind die Reeden, Häfen, Bauwerke für die Schifffahrt auch außerhalb der Häfen, künstliche Inseln, Ausrüstungen, Schutzbauwerke, sowie die militärischen Anlagen.[34]

Besonderes wichtig für den tunesischen Meeresumweltschutz ist die Einbeziehung der der Küstengebiete in das öffentliche maritime Eigentum. Diese Gebiete sind stark besiedelt, beherbergen eine intensive Wirtschaftstätigkeit und

---

27 Art. 12 décret n° 85-56 relatif à la réglementation des rejets dans le milieu récepteur; Hermi-Barka, Le régime de la protection des eaux contre la pollution (1998-1999), S. 23; Foudhali, Le régime juridique de la responsabilité en cas de pollution marine d'origine tellurique en Droit tunisien (2000-2001), S. 34.

28 Art. 15 décret n° 85-56 relatif à la réglementation des rejets dans le milieu récepteur.

29 Arts. 16-17-18 décret n° 85-56 relatif à la réglementation des rejets dans le milieu récepteur.

30 Art. 15 Abs. 1 décret n°85-56 relatif à la réglementation des rejets dans le milieu récepteur.

31 Art. 19 décret n° 85-56 relatif à la réglementation des rejets dans le milieu récepteur.

32 Art. 1 Loi n°95-73 du 24.7.1995 relative au domaine public maritime, JORT n° 61 du 1.8.1995.

33 Art. 2 Loi n° 95-73 relative au domaine public maritime.

34 Art. 3 Loi n° 95-73 relative au domaine public maritime.

bedrohen die Meeresumwelt in Tunesien.[35] Das öffentliche Eigentum wird im tunesischen öffentlichen Recht besonders geschützt. Seine breite Definition kommt dem Schutz der Meeresumwelt zugute.[36] Dieser besondere Schutz wird im Gesetz über das öffentliche maritime Eigentum durch präventive und repressive Bestimmungen gewährt.

B. Die präventiven Rechtsvorschriften

Das öffentliche maritime Eigentum ist unpfändbar, unveräußerlich, unverjährbar und unbelastbar.[37] Zum Schutz der Küstengebiete und der Erhaltung des öffentlichen maritimen Eigentums wurde die Agentur für Schutz und Raumordnung der Küstengebiete (APAL) errichtet.[38] Die gemeinschaftliche und die ausschließliche Benutzung[39] des öffentlichen maritimen Eigentums unterliegt strengen Normen, die sicherstellen sollen, dass es nicht beeinträchtigt wird. Viele Rechtsvorschriften bezwecken den Schutz des öffentlichen maritimen Eigentums von einem ökologischen Gesichtspunkt.

1. Die gemeinschaftliche Benutzung des öffentlichen maritimen Eigentums

Die gemeinschaftliche Benutzung des öffentlichen maritimen Eigentums darf nur nach den anerkannten Gebräuchen und Gepflogenheiten stattfinden. Dabei müssen die öffentliche Ruhe, die Sicherheit, die öffentliche Ordnung (*ordre public*) und der Umweltschutz beachtet werden.[40]

2. Die ausschließliche Benutzung des öffentlichen maritimen Eigentums

Die ausschließliche Benutzung des öffentlichen maritimen Eigentums kann als vorübergehende Inbesitznahme oder mit einer Konzession erfolgen. Für die vorübergehende Inbesitznahme sind die Erlaubnis des Ministers für Umwelt und die Empfehlung der Agentur für Schutz und Raumordnung der Küstengebiete erforderlich. Die Erlaubnis soll sicherzustellen, dass das öffentliche maritime Eigentum ohne negative Auswirkungen auf die Umwelt und insbesondere auf die Meeresumwelt bewirtschaftet wird.[41]

Für die Errichtung von Bauwerken oder Anlagen im Meer, oder in dessen Nähe ist eine Konzession erforderlich. Der Konzessionsvertrag und das dazugehörige Pflichtenheft regeln die Errichtung und Nutzung der Bauwerke und An-

---

35 Chikhaoui, Le cadre légal des pollutions marines, S. 132 ; Foudhali, S. 3-5.
36 Vgl. Coulombie/Redon, Le droit du littoral (1992), S. 220 ff.
37 Art. 19 Loi n° 95-73 relative au domaine public maritime.
38 Siehe Kapitel 8/III/B/3.
39 Art. 20 Loi n° 95-73 relative au domaine public maritime.
40 Art. 21 Loi n° 95-73 relative au domaine public maritime.
41 Art. 23 Loi n° 95-73 relative au domaine public maritime.

lagen im öffentlichen maritimen Eigentum.[42] Die betroffene Kommune muss hierzu gegenüber den staatlichen Behörden Stellung nehmen.[43] Die Einbeziehung der lokalen Behörden entspricht der regionalen Agenda-MED 21[44] und der globalen Agenda 21,[45] die die Zusammenarbeit mit den Betroffenen bei Entscheidungen zur nachhaltigen Entwicklung fordern. Dem Konzessionsvertrag wird durch Dekret zugestimmt.[46] Die tatsächliche Entscheidung trifft jedoch der Umweltminister.[47] Seine entscheidende Rolle beim Konzessionsvertrag und den dazugehörigen Dokumenten zeigt den Willen des Gesetzgebers, das öffentliche maritime Eigentum umweltgerecht zu bewirtschaften.

C. Die Strafvorschriften

Die Usurpation oder die Beeinträchtigung des öffentlichen maritimen Eigentums und jede Handlung, die dessen ökologisches Gleichgewicht gefährdet, wird mit einer Freiheitsstrafe zwischen 16 Tagen und einem Jahr und einer Geldstrafe zwischen 100 und 50 000 Dinars oder mit einer dieser Strafen geahndet. Für den Wiederholungsfall wird die Strafe verdoppelt.[48] Es ist deutlich, dass die Beeinträchtigung des öffentlichen maritimen Eigentums sehr streng bestraft wird.[49]

Neben der Strafe darf das Gericht die Beseitigung der rechtswidrig in das öffentliche maritime Eigentum eingebrachten Stoffe anordnen. Ähnliches gilt für die Beseitigung der rechtswidrig errichteten Bauten. Die Anordnungen werden auf Kosten der Täter durchgeführt.[50] Der Umweltminister darf Arbeiten auf Kosten der Verursacher anordnen, um die durch die Straftat verursachten Schäden für das öffentliche maritime Eigentum zu beseitigen, und zwar auch vor dem gerichtlichen Urteil. Das Gesetz über das öffentliche maritime Eigentum erlaubt der Verwaltung auch, mit dem Täter eine Transaktion[51] abzuschließen.[52]

Im Jahre 2003 wurden zahlreiche Straftaten nach dem Gesetz über das öffentliche maritime Eigentum festgestellt. Bei 17 von ihnen handelte es sich um rechtswidriges Bauen auf dem öffentlichen maritimen Eigentum, bei 15 anderen

---

42 Art. 25 Abs. 1 Loi n° 95-73 relative au domaine public maritime.

43 Art. 25 Abs. 2 Loi n° 95-73 relative au domaine public maritime.

44 UNEP/MAP/MCSD, Sustainable Development in the Mediterranean Region: Synthesis of the Strategic Review (2002), S. 7.

45 Kap. 8.7. Agenda 21.

46 Art. 26 Abs. 3 Loi n°95-73 relative au domaine public maritime.

47 Ebenda.

48 Art. 28 Loi n°95-73 relative au domaine public maritime.

49 Chikhaoui, Le cadre legal des pollutions marines, S. 133.

50 Art. 29 Abs. 1 Loi n° 95-73 relative au domaine public maritime.

51 Siehe Kapitel 8/III/E/5.

52 Art. 29 Abs. 3 Loi n° 95-73 relative au domaine public maritime

um Sanddiebstahl.[53] Bisher ist aufgrund dieses Gesetzes keine Meeresverschmutzung geahndet worden.

IV. Ergebnisse von Kapitel 10

Die Rechtsvorschriften des Gewässergesetzbuches und des Gesetzes über das öffentliche maritime Eigentum sind sowohl auf die meerseitige als auch auf die landseitige Meeresverschmutzung anwendbar. Im Gewässergesetzbuch ist dies auf seine breite Abfassung, im Gesetz über das öffentliche maritime Eigentum auf seinen Inhalt, der Meeresgewässer und terrestrische Küstengebiete umfasst, zurückzuführen. Die Anwendbarkeit dieser Rechtsvorschriften auf die meerseitige und die landseitige Meeresverschmutzung hat Vorteile und Nachteile. Einerseits entspricht sie der in der Agenda 21 und in der Konvention über den Schutz der Mittelmeerumwelt und der Küstengebiete im Mittelmeer vorgesehenen integrierten Bewirtschaftung von Küsten- und Meeresgebieten.[54] Gegenüber dieser integrativen Betrachtung rückt die bisher dominierende quellenbezogene Betrachtung in den Hintergrund und die herkömmliche Unterscheidung von Meeres- und Küstengebieten verliert an Bedeutung. Andererseits fehlen im tunesischen Recht nach wie vor Rechtsvorschriften, die sich speziell mit der Meeresverschmutzung durch Schiffe befassen und damit Umsetzungen der MARPOL-Bestimmungen, an welche Tunesien völkerrechtlich gebunden ist.

53 Rapport national, L'état de l'environnement 2003, République Tunisienne, Ministère de l'Agriculture, de l'Environnement et des Ressources Hydrauliques (2003), S. 70.

54 Siehe Kapitel 2/III/D/4.

Abschließende Zusammenfassung

Die völkerrechtliche Ebene

Für den Schutz des Mittelmeeres vor Verschmutzungen gibt es zahlreiche und dynamische globale und regionale Vereinbarungen und nationale Rechtsvorschriften. Das SRÜ als Rahmeninstrument verleiht ihnen einen gewissen Zusammenhalt. In ihm werden die Grundsätze des Meeresumweltschutzes festgelegt und die Kompetenzen zwischen Küsten-, Hafen- und Flaggenstaaten verteilt.

Die Vorgaben des SRÜ sind zu einem großen Teil in spezielles Völkerrecht umgesetzt worden. Sowohl die Vereinbarungen zu einer bestimmten Verschmutzungsursache, als auch die Vereinbarungen des UNEP *Regional Seas* Programms für das Mittelmeer (UNEP/MAP) übernehmen die Grundsätze und die Kompetenzverteilung des SRÜ. Die rechtliche Komponente des UNEP/MAP, das sog. Barcelona-System, enthält keine materiell-rechtlichen Normen über die Verschmutzung durch Schiffe, sondern verweist hierzu auf globale Vereinbarungen wie MARPOL und SOLAS. Im Rahmen von UNEP/MAP wurden Instrumente verabschiedet, die diese globalen Normen durchsetzen sollen, wie die Mittelmeer-Vereinbarung über Hafenstaatskontrolle oder das Protokoll über die Zusammenarbeit bei der Verhütung der Verschmutzung durch Schiffe und über die Bekämpfung der Mittelmeerverschmutzung im Notfall. Gegen die Verschmutzung durch Einbringen gibt es globale und regionale Vereinbarungen. Die im UNEP/MAP verabschiedeten Protokolle sind strenger als das Londoner Übereinkommen über die Verhütung der Meeresverschmutzung durch Einbringen von Abfällen und anderen Stoffen. Dies ist völkerrechtlich erlaubt, aber die unterschiedlichen Listen der gefährlichen Stoffe können zwischen Vertragsparteien beider Abkommen zu Rechtsunsicherheit führen. Diese Rechtssicherheitsprobleme können durch Koordination der verschiedenen Übereinkommen verringert oder beseitigt werden, wie bei der Zusammenarbeit zwischen dem Sekretariat des Baseler Übereinkommens über die Kontrolle der grenzüberschreitenden Verbringung gefährlicher Abfälle und ihre Entsorgung und der UNEP.

Bei der landseitigen Verschmutzung und der Verschmutzung durch Offshore-Tätigkeiten ist der Schwerpunkt entsprechend dem SRÜ auf die regionalen und nationalen Ebenen gelegt.

Die Mannigfaltigkeit der völkerrechtlichen Übereinkommen kann bei der Rechtsfindung zu einer gewissen Verwirrung führen. Trotzdem kann es dem Meeresumweltschutz förderlich sein, dass die Staaten sich völkerrechtlich so vielfältig gebunden haben.

Die Konvention über den Schutz des Mittelmeeres vor Verschmutzung und ihre Nachfolgerin, die Konvention über den Schutz der Meeresumwelt und der Küstengebiete im Mittelmeer, verpflichten ihre Vertragsparteien, sich an die allgemein anerkannten Normen und Standards zu halten. Hierdurch werden die Vertragsparteien der Barcelona-Konventionen an die IMO-Konventionen gebunden, auch wenn sie diese nicht ratifiziert haben.

Das Barcelona-System hat die globalen Entwicklungen, insbesondere die Ergebnisse der Rio-Konferenz, übernommen. Einige in *soft law* Instrumenten proklamierte Grundsätze, wie der Grundsatz der integrierten Bewirtschaftung der Küstengebiete, sind durch die Übernahme in das Barcelona-System rechtsverbindlich geworden.

Das Barcelona-System hat Fragen geklärt, global noch unbeantwortet sind. So hat das Izmir-Protokoll über die Verhütung der Mittelmeerverschmutzung durch die grenzüberschreitende Verbringung gefährlicher Abfälle und deren Beseitigung für den Transit durch das Küstenmeer die Notifikation ohne Zustimmung eingeführt.

Die globalen Verträge und die regionalen UNEP/MAP-Instrumente ergänzen sich. Der regionale Ansatz ist für den Schutz des Mittelmeeres als halbumschlossenes Meer unabdingbar. Die besonderen Eigenschaften dieses Meeres rechtfertigen ein spezielles Schutzregime und eine enge Zusammenarbeit eines kleinen Staatenkreises. Die besonderen Eigenschaften betreffen nicht nur die Empfindlichkeit des Mittelmeeres, sondern auch den unterschiedlichen Entwicklungsstand seiner Anrainerstaaten.

Es gibt zahlreiche und umfassende Vereinbarungen zum Schutz des Mittelmeeres vor Verschmutzung. Unerlässlich für diesen Schutz ist jedoch auch die Anwendung und Durchsetzung dieser Normen und Standards. Diese erfolgt innerstaatlich. Deswegen sollten die Parteien der globalen und regionalen Meeresschutzsysteme auch auf die innerstaatliche Anwendung der völkerrechtlichen Normen achten. Dieser Aspekt ist im Mittelmeer besonderes heikel, da viele seiner Anrainerstaaten Entwicklungsländer sind.

In den Vereinbarungen des Barcelona-Systems wird oft die Notwendigkeit betont, die besonderen Bedürfnisse der Entwicklungsländer zu berücksichtigen. Die Vertragsparteien werden aufgefordert, Hilfsprogramme für diese Staaten zu entwickeln. Die erlassenen Bestimmungen sind breit und ungenau abgefasst, was ihre Verbindlichkeit und Wirksamkeit sehr in Frage stellt.

Es gibt sporadische Hilfsprogramme für Entwicklungsländer im Mittelmeer, um sie bei der Bewältigung einiger Schwierigkeiten wie dem Bau von Auffanganlangen in tunesischen, algerischen und marokkanischen Häfen zu unterstützen. Nach dem Bericht Tunesiens für den Weltgipfel in Johannesburg ist die internationale Hilfe für Tunesien nicht gezielt und nicht auf die wirklichen Bedürfnisse des Landes zugeschnitten.

Die globale und die regionale Ebene sind mit einander verbunden. Die Instrumente beider Ebenen nehmen Bezug aufeinander. Die hybride Art des

UNEP *Regional Seas* Programms ist der beste Beleg dafür. Es ist ein globales Programm, das durch regionale Komponenten angewendet wird.[1]

Die innerstaatliche Ebene: der Fall Tunesien

Die Bewertung der Rechtsvorschriften und sonstigen Maßnahmen Tunesiens zum Schutz des Mittelmeeres vor Verschmutzung führt zu einer gemischten Bilanz. Einige Maßnahmen versuchen ernsthaft dieses Ziel unter Beachtung der völkerrechtlichen Normen und Leitlinien zu erreichen. Den getroffenen Maßnahmen mangelt es jedoch an Klarheit und Systematik, was sich für den wirklichen Schutz des Mittelmeeres hinderlich auswirken kann.

Tunesien hat alle wichtigen einschlägigen internationalen Vereinbarungen ratifiziert. Dies gilt im Unterschied zu den meisten Mittelmeeranrainerstaaten auch bereits für alle Protokolle der zweiten Generation des Barcelona-Systems. Die Vereinbarungen sind jedoch nicht *self-executing*. Für ihre Anwendung müssen die Vertragsparteien innerstaatliche Vorschriften erlassen. Tunesien hat einige Übereinkommen vollständig implementiert, wie das Internationale Übereinkommen über Vorsorge, Bekämpfung und Zusammenarbeit auf dem Gebiet der Ölverschmutzung durch das Gesetz über den nationalen Notfallplan. Es ist jedoch erkennbar, dass die tatsächliche Anwendung dieses Gesetzes auf der Strecke geblieben ist. Darüber hinaus hat Tunesien die Ansätze der Agenda 21 zum großen Teil übernommen. Dabei hat es die Institutionen für die Integration von Umwelt und Entwicklung stark ausgebaut und eine Nationale Strategie der nachhaltigen Entwicklung erarbeitet. Die Umweltverträglichkeitsstudie wird in Tunesien verbreitet angewendet. Die Entwicklung der Gesetzgebung zeigt auch, dass Tunesien Unstimmigkeiten mit den völkerrechtlichen Vorgaben beseitigen möchte, wie dies durch das neue Gesetz über die ausschließliche Wirtschaftszone belegt wird.

Bei der Implementierung der völkerrechtlichen Verpflichtungen durch Tunesien bestehen jedoch Lücken. Tunesien ist der einzige Mittelmeerstaat, der die repressiven Bestimmungen von MARPOL nicht in sein innerstaatliches Recht übernommen hat. Es gibt kein tunesisches Anwendungsgesetz zu dieser Konvention. Das Seehandelsrechtsgesetzbuch und das Maritime Disziplinar- und Strafgesetzbuch enthalten keine Bestimmungen dazu. Dadurch entsteht jedoch keine wirkliche Rechtslücke. Im tunesischen Umweltrecht finden sich allgemeine Rechtsvorschriften für die Bekämpfung der Meeresverschmutzung. Es handelt sich insbesondere um das Gesetz über die Nationale Agentur für Umweltschutz, welches ein allgemeines Verschmutzungsverbot enthält, das Gewässergesetzbuch, und das Gesetz über das öffentliche maritime Eigentum. Diese Gesetze befassen sich jedoch nicht speziell mit dem Schutz der Meeresgewässer. Sie sehen unterschiedliche Sanktionen vor und betrauen unterschiedliche Behör-

1 Hassan, Protecting the Marine Environment (2006), S. 124.

den mit den Kontrollen. Dies führt zu Kompetenzüberschneidungen insbesondere zwischen der Nationalen Agentur für Umweltschutz und der Agentur für Schutz und Raumordnung der Küstengebiete und zu Unklarheiten über das anwendbare Recht. Die einschlägige materiell-rechtliche Gesetzgebung ist auf unterschiedliche Vorschriften verteilt, so dass sie bruchstückhaft bleibt. Deswegen wäre es angebracht, dass Tunesien seine Gesetzgebung zum Meeresumweltschutz harmonisiert und systematisiert. Dies kann durch den Erlass eines Gesetzes, in welchem die verschiedenen Aspekte des Schutzes der Meeresumwelt einheitlich geregelt sind, erreicht werden. Der bruchstückhafte Charakter der nationalen Gesetzgebung zum Meeresumweltschutz zeigt sich nicht nur in Tunesien, sondern auch in anderen Ländern des südlichen Mittelmeerufers, wie Marokko.[2]

Internationale Institutionen wie die UNCSD und das UNEP/MAP können Tunesien und den anderen Ländern der Region hierzu klare Empfehlungen geben und die nötige rechtliche Beratung anbieten.

---

2 Ausführlich dazu Ihrai, Les obligations internationales du Maroc en matière de lutte contre la pollution du milieu marin marocain, in: ADM (2003), S. 333-351.

Literaturverzeichnis

Abecassis, David W./*Jarashow*, Richard L.: Oil Pollution from Ships, London 1985

A-Khavi, Afshin: The 1996 Protocol to the 1972 Convention on the Prevention of Marine Pollution by Dumping of Wastes and Other Matter, in: 2 Asia Pacific Journal of Environmental Law (1997), S. 201 ff.

A-Khavi, Afshin/*Rothwell*, Donald: The ICJ and the Danube Dam Case: A Missed Opportunity for International Environmental Law?, in: 22 Melbourne University Law Review (1998), S. 507 ff.

Alexander, Lewis: Regionalism at Sea; Concept and Realities, in: Douglas M. Johnston (Ed.): Regionalisation of the Law of the Sea, Cambridge 1978, S. 3 ff.

Alhéritière, Dominique: Marine Pollution Control Regulation: Regional Approaches, in: 6 Marine Policy (1982), S. 162 ff.

Amin, Sayed Hassan: Marine Pollution Regulation in the Persian Gulf, in: 5 Marine Policy Reports (1982), S. 1 ff.

Anderson, David: The Roles of the Flag States, Port States, Coastal States and International Organisations in the Enforcement of International Rules and Standards Governing the Safety of Navigation and the Prevention of Pollution from Ships under the UN Convention on the Law of the Sea and Other International Agreements, in: 2 Singapore Journal of International and Comparative Law (1998), S. 557 ff.

Andreone, Gemma: The Legal Regime of Fishing in the Mediterranean, Some Issues Concerning Italy, in: 11 Italian Yearbook of International Law (2003), S. 231 ff.

- Les conflits de pêche en Méditerranée, in : Giuseppe Cataldi (Ed.), La Méditerranée et le droit de la mer à l'aube du 21ème siècle, Bruxelles 2002, S. 193 ff.

Anzilotti, Dionisio: Cours de droit international, Paris 1929

Aouij-Mrad, Amel: Le Droit de l'eau potable en Tunisie, in : Revue Tunisienne de Droit (2001), S. 31 ff.

Assemboni, Alida: Le Plan d'Action pour la Méditerranée et la protection de l'environnement marin, in: 4 Revue Européenne de Droit l'Environnement (2002), S. 384 ff.

Baird, Rachel Jane: Ocean Dumping- an Overview of the International and Domestic Regulatory System, in: 15 Environmental and Planning Law Journal (1998), S. 174 ff.

Balkin, Rosalie P.: The Establishment and Work of the IMO Legal Committee, in: Myron H. Nordquist (Ed.): Current Maritime Issues and the International Maritime Organisation, The Hague u. a. 1999, S. 291 ff.

Balny/Fersi, Die Deutsch- Tunesische Zusammenarbeit im Bereich der Umwelt, in: 2 Partenaire et développement (2002) S. 30 ff.

Bateman, Sam: Technical Cooperation for Sustainable Development; Capacity Building, in: Mochtar Kusuma-Atmadja (Ed.): Sustainable Development and Preservation of the Oceans, Honolulu 1997, S. 783 ff.

Beer-Gabel, Josette (Ed.): Recueil des traités relatifs à la Méditerranée, Paris 1997

Behrendt, Dirk Kersten: Der Begriff und die Funktion des „Seehafens“, in: Rainer Lagoni (Hg.):Beiträge zum deutschen und europäischen Seehafenrecht, Hamburg 2001, S. 112 ff.

Bekhechi, Mohamed Abdelwahab: Some Observations Regarding Environmental Covenants and Conditionalities in World Bank Lending Activities, in: 3 Max Planck Yearbook of UN Law (1999), S. 287 ff.

Ben Achour, Yadh: Droit Administratif, Tunis 2000

Ben Aissa, Mohamed Salah: Le cadre institutionnel de l'environnement en Tunisie, in: Soukeina Bouraoui (Ed.) : La protection juridique de l'environnment en Tunisie, Tunis 1989, S. 131 ff.

- Les catégories d'entreprises publiques prévues à l'alinéa 2 de l'article 34 de la Constitution tunisienne, in : Mélanges offerts au Doyen Sadok Belaid (2004), S. 191 ff.

Ben Amar, Mohamed: Les nouvelles règles d'exploitation portuaire en droit algerien, in: Revue Tunisienne de Droit (2001), S. 51 ff.

Benchikh, Madjid: La mer méditernaée, mer semi-fermée, in : 84 RGDIP (1980), S. 284 ff.

Bender, Bernd/*Sparwasser*, Reinhard/*Engel*, Rüdiger: Umweltrecht, Grundzüge des öffentlichen Umweltschutzes, Heidelberg 2000

Ben Jémia, Monia: Ordre Public, Constitution et Exequatur, in: Mélanges en l'honneur de Habib Ayadi, Tunis 2000, S. 271 ff.

Bennouna, Mohamed: La délimitation des espaces maritimes en Méditernanée, in: Le droit de la mer, Mélanges à la mémoire de Jean Carroz, Rome 1987, S. 13 ff.

Bergmann, Susanne: Der Schutz der Umwelt im französischen Recht, Berlin 1996.

Bernhardt, Jan Peter A.: A Schematic Analysis of Vessel-Source Pollution; Prescriptive and Enforcement Regimes in the Law of the Sea Conference, in: 20 Virginia Journal of International Law (1980), S. 265 ff.

Beurier, Jean-Pierre/*Kiss*, Alexandre/*Mahmoudi*, Said (Eds.): New Technologies and Law of the Marine Environment, The Hague u. a. 2000

Beurier, Jean-Pierre: La protection des mers régionales, in: Actes des journées de l'environnement du Centre International de la Recherche Scientifique, Nice 1988, S. 270 ff.

Beyerlin, Ulrich/*Marauhn*, Thilo: Rechtsetzung und Rechtsdurchsetzung im Umweltvölkerrecht nach der Rio-Konferenz 1992, Berlin 1997

Beyerlin, Ulrich: Umweltvölkerrecht, München 2000

- The Concept of Sustainable Development, in: Rüdiger Wolfrum (Ed.): Enforcing Environmental Standards: Economic Mechanisms as Viable Means?, Heidelberg u. a. (1996), S. 95 ff.
- „Prinzipien" im Umweltvölkerrecht- ein pathologisches Phänomen? In: Hans-Joachim Cremer/Thomas Giegerich/Dagmar Richter/ Andreas Zimmermann (Hg.): Tradition und Weltoffenheit des Rechts, Festschrift für Helmut Steinberger, Berlin u.a. 2002, S. 31 ff.

Biermann, Frank: Internationale Meeresumweltpolitik, Frankfurt am Main 1994

Bilder, Richard: The Consequences of Regionalization in the Treaty and Customary Law of the Sea, in: Douglas M. Johnston (Ed.), Regionalization of the law of the sea, Cambridge 1978, S. 32 ff.

Blanco-Bazán, Agustin: The Environmental UNCLOS and the Work of IMO in the Field of Prevention of Pollution from Vessels, in: Andree Kirchner (Ed.): International Marine Environmental Law, The Hague 2003, S. 31 ff.

Blake, Gerald, H.: Combating Pollution in the Mediterranean Sea, in: 1 International Boundaries and Environmental Security (1997), S. 67 ff.

Blouza, Hichem: «Le mieux est l'ennemi du bien»: A propos de l'insertion de la condition de réciprocité dans la Constitution tunisienne, in : Revue Tunisienne de Droit (2001), S. 97 ff.

Blumann, Claude: Les arrêts du Conseil d'Etat du 29 mai 1981 Rékhou et Ministre du budget c. Mme Bellil, in: Revue Générale de Droit International (1982), S. 407 ff.

Böckenförde, Markus: The Operationalization of the Precautionary Approach in International Environmental Law Treaties, in: 63 ZaöRV (2002), S. 313 ff.

Boisson de Chazournes, Laurence: Technical and Financial Assistance and Compliance: the Interplay, in: Ulrich Beyerlin/Tobias Stoll/Rüdiger Wolfrum (Eds.), Ensuring Compliance with Multilateral Environmental Agreements, Leiden u. a. 2006, S. 273 ff.

Bollecker-Stern, Brigitte: A propos de l'accident d'Ekofisk- problèmes posés par la pollution par les installations de production pétrolières, in: 24 AFDI (1978), S. 722 ff.

Bothe, Michael: Ensuring Compliance with Multilateral Environmental Agreements- Systems of Inspection and External Monitoring, in: Ulrich Beyerlin/Tobias Stoll/Rüdiger Wolfrum (Eds.), Ensuring Compliance with Multilateral Environmental Agreements, Leiden u.a. 2006 S. 247.

- Das Seerecht als Motor des internationalen Umweltrechts- Gedanken zu neueren Entwicklungen im Bereich des Tiefseebergbaus, in: Nisuke Ando/Edward MacWhinney/Rüdiger Wolfrum (Eds.), Liber amicorum Judge Shigeru Oda Vol. 2, The Hague u. a. 2002, S. 1335 ff.

Bou Franch, Valentin: New Trends for Eliminating Land-Based Pollution in the Mediterranean, in: Giuseppe Cataldi (Ed.) : La Méditerranée et le droit de la mer à l'aube du 21ème siècle, Bruxelles 2002, S. 294 ff.

Bouraoui, Soukeina: L' ANPE: missions et rôles, in : Revue Tunisienne de Droit (1996), S. 57ff.

Boyd, John A.: From Rio to Johannesburg, in: 6 Singapore Journal of International and Comparative Law (2002), S. 723 ff.

Boyle, Allan E./*Bernie*, Patricia W.: International Law and the Environment, Oxford 2002

Boyle, Alan E.: Marine Pollution under the Law of the Sea Convention, in: 79 AJIL (1985), S. 347 ff.

- State Responsibility and International Liability for Injurious Consequences of Acts Not Prohibited by International Law: A Necessary Distinction?, in: 39 International and Comparative Law Quarterly (1990), S. 1 ff.

Brauch, Hans Günter (Hg.): Security and Environment in the Mediterranean, Berlin u. a 2003

Bresson (de), Jean-Jacques: Inflations des lois pénales et législations ou réglementations techniques, in: Revue Canadienne de Droit Public Comparé (1985), S. 243 ff.

Broadus, James M./*Vartanov*, Rafael V.: The Oceans Environmental Security, Washington DC 1994

Brubaker, Douglas: Marine Pollution and International Law, London 1993

Caflisch, Lucius: La condition des épaves maritimes en droit international public, in: René-Jean Dupuy (Ed.), Mélanges en l'honneur de Nicolas Valtivos, Paris 1999, S. 68 ff.

Caldwell, Lynton K.: International Environmental Policy, Durham 1996

Chavrier, Géraldine: Réflexions sur la transaction administrative, in: 16 Revue Française de Droit Administratif (2000), S. 548 ff.

Chikhaoui, Leila: La protection de l'environnement en Tunisie: enjeu international et stratégie interne, in: Revue Tunisienne de Droit (1993), S. 109 ff.

- L'étude d'impact sur l'environnement, in: 5 Actualités Juridiques Tunisiennes (1992), S. 51 ff.
- Vers une réforme „écologique" de la fiscalité? In: Mélanges Ayadi, Tunis 2000, S. 421 ff.
- Le cadre légal des pollutions marines, in: Revue Tunisienne de Droit (1997), S. 109 ff.
- Droit pénal de l'environnement et de l'urbanisme, Tunis 1999

Chinkin, Christine: Third Parties in International Law, Oxford u. a. 1993

Chinyere Eguh, Edna: The Bamako Convention and the First Meeting of the Parties: a Glance at Implementation Strategies, in: 7 Review of European Community and International Environmental Law (1998), S. 256 ff.

Chircop, Aldo: Teaching Integrated Coastal Management: Lessons from The Learning Arena, in: 43 Ocean and Coastal Management (2000), S. 345 ff.

Chung, Suh-Yong: Is the Mediterranean Regional Cooperation Model applicable to North-East Asia?, in: 11 Georgetown International Environmental Law Review (1999), S. 363 ff.

Churchill, Robin/*Lowe*, Vaughan A.: The Law of the Sea, Manchester 1999

Cicin-Sain, Biliana: Implementation of Earth Summit Agreements: Progress since Rio, in: Stefano Belfiore/Maria G. Lucia/Eva Pesaro (Eds.): Regional Seas towards Sustainable Development, Milano 1996, S. 17 ff.

Cissé, Abdoullah: Essai sur la transaction pénale administrative, Thèse de Doctorat d'Etat en sciences Juridiques, Faculté des Sciences Juridiques, Politiques et Sociales (Tunis II) 1993

- Etude sur le règlement transactionnel des infractions économiques et d'affaires, Mémoire en vue de l'obtention du DEA, Faculté des Sciences Juridiques, Politiques et Sociales Tunis II 1988-1989

Civili, Francesco S.: The Mediterranean Marine Environment: Pressures, State of Pollution and Measures Taken (the Barcelona Convention and The Mediterranean action Plan), in: Peter Ehlers/Elisabeth Mann-Borgese/Rüdiger Wolfrum (Eds.): Marine Issues: From a Scientific, Political and Legal Perspective, The Hague u. a. 2002, S. 165 ff.

Combacau, Jean/*Sur*, Serge: Droit international public, Paris 1999

Coulombie, Henri/*Redon*, Jean-Pierre: Le droit du littoral, Paris 1992

Crawford, James: The International Law Commission's Articles on State Responsibility: Introduction, Text and Commentaries, Cambridge 2002

Cron, Thomas: Das Umweltregime der Nordsee- völker- und europarechtliche Aspekte, Baden-Baden 1995

Cullet, Philippe: Differential Treatment in International Environmental Law, Aldershot 2003

Currie, Duncan E. J. /*Van Dyke*, Jon M.: The Shipment of Ultrahazardous Nuclear Materials in International Law, in: 8 Review of European Community and International Environmental Law (1999), S. 113 ff.

Dahm, Georg/*Delbrück*, Jost/*Wolfrum*, Rüdiger: Völkerrecht Bd. I/1, Berlin 1989; Bd. I/2, Berlin 2002; Bd I/3, Berlin 2002

Dali, Sihem: Le Regime juridique de l'eau, Mémoire en vue de l'obtention du DEA, Faculté de Droit et des Sciences Politiques, Tunis 1986

Dejeant-Pons, Maguelonne: La Méditerranée en droit international de l'environnement, Paris 1990

Dipla, Hartini: Préservation du milieu marin versus liberté de la navigation: La lutte contre la pollution par les navires et les pouvoirs de l'Etat du port, in: 8 ADM (2003), S. 297 ff.

Djedidi, Narjes: L'article 32 de la Constitution du 1er Juin 1959, in : Revue Tunisienne de Droit (2002), S. 149 ff.

Doehring, Karl: Völkerrecht, Heidelberg 1999

Doussis, Emmanuella: Le bilan du «système de Barcelone» pour la protection de la mer méditerranée contre la pollution (plan d'action pour la Méditerranée), Athens 1994

Ebbesson, Jonas: Protection of the Marine Environment of the Baltic Sea Area, The Impact of the Stockholm Declaration, in: Myron H. Nordquist/John Norton Moore/Said Mahmoudi (Eds.), The Stockholm Declaration and Law of the Marine Environment, The Hague u.a. 2003, S. 155 ff.

Ekardt, Hannes-Peter: Information, Selbstregulierung, Flexibilisierung: Instrumente eines effektiven Umweltrechts?, in: 27 Natur und Recht (2005), S. 215 ff.

El Ayadi, Habib: Les entreprises publiques et les offices en Tunisie,Thèse, Faculté de Droit de Paris 1968

Elloumi, Taib : La justice et les conventions internationales, in : Rafaâ Ben Achour/Sadok Belaid (Eds.), Droit international et droits internes, dèveloppements récents, Paris 1999, S. 281 ff.

Empell, Hans-Michael: Die Staatengemeinschaftsnormen und ihre Durchsetzung, Heidelberg 2003

Epiney, Astrid/*Scheyli*, Martin: Umweltvölkerrecht, Bern 2000

- Strukturprinzipien des Umweltvölkerrechts, Baden-Baden 1998

Erben, Cosima: Das Vorsorgeprinzip im Völkerrecht, Berlin 2005

Erbguth, Wilfried: Rechtsfragen der Planung und Genehmigung von Offshore-Windenergieanlagen- unter besonderer Berücksichtigung des nationalen Rechts, in: Peter Ehlers/Wilfried Erbguth (Hg.): Aktuelle Entwicklungen im Seerecht, Baden-Baden 2000, S. 47 ff.

Eiriksson, Gudmundur: Some Thoughts on Regional Marine Arrangements in The Developing World, in: Douglas M. Johnston (Ed.), Regionalization of the Law of the Sea, Cambridge 1978, S. 96 ff.

Escher, Anne-Katrin: Release of Vessels and Crews before the International Tribunal for the Law of the Sea, in: 3 The Law and Practice of International Courts and Tribunals (2004), S. 411 ff.

Esmaeili, Hossein: The Legal Regime of Offshore Oil Rigs in International Law, Aldershot u. a. 2001

Fakhry, Aref: Capacity-Building in International Marine Environmental Law: Perspectives of Developing Countries, in: Andree Kirchner (Ed.), International Marine Environmental Law, The Hague u. a. 2003, S. 93 ff.

Favoreu, Louis (Ed.): Le domaine de la loi et du règlement, Paris 1981

Faure, Michael (Ed.): Prevention and Compensation of Marine Pollution damage, Alphen aan den Rijn 2006

Ferchichi, W.: L'administration de la nature, Mémoire pour l'obtention du DEA, Faculté de Droit et des Sciences Politiques, Tunis 1994

Fitzmaurice, Malgosia: Third Parties and The Law of Treaties, in: 6 Max Planck Yearbook of United Nations (2002), S. 37 ff.

- The 1992 Convention on The Baltic Sea Environment, in: 2 Review of European Community and International Environmental Law (1993), S. 24 ff.

Fitzpatrick, Cordula: Künstliche Inseln und Anlagen auf See, Frankfurt 1998

Foudhaili, Ali: Le régime juridique de la responsabilité en cas de pollution marine d'originetellurique en Droit tunisien, Mémoire en vue de l'obtention du DEA, Faculté des Sciences Juridiques, Politiques et Sociales Tunis II 2000-2001

Francioni, Francesco: Criminal Jurisdiction over Foreign Merchant Vessels in Territorial Waters: A new Analysis, in: 1 International Journal of Environmental Law (1975), S. 28 ff.

Franckx, Erik (Ed.): Vessel-Source Pollution and Coastal State Jurisdiction, The Hague u. a. 2001

Freiss, Thomas: Der Ölverschmutzungsschaden in der Schiffart: Haftung und Entschädigung, Karlsruhe 1996

French, Duncan: Developing States and International Environmental Law, The Importance of Differenciated Obligations, in: 49 International and Comparative Law Quarterly (2000), S. 35 ff.

Frikha, Imed: Le partenariat euro-méditerranéen, un partenariat en quête de stratégie, in: Mélanges offerts au Doyen Sadok Belaid, Tunis 2004, S. 345 ff.

Frowein, Jochen: Die Staatengemeinschaftsinteresse- Probleme bei Formulierung und Durchsetzung, in: Kai Hailbronner/Georg Ress/Thorsten Stein (Hg.): Staat und Völkerrechtsordnung, Festschrift für Karl Döhring, Berlin u. a. 1989, S. 219 ff.

- Die Verpflichtungen erga omes im Völkerrecht und ihre Durchsetzung, in: Rudolf Bernhardt/Wilhelm K. Geck/Günther Jaenicke/Helmut Steinberger (Hg.), Völkerrecht als Rechtsordnung - Internationale Gerichtsbarkeit - Menschenrechte, Festschrift für Hermann Mosler, Berlin u.a. S. 241 ff.

Gallala, Imen: La notion de caution raisonnable dans la jurisprundence du tribunal international du droit de la mer, in: 105 RGDIP (2001), S. 931 ff.

Gavouneli, Maria: New Forms of Cooperation in the Mediterranean System of Environmental Protection, in: Myron H. Nordquist/John Norton Moore/Said Mahmoudi (Eds.), The Stockholm Declaration and Law of the Marine Environment, The Hague u. a. 2003, S. 223 ff.

- Pollution from Offshore Installations, London u. a. 1995

- From Uniformity to Fragmentation? The Ability of the UN Convention on the Law of the Sea to Accommodate New Uses and Challenges, in: Anastasia Strati/Maria Gavouneli/Nikolaos Skourtos (Eds.): Unresolved Issues and New Challenges to The Law of the Sea, Time before and Time after, Leiden u. a. 2006, S. 205 ff.
- Responsibility for Catastrophes: New Concepts in Their Conventional Application, in: David D. Caron/Charles Leben (Eds.), The International Aspects of Natural and Industrial Catastrophes, The Hague 2001, S. 645 ff.

Gerges, Makram A.: Marine Pollution Monitoring, in: 28 Assessment and Control: UNEP's Approach and Strategy (1994), S. 317 ff.

Ghérairi, Ghazi/*Jaibi*, Dorra: La Constitution tunisienne et le droit international, in: Rafaâ Ben Achour/Sadok Belaid (Eds.), Droit international et droits internes, dèveloppements récents, Paris 1999, S. 107 ff.

Gillespie, Alexander: International Environmental Law, Policy and Ethics, Oxford 1997

Gomez-Robledo Verduzco, Alonso: El caso del Ixtoc en derecho internacional, in: Temas selectos de derecho internacional (1994), S. 203 ff.

Graf Vitzthum, Wolfgang /*Talmon*, Stefan: Alles fließt. Kulturgüterschutz und innere Gewässer im Neuen Seerecht, Baden-Baden 1998

Graf Vitzthum, Wolfgang: Raum und Umwelt im Völkerrecht, in: ders. (Hg.): Völkerrecht, Berlin u. a. 2001, S. 379 ff.

- Maritimes Aquitorium und Anschlusszone, in: ders. (Hg.), Handbuch des Seerechts, München 2006, S. 63 ff.

GTZ/Umweltschutz/Tunesien abrufbar unter http://www.gtz.de/de/weltweit/maghreb-naher-osten

GTZ-Tunisie, La protection de l'environnement en Tunisie, in: pour un développement durable, la coopération technique allemande en Tunisie (Novembre 2005)

Gündling, Lothar: Die 200 Seemeilen-Wirtschaftszone, Berlin u. a. 1983

Gutierrez-Castillo, Victor Luis: L'Espagne et les problèmes de délimitation en Méditerranée, in: Giuseppe Cataldi (Ed.), La Méditerranée et le droit de la mer à l'aube du 21ème siècle, Bruxelles 2002, S. 169 ff.

Haas, Peter: Saving The Mediterranean: The Politics of International Environmental Cooperation, New York 1990

Hafner, Gerhardt: Meeresumwelt, Meeresforschung und Technologietransfer, in: Wolfgang Graf Vitzthum (Hg.): Handbuch des Seerechts, München 2006, S. 347 ff.

Halvorssen, Anita Margrethe: Equality among Unequals in International Environmental Law, Boulder 1999

Handl, Günther: Environmental Security and Global Change: The Challenge to International Law, in: 1 Yearbook of International Environmental Law (1990), S. 3ff.

Hartmann, Ulrike: Die Entwicklung im internationalen Umwelthaftungsrecht unter besonderer Berücksichtigung von *erga omnes*-Normen, Frankfurt am Main 2000

Hassan, Daud: International Conventions Related to Land-Based Sources of Marine Pollution Control: Applications and Shortcomings, in: 16 The Georgetown International Environmental Law Review (2004), S. 657 ff.

- Protecting the Marine Environment from Land-Based Sources of Pollution, Aldershot 2006

Hassan, Parwez: From Rio 1992 to Johannesburg 2002, in: 6 Singapore Journal of International and Comparative Law (2002), S. 683 ff.

Heitmüller, Susanne: Durchsetzung von Umweltrecht im Rahmen des Seerechtsübereinkommens von 1982 durch den Internationalen Seegerichtshof in Hamburg, Göttingen 2001

Hermi-Barka, Souha: Le Régime de la protection des eaux contre la pollution, Mémoire en vue de l'obtention du DEA, Faculté des Sciences Juridiques, Politiques et Sociales, Tunis 1998-1999

Ihrai, Said: Les obligations internationales du Maroc en matière de lutte contre la pollution du milieu marin marocain, in: ADM (2003), S. 333 ff.

Ijlstra, Ton: Implementation of the United Nations Law of the Sea Convention: Removal of Offshore Installations, in: Budislav Vukas (Ed.): Essays on the New Law of the Sea, 2 Zagreb 1990, S. 55 ff.

- Pollution from Offshore Installations: the Kuwait Protocol, in: 21 Marine Pollution Bulletin (1990), S. 8 ff.

Ilg, Christoph: Die Rechtsetzungstätigkeit der International Maritime Organization: zur Bedeutung der international maritime Organisation bei der Weiterentwicklung der Meeresumwelt, Tübingen 2001

Ipsen, Knut/*Mensel*, Eberhard/*Epping*, Volker (Hg.): Völkerrecht, München (2004)

Jacobson, Jon L.: United Nations Environmental Programme: How Does it Measure up?, in: 23 Coastal Management (1995), S. 21 ff.

Jakob, Anne: Die Assoziationsabkommen zwischen der Europäischen Gemeinschaft und ihren Mitgliedern sowie Tunesien, Marokko und Algerien, Frankfurt am Main 2006

Janssen, Gerold: Die Rechtlichen Möglichkeiten der Einrichtung von Meeresschutzgebieten in der Ostsee, Baden-Baden 2002

Jarass, Hans D.: Naturschutz in der ausschließlichen Wirtschaftszone, Baden-Baden 2002

Jenisch, Uwe: Die Errichtung von Windparks auf Hoher See und in der ausschließlichen Wirtschaftszone, in: Peter Ehlers/Wilfried Erbguth (Hg.), Aktuelle Entwicklungen im Seerecht, Baden-Baden 2000, S. 21 ff.

Johnston, Douglas M./Enomoto, Lawrence M.G.: Regional Approaches to the Protection and Conservation of the Marine Environment in: Douglas M Johnston (Ed.), The Environmental Law of the Sea, Berlin 1981, S. 285 ff.

Jones, Worthword F.: The Evolution of the Bamako Convention: an African Perspective, in: 4 Colorado Journal of International Environmental Law and Policy (1993), S. 324 ff

Juste Ruiz, José: Un nuevo Instrumento del sistema de Barcelona para la Protección del Mar Mediterráneo contra la contaminación: el protocolo sobre movimientos transfronterisos de desechos peligrosos y su eliminación, in: 48 Revista Espanola de Derecho Internacional (1996), S. 371 ff.

- The Evolution of the Barcelona Convention and Its Protocols for The Protection of the Mediterranean Sea against Pollution, in: Edward Miles/Tullio Treves (Eds.), The Law of the Sea: New Worlds, New Discoveries, Proceedings of the 26th Law of the Sea Institute Annual Conference, Honolulu 1994, S. 208 ff.

Kageneck (de), Amalia/*Pinel*, Cyril: Développements récents du régime juridique applicable à la protection des mers et aux substances radioactives: prévention et réparation des dommages, in: ADM (1997) S. 206 ff.

Karaouli, Souhir: La pollution de la mer par les hydrocarbures en droit tunisien, Mémoire en vue de l'obtention du DEA, Faculté des Sciences Juridiques, Politiques et Sociales, Tunis 2001-2002

Kassmann, Rico: Die Bekämpfung der Meeresverschmutzung nach Tankerunglücken- Intervention und Kooperation, in: Christian Tomuschat (Hg.): Schutz der Weltmeere gegen Öltankerunfälle, das rechtliche Instrumentarium, Berlin 2005, S. 129 ff.

Kasten, Verena: Europarechtliche und völkerrechtliche Aspekte der grenzüberschreitenden Abfallverbringung, Frankfurt am Main 1997

Khalatbari, Babak: Tunesien/Länderstudie, Düsseldorfer Institut für Außen – und Sicherheitspolitik (2003) abrufbar unter www.dias-online.org

Kellersmann, Bettina: Die gemeinsame, aber differenzierte Verantwortlichkeit von Industriestaaten und Entwicklungsländern für den Schutz der globalen Umwelt, Berlin-Heidelberg 2000

Kelsen, Hans: Les rapports de système entre le droit international et le droit interne, in: 14 RCADI (1926), S. 231 ff.

Khodjet El Khil, Lilia: La pollution de la mer méditerranée du fait du transport maritime de marchandises, régime juridique applicable et mise en oeuvre par les Etats, Aix-en-Provence 2003

Kilian, Michael: Umweltschutz durch Internationale Organisationen, Berlin 1987

Kindt, John W.: Marine Pollution and the Law of the Sea, New York 1986

Kirk, Elisabeth: The 1996 Protocol to The London Dumping Convention and The Brent Spar, in: 46 The International and Comparative Law Quarterly (1997), S. 957 ff.

Kiss, Alexandre C.: The Destiny of The Principles of The Stockholm Declaration, in: Myron H. Nordquist/John Norton Moore/Said Mahmoudi (Eds.), The Stockholm Declaration and Law of the Marine Environment, The Hague u. a. 2003, S. 53 ff.

- Récents traités régionaux concernant la pollution de la mer, in: 22 AFDI (1976), S. 720 ff.
- Les traités-cadre : Une technique juridique caractéristique du droit international de l'environnement, in: 39 AFDI (1993), S. 792 ff.
- Droit International de l'Environnement, Paris 2004
- Un modèle méditerranéen de protection des mers régionales, in : Jean-Yves Cherot (Ed.), Droit méditerranéen de l'environnement, Paris 1988, S. 157 ff.

- Reporting Obligations and Assessment of Reports, in: Ulrich Beyerlin/Tobias Stoll/Rüdiger Wolfrum (Eds.): Ensuring Compliance with Multilateral Environmental Agreements, Leiden u. a. 2006, S. 229 ff.

Knemeyer, Esther: Die Etablissements publics im französischen Verwaltungsrecht, Baden-Baden 1996

König, Doris: The Enforcement of The International Law of the Sea by Coastal and Port states, in: 62 ZaöRV (2002), S. 1 ff.

- Durchsetzung internationaler Bestand- und Umweltschutzvorschriften auf Hoher See im Interesse der Staatengemeinschaft, Berlin 1990

Kolodkin, Anatoly: National Legislation in The Light of UNCLOS and The Practice of The International Tribunal for The Law of The Sea, in: Myron H. Nordquist/ John Norton Moore (Eds.), Current Marine Environmental Issues and The International Tribunal for The Law of the Sea, The Hague u. a. 2001, S. 239 ff.

Kolter, Jens: Umweltverträglichkeitsprüfung in der Praxis, Baden-Baden 1997

Krüger, Niels: Anwendbarkeit von Umweltschutzverträgen in der Antarktis, Berlin u. a. 2000

Kusuma-Atmadja, Mochtar/*Mensah*, Thomas/*Oxman*, Bernard (Eds.): Sustainable Development and Preservation of The Oceans: The Challenges of UNCLOS and Agenda 21, Honolulu 1997

Kuwabara, Sachiko: The Legal Regime of The Protection of The Mediterranean against Pollution from Land-Based Sources, Dublin 1984

Kwiatkowska, Barbara: Marine Pollution from Land-Based Sources: Current Problems and Prospects, in: 14 Ocean Development and International Law (1985), S. 317 ff.

Labidi, Ilhem: Responsabilité et indemnisation du dommage en cas de pollution maritime Tunis 2000, S. 4 ff.

La Fayette (de), Louise A.: Compensation for Environmental Damage in Maritime Liability Regimes, in: Andree Kirchner (Ed.), International Marine Environmental Law, The Hague u. a. 2003, S. 231 ff.

- New Developments in The Disposal of Offshore Installations, in: 14 IJMCL (1999), S. 523 ff.
- The Marine Environment Protection Committee, in: 16 IJMCL (2001), S. 155 ff.

Lagoni, Rainer/*Proelß*, Alexander: Festlandsockel und ausschließliche Wirtschaftszone, in: Wolfgang Graf Vitzthum (Hg.): Handbuch des Seerechts, München 2006, S. 161 ff.

Lagoni, Rainer: Die Errichtung von Schutzgebieten in der ausschließlichen Wirtschaftszone aus völkerrechtlicher Sicht, in: 24 Natur und Recht (2002), S. 121 ff.

- Die Internationale Seeschiffahrts-Organisation (IMO) als Rechtsetzungsorgan, in: Peter Ehlers/Wilfried Erbguth (Hg.), 50 Jahre Vereinte Nationen: Tätigkeit und Wirken der Internationalen Seeschifffahrts- Organisation, Baden-Baden 1997, S. 45 ff.
- Die Abwehr von Gefahren für die marine Umwelt, in: 32 BDGVR (1991), S. 87 ff.
- Der Hamburger Hafen, die internationale Handelsschifffahrt und das Völkerrecht, in: 26 Archiv des Völkerrechts (1988), S. 261 ff.
- Freigabeklage und vorläufige Maßnahmen vor dem internationalen Seegerichtshof, in: Volkmar Götz (Hg.), Liber amicorum Günter Jaenicke zum 85. Geburtstag, Berlin u.a. 1998, S. 543 ff.

Lawrence, Juda: Rio Plus Ten: The Evolution of International Marine Fisheries Governance, in: 33 Ocean Development and International Law (2002), S. 109 ff.

Leanza, Umberto: Le nouveau droit international de la mer méditerranée, Napoli 1994

- Le régime juridique international de la mer méditerranée, in: 236 RCADI (1992), S. 127 ff.
- Il nuovo diritto del mare e la sua applicazione nel Mediterraneo, Torino 1993
- Le patrimoine culturel sous-marin de la méditerranée, in: Giuseppe Cataldi (Ed.), La Méditerranée et le droit de la mer à l'aube du 21ème siècle, Bruxelles 2002, S. 139 ff.

Leblois-Happe, Jocelyne: De la transaction pénale à la composition pénale, in: 74 *Semaine Juridique* (2000), S. 63 ff.

Letalik, Norman G.: Pollution from Dumping, in: Douglas M. Johnston (Ed.): The Environmental Law of the Sea, Berlin 1981, S. 217 ff.

Lindemann, Jan H.: Untersuchung, Festhalten und sofortige Freigabe ausländischer Seehandelsschiffe, Hamburg 1997

Mahmoudi, Said: The Law of Deep Sea-Bed Mining, Stockholm 1987

- Prompt Release of Vessels and Crews and The United Nations Convention on The Law of the Sea, in: Jurisdika Tidskrift (1995/1996), S. 722 ff.

Mansfield, Bill: Compulsory Dispute Settlement after The Southern Bluefin Tuna Award, in: Alex G. Oude Elferink/Donald R. Rothwell (Eds.): Oceans Management in the 21st Century: Institutional Framework and Responses, Leiden u. a. 2004, S. 255 ff.

Marchisio, Sergio: Mediterranean Sustainable Development in International Law, in: 26 Environmental Policy and Law (1996), S. 260 ff.

Marin, Lawrence: Oceanic Transportation of Radioactive Materials, in: 13 Florida Journal of International Law (2001), S. 361 ff.

Marr, Simon: The Precautionary Principle in The Law of The Sea, The Hague 2003

Marsit, Mohamed M.: L'Afrique et le nouveau droit de la mer à la lumière de l'expérience tunisienne, Tunis 2004

Matz, Nele: Wege zur Koordinierung völkerrechtlicher Verträge- völkervertragsrechtliche und institutionelle Ansätze, Berlin u. a. 2005

McConnell, Moira L.: Inter-Agency Collaboration or Inter-Agency Competition- A Challenge for the UN System, in: Andree Kirchner (Ed.), International Marine Environmental Law, The Hague u. a. 2003, S. 69 ff.

McDorman, Ted. L.: Port State Enforcement, in: 28 Journal of Maritime Law and Commerce(1997), S. 305 ff.

McGrath, P.M./*Julian*, Michael: Protection of The Marine Environment from Shipping Operations: Australian and International Responses, in: Donald Rothwell/Sam Bateman (Eds.), Navigational Rights and Freedoms and The New Law of The Sea, The Hague u. a. 2000, S. 188 ff.

Mekouar, Mohamed A.: Droit de l'environnement et environnement du droit au Maroc, in: Recueil d'Etudes en droit Ecologique (1988), S. 38 ff.

Mensah, Thomas: Civil Liability and Compensation for Vessel-Source Pollution of The Marine Environment and The United Nations Convention on The Law of the Sea (1982), in: Nisuke Ando/Edward Mcwhinny/Rüdiger Wolfrum (Eds.), Liber amicorum Judge Shigeru Oda Vol. 2, The Hague u.a. 2002, S. 1391 ff.

- The United Nations Commission on Sustainable Development, in: Jacob Werksman (Ed.), Greening International Institutions, London 1996, S. 21 ff.
- The Role of The Peaceful Dispute Settlement in Contemporary Oceans Policy and Law, in: Davor Vidas/Willy Ostreng (Eds.), Order for The Oceans at The Turn of The Century, The Hague u. a. (1999), S. 81 ff.
- The Place of The International Tribunal for The Law of The Sea in The International System for The Peaceful Settlement of Disputes, in: 37 Indian Journal of International Law (1997), S. 466 ff.

Metaxas, Basil N.: Flags of Convenience, Vermont 1985

Ministère de l'Agriculture, de l'Environnement et des Ressources Hydrauliques/ République Tunisienne: Rapport National: l'Etat de l'environnement (2003), abrufbar unter http://www.anpe.nat.tn.

Ministère de l'Environnement et de l'Aménagement du Territoire/République Tunisienne, Sommet Mondial du développement durable (Rio+10) Johannesburg (Afrique du Sud), 2002: Rapport national d'évaluation des realisations de la Tunisie dans le domaine du dèveloppement durable et de la mise en oeuvre de l'Agenda 21, Synthèse, Août 2001

Molenaar, Erik J.: Coastal State Jurisdiction over Vessel-Source Pollution, The Hague u. a. 1998
- The EC Directive on Port State Control in Context, in: 11 IJCML (1996), S. 241 ff.

Morgan, Joseph: Regional Cooperation: an Overview, in: Thomas Mensah (Ed.): Ocean Governance- Strategies and Approaches for the 21st Century, Honolulu 1996, S. 293 ff.

Morrison, Fred L.: The Relationship of International, Regional and National Environmental Law, in: Fred L. Morrison/Rüdiger Wolfrum (Eds.), International, Regional and National Environmental Law, The Hague 2000, S. 113 ff.

Moussa, Fadhel: La Tunisie et le droit de la mer, Tunis 1981
- De l'étude d'impact sur l'environnement (EIE) à l'évaluation stratégique environnementale (ESE): formes et réformes tunsiennes, in : Emmanuel Cadeau (Ed.), Perspectives du droit public, Mélanges Jean-Claude Hélin, Paris 2004, S. 469 ff.

Mzabi-Bougarras, Amel: L'adaptation de la repression pénale à la protection de l'environnement, Mémoire en vue de l'obtention du DEA, Facutlé des Sciences Juridiques, Politiques et Sociales, Tunis 1998/1999

Nelson, L.D.M.: The Functions of Regionalism in The Emerging Law of The Sea as Reflected in The Informal Composite Negotiating Text, in: Douglas M. Johnston (Ed.), Regionalization of the Law of the Sea, Cambridge 1978, S. 17 ff.

Neuman, J.: The United Nations Regional Seas Program, in: 19 Marine Technology Society Journal (1985), S. 46 ff.

Niemann, Ingo: Die Befugnisse des Küstenstaates zur Verhinderung von Öltankerunfällen, in: Christian Tomuschat (Hg.), Schutz der Weltmeere, Berlin 2005, S. 79 ff.

Nohlen, Dieter: Schwellenländer, in: Lexikon Dritte Welt, Reinbeck bei Hamburg 1996, S. 599 ff.

Nordquist, Myron/*Nandan*, Satya/*Rosenne*, Shabtai (Eds.): United Nations Convention on The Law of The Sea 1982, A Commentary Vol. II, Dordrecht u. a. 1993

Nunez-Müller, Marco: Die Staatszugehörigkeit von Handelsschiffen im Völkerrecht, Berlin 1994

O'Connell, Daniel Patrick: The International Law of the Sea Vol. II, Oxford 1984

Odendahl, Kerstin: Die Umweltpflichtigkeit der Souveränität, Berlin 1998

Odier, Françoise: La Convention sur la responsabilité et l'indemnisation pour les dommages liés au transport par mer de substances nocives et potentiellement dangereuses (Convention HNS), in : ADM (1996), S. 93 ff.

- Sanctions pénales, moyens de lutte contre la pollution ou instrument d'évolution du droit de la mer, in: ADM (2003), S. 323 ff.

Oellers-Frahm, Karin: Die Entscheidung des IGH zur Abgrenzung des Festlandsockels zwischen Tunesien und Libyen: Eine Abkehr von der bisherigen Rechtssprechung?, in: 42 ZaöRV 1982, S. 804 ff.

Okidi, Charles Odidi: Regional Control of Ocean Pollution: Legal and Institutional Problems and Prospects, Alphen a.d. Rijn 1978

Oral, Nilufer: The Black Sea: A Case Study in Regional Cooperation, in: Myron H. Nordquist/John Norton Moore/Said Mahmoudi (Eds.), The Stockholm Declaration and Law of The Marine Environment, The Hague u. a. 2003 S. 237 ff.

Oxman, Bernhard: The Duty to Respect Generally Accepted International Rules and Standards, in: 24 JILP (1991-1992), S. 109 ff.

Pazarci, Hüsseyin: Le concept de zone contigue dans la convention sur le droit de la mer de 1982, in: 18 Revue Belge de Droit International (1984), S. 249 ff.

Percoraro, Maria-Luisa, The Concept of Enclosed or Semi-Enclosed Seas in The New Law of the Sea, in: 2 Universita degli Studi di Roma Tor Vergata, Yearbook (1989), S. 369 ff.

Pharand, Donat: Canada's Arctic Waters in International Law, Cambridge 1988

Picone, Paolo: Obblighi reciproci ed obblighi *erga omnes* degli Stati nel campo della protezione internazionale dell'ambiente marino dall'inquinamento, in:

ders. (Hg.), Diritto internazionale e protezione dell'ambiente marino, A cura di Vincenzo Starace, Milano 1983, S. 15 ff.

Pinto, M.C.W.: The Duty of Co-operation and The United Nations Convention on The Law of The Sea, in: Adriaan Bos/Hugo Siblesz (Ed.), Realism in Law-Making, Essays on International Law in Honour of Willem Riphagen, Dordrecht 1986, S. 131 ff.

Plan Bleu/Benoit, Guillaume/*Comeau,* Aline (Eds.): Méditerranée. Les perspectives du Plan Bleu sur l'environnement et le développement, La Tour d'Aigues 2005

Plan Bleu, Centre d'activités régionales : Mediterranean Countries Profiles: Tunisia, Environment and Sustainable Development Issues and Policies, Sophia Antipolis 2001

Plan Bleu, Centre d'activités régionales, Profil des Pays Méditerranéens: Tunisie, enjeux et politiques d'environnement et de développement durable, Sophia Antipolis 2000, abrufbar unter http://www.planbleu.org/publications/ prf-tun.pdf

Plesman, Wolf/*Röben*, Volker: Marine Scientific Resarch: State Practice versus Law of The Sea, in: Rüdiger Wolfrum (Ed.), Law of The Sea at The Crossroads, Berlin 1990, S. 373 ff.

Posselt, Jens-Christian: Umweltschutz in umschlossenen und halbumschlossenen Meeren Münster 1995

Proelß, Alexander: Meeresschutz im Völker- und Europarecht: Das Beispiel des Nordostatlantiks, Berlin 2004

Raftopoulos, Evangelos: The Mediterranean Action Plan in a Functional Perspective: A Quest for Law and Policy. MAP technical Reports series n°25, UNEP Athen 1988.

- The Revision of MAP Legal Framework: The Barcelona Convention and its Protocols, UNEP/MAP Athens 2002
- The Barcelona Convention and Protocols: Mediterranean Action Plan Regime, London 1993
- The Mediterranean Action Plan: A Paradigm for Rethinking International Law, in: Budislav Vukas (Ed.): 2 Essays in the New Law of the Sea, Zagreb 1990, S. 245 ff.
- "Relational Governance" for Marine Pollution Incidents in the Mediterranean, in: 16 IJMCL (2001), S. 47 ff.

Rajamani, Lavanya: Differential Treatment in International Environmental Law, Oxford 2006

Rayfuse, Rosemary/*Wilder*, Martijn: International Fisheries and Sustainability, in: 14 Ocean Yearbook (2000), S. 114 ff.

Reichart, Matthias: Umweltschutz durch völkerrechtliches Strafrecht, Frankfurt am Main u. a. 1999

Rémond-Gouilloud, Martine: Pollution from Seabed Activities, in: Douglas M. Johnston (Ed), The Environmental Law of The Sea, Berlin 1981, S. 245 ff.
- Droit maritime, Paris 1993

Risch, Jessica: Windenergieanlagen in der Ausschließlichen Wirtschaftszone, Berlin 2006

Röben-Baker, Betsy/*Loibl*, Gerhard/*Baier*, Thomas M.: Transboundary Environmental Cooperation, in: 7 Yearbook of International Environmental Law (1997), S. 96 ff.

Röben, Volker: The Southern Bluefin Tuna Cases: Re-regionalization of The Settlement of Law of The Sea Disputes?, in: 62 ZaöRV (2002), S. 61 ff.

Rothwell, Donald R./*Stephens*, Tim: Dispute Resolution and The Law of The Sea: Reconciling The Interaction between The LOS Convention and Other Environmental Instruments, in: Alex G. Oude Elferink/Donald R. Rothwell (Eds.), Oceans Management in The 21st Century: Institutional Frameworks and Responses, Leiden u. a. 2004, S. 209 ff.

Said, Chafik: Société civile et Etats du Maghreb, in: Mélanges offerts au Doyen Sadok Belaid, Tunis 2004, S. 669 ff.

Sand, Peter H. (Ed.): Marine Environmental Law in The United Nations Environment Programme, London u. a. 1988
- Lessons Learned in Global Environmental Governance, Washington, D.C. 1990

Sands, Philippe: Principles of International Environmental Law, Cambridge 2003
- Environmental Protection in The Twenty-First Century: Sustainable Development and International Law, in: Richart L. Revesz/Philippe Sands/Richart B. Stewart (Eds.): Environmental Law, The Economy and Sustainable Development, Cambridge 2000
- International Law in the Field of Sustainable Development, in: 65 British Yearbook of International Law (1994), S. 303 ff.

Schiano di Pepe, Lorenzo: Port State Control as an Instrument to ensure Compliance with International Marine Environmental Obligations, in: Andree Kirchner (Ed.), International Marine Environmental Law, The Hague u.a. 2003, S. 137 ff.

Schneider-Addae-Mensah, David: Der Internationale Seegerichtshof und die Abgrenzung zu anderen Mitteln völkerrechtlicher Streitbeilegung, Marburg 2004

Schulte, Hans: Umweltrecht, Heidelberg 1999

Schultheiss, Wolfgang: Umweltschutz und die Freiheit der Meere: Eine Studie am Beispiel der kanadischen Arctic Waters Pollution Prevention Act von 1970, Bonn 1974

Scovazzi, Tullio: New Ideas as Regards the Passage of Ships Carrying Hazardous Wastes: The 1996 Mediterranean Protocol, in: 7 Review of European Community & International Environmental Law (1998), S. 264 ff.
- Implication of the New Law of the Sea for the Mediterranean, in: 5 Marine Policy (1981), S. 302 ff.
- The Legal Condition of Mediterranean Waters, in: ders. (Ed.), Marine Specially Protected Areas, The Hague u. a., 1999, S. 48 ff.
- Specially Protected Areas and Present International Law of the Sea, in: Jean-Pierre Beurier/Alexandre Kiss/Said Mahmoudi (Eds.), New Technologies and Law of the Marine Environment (2000), S. 179 ff.
- Les zones côtières en Méditerranée: évolution et confusion, in: 6 ADM (2001), S. 95 ff.
- Regional Cooperation in The Field of The Environment, in: ders. (Ed.): Marine Specially Protected Areas, The Hague 1999, S. 82 ff.
- Marine Specially Protected Areas under International Law, in: ders. (Ed.), Marine Specially Protected Areas, The Hague 1999, S. 18 ff.
- Nuovi sviluppi nel sistema di Barcellona per la protezione del Mediterraneo dall'inquinamento, in: Rivista giuridica dell'ambiente (1995), S. 745 ff.

Serdy, Andrew/Bliss, Michael: Prompt Release of Fishing Vessels: State Practice in The Light of The Cases before The International Tribunal for The Law of The Sea, in: Alex G. Oude Elferink/Donald R. Rothwell (Eds.): Oceans Management in the 21st Century: Institutional Frameworks and Responses, Leiden u. a. 2004, S. 273 ff.

Sersic, Maja: Protection of The Mediterranean Sea against Pollution Resulting from Exploration and Exploitation of Seabed and Its Subsoil, in: Budislav Vukas (Ed), The Legal Regime of Enclosed and Semi-Enclosed Seas, Zagreb 1988, S. 223 ff.

Shibata, Akiho: Ensuring Compliance with The Basel Convention- Its Unique Features, in: Ulrich Beyerlin/Tobias Stoll/Rüdiger Wolfrum (Eds.): Ensuring Compliance with Multilateral Environmental Agreements, Leiden u. a. 2006, S. 69 ff.

Simcock, Alan: OSPAR Convention on The Protection of The Marine Environment of The North-East Atlantic, in: Ulrich Beyerlin/Tobias Stoll/Rüdiger Wolfrum (Eds.): Ensuring Compliance with Multilateral Environmental Agreements, Leiden u. a. 2006, S. 97 ff.

Sinquin, Marcel: Nouveau code des épaves maritimes, Paris 1980

Skourtos, Nikolaos: Die Billig-Flaggen-Praxis und die staatliche Flaggenverleihungsfreiheit, Köln u. a. 1990

Skrk, M.: Exclusive Economic Zone in Enclosed or Semi-Enclosed Seas, The Legal Regime of Enclosed or Semi-Enclosed Seas: The Particular Case of The Mediterranean, in: Prinosi za poredbeno proucavanje prava í medunarodno pravo, Vol. XIX, Nr.22 (1988) S. 168 ff.

Soljan, Vedran: Modernization of The International Regime of Civil Liability for Nuclear Damage- Protocol to Amend The 1963 Vienna Convention and The Convention on Supplementary Compensation for Nuclear damage, in: 58 ZaöRV (1998), S. 733 ff.

Stephens, Tim: The Limits of International Adjudication in International Law: Another Perspective on The Southern Bluefin Tuna Case, in: 19 IJMCL (2004), S. 117 ff.

Strati, Anastasia: Protection of the Underwater Cultural Heritage: From the Shortcomings of The UN Convention on The Law of the Sea to The Compromises of The UNESCO Convention, in: Anastasia Strati/Maria Gavouneli/Nikolaos Skourtos (Eds.), Unresolved Issues and New Challenges to The Law of The Sea, Time before and Time after, Leiden u. a. 2006, S. 21 ff.

Suarez V., Suzette: Towards Sustainable Ocean Development: The Participation and Contribution of Non-Governmental Organisations to The Work of International Organisations in The Ocean Sector, in: Peter Ehlers/Rainer Lagoni (Eds.), International Maritime Organisations and Their Contribution towards a Sustainable Marine Development, Hamburg 2006, S. 53ff.

Tahar, Narjess: Les catégories d'établissements et d'entreprises publics en droit tunisien, in: Revue Tunisienne de Droit (2001), S. 483 ff.

Tamburelli, Gianfranco: The Mediterranean Commission on Sustainable Development, in: Giuseppe Cataldi (Ed.): La Méditerranée et le droit de la mer à l'aube du 21ème siècle, Bruxelles 2002, S. 477 ff.

Tams, Christian J.: Enforcing Obligations Erga Omnes in International Law, Cambridge u.a. 2005

Taschner, Hans Claudius: Umwelthaftung: Schadenersatz oder/und Kostenerstattung? in: Jürgen Bröhmer (Hg.): Internationale Gemeinschaft und Menschenrechte, Festschrift für Georg Ress zum 70. Geburtstag, Köln u.a. 2005, S. 843 ff.

Timagenis, Gregorios J.: International Control of Marine Pollution, New York 1980

Tomuschat, Christian: Die Internationale Seeschifffahrts-Organisation (International Maritime Organisation, IMO) als Hauptakteur, in: ders. (Hg.): Schutz der Weltmeere gegen Öltankerunfälle, Berlin 2005

Traisbach, Knut: Haftung und Entschädigung bei Öltankerunfällen, in: Christian Tomuschat, (Hg.): Schutz der Weltmeere gegen Öltankerunfälle, Berlin 2005, S. 169 ff.

Treves, Tullio: La Convenzione delle Nazioni Unite sul diritto del mare del 10 dicembre 1982, Milano 1983

- Codification du droit international et pratique des Etats dans le droit de la Mer, in: 223 RCADI IV (1990), S. 9 ff.

- L'approche régionale en matière de protection de l'environnement marin, in : Vincent Coussirat-Coustère (Ed.): La Mer et son Droit, Mélanges offerts à Laurent Lucchini et Jean-Pierre Quéneudec, Paris 2003, S. 591 ff
- Recent Trends in The Settlement of International Disputes, in: Bancaja Euromediterranean Courses of International Law 1 (1997), S. 395 ff.
- The Law of The Sea Tribunal: Its Status and Scope of Jurisdiction after November 16, 1994, in: 55 ZaöRV (1995), S. 421 ff.
- The Role of Universal International Organizations in implementing the 1982 UN Law of the Sea Convention, in: Alfred H. A. Soons (Ed.), Implementation of the Law of the Sea Convention through International Institutions, Honolulu 1990, S. 14 ff.
- The Proceedings Concerning Prompt Release of Vessels and Crews before The International Tribunal for The Law of the Sea, in: 11 IJMCL 2 (1996), S.179 ff.
- Regional Approaches to The Protection of The Marine Environment, in: Myron H. Nordquist/John Norton Moore/Said Mahmoudi (Eds.), The Stockholm Declaration and Law of The Marine Environment, The Hague u. a. 2003, S. 137 ff.

Triepel, Heinrich: Les rapports entre le droit interne et le droit international, in: 1 RCADI (1923), S. 77 ff.

Tsaltas, Grigoris: Towards a World Protection Framework for The Marine Environment through The Promotion of International and Regional Cooperation under the UN Convention on The Law of the Sea, In: Anastasia Strati/Maria Gavouneli/Nikolaos Skourtos (Eds.): Unresolved Issues and New Challenges to the Law of the Sea, Leiden u. a. 2006, S.73 ff.

Ulfstein, Geir: The Marine Environmental Governance, in: Myron H. Nordquist/John Norton Moore/Said Mahmoudi (Eds.), The Stockholm Declaration and Law of the Marine Environment, The Hague u. a. 2003, S. 101 ff.

*UNEP/MAP/*MCSD: Sustainable Development in The Mediterranean Region: Synthesis of The Strategic Review (2001)

Van der Mensbrugghe, Yves : L'affaire du Mont-Louis, une cargaison dangereuse, une épave gênante, in : 30 AFDI (1984), S. 853 ff.

Van Dyke, Jon M.: Giving Teeth to The Environmental Obligations in The LOS Convention, in: Alex G. Oude Elferink/Donald R. Rothwell (Eds.), Oceans Management in the 21st Century: Institutional Frameworks and Responses, Leiden u. a. 2004, S. 167 ff.

Van Reenen, W.: Rules of Reference in The New Convention on the Law of The Sea, in Particular in Connection with The Pollution of The Sea by Oil from Tankers, in: 12 Netherlands Yearbook of International Law (1981), S. 3 ff.

Von Schorlemer, Sabine: Internationaler Kulturgüterschutz, Berlin 1992

Vukas, Budislav: The Law of the Sea- Selective Writings, Leiden 2004

- State Practice in The Aftermath of The UN Convention on The Law of the Sea: The Exclusive Economic Zone and The Mediterranean Sea, in: Anastasia Strati/Maria Gavouneli/Nikolaos Skourtos (Eds.): Unresolved Issues and New Challenges to The Law of the Sea, Leiden u. a. 2006, S. 251 ff.

Vukasovic, Vid: Barcelona Convention as an Important Component of The Mediterranean Action Plan, in: Budislav Vukas (Ed.), The Legal Regime of Enclosed and Semi-Enclosed Seas: The Particular Case of the Mediterranean, Zagreb 1988, S. 277 ff

Williams Silveira, Mary Pat: United Nations Commission on Sustainable Development (CSD), in: 9 Yearbook of International Environmental Law, (1998), S. 531 ff.

Wolfrum, Rüdiger/*Langenfeld*, Christine: Umweltschutz durch Internationales Haftungsrecht, Berlin 1999

Wolfrum, Rüdiger/*Drobnig*, Ulrich/*Basedow*, Jürgen (Hg.): Recht der Flagge und „billige Flaggen“- Neuere Entwicklungen im internationalen Privatrecht und Völkerrecht, Heidelberg 1990

Wolfrum, Rüdiger (Ed.): Enforcing Environmental Standards, Economic Mechanisms as Viable Means?, Berlin u.a. 1996

- Die Internationalisierung staatsfreier Räume, Berlin u. a. 1984
- Means of Ensuring Compliance with and Enforcement of International Environmental Law, in: 272 RCADI (1998), S. 9 ff.
- Der Internationale Seegerichtshof in Hamburg, in: 44 Vereinte Nationen (1996), S. 205 ff.
- IMO Interface with The Law of the Sea Convention, in: Myron H. Nordquist (Ed.) Current Maritime Issues and The International Maritime Organization, The Hague u. a. 1999, S. 223 ff.
- International Environmental Law: Purposes, Principles and Means of Ensuring Compliance, in: ders./ Fred L. Morrison (Eds.): International, Regional and National Environmental Law, The Hague u. a. 2000, S. 3 ff.
- Die Entwicklung des Seerechts zum Recht der marinen Umwelt, in: Peter Ehlers/Wilfried Erbguth (Hg.): Aktuelle Entwicklungen im Seerecht, Baden-Baden 2000, S. 69ff.
- The Legal Order for the Seas and Oceans, in: Myron H. Nordquist (Ed.), Entry into Force of The Law of The Sea Convention, The Hague 1995, S. 161 ff.
- (Ed.): Law of the Sea at the Crossroads, the Continuing Research for a Universally Accepted Regime, Berlin 1991

- Precautionary Principle, in: Jean-Pierre Beurier/Alexandre Kiss/Said Mahmoudi (Eds.), New Technologies and Law of the Marine Environment, The Hague u. a., 2000, S. 203 ff.
- Billigflaggen-Schadenersatz-Nacheile- Fragen an den Internationalen Seegerichtshof, in: 3 Zeitschrift für Europäische Studien (2000), S. 1 ff.

Woodliffe, John: Decommissioning of Offshore Oil and Gas Installations in European Waters: The Ende of A decade of indecision?, in: 14 IJMCL (1999), S. 101 ff.

Woydt, Justus: Das öffentliche Eigentum, Bamberg 1970

Yamada, Chusei: Priority Application of Successive Treaties Relating to The Same Subject Matter: The Southern Bluefin Tuna Case (2002), in: Nisuke Ando/ Edward Mcwhinny/Rüdiger Wolfrum (Eds.), Liber amicorum Judge Shigeru Oda Vol. 1, The Hague u. a. 2002, S. 763 ff.

Yang, Haijiang: Jurisdiction of The Coastal State over Foreign Merchant Ships in Internal Waters and The Territorial Sea, Berlin u. a. 2006

Zarocostas, John: Rapid development poses threat to the Mediterranean Coast in: Lloyd's List, April 06 2006 abrufbar unter http://www.lloydslist.com/ ll/home/ index.htm

Zimmermann, Andreas/*Hofmann*, Rainer: (Eds.): Unity and Diversity in International Law, Berlin 2006

Zoller, Alexandra: Völker- und europarechtliche Aspekte des Mittelmeerumweltschutzes, Baden-Baden 1996

Aufsätze der Encyclopedia of Public International Law

Badura, Peter: Ports, in: EPIL Vol. III (1997), S. 1068 ff.

Bello, Emmanuel/*Hilf*, Juliane: Organization of African Unity, in: EPIL Vol. III (1997), S. 802 ff.

Beyerlin, Ulrich: Pactum de contrahendo, pactum de negotiando, in: EPIL Vol. III (1997), S. 854 ff.

Bothe, Michael: Verification of Facts, in: EPIL Vol. IV (2000), S. 1264 ff.

De Zayas, Alfred-Maurice: Ships in Distress, in: EPIL Vol. IV (2000), S. 397 ff.

Dupuy, Pierre-Marie: United Nations Environmental Programme, in: EPIL Vol. IV (2000), S. 1101 ff.

Fatouros, A.A.: Developing States, in: EPIL Vol. I (1992), S. 1017 ff.

Gündling, Lothar/*Müller*, Reinhard/*Süss*, Birgit: Environment, International Protection, in: EPIL Vol. II (1995), S. 96 ff.

Ignarski, Jonathan: Flags of Convenience, in: EPIL Vol. II (1995), S. 404 ff.

Lagoni, Rainer: Baltic Sea, in: EPIL I (1992), S. 321 ff.
- Internal waters, Seagoing vessels, in: EPIL Instalment 11 (1989), S. 153

Münch, Fritz: Artificial Islands and Installations, in: EPIL Instalment 11 (1989), S. 38 ff.

Oda, Shigeru: Exclusive Economic Zone, in: EPIL Vol. II (1995), S. 305 ff.

Oellers-Frahm, Karin: Continental Shelf Case (Tunisia/Libyan Arab Jamahiriya), in: EPIL Vol. I (1992), S. 798 ff.

Randelzhofer, Albrecht: Transfrontier Pollution, in: EPIL Vol. IV, (2000), S. 913 ff.

Scharma, Surya: Territorial Sea, in: EPIL Vol. IV (2000), S. 818 ff.

Treves, Tullio: High Seas, in: EPIL Vol. II (1995), S. 705 ff.

Wolfrum, Rüdiger: International Law of Cooperation, in: EPIL Vol. II (1995), S. 1242 ff.

Peter Lang · Internationaler Verlag der Wissenschaften

Erika Elisabeth Orth

Ein Grundrecht auf Umweltschutz in Europa?

Eine rechtsdogmatische Einordnung des Art. 37 GRC

Frankfurt am Main, Berlin, Bern, Bruxelles, New York, Oxford, Wien, 2007.
LXXXIX, 285 S.
Kölner Schriften zu Recht und Staat.
Herausgegeben von Hartmut Schiedermair und Bernhard Kempen. Bd. 31
ISBN 978-3-631-55847-8 · br. € 59.70*

Die normative Konzeption des Umweltschutzes ist seit der United Nations Conference on the Human Environment (Stockholm, 1970) Gegenstand der internationalen und nationalen rechtswissenschaftlichen Diskussion. Mit der Schaffung der Charta der Grundrechte der Europäischen Union, in der der Umweltschutz nach kontroverser Debatte in Artikel 37 in objektiv-rechtlicher Diktion normiert wurde, stellte sich die Frage nach der rechtsdogmatischen Einordnung dieser neuen europäischen Umweltschutz-Gewährleistung. Diese Arbeit widmet sich dieser wissenschaftlich reizvollen Frage, welche vor dem Hintergrund der keinesfalls als beendet anzusehenden Diskussion über eine subjektiv- bzw. objektiv-rechtliche Konstitutionalisierung des Umweltschutzes und den jüngsten Verfassungsänderungen in einigen EU-Mitgliedstaaten eine hohe Aktualität aufweist. Auch angesichts des Umstandes, dass eine europäische Grundrechtsdogmatik bisher nur in Ansätzen entwickelt ist, schließt die Autorin eine Lücke in der Fachliteratur zum europäischen Umweltverfassungsrecht.

Aus dem Inhalt: Die Problematik eines Individualrechts auf Umweltschutz im Hinblick auf Art. 37 GRC · Die Konstitutionalisierung des Umweltschutzes in der *Charta der Grundrechte der Europäischen Union* · Analyse des Rechtscharakters und der materiellen und prozeduralen Gewährleistungsinhalte des Art. 37 GRC · Justiziabilität und rechtliches Potential des Art. 37 GRC

Frankfurt am Main · Berlin · Bern · Bruxelles · New York · Oxford · Wien
Auslieferung: Verlag Peter Lang AG
Moosstr. 1, CH-2542 Pieterlen
Telefax 00 41 (0) 32 / 376 17 27

*inklusive der in Deutschland gültigen Mehrwertsteuer
Preisänderungen vorbehalten

Homepage http://www.peterlang.de

Kolibri 360 GmbH
Ferdinand-Jühlke-Straße 7
99095 Erfurt, Deutschland
produktsicherheit@kolibri360.de

Druck:
CPI Druckdienstleistungen GmbH
im Auftrag der
Kolibri 360 GmbH
Ferdinand-Jühlke-Str. 7
99095 Erfurt